网络空间安全学科系列教材

普通高等教育"十一五"国家级规划教材
中央网信办和教育部指导评选的"网络安全优秀教材奖"
首届中国大学出版社图书奖
陕西省高等教育优秀教材奖一等奖

现代密码学

（第5版）

杨波　编著

清华大学出版社
北京

内 容 简 介

本书全面而详细地介绍现代密码学的理论和相关算法。可帮助读者将所学知识应用于信息安全的实践中。全书共分 11 章,第 1 章引言介绍现代密码学的基本概念,其余各章分别介绍流密码、分组密码、公钥密码、密钥分配与密钥管理、消息认证和哈希函数、数字签名和认证协议、密码协议、可证明安全、网络加密与认证、区块链。

本书从教材使用的角度考虑,概念清晰、结构合理、通俗易懂、深入浅出,并充分考虑方便教师在教学过程中的实施,同时还注意与其他专业课教学的衔接。本书取材新颖,不仅介绍现代密码学涉及的基础理论和实用算法,同时也涵盖了现代密码学的最新研究成果,力求使读者通过本书的学习了解本学科最新的发展方向。

本书可作为高等学校计算机等相关专业本科生和研究生的教材,也可作为通信工程师和计算机网络工程师的参考读物。

图书在版编目(CIP)数据

现代密码学/杨波编著.—5 版.—北京:清华大学出版社,2022.3(2025.1重印)
网络空间安全学科系列教材
ISBN 978-7-302-60179-1

Ⅰ.①现…　Ⅱ.①杨…　Ⅲ.①密码学－高等学校－教材　Ⅳ.①TN918.1

中国版本图书馆 CIP 数据核字(2022)第 030948 号

责任编辑:张　民
封面设计:常雪影
责任校对:郝美丽
责任印制:刘　菲

出版发行:清华大学出版社
　　　　网　　　址:https://www.tup.com.cn,https://www.wqxuetang.com
　　　　地　　　址:北京清华大学学研大厦 A 座　　　　　　邮　　编:100084
　　　　社 总 机:010-83470000　　　　　　　　　　　　　邮　　购:010-62786544
　　　　投稿与读者服务:010-62776969,c-service@tup.tsinghua.edu.cn
　　　　质量反馈:010-62772015,zhiliang@tup.tsinghua.edu.cn
　　　　课件下载:https://www.tup.com.cn,010-83470236
印 装 者:三河市天利华印刷装订有限公司
经　　销:全国新华书店
开　　本:185mm×260mm　　　　　印　张:21.5　　　　字　　数:500 千字
版　　次:2003 年 8 月第 1 版　2022 年 4 月第 5 版　　　印　　次:2025 年 1 月第 10 次印刷
定　　价:59.90 元

产品编号:094161-03

网络空间安全学科系列教材　编委会

21世纪是信息时代,信息已成为社会发展的重要战略资源,社会的信息化已成为当今世界发展的潮流和核心,而信息安全在信息社会中将扮演极为重要的角色,它会直接关系到国家安全、企业经营和人们的日常生活。随着信息安全产业的快速发展,全球对信息安全人才的需求量不断增加,但我国目前信息安全人才极度匮乏,远远不能满足金融、商业、公安、军事和政府等部门的需求。要解决供需矛盾,必须加快信息安全人才的培养,以满足社会对信息安全人才的需求。为此,教育部继2001年批准在武汉大学开设信息安全本科专业之后,又批准了多所高等院校设立信息安全本科专业,而且许多高校和科研院所已设立了信息安全方向的具有硕士和博士学位授予权的学科点。

信息安全是计算机、通信、物理、数学等领域的交叉学科,对于这一新兴学科的培养模式和课程设置,各高校普遍缺乏经验,因此中国计算机学会教育专业委员会和清华大学出版社联合主办了"信息安全专业教育教学研讨会"等一系列研讨活动,并成立了"高等院校信息安全专业系列教材"编委会,由我国信息安全领域著名专家肖国镇教授担任编委会主任,指导"高等院校信息安全专业系列教材"的编写工作。编委会本着研究先行的指导原则,认真研讨国内外高等院校信息安全专业的教学体系和课程设置,进行了大量具有前瞻性的研究工作,而且这种研究工作将随着我国信息安全专业的发展不断深入。系列教材的作者都是既在本专业领域有深厚的学术造诣,又在教学第一线有丰富的教学经验的学者、专家。

该系列教材是我国第一套专门针对信息安全专业的教材,其特点是:

① 体系完整、结构合理、内容先进。

② 适应面广:能够满足信息安全、计算机、通信工程等相关专业对信息安全领域课程的教材要求。

③ 立体配套:除主教材外,还配有多媒体电子教案、习题与实验指导等。

④ 版本更新及时,紧跟科学技术的新发展。

在全力做好本版教材,满足学生用书的基础上,还经由专家的推荐和审定,遴选了一批国外信息安全领域优秀的教材加入系列教材中,以进一步满足大家对外版书的需求。"高等院校信息安全专业系列教材"已于2006年年初正式列入普通高等教育"十一五"国家级教材规划。

2007年6月,教育部高等学校信息安全类专业教学指导委员会成立大会暨第一次会议在北京胜利召开。本次会议由教育部高等学校信息安全类专业教学指导委员会主任单位北京工业大学和北京电子科技学院主办,清华大学出版社协办。教育部高等学校信息安全类专业教学指导委员会的成立对我国信息安全专业的发展起到重要的指导和推动作用。2006 年,教育部给武汉大学下达了"信息安全专业指导性专业规范研制"的教学科研项目。2007 年起,该项目由教育部高等学校信息安全类专业教学指导委员会组织实施。在高教司和教指委的指导下,项目组团结一致,努力工作,克服困难,历时 5年,制定出我国第一个信息安全专业指导性专业规范,于 2012 年年底通过经教育部高等教育司理工科教育处授权组织的专家组评审,并且已经得到武汉大学等许多高校的实际使用。2013 年,新一届教育部高等学校信息安全专业教学指导委员会成立。经组织审查和研究决定,2014 年,以教育部高等学校信息安全专业教学指导委员会的名义正式发布《高等学校信息安全专业指导性专业规范》(由清华大学出版社正式出版)。

2015 年 6 月,国务院学位委员会、教育部出台增设"网络空间安全"为一级学科的决定,将高校培养网络空间安全人才提到新的高度。2016 年 6 月,中央网络安全和信息化领导小组办公室(下文简称"中央网信办")、国家发展和改革委员会、教育部、科学技术部、工业和信息化部及人力资源和社会保障部六大部门联合发布《关于加强网络安全学科建设和人才培养的意见》(中网办发文〔2016〕4 号)。2019 年 6 月,教育部高等学校网络空间安全专业教学指导委员会召开成立大会。为贯彻落实《关于加强网络安全学科建设和人才培养的意见》,进一步深化高等教育教学改革,促进网络安全学科专业建设和人才培养,促进网络空间安全相关核心课程和教材建设,在教育部高等学校网络空间安全专业教学指导委员会和中央网信办组织的"网络空间安全教材体系建设研究"课题组的指导下,启动了"网络空间安全学科系列教材"的工作,由教育部高等学校网络空间安全专业教学指导委员会秘书长封化民教授担任编委会主任。本丛书基于"高等院校信息安全专业系列教材"坚实的工作基础和成果,阵容强大的编委会和优秀的作者队伍,目前已有多部图书获得中央网信办与教育部指导和组织评选的国家网络安全优秀教材奖,以及普通高等教育本科国家级规划教材、普通高等教育精品教材和中国大学出版社图书奖等多个奖项。

"网络空间安全学科系列教材"将根据《高等学校信息安全专业指导性专业规范》(及后续版本)和相关教材建设课题组的研究成果不断更新和扩展,进一步体现科学性、系统性和新颖性,及时反映教学改革和课程建设的新成果,并随着我国网络空间安全学科的发展不断完善,力争为我国网络空间安全相关学科专业的本科和研究生教材建设、学术出版与人才培养做出更大的贡献。

我们的 E-mail 地址是: zhangm@tup.tsinghua.edu.cn,联系人:张民。

"网络空间安全学科系列教材"编委会

前　言

　　当今世界,互联网深刻改变了人们的生产和生活方式,但我们在网络安全方面却面临着严峻挑战。从宏观上说,网络安全是事关国家安全的重大战略问题——没有网络安全就没有国家安全;从微观上看,网络安全关乎我们每个人的信息安全。网络安全指网络系统中硬件、软件及其系统中的数据安全。从本质上说,网络安全就是网络上的信息安全。

　　信息安全又分为系统安全(包括操作系统的安全、数据库系统的安全等)、数据安全(包括数据的安全存储、安全传输)和内容安全(包括病毒的防护、不良内容的过滤等)3个层次,是一个综合、交叉的学科领域,要利用数学、电子、信息、通信、计算机等诸多学科的长期知识积累和最新发展成果。信息安全研究的内容很多,涉及安全体系结构、安全协议、密码理论、信息分析、安全监控、应急处理等,其中,密码技术是保障数据安全的关键技术。

　　密码技术中的加密方法包括单钥密码体制(又称为对称密码体制)和公钥密码体制,而单钥密码体制又包括流密码和分组密码。本书在第1章介绍现代密码学的基本概念后,在第2~4章分别介绍流密码、分组密码、公钥密码。不管哪种密码体制都需要用到密钥,因此密钥分配与密钥管理也是密码技术的重要内容,这部分内容在第5章介绍。信息的安全性除要考虑保密性外,还需考虑信息的真实性、完整性、顺序性、时间性以及不可否认性。本书以3章的篇幅(第6章消息认证和哈希算法、第7章数字签名和认证协议、第8章密码协议)介绍这部分内容。第9章可证明安全介绍如何刻画公钥密码体制的语义安全性。第10章网络加密与认证介绍加密技术和认证技术在网络中的具体应用。第11章介绍区块链,特别是其中使用的密码技术。书中的4.1.5节卡米歇尔定理、4.1.11节循环群、4.1.12节循环群的选取、8.3节非交互式证明系统、8.4节zk-SNARK、8.5节安全多方计算协议、第9章可证明安全可供研究生使用。

　　本书自2003年8月出版以来,已被200余所学校作为教材,列入普通高等教育"十一五"国家级规划教材,2016年获得首届国家网络安全优秀教材奖。第5版在第4版的基础上,增加了8.3节非交互式证明系统、8.4节zk-SNARK和第11章区块链。

本书的特点：一是内容新颖、深入、全面,涵盖了现代密码学的最新成果;二是内容的安排充分考虑到作为教材,如何方便地在教学中使用。

在本书的编写过程中,参考了国内外的有关著作和文献,特别是 Stallings、王育民、卢开澄、朱文余等人的著作。

由于作者水平有限,书中不足之处在所难免,恳请读者批评指正。

作　者
2021 年 10 月

目 录

第 1 章

引　言

1.1　网络安全面临的威胁

1.1.1　安全威胁

2022 年 10 月 16 日，中国共产党第二十次全国代表大会在北京人民大会堂开幕。习近平代表第十九届中央委员会向大会作报告，报告提出了一系列重要论述。报告指出："国家安全是民族复兴的根基，社会稳定是国家强盛的前提，必须坚定不移贯彻总体国家安全观，把维护国家安全贯穿党和国家工作各方面全过程，确保国家安全和社会稳定"。安全与发展是新时代"中国式现代化"新征程的一体两面，而网络安全是国家安全重要的组成部分。

21 世纪，因特网爆炸性的发展把人类带进了一个新的生存空间。因特网具有高度分布、边界模糊、层次欠清、动态演化，而用户又在其中扮演主角的特点，如何保证这一复杂而巨大系统的安全，成为网络安全的主要问题。由于因特网的全球性、开放性、无缝连通性、共享性、动态性发展，使得任何人都可以自由地接入，其中有善者，也有恶者。恶者会采用各种攻击手段进行破坏活动。网络安全面临的攻击有独立的犯罪者、有组织的犯罪集团和国家情报机构。对网络安全的攻击具有以下新特点：无边界性、突发性、蔓延性和隐蔽性。因此考虑网络安全，就要首先知道网络安全面临哪些威胁。

网络安全面临的威胁来自很多方面，并且随着时间的变化而变化。这些威胁可以宏观地分为人为威胁和自然威胁。

自然威胁可能来自于各种自然灾害、恶劣的场地环境、电磁辐射和电磁干扰、网络设备自然老化等。这些无目的的事件，有时会直接威胁网络的安全，影响信息的存储介质。

我们主要讨论人为威胁，也就是对信息的人为攻击。这些攻击手段都是通过寻找系统的弱点，以便达到破坏、欺骗、窃取数据等目的，造成经济上和政治上的损失。人为攻击可分为被动攻击和主动攻击，如图 1-1 所示。

1. 被动攻击

被动攻击即窃听，是对系统的保密性进行攻击，如搭线窃听、对文件或程序的非法复制等，以获取他人的信息。被动攻击又分为两类：一类是获取消息的内容，很容易理解；

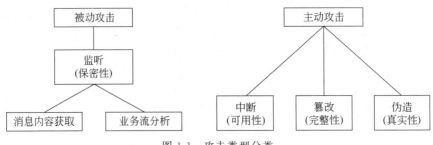

图 1-1　攻击类型分类

第二类是进行业务流分析,假如我们通过某种手段,例如加密,使得敌手从截获的消息无法得到消息的真实内容,然而敌手却有可能获得消息的格式、确定通信双方的位置和身份以及通信的次数和消息的长度,这些信息可能对通信双方来说是敏感的,例如公司间的合作关系可能是保密的、电子邮件用户可能不想让他人知道自己正在和谁通信、电子现金的支付者可能不想让别人知道自己正在消费、Web 浏览器用户也可能不愿意让别人知道自己正在浏览哪一个站点。

被动攻击因不对消息做任何修改,因而是难以检测的,所以抗击这种攻击的重点在于预防而非检测。

2. 主动攻击

这种攻击包括对数据流的某些篡改或产生某些假的数据流。主动攻击又可分为以下 3 类:

(1) 中断。中断是对系统的可用性进行攻击,如破坏计算机硬件、网络或文件管理系统。

(2) 篡改。篡改是对系统的完整性进行攻击,如修改数据文件中的数据、替换某一程序使其执行不同的功能、修改网络中传送的消息内容等。

(3) 伪造。伪造是对系统的真实性进行攻击,如在网络中插入伪造的消息或在文件中插入伪造的记录。

绝对防止主动攻击是十分困难的,因为需要随时随地对通信设备和通信线路进行物理保护,因此抗击主动攻击的主要途径是检测,以及对此攻击造成的破坏进行恢复。

1.1.2　入侵者和病毒

网络安全的人为威胁主要来自用户(恶意的或无恶意的)和恶意软件的非法侵入,入侵信息系统的用户也称为黑客,黑客可能是某个无恶意的人,其目的仅仅是破译和进入一个计算机系统;或者是某个心怀不满的雇员,其目的是对计算机系统实施破坏;也可能是一个犯罪分子,其目的是非法窃取系统资源(如窃取信用卡号或非法资金传送),对数据进行未授权的修改或破坏计算机系统。

恶意软件指病毒、蠕虫等恶意程序,分为两类(如图 1-2 所示):一类需要主程序,另一类不需要。前者是某个程序中的一段,不能独立于实际的应用程序或系统程序;后者是能被操作系统调度和运行的独立程序。

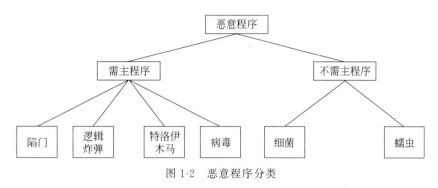

图 1-2 恶意程序分类

对恶意软件也可根据其能否自我复制来进行分类。不能自我复制的是程序段,这种程序段在主程序被调用执行时就可激活。能够自我复制的或者是程序段(病毒)或者是独立的程序(蠕虫、细菌等),当这种程序段或独立的程序被执行时,可能复制一个或多个自己的副本,以后这些副本可在这一系统或其他系统中被激活。以上仅是大致分类,因为逻辑炸弹或特洛伊木马可能是病毒或蠕虫的一部分。

1.1.3 安全业务

安全防护措施也称为安全业务,有以下 5 种。

1. 保密业务

保护数据以防被动攻击。保护方式可根据保护范围的大小分为若干级,其中,最高级保护可在一定时间范围内保护两个用户之间传输的所有数据,低级保护包括对单个消息的保护或对一个消息中某个特定域的保护。保密业务还有对业务流实施保密,防止敌手进行业务流分析以获得通信的信源、信宿、次数、消息长度和其他信息。

2. 认证业务

认证业务用于保证通信的真实性。在单向通信的情况下,认证业务的功能是使接收者相信消息确实是由它自己所声称的那个信源发出的。在双向通信的情况下,如计算机终端和主机的连接,在连接开始时,认证服务则使通信双方都相信对方是真实的(即的确是它所声称的实体);其次,认证业务还保证通信双方的通信连接不能被第三方介入,以假冒其中的一方而进行非授权的传输或接收。

3. 完整性业务

和保密业务一样,完整性业务也能应用于消息流、单个消息或一个消息的某一选定域。用于消息流的完整性业务的目的在于保证所接收的消息未经复制、插入、篡改、重排或重放,因而是和所发出的消息完全一样的;这种服务还能对已毁坏的数据进行恢复,所以这种业务主要是针对对消息流的篡改和业务拒绝的。应用于单个消息或一个消息某一选定域的完整性业务仅用来防止对消息的篡改。

4. 不可否认业务

不可否认业务用于防止通信双方中的某一方对所传输消息的否认,因此,一个消息发出后,接收者能够证明这一消息的确是由通信的另一方发出的。类似地,当一个消息被接收后,发出者能够证明这一消息的确已被通信的另一方接收了。

5. 访问控制

访问控制的目标是防止对网络资源的非授权访问,控制的实现方式是认证,即检查欲访问某一资源的用户是否具有访问权。

1.2 网络安全的模型

图 1-3 给出了网络安全的基本模型。

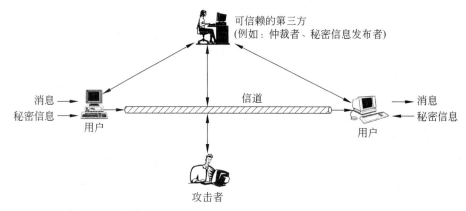

图 1-3　网络安全的基本模型

通信双方欲传递某个消息,需通过以下方式建立一个逻辑上的信息通道:首先在网络中定义从发方到收方的一个路由,然后在该路由上共同执行通信协议。

如果需要保护所传信息以防敌手对其保密性、认证性等构成的威胁,则需要考虑通信的安全性。安全传输技术有以下两个基本成分:

(1) 消息的安全传输,包括对消息的加密和认证。加密的目的是将消息搞乱以使敌手无法读懂,认证的目的是检查发送者的身份。

(2) 通信双方共享的某些秘密信息,如加密密钥。

为获得消息的安全传输,可能还需要一个可信的第三方,其作用可能是负责向通信双方发布秘密信息或者在通信双方有争议时进行仲裁。

安全的网络通信必须考虑以下 4 个方面:

(1) 加密算法;

(2) 用于加密算法的秘密信息;

(3) 秘密信息的分布和共享;

(4) 使用加密算法和秘密信息以获得安全服务所需的协议。

以上考虑的是网络安全的一般模型,然而还有其他一些情况。图 1-4 表示保护信息系统以防未授权访问的一个模型。

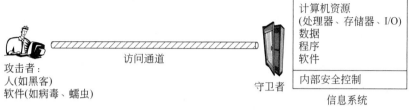

图 1-4　信息系统的保护模型

对付未授权访问的安全机制可分为两道防线:第一道称为守卫者,它包括基于通行字的登录程序和屏蔽逻辑程序,分别用于拒绝非授权用户的访问、检测和拒绝病毒;第二道防线由一些内部控制部件构成,用于管理系统内部的各项操作和分析所存有的信息,以检查是否有未授权的入侵者。

上面介绍了网络安全面临的威胁以及信息安全的一般模型。信息安全又分为系统安全(包括操作系统的安全、数据库系统的安全等)、数据安全(包括数据的安全存储、安全传输)和内容安全(包括病毒的防护、不良内容的过滤等)3 个层次,是一个综合、交叉的学科领域,要利用数学、电子、信息、通信、计算机等诸多学科的长期知识积累和最新发展成果。信息安全研究的内容很多,它涉及安全体系结构、安全协议、密码理论、信息分析、安全监控、应急处理等,其中,密码技术是保障数据安全的关键技术。

1.3　密码学基本概念

1.3.1　保密通信系统

通信双方采用保密通信系统可以隐蔽和保护需要发送的消息,使未授权者不能提取信息。发送方将要发送的消息称为明文,明文被变换成看似无意义的随机消息,称为密文,这种变换过程称为加密;其逆过程,即由密文恢复出原明文的过程称为解密。对明文进行加密操作的人员称为加密员或密码员。密码员对明文进行加密时所采用的一组规则称为加密算法。传送消息的预定对象称为接收者,接收者对密文进行解密时所采用的一组规则称为解密算法。加密算法和解密算法的操作通常都是在一组密钥控制下进行的,分别称为加密密钥和解密密钥。传统密码体制所用的加密密钥和解密密钥相同,或实质上等同,即从一个易于得出另一个,称其为单钥密码体制或对称密码体制。若加密密钥和解密密钥不相同,从一个难以推出另一个,则称为双钥密码体制或非对称密码体制。密钥是密码体制安全保密的关键,它的产生和管理是密码学中的重要研究课题。

在信息传输和处理系统中,除了预定的接收者外,还有非授权者,他们通过各种办法(如搭线窃听、电磁窃听、声音窃听等)来窃取机密信息,称其为截收者。截收者虽然不知道系统所用的密钥,但通过分析可能从截获的密文推断出原来的明文或密钥,这一过程称为密码分析,从事这一工作的人称作密码分析员,研究如何从密文推演出明文、密钥或解密算法的学问称作密码分析学。对一个保密通信系统采取截获密文进行分析的攻击称为被动攻击。现代信息系统还可能遭受的另一类攻击是主动攻击,非法入侵者、攻击者或黑客主动向系统窜扰,采用删除、增添、重放、伪造等篡改手段向系统注入假消息,达到利己害人的目的。这是现代信息系统中更为棘手的问题。

保密通信系统可用图 1-5 表示,它由以下几部分组成:明文消息空间 M,密文消息空间 C,密钥空间 K_1 和 K_2,在单钥体制下 $K_1=K_2=K$,此时密钥 K 需经安全的密钥信道由发送方传给接收方;加密变换 $E_{k_1}:M\to C$,其中 $k_1\in K_1$,由加密器完成;解密变换 $D_{k_2}:C\to M$,其中 $k_2\in K_2$,由解密器实现。称总体 $(M,C,K_1,K_2,E_{K_1},D_{K_2})$ 为保密通信系统。对于给定明文消息 $m\in M$,密钥 $k_1\in K_1$,加密变换将明文 m 变换为密文 c,即

$$c=f(m,k_1)=E_{k_1}(m)\quad m\in M,k_1\in K_1$$

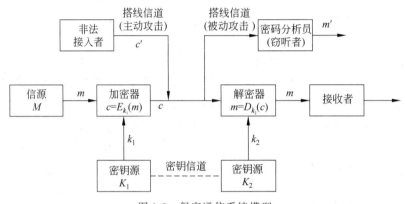

图 1-5　保密通信系统模型

接收方利用通过安全信道送来的密钥 k(单钥体制下)或用本地密钥发生器产生的解密密钥 $k_2\in K_2$(双钥体制下)控制解密操作 D,对收到的密文进行变换得到恢复的明文消息,即

$$m=D_{k_2}(c)\quad m\in M,k_2\in K_2$$

而密码分析者,则用其选定的变换函数 h,对截获的密文 c 进行变换,得到的明文是明文空间中的某个元素,即

$$m'=h(c)$$

一般 $m'\neq m$。如果 $m'=m$,则分析成功。

为了保护信息的保密性,抗击密码分析,保密系统应当满足下述要求:

(1) 系统即使达不到理论上是不可破的,即 $p\{m'=m\}=0$,也应当为实际上不可破的。也就是说,从截获的密文或某些已知明文密文对,要决定密钥或任意明文在计算上是不可行的。

(2) 系统的保密性不依赖于对加密体制或算法的保密,而依赖于密钥。这就是著名的 Kerckhoff 原则。

(3) 加密和解密算法适用于密钥空间中的所有元素。

(4) 系统便于实现和使用。

1.3.2 密码体制分类

密码体制从原理上可分为两大类,即单钥体制和双钥体制。

单钥体制的加密密钥和解密密钥相同。系统的保密性主要取决于密钥的安全性,与算法的保密性无关,即由密文和加解密算法不可能得到明文。换句话说,算法无须保密,需保密的仅是密钥。根据单钥密码体制的这种特性,单钥加解密算法可通过低费用的芯片来实现。密钥可由发方产生,然后再经一个安全可靠的途径(如信使递送)送至收方,或由第三方产生后安全可靠地分配给通信双方。如何产生满足保密要求的密钥以及如何将密钥安全可靠地分配给通信双方是这类体制设计和实现的主要课题。密钥产生、分配、存储、销毁等问题,统称为密钥管理。这是影响系统安全的关键因素,即使密码算法再好,若密钥管理问题处理不好,也很难保证系统的安全保密。

单钥体制对明文消息的加密有两种方式:一种是明文消息按字符(如二元数字)逐位地加密,称为流密码;另一种是将明文消息分组(含有多个字符),逐组地进行加密,称为分组密码。单钥体制不仅可用于数据加密,也可用于消息的认证。

双钥体制是由 Diffie 和 Hellman 于 1976 年首先引入的。采用双钥体制的每个用户都有一对选定的密钥:一个是可以公开的,可以像电话号码一样进行注册公布;另一个则是秘密的。因此双钥体制又称为公钥体制。

双钥密码体制的主要特点是将加密和解密能力分开,因而可以实现多个用户加密的消息只能由一个用户解读,或由一个用户加密的消息而使多个用户可以解读。前者可用于公共网络中实现保密通信,而后者可用于实现对用户的认证。详细介绍参见第 3 章。

1.3.3 密码攻击概述

表 1-1 是攻击者对密码系统的 4 种攻击类型,类型的划分由攻击者可获取的信息量决定。其中,最困难的攻击类型是唯密文攻击,这种攻击的手段一般是穷搜索法,即对截获的密文依次用所有可能的密钥试译,直到得到有意义的明文。只要有足够多的计算时间和存储容量,原则上穷搜索法总是可以成功的。但实际中,任何一种能保障安全要求的实用密码都会设计得使这一方法在实际上是不可行的。敌手因此还需对密文进行统计测试分析,为此需要知道被加密的明文的类型,例如英文文本、法文文本、MD-DOS 执行文件、Java 源列表等。

表 1-1 对密码系统的攻击类型

攻 击 类 型	攻击者掌握的内容
唯密文攻击	• 加密算法 • 截获的部分密文
已知明文攻击	• 加密算法 • 截获的部分密文 • 一个或多个明文密文对

续表

攻 击 类 型	攻击者掌握的内容
选择明文攻击	• 加密算法 • 截获的部分密文 • 自己选择的明文消息,及由密钥产生的相应密文
选择密文攻击	• 加密算法 • 截获的部分密文 • 自己选择的密文消息,及相应的被解密的明文

唯密文攻击时,敌手知道的信息量最少,因此最易抵抗。然而,很多情况下,敌手可能有更多的信息,也许能截获一个或多个明文及其对应的密文,也许知道消息中将出现的某种明文格式。例如,ps格式文件开始位置的格式总是相同的,电子资金传送消息总有一个标准的报头或标题。这时的攻击称为已知明文攻击,敌手也许能够从已知的明文被变换成密文的方式得到密钥。

与已知明文攻击密切相关的一种攻击法称为可能字攻击。例如对一篇散文加密,敌手可能对消息的含义知之甚少。然而,如果对非常特别的信息加密,敌手也许能知道消息中的某一部分。例如,发送一个加密的账目文件,敌手可能知道某些关键字在文件报头的位置。又如,一个公司开发的程序的源代码中,可能在某个标准位置上有该公司的版权声明。

如果攻击者能在加密系统中插入自己选择的明文消息,则通过该明文消息对应的密文,有可能确定出密钥的结构,这种攻击称为选择明文攻击。

选择密文攻击是指攻击者利用解密算法,对自己所选的密文解密出相应的明文。

还有两个概念值得注意:一个加密算法是无条件安全的,如果算法产生的密文不能给出唯一决定相应明文的足够信息,那么此时无论敌手截获多少密文、花费多少时间,都不能解密密文;第二,Shannon指出,仅当密钥至少和明文一样长时,才能达到无条件安全。也就是说,除了一次一密方案外,再无其他的加密方案是无条件安全的。比无条件安全弱的一个概念是计算上安全的,加密算法只要满足以下两条准则之一就称为是计算上安全的:

(1) 破译密文的代价超过被加密信息的价值。

(2) 破译密文所花的时间超过信息的有用期。

1.4 几种古典密码

古典密码的加密是将明文的每一字母代换为字母表中的另一字母,代换前首先将明文字母用等价的十进制数字代替,再以代替后的十进制数字进行运算,字母与十进制数字的对应关系如表1-2所示。

表 1-2 英文字母和十进制数字的对应关系

字　母	a	b	c	d	e	f	g	h	i	j	k	l	m
数　字	0	1	2	3	4	5	6	7	8	9	10	11	12
字　母	n	o	p	q	r	s	t	u	v	w	x	y	z
数　字	13	14	15	16	17	18	19	20	21	22	23	24	25

根据代换是对每个字母逐个进行还是对多个字母同时进行,古典密码又分为单表代换密码和多表代换密码。

1.4.1　单表代换密码

1. 恺撒密码

恺撒(Caesar)密码的加密代换和解密代换分别为:

$$c = E_3(m) \equiv m + 3 \pmod{26}, \quad 0 \leqslant m \leqslant 25$$

$$m = D_3(c) \equiv c - 3 \pmod{26}, \quad 0 \leqslant c \leqslant 25$$

其中 3 是加解密所用的密钥,加密时,每个字母向后移 3 位(循环移位,字母 x 移到 a, y 移到 b, z 移到 c)。解密时,每个字母向前移 3 位(循环移位)。

2. 移位变换

移位变换的加解密分别是:

$$c = E_k(m) \equiv m + k \pmod{26}, \quad 0 \leqslant m, k \leqslant 25$$

$$m = D_k(c) \equiv c - k \pmod{26}, \quad 0 \leqslant c, k \leqslant 25$$

3. 仿射变换

仿射变换的加解密分别是:

$$c = E_{a,b}(m) \equiv am + b \pmod{26}$$

$$m = D_{a,b}(c) \equiv a^{-1}(c - b) \pmod{26}$$

其中 a、b 是密钥,为满足 $0 \leqslant a, b \leqslant 25$ 和 $\gcd(a, 26) = 1$ 的整数。其中 $\gcd(a, 26)$ 表示 a 和 26 的最大公因子,$\gcd(a, 26) = 1$ 表示 a 和 26 是互素的,a^{-1} 表示 a 的逆元,即 $a^{-1} \cdot a \equiv 1 \bmod 26$。

【例 1-1】　设仿射变换的加解密分别是:

$$c = E_{7,21}(m) \equiv 7m + 21 \pmod{26}$$

$$m = D_{7,21}(c) \equiv 7^{-1}(c - 21) \pmod{26}$$

对 security 加密,对 vlxijh 解密。

解

$$s = 18, \quad 7 \cdot 18 + 21 \pmod{26} = 17, \quad s \Rightarrow r$$

$$e = 4, \quad 7 \cdot 4 + 21 \pmod{26} = 23, \quad e \Rightarrow x$$

$$c = 2, \quad 7 \cdot 2 + 21 \pmod{26} = 9, \quad c \Rightarrow j$$

$$u = 20, \quad 7 \cdot 20 + 21 \pmod{26} = 5, \quad u \Rightarrow f$$

$$r=17, \quad 7 \cdot 17 + 21 (\bmod\ 26) = 10, \quad r \Rightarrow k$$
$$i=8, \quad 7 \cdot 8 + 21 (\bmod\ 26) = 25, \quad i \Rightarrow z$$
$$t=19, \quad 7 \cdot 19 + 21 (\bmod\ 26) = 24, \quad t \Rightarrow y$$
$$y=24, \quad 7 \cdot 24 + 21 (\bmod\ 26) = 7, \quad y \Rightarrow h$$

所以,security 对应的密文是 rxjfkzyh。

$$v=21, \quad 7^{-1} \cdot (21-21)(\bmod\ 26) = 0, \quad v \Rightarrow a$$
$$l=11, \quad 7^{-1} \cdot (11-21)(\bmod\ 26) = 6, \quad l \Rightarrow g$$
$$x=23, \quad 7^{-1} \cdot (23-21)(\bmod\ 26) = 4, \quad x \Rightarrow e$$
$$i=8, \quad 7^{-1} \cdot (8-21)(\bmod\ 26) = 13, \quad i \Rightarrow n$$
$$j=9, \quad 7^{-1} \cdot (9-21)(\bmod\ 26) = 2, \quad j \Rightarrow c$$
$$h=7, \quad 7^{-1} \cdot (7-21)(\bmod\ 26) = 24, \quad h \Rightarrow y$$

所以,vlxijh 对应的明文是 agency。

1.4.2 多表代换密码

多表代换密码首先将明文 M 分为由 n 个字母构成的分组 $M_1, M_2, \cdots, M_j$,对每个分组 M_i 的加密为:

$$C_i \equiv \boldsymbol{A}M_i + \boldsymbol{B} (\bmod\ N), \quad i=1,2,\cdots,j$$

其中,$(\boldsymbol{A}, \boldsymbol{B})$ 是密钥,$\boldsymbol{A}$ 是 $n \times n$ 的可逆矩阵,满足 $\gcd(|\boldsymbol{A}|, N) = 1$($|\boldsymbol{A}|$ 是行列式)。$\boldsymbol{B} = (B_1, B_2, \cdots, B_n)^{\mathrm{T}}$,$\boldsymbol{C} = (C_1, C_2, \cdots, C_n)^{\mathrm{T}}$,$\boldsymbol{M}_i = (m_1, m_2, \cdots, m_n)^{\mathrm{T}}$。对密文分组 C_i 的解密为:

$$\boldsymbol{M}_i \equiv \boldsymbol{A}^{-1}(C_i - \boldsymbol{B})(\bmod\ N), \quad i=1,2,\cdots,j$$

【例 1-2】 设 $n=3, N=26$,

$$\boldsymbol{A} = \begin{pmatrix} 11 & 2 & 19 \\ 5 & 23 & 25 \\ 20 & 7 & 17 \end{pmatrix}, \quad \boldsymbol{B} = \begin{pmatrix} 0 \\ 0 \\ 0 \end{pmatrix}$$

明文为 YOUR PIN NO IS FOUR ONE TWO SIX。

将明文分成 3 个字母组成的分组 YOU RPI NNO ISF OUR ONE TWO SIX,由表 1-2 得

$$\boldsymbol{M}_1 = \begin{pmatrix} 24 \\ 14 \\ 20 \end{pmatrix}, \quad \boldsymbol{M}_2 = \begin{pmatrix} 17 \\ 15 \\ 8 \end{pmatrix}, \quad \boldsymbol{M}_3 = \begin{pmatrix} 13 \\ 13 \\ 14 \end{pmatrix}, \quad \boldsymbol{M}_4 = \begin{pmatrix} 8 \\ 18 \\ 5 \end{pmatrix}$$

$$\boldsymbol{M}_5 = \begin{pmatrix} 14 \\ 20 \\ 17 \end{pmatrix}, \quad \boldsymbol{M}_6 = \begin{pmatrix} 14 \\ 13 \\ 4 \end{pmatrix}, \quad \boldsymbol{M}_7 = \begin{pmatrix} 19 \\ 22 \\ 14 \end{pmatrix}, \quad \boldsymbol{M}_8 = \begin{pmatrix} 18 \\ 8 \\ 23 \end{pmatrix}$$

所以

$$\boldsymbol{C}_1 = \boldsymbol{A} \begin{pmatrix} 24 \\ 14 \\ 20 \end{pmatrix} = \begin{pmatrix} 22 \\ 6 \\ 8 \end{pmatrix}, \quad \boldsymbol{C}_2 = \boldsymbol{A} \begin{pmatrix} 17 \\ 15 \\ 8 \end{pmatrix} = \begin{pmatrix} 5 \\ 6 \\ 9 \end{pmatrix}, \quad \boldsymbol{C}_3 = \boldsymbol{A} \begin{pmatrix} 13 \\ 13 \\ 14 \end{pmatrix} = \begin{pmatrix} 19 \\ 12 \\ 17 \end{pmatrix},$$

$$\boldsymbol{C}_4 = \boldsymbol{A}\begin{pmatrix} 8 \\ 18 \\ 5 \end{pmatrix} = \begin{pmatrix} 11 \\ 7 \\ 7 \end{pmatrix} \quad \boldsymbol{C}_5 = \boldsymbol{A}\begin{pmatrix} 14 \\ 20 \\ 17 \end{pmatrix} = \begin{pmatrix} 23 \\ 19 \\ 7 \end{pmatrix}, \quad \boldsymbol{C}_6 = \boldsymbol{A}\begin{pmatrix} 14 \\ 13 \\ 4 \end{pmatrix} = \begin{pmatrix} 22 \\ 1 \\ 23 \end{pmatrix},$$

$$\boldsymbol{C}_7 = \boldsymbol{A}\begin{pmatrix} 19 \\ 22 \\ 14 \end{pmatrix} = \begin{pmatrix} 25 \\ 15 \\ 18 \end{pmatrix}, \quad \boldsymbol{C}_8 = \boldsymbol{A}\begin{pmatrix} 18 \\ 8 \\ 23 \end{pmatrix} = \begin{pmatrix} 1 \\ 17 \\ 1 \end{pmatrix}$$

密文为 WGI FGJ TMR LHH XTH WBX ZPS BRB。

解密时,先求出

$$\boldsymbol{A}^{-1} = \begin{pmatrix} 11 & 2 & 19 \\ 5 & 23 & 25 \\ 20 & 7 & 17 \end{pmatrix}^{-1} = \begin{pmatrix} 10 & 23 & 7 \\ 15 & 9 & 22 \\ 5 & 9 & 21 \end{pmatrix}$$

再求

$$\boldsymbol{M}_1 = \boldsymbol{A}^{-1}\begin{pmatrix} 22 \\ 6 \\ 8 \end{pmatrix} = \begin{pmatrix} 24 \\ 14 \\ 20 \end{pmatrix}, \quad \boldsymbol{M}_2 = \boldsymbol{A}^{-1}\begin{pmatrix} 5 \\ 6 \\ 9 \end{pmatrix} = \begin{pmatrix} 17 \\ 15 \\ 8 \end{pmatrix}, \quad \boldsymbol{M}_3 = \boldsymbol{A}^{-1}\begin{pmatrix} 19 \\ 12 \\ 17 \end{pmatrix} = \begin{pmatrix} 13 \\ 13 \\ 14 \end{pmatrix}$$

$$\boldsymbol{M}_4 = \boldsymbol{A}^{-1}\begin{pmatrix} 11 \\ 7 \\ 7 \end{pmatrix} = \begin{pmatrix} 8 \\ 18 \\ 5 \end{pmatrix}, \quad \boldsymbol{M}_5 = \boldsymbol{A}^{-1}\begin{pmatrix} 23 \\ 19 \\ 7 \end{pmatrix} = \begin{pmatrix} 14 \\ 20 \\ 17 \end{pmatrix}, \quad \boldsymbol{M}_6 = \boldsymbol{A}^{-1}\begin{pmatrix} 22 \\ 1 \\ 23 \end{pmatrix} = \begin{pmatrix} 14 \\ 13 \\ 4 \end{pmatrix}$$

$$\boldsymbol{M}_7 = \boldsymbol{A}^{-1}\begin{pmatrix} 25 \\ 15 \\ 18 \end{pmatrix} = \begin{pmatrix} 19 \\ 22 \\ 14 \end{pmatrix}, \quad \boldsymbol{M}_8 = \boldsymbol{A}^{-1}\begin{pmatrix} 1 \\ 17 \\ 1 \end{pmatrix} = \begin{pmatrix} 18 \\ 8 \\ 23 \end{pmatrix}$$

得明文为 YOU RPI NNO ISF OUR ONE TWO SIX。

习　　题

1. 设仿射变换的加密是:

$$E_{11,23}(m) \equiv 11m + 23 (\bmod 26)$$

对明文 THE NATIONAL SECURITY AGENCY 加密,并使用解密变换

$$D_{11,23}(c) \equiv 11^{-1}(c - 23)(\bmod 26)$$

验证你的加密结果。

2. 设由仿射变换对一个明文加密得到的密文为

edsgickxhuklzveqzvkxwkzukvcuh

又已知明文的前两个字符是 if。对该密文解密。

3. 设多表代换密码中

$$\boldsymbol{A} = \begin{pmatrix} 3 & 13 & 21 & 9 \\ 15 & 10 & 6 & 25 \\ 10 & 17 & 4 & 8 \\ 1 & 23 & 7 & 2 \end{pmatrix}, \quad \boldsymbol{B} = \begin{pmatrix} 1 \\ 21 \\ 8 \\ 17 \end{pmatrix}$$

加密为：

$$C_i \equiv \boldsymbol{A}\boldsymbol{M}_i + \boldsymbol{B} \pmod{26}$$

对明文 PLEASE SEND ME THE BOOK，MY CREDIT CARD NO IS SIX ONE TWO ONE THREE EIGHT SIX ZERO ONE SIX EIGHT FOUR NINE SEVEN ZERO TWO，

　　用解密变换

$$\boldsymbol{M}_i \equiv \boldsymbol{A}^{-1}(\boldsymbol{C}_i - \boldsymbol{B}) \pmod{26}$$

验证你的结果，其中

$$\boldsymbol{A}^{-1} = \begin{pmatrix} 26 & 13 & 20 & 5 \\ 0 & 10 & 11 & 0 \\ 9 & 11 & 15 & 22 \\ 9 & 22 & 6 & 25 \end{pmatrix}$$

　　4. 设多表代换密码 $C_i \equiv \boldsymbol{A}\boldsymbol{M}_i + \boldsymbol{B} \pmod{26}$ 中，$\boldsymbol{A}$ 是 2×2 矩阵，$\boldsymbol{B}$ 是 0 矩阵，又知明文 dont 被加密为 elni，求矩阵 $\boldsymbol{A}$。

第 2 章　流　密　码

2.1　流密码的基本概念

流密码的基本思想是利用密钥 k 产生一个密钥流 $z=z_0z_1\cdots$，并使用如下规则对明文串 $x=x_0x_1x_2\cdots$ 加密：$y=y_0y_1y_2\cdots=E_{z_0}(x_0)E_{z_1}(x_1)E_{z_2}(x_2)\cdots$。密钥流由密钥流发生器 f 产生：$z_i=f(k,\sigma_i)$，这里 σ_i 是加密器中的记忆元件(存储器)在时刻 i 的状态，f 是由密钥 k 和 σ_i 产生的函数。

分组密码与流密码的区别就在于有无记忆性(见图 2-1)。流密码的滚动密钥 $z_0=f(k,\sigma_0)$ 由函数 f、密钥 k 和指定的初态 σ_0 完全确定。此后，由于输入加密器的明文可能影响加密器中内部记忆元件的存储状态，因而 $\sigma_i(i>0)$ 可能依赖于 $k,\sigma_0,x_0,x_1,\cdots,x_{i-1}$ 等参数。

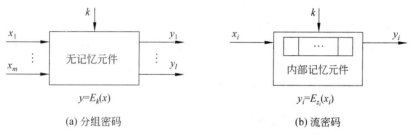

图 2-1　分组密码和流密码的比较

2.1.1　同步流密码

根据加密器中记忆元件的存储状态 σ_i 是否依赖于输入的明文字符，流密码可进一步分成同步和自同步两种。σ_i 独立于明文字符的称为同步流密码，否则称为自同步流密码。由于自同步流密码的密钥流的产生与明文有关，因而较难从理论上进行分析。目前大多数研究成果都是关于同步流密码的。在同步流密码中，由于 $z_i=f(k,\sigma_i)$ 与明文字符无关，因而此时密文字符 $y_i=E_{z_i}(x_i)$ 也不依赖于此前的明文字符。因此，可将同步流密码的加密器分成密钥流产生器和加密变换器两个部分。如果与上述加密变换对应的解密变换为 $x_i=D_{z_i}(y_i)$，则可给出同步流密码的模型如图 2-2 所示。

同步流密码的加密变换 E_{z_i} 可以有多种选择，只要保证变换是可逆的即可。实际使用的数字保密通信系统一般都是二元系统，因而在有限域 GF(2) 上讨论的二元加法流密码(见图 2-3)是目前最为常用的流密码体制，其加密变换可表示为 $y_i=z_i\oplus x_i$。

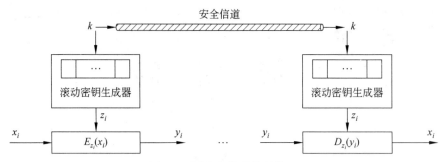

图 2-2　同步流密码体制模型

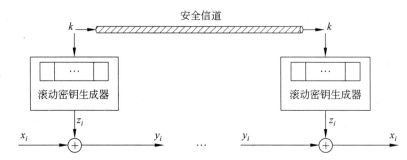

图 2-3　加法流密码体制模型

一次一密密码是加法流密码的原型。事实上,如果 $z_i = k_i$(即密钥用作滚动密钥流),则加法流密码就退化成一次一密密码。在实际使用中,密码设计者的最大愿望是设计出一个滚动密钥生成器,使得密钥 k 经其扩展成的密钥流序列 z 具有如下性质:极大的周期、良好的统计特性、抗线性分析、抗统计分析。

2.1.2　有限状态自动机

有限状态自动机是具有离散输入和输出(输入集和输出集均有限)的一种数学模型,由以下 3 部分组成:

(1) 有限状态集 $S = \{s_i \mid i = 1, 2, \cdots, l\}$;

(2) 有限输入字符集 $A_1 = \{A_j^{(1)} \mid j = 1, 2, \cdots, m\}$ 和有限输出字符集 $A_2 = \{A_k^{(2)} \mid k = 1, 2, \cdots, n\}$;

(3) 转移函数

$$A_k^{(2)} = f_1(s_i, A_j^{(1)}), \quad s_h = f_2(s_i, A_j^{(1)})$$

即在状态为 s_i,输入为 $A_j^{(1)}$ 时,输出为 $A_k^{(2)}$,而状态转移为 s_h。

【例 2-1】　$S = \{s_1, s_2, s_3\}$,$A_1 = \{A_1^{(1)}, A_2^{(1)}, A_3^{(1)}\}$,$A_2 = \{A_1^{(2)}, A_2^{(2)}, A_3^{(2)}\}$,转移函数由表 2-1 给出。

有限状态自动机可用有向图表示,称为转移图。转移图的顶点对应于自动机的状态,若状态 s_i 在输入 $A_i^{(1)}$ 时转为状态 s_j,且输出一个字符 $A_j^{(2)}$,则在转移图中,从状态 s_i 到状态 s_j 有一条标有 $(A_i^{(1)}, A_j^{(2)})$ 的弧线(见图 2-4)。

表 2-1 转移函数 f_1 和 f_2

f_1	$A_1^{(1)}$	$A_2^{(1)}$	$A_3^{(1)}$
s_1	$A_1^{(2)}$	$A_3^{(2)}$	$A_2^{(2)}$
s_2	$A_2^{(2)}$	$A_1^{(2)}$	$A_3^{(2)}$
s_3	$A_3^{(2)}$	$A_2^{(2)}$	$A_1^{(2)}$
f_2	$A_1^{(1)}$	$A_2^{(1)}$	$A_3^{(1)}$
s_1	s_2	s_1	s_3
s_2	s_3	s_2	s_1
s_3	s_1	s_3	s_2

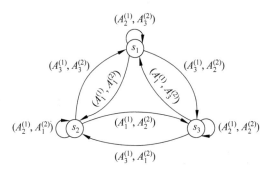

图 2-4 有限状态自动机的转移图

例 2-1 中，若输入序列为 $A_1^{(1)}A_2^{(1)}A_1^{(1)}A_3^{(1)}A_3^{(1)}A_1^{(1)}$，初始状态为 s_1，则得到状态序列

$$s_1 s_2 s_2 s_3 s_2 s_1 s_2$$

输出字符序列

$$A_1^{(2)}A_1^{(2)}A_2^{(2)}A_1^{(2)}A_3^{(2)}A_1^{(2)}$$

2.1.3 密钥流生成器

同步流密码的关键是密钥流生成器。一般可将其看成一个参数为 k 的有限状态自动机，由一个输出符号集 Z、一个状态集 Σ、两个函数 φ 和 ψ 以及一个初始状态 σ_0 组成（见图 2-5）。状态转移函数 $\varphi: \sigma_i \to \sigma_{i+1}$，将当前状态 σ_i 变为一个新状态 σ_{i+1}，输出函数 $\psi: \sigma_i \to z_i$，当前状态 σ_i 变为输出符号集中的一个元素 z_i。这种密钥流生成器设计的关键在于找出适当的状态转移函数 φ 和输出函数 ψ，使得输出序列 z 满足密钥流序列 z 应满足的几个条件，并且要求在设备上是节省的和容易实现的。为了实现这一目标，必须采用非线性函数。

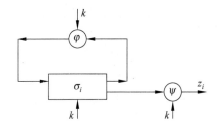

图 2-5 作为有限状态自动机的密钥流生成器

由于具有非线性的 φ 的有限状态自动机理论很不完善,相应的密钥流生成器的分析工作受到极大的限制。相反地,当采用线性的 φ 和非线性的 ψ 时,我们将能够进行深入的分析并可以得到好的生成器。为方便讨论,可将这类生成器分成驱动部分和非线性组合部分(见图 2-6)。驱动部分控制生成器的状态转移,并为非线性组合部分提供统计性能好的序列。而非线性组合部分要利用这些序列组合出满足要求的密钥流序列。

目前最为流行和实用的密钥流生成器如图 2-7 所示,其驱动部分是一个或多个线性反馈移位寄存器。

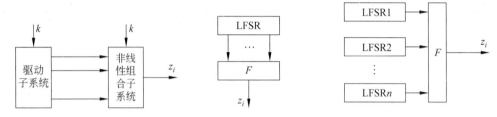

图 2-6 密钥流生成器的分解   图 2-7 常见的两种密钥流生成器

2.2 线性反馈移位寄存器

移位寄存器是流密码产生密钥流的一个主要组成部分。GF(2) 上一个 n 级反馈移位寄存器由 n 个二元存储器与一个反馈函数 $f(a_1,a_2,\cdots,a_n)$ 组成,如图 2-8 所示。每一存储器称为移位寄存器的一级,在任一时刻,这些级的内容构成该反馈移位寄存器的状态,每一状态对应于 GF(2) 上的一个 n 维向量,共有 2^n 种可能的状态。每一时刻的状态可用 n 长序列

$$a_1,a_2,\cdots,a_n$$

或 n 维向量

$$(a_1,a_2,\cdots,a_n)$$

表示,其中,a_i 是第 i 级存储器的内容。初始状态由用户确定,当第 i 个移位时钟脉冲到来时,每一级存储器 a_i 都将其内容向下一级 a_{i-1} 传递,并根据寄存器此时的状态 $a_1,a_2,\cdots,a_n$ 计算 $f(a_1,a_2,\cdots,a_n)$,作为下一时刻的 a_n。反馈函数 $f(a_1,a_2,\cdots,a_n)$ 是 n 元布尔函数,即 n 个变元 $a_1,a_2,\cdots,a_n$ 可以独立地取 0 和 1 这两个可能的值,函数中的运算有逻辑与、逻辑或、逻辑补等运算,最后的函数值也为 0 或 1。

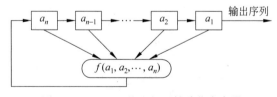

图 2-8 GF(2) 上的 n 级反馈移位寄存器

【例 2-2】 图 2-9 是一个 3 级反馈移位寄存器,其初始状态为 $(a_1,a_2,a_3)=(1,0,1)$,

输出可由表 2-2 求出。

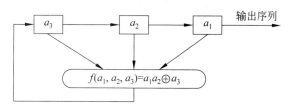

图 2-9 一个 3 级反馈移位寄存器

表 2-2 一个 3 级反馈移位寄存器的状态和输出

状态(a_3, a_2, a_1)			输 出	状态(a_3, a_2, a_1)			输 出
1	0	1	1	1	0	1	1
1	1	0	0	1	1	0	0
1	1	1	1	$\vdots$	$\vdots$	$\vdots$	$\vdots$
0	1	1	1				

即输出序列为 $101110111011\cdots$，周期为 4。

如果移位寄存器的反馈函数 $f(a_1, a_2, \cdots, a_n)$ 是 $a_1, a_2, \cdots, a_n$ 的线性函数,则称为线性反馈移位寄存器(Linear Feedback Shift Register,LFSR)。此时 f 可写为

$$f(a_1, a_2, \cdots, a_n) = c_n a_1 \oplus c_{n-1} a_2 \oplus \cdots \oplus c_1 a_n$$

其中,常数 $c_i = 0$ 或 1,$\oplus$ 是模 2 加法。$c_i = 0$ 或 1 可用开关的断开和闭合来实现,如图 2-10 所示。

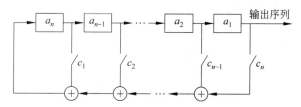

图 2-10 GF(2)上的 n 级线性反馈移位寄存器

输出序列 $\{a_t\}$ 满足

$$a_{n+t} = c_n a_t \oplus c_{n-1} a_{t+1} \oplus \cdots \oplus c_1 a_{n+t-1}$$

其中,t 为非负正整数。

线性反馈移位寄存器因其实现简单、速度快、有较为成熟的理论等优点而成为构造密钥流生成器的最重要的部件之一。

【例 2-3】 图 2-11 是一个 5 级线性反馈移位寄存器,其初始状态为 $(a_1, a_2, a_3, a_4, a_5) = (1, 0, 0, 1, 1)$,可求出输出序列为

$$1001101001000010101110110001111100110\cdots$$

周期为 31。

在线性反馈移位寄存器中总是假定 $c_1, c_2, \cdots, c_n$ 中至少有一个不为 0,否则 $f(a_1, a_2, \cdots, a_n) \equiv 0$,这样的话,在 n 个脉冲后状态必然是 $00\cdots0$,且这个状态必将一直持续下

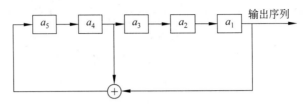

图 2-11　一个 5 级线性反馈移位寄存器

去。若只有一个系数不为 0,设仅有 c_j 不为 0,实际上是一种延迟装置。一般对于 n 级线性反馈移位寄存器,总是假定 $c_n=1$。

线性反馈移位寄存器输出序列的性质完全由其反馈函数决定。n 级线性反馈移位寄存器最多有 2^n 个不同的状态。若其初始状态为 0,则其状态恒为 0。若其初始状态非 0,则其后继状态不会为 0。因此 n 级线性反馈移位寄存器的状态周期小于或等于 2^n-1。其输出序列的周期与状态周期相等,也小于或等于 2^n-1。只要选择合适的反馈函数便可使序列的周期达到最大值 2^n-1,周期达到最大值的序列称为 m 序列。

2.3　线性移位寄存器的一元多项式表示

设 n 级线性移位寄存器的输出序列 $\{a_i\}$ 满足递推关系

$$a_{n+k}=c_1a_{n+k-1}\oplus c_2a_{n+k-2}\oplus\cdots\oplus c_na_k \tag{2-1}$$

对任何 $k\geqslant1$ 成立。这种递推关系可用一个一元高次多项式

$$p(x)=1+c_1x+\cdots+c_{n-1}x^{n-1}+c_nx^n$$

表示,称这个多项式为 LFSR 的特征多项式。

设 n 级线性移位寄存器对应于递推关系(2-1),由于 $a_i\in\mathrm{GF}(2)(i=1,2,\cdots,n)$,所以共有 2^n 组初始状态,即有 2^n 个递推序列,其中非恒零的有 2^n-1 个,记 2^n-1 个非零序列的全体为 $G(p(x))$。

定义 2-1　给定序列 $\{a_i\}$,幂级数

$$A(x)=\sum_{i=1}^{\infty}a_ix^{i-1}$$

称为该序列的生成函数。

定理 2-1　设 $p(x)=1+c_1x+\cdots+c_{n-1}x^{n-1}+c_nx^n$ 是 $\mathrm{GF}(2)$ 上的多项式,$G(p(x))$ 中任一序列 $\{a_i\}$ 的生成函数 $A(x)$ 满足:

$$A(x)=\frac{\phi(x)}{p(x)}$$

其中

$$\phi(x)=\sum_{i=1}^{n}\left(c_{n-i}x^{n-i}\sum_{j=1}^{i}a_jx^{j-1}\right)$$

证明　在等式

$$a_{n+1}=c_1a_n\oplus c_2a_{n-1}\oplus\cdots\oplus c_na_1$$

$$a_{n+2} = c_1 a_{n+1} \oplus c_2 a_n \oplus \cdots \oplus c_n a_2$$
$$\cdots$$

两边分别乘以 $x^n, x^{n+1}, \cdots$，再求和，可得

$$A(x) - (a_1 + a_2 x + \cdots + a_n x^{n-1})$$
$$= c_1 x [A(x) - (a_1 + a_2 x + \cdots + a_{n-1} x^{n-2})]$$
$$+ c_2 x^2 [A(x) - (a_1 + a_2 x + \cdots + a_{n-2} x^{n-3})] + \cdots + c_n x^n A(x)$$

移项整理得

$$(1 + c_1 x + \cdots + c_{n-1} x^{n-1} + c_n x^n) A(x)$$
$$= (a_1 + a_2 x + \cdots + a_n x^{n-1}) + c_1 x (a_1 + a_2 x + \cdots + a_{n-1} x^{n-2})$$
$$+ c_2 x^2 (a_1 + a_2 x + \cdots + a_{n-2} x^{n-3}) + \cdots + c_{n-1} x^{n-1} a_1$$

即

$$p(x) A(x) = \sum_{i=1}^{n} \left(c_{n-i} x^{n-i} \sum_{j=1}^{i} a_j x^{j-1} \right) = \phi(x)$$

（定理 2-1 证毕）

注意：在 GF(2) 上有 $a + a = 0$。

定理 2-2　$p(x) | q(x)$ 的充要条件是 $G(p(x)) \subset G(q(x))$。

证明　若 $p(x) | q(x)$，可设 $q(x) = p(x) r(x)$，因此

$$A(x) = \frac{\phi(x)}{p(x)} = \frac{\phi(x) r(x)}{p(x) r(x)} = \frac{\phi(x) r(x)}{q(x)}$$

所以若 $\{a_i\} \in G(p(x))$，则 $\{a_i\} \in G(q(x))$，即 $G(p(x)) \subset G(q(x))$。

反之，若 $G(p(x)) \subset G(q(x))$，则对于多项式 $\phi(x)$，存在序列 $\{a_i\} \in G(p(x))$ 以 $A(x) = \frac{\phi(x)}{p(x)}$ 为生成函数。特别地，对于多项式 $\phi(x) = 1$，存在序列 $\{a_i\} \in G(p(x))$ 以 $\frac{1}{p(x)}$ 为生成函数。由于 $G(p(x)) \subset G(q(x))$，序列 $\{a_i\} \in G(q(x))$，所以存在函数 $r(x)$，使得 $\{a_i\}$ 的生成函数也等于 $\frac{r(x)}{q(x)}$，从而 $\frac{1}{p(x)} = \frac{r(x)}{q(x)}$，即 $q(x) = p(x) r(x)$，所以 $p(x) | q(x)$。

（定理 2-2 证毕）

上述定理说明可用 n 级 LFSR 产生的序列，也可用级数更多的 LFSR 来产生。

定义 2-2　设 $p(x)$ 是 GF(2) 上的多项式，使 $p(x) | (x^p - 1)$ 的最小 p 称为 $p(x)$ 的周期或阶。

定理 2-3　若序列 $\{a_i\}$ 的特征多项式 $p(x)$ 定义在 GF(2) 上，p 是 $p(x)$ 的周期，则 $\{a_i\}$ 的周期 $r | p$。

证明　由 $p(x)$ 周期的定义得 $p(x) | (x^p - 1)$，因此存在 $q(x)$，使得 $x^p - 1 = p(x) q(x)$，又由 $p(x) A(x) = \phi(x)$，可得 $p(x) q(x) A(x) = \phi(x) q(x)$，所以 $(x^p - 1) A(x) = \phi(x) q(x)$。因 $p(x)$ 的次数不超过 n，由 $x^p - 1 = p(x) q(x)$ 知 $q(x)$ 的次数不超过 $p - n$。又知 $\phi(x)$ 的次数不超过 $n-1$，所以 $(x^p - 1) A(x)$ 的次数不超过 $(p-n) + (n-1) = p - 1$。将 $(x^p - 1) A(x)$ 写成 $x^p A(x) - A(x)$，可看出对于任意正整数 i 都有 $a_{i+p} = a_i$。

设 $p = kr + t, 0 \leq t < r$，则 $a_{i+p} = a_{i+kr+t} = a_{i+t} = a_i$，所以 $t = 0$，即 $r | p$。

(定理 2-3 证毕)

n 级 LFSR 输出序列的周期 r 不依赖于初始条件,而依赖于特征多项式 $p(x)$。我们感兴趣的是 LFSR 遍历 2^n-1 个非零状态,这时序列的周期达到最大 2^n-1,这种序列就是 m 序列。显然对于特征多项式一样,而仅初始条件不同的两个输出序列,一个记为 $\{a_i^{(1)}\}$,另一个记为 $\{a_i^{(2)}\}$,其中一个必是另一个的移位,即存在一个常数 k,使得

$$a_i^{(1)}=a_{k+i}^{(2)},\ i=1,2,\cdots$$

下面讨论特征多项式满足什么条件时,LFSR 的输出序列为 m 序列。

定义 2-3 仅能被非 0 常数或自身的常数倍除尽,但不能被其他多项式除尽的多项式称为即约多项式或不可约多项式。

不可约多项式与讨论的域有关,例如 $f(x)=x^2+1$,在实数域上是不可约,在复数域上可分解为 $f(x)=(x+i)(x-i)$。

定理 2-4 设 $p(x)$ 是 n 次不可约多项式,周期为 m,序列 $\{a_i\}\in G(p(x))$,则 $\{a_i\}$ 的周期为 m。

证明 设 $\{a_i\}$ 的周期为 r,由定理 2-3,有 $r\mid m$,所以 $r\leqslant m$。

设 $A(x)$ 为 $\{a_i\}$ 的生成函数,$A(x)=\dfrac{\phi(x)}{p(x)}$,即 $p(x)A(x)=\phi(x)\neq 0$,$\phi(x)$ 的次数不超过 $n-1$。而

$$A(x)=\sum_{i=1}^{\infty}a_i x^{i-1}=a_1+a_2 x+\cdots+a_r x^{r-1}+x^r(a_1+a_2 x+\cdots+a_r x^{r-1})+$$

$$(x^r)^2(a_1+a_2 x+\cdots+a_r x^{r-1})+\cdots=\frac{a_1+a_2 x+\cdots+a_r x^{r-1}}{1-x^r}$$

$$=\frac{a_1+a_2 x+\cdots+a_r x^{r-1}}{x^r-1}$$

于是 $A(x)=\dfrac{a_1+a_2 x+\cdots+a_r x^{r-1}}{x^r-1}=\dfrac{\phi(x)}{p(x)}$,即

$$p(x)(a_1+a_2 x+\cdots+a_r x^{r-1})=\phi(x)(x^r-1)$$

因 $p(x)$ 是不可约的且 $\phi(x)$ 的次数不超过 $n-1$,所以 $\gcd(p(x),\phi(x))=1$,$p(x)\mid(x^r-1)$,因此 $m\leqslant r$。

综上 $r=m$。

(定理 2-4 证毕)

定理 2-5 n 级 LFSR 产生的序列有最大周期 2^n-1 的必要条件是其特征多项式为不可约的。

证明 设 n 级 LFSR 产生的序列周期达到最大 2^n-1,除 0 序列外,每一序列的周期由特征多项式唯一决定,而与初始状态无关。设特征多项式为 $p(x)$,若 $p(x)$ 可约,可设为 $p(x)=g(x)h(x)$,其中 $g(x)$ 是不可约多项式,且次数 $k<n$。由于 $G(g(x))\subset G(p(x))$,而 $G(g(x))$ 中序列的周期一方面不超过 2^k-1,另一方面又等于 2^n-1,这是矛盾的,所以 $p(x)$ 是不可约多项式。

(定理 2-5 证毕)

该定理的逆不成立,即 LFSR 的特征多项式为不可约多项式时,其输出序列不一定是

m 序列。

【例 2-4】　$f(x)=x^4+x^3+x^2+x+1$ 为 GF(2) 上的不可约多项式,这是因为一次多项式 $x,x+1$ 都不能整除 $f(x)$,因此任一三次多项式也不能整除 $f(x)$。而二次多项式有 $x^2=x\cdot x,x^2+1=(x+1)(x+1)$(在 GF(2) 上 $x+x=0$),$x^2+x=x(x+1)$,x^2+x+1。由 $x,x+1$ 都不能整除 $f(x)$ 知 x^2,x^2+1,x^2+x 都不能整除 $f(x)$,二次不可约多项式 x^2+x+1 不能整除 $f(x)$ 可直接验证。

以 $f(x)$ 为特征多项式的 LFSR 的输出序列可由

$$a_k=a_{k-1}\oplus a_{k-2}\oplus a_{k-3}\oplus a_{k-4},\quad k\geqslant 4$$

和给定的初始状态求出,设初始状态为 0001,则输出序列为 000110001100011…,周期为 5,不是 m 序列。

定义 2-4　若 n 次不可约多项式 $p(x)$ 的阶为 2^n-1,则称 $p(x)$ 是 n 次本原多项式。

定理 2-6　设 $\{a_i\}\in G(p(x))$,$\{a_i\}$ 为 m 序列的充要条件是 $p(x)$ 为本原多项式。

证明　若 $p(x)$ 是本原多项式,则其阶为 2^n-1,由定理 2-4 得 $\{a_i\}$ 的周期等于 2^n-1,即 $\{a_i\}$ 为 m 序列。

反之,若 $\{a_i\}$ 为 m 序列,即其周期等于 2^n-1,由定理 2-5 知 $p(x)$ 是不可约多项式。由定理 2-3 知 $\{a_i\}$ 的周期 2^n-1 整除 $p(x)$ 的阶,而 $p(x)$ 的阶不超过 2^n-1,所以 $p(x)$ 的阶为 2^n-1,即 $p(x)$ 是本原多项式。

(定理 2-6 证毕)

$\{a_i\}$ 为 m 序列的关键在于 $p(x)$ 为本原多项式,n 次本原多项式的个数为

$$\frac{\varphi(2^n-1)}{n}$$

其中,φ 为欧拉函数。已经证明,对于任意的正整数 n,至少存在一个 n 次本原多项式。所以对于任意的 n 级 LFSR,至少存在一种连接方式使其输出序列为 m 序列。

【例 2-5】　设 $p(x)=x^4+x+1$,由于 $p(x)\mid(x^{15}-1)$,但不存在小于 15 的常数 l,使得 $p(x)\mid(x^l-1)$,所以 $p(x)$ 的阶为 15。类似于例 2-4,$p(x)$ 的不可约性可由 x、$x+1$、x^2+x+1 都不能整除 $p(x)$ 得到,所以 $p(x)$ 是本原多项式。

若 LFSR 以 $p(x)$ 为特征多项式,则输出序列的递推关系为

$$a_k=a_{k-1}\oplus a_{k-4},\quad k\geqslant 4$$

若初始状态为 1001,则输出为

$$1001000111101011001000111101011\cdots$$

周期为 $2^4-1=15$,即输出序列为 m 序列。

2.4　m 序列的伪随机性

流密码的安全性取决于密钥流的安全性,要求密钥流序列有好的随机性,以使密码分析者对它无法预测。也就是说,即使截获其中一段,也无法推测后面是什么。如果密钥流是周期的,要完全做到随机性是困难的。严格地说,这样的序列不可能做到随机,只能要求截获比周期短的一段时不会泄露更多信息,这样的序列称为伪随机序列。

为讨论 m 序列的随机性,下面首先讨论随机序列的一般特性。

设 $\{a_i\}=(a_1a_2a_3\cdots)$ 为 0、1 序列,例如 00110111,其前两个数字是 00,称为 0 的 2 游程;接着是 11,是 1 的 2 游程;再下来是 0 的 1 游程和 1 的 3 游程。

定义 2-5　$GF(2)$ 上周期为 T 的序列 $\{a_i\}$ 的自相关函数定义为

$$R(\tau)=\frac{1}{T}\sum_{k=1}^{T}(-1)^{a_k}(-1)^{a_{k+\tau}},\quad 0\leqslant\tau\leqslant T-1$$

定义中的和式表示序列 $\{a_i\}$ 与 $\{a_{i+\tau}\}$(序列 $\{a_i\}$ 向后平移 τ 位得到)在一个周期内对应位相同的位数与对应位不同的位数之差。当 $\tau=0$ 时,$R(\tau)=1$;当 $\tau\neq0$ 时,称 $R(\tau)$ 为异相自相关函数。

Golomb 对伪随机周期序列提出了应满足的如下 3 个随机性公设:

(1) 在序列的一个周期内,0 与 1 的个数相差至多为 1。

(2) 在序列的一个周期内,长为 1 的游程占游程总数的 $\frac{1}{2}$,长为 2 的游程占游程总数的 $\frac{1}{2^2}$,$\cdots$,长为 i 的游程占游程总数的 $\frac{1}{2^i}$,$\cdots$,且在等长的游程中 0 的游程个数和 1 的游程个数相等。

(3) 异自相关函数是一个常数。

公设(1)说明 $\{a_i\}$ 中 0 与 1 出现的概率基本上相同,公设(2)说明 0 与 1 在序列中每一位置上出现的概率相同;公设(3)意味着通过对序列与其平移后的序列做比较,不能给出其他任何信息。

从密码系统的角度看,一个伪随机序列还应满足下面的条件:

(1) $\{a_i\}$ 的周期相当大。

(2) $\{a_i\}$ 的确定在计算上是容易的。

(3) 由密文及相应的明文的部分信息,不能确定整个 $\{a_i\}$。

定理 2-7 说明,m 序列满足 Golomb 的 3 个随机性公设。

定理 2-7　$GF(2)$ 上的 n 长 m 序列 $\{a_i\}$ 具有如下性质:

(1) 在一个周期内,0、1 出现的次数分别为 $2^{n-1}-1$ 和 2^{n-1}。

(2) 在一个周期内,总游程数 2^{n-1};对 $1\leqslant i\leqslant n-2$,长为 i 的游程有 2^{n-i-1} 个,且 0、1 游程各半;长为 $n-1$ 的 0 游程一个,长为 n 的 1 游程一个。

(3) $\{a_i\}$ 的自相关函数为

$$R(\tau)=\begin{cases}1, & \tau=0\\ -\dfrac{1}{2^n-1}, & 0<\tau\leqslant 2^n-2\end{cases}$$

证明　(1) 在 n 长 m 序列的一个周期内,除了全 0 状态外,每个 n 长状态(共有 2^n-1 个)都恰好出现一次,这些状态中有 2^{n-1} 个在 a_1 位是 1,其余 $2^n-1-2^{n-1}=2^{n-1}-1$ 个状态在 a_1 位是 0。

(2) 对 $n=1,2$,易证结论成立。

对 $n>2$,当 $1\leqslant i\leqslant n-2$ 时,n 长 m 序列的一个周期内,长为 i 的 0 游程数目等于序

列中如下形式的状态数目：$1\underbrace{00\cdots01}_{i个0}*\cdots*$，其中，$n-i-2$ 个 $*$ 可任取 0 或 1。这种状态共有 2^{n-i-2} 个。同理可得长为 i 的 1 游程数目也等于 2^{n-i-2}，所以长为 i 的游程总数为 2^{n-i-1}。

由于寄存器中不会出现全 0 状态，所以不会出现 0 的 n 游程，但必有一个 1 的 n 游程，而且 1 的游程不会更大，因为若出现 1 的 $n+1$ 游程，就必然有两个相邻的全 1 状态，但这是不可能的。这就证明了 1 的 n 游程必然出现在如下的串中：

$$0\underbrace{11\cdots1}_{n个1}0$$

当这 $n+2$ 位通过移位寄存器时，便依次产生以下状态：

$$0\underbrace{11\cdots1}_{n-1个1}\quad\underbrace{11\cdots1}_{n个1}\quad\underbrace{11\cdots1}_{n-1个1}0$$

由于 $0\underbrace{11\cdots1}_{n-1个1}$、$\underbrace{11\cdots1}_{n-1个1}0$ 这两个状态只能各出现一次，所以不会有 1 的 $n-1$ 游程。

0 的 $n-1$ 游程有一个：

$$1\underbrace{00\cdots01}_{n-1个0}$$

它产生 $1\underbrace{00\cdots0}_{n-1个0}$ 和 $\underbrace{00\cdots01}_{n-1个0}$ 两个状态。

于是在一个周期内，总游程数为：

$$1+1+\sum_{i=1}^{n-2}2^{n-i-1}=2^{n-1}$$

（3）$\{a_i\}$ 是周期为 2^n-1 的 m 序列，对于任一正整数 $\tau(0<\tau<2^n-1)$，$\{a_i\}+\{a_{i+\tau}\}$ 在一个周期内为 0 的位的数目正好是序列 $\{a_i\}$ 和 $\{a_{i+\tau}\}$ 对应位相同的位的数目。

设序列 $\{a_i\}$ 满足递推关系：

$$a_{h+n}=c_1a_{h+n-1}\oplus c_2a_{h+n-2}\oplus\cdots\oplus c_na_h$$

故

$$a_{h+n+\tau}=c_1a_{h+n+\tau-1}\oplus c_2a_{h+n+\tau-2}\oplus\cdots\oplus c_na_{h+\tau}$$

$$a_{h+n}\oplus a_{h+n+\tau}=c_1(a_{h+n-1}\oplus a_{h+n+\tau-1})\oplus c_2(a_{h+n-2}\oplus a_{h+n+\tau-2})\oplus\cdots\oplus c_n(a_h\oplus a_{h+\tau})$$

令 $b_j=a_j\oplus a_{j+\tau}$，由递推序列 $\{a_i\}$ 可推得递推序列 $\{b_i\}$，$\{b_i\}$ 满足

$$b_{h+n}=c_1b_{h+n-1}\oplus c_2b_{h+n-2}\oplus\cdots\oplus c_nb_h$$

$\{b_i\}$ 也是 m 序列。为了计算 $R(\tau)$，只要用 $\{b_i\}$ 在一个周期中 0 的个数减去 1 的个数，再除以 2^n-1，即

$$R(\tau)=\frac{2^{n-1}-1-2^{n-1}}{2^n-1}=-\frac{1}{2^n-1}$$

（定理 2-7 证毕）

2.5　m 序列密码的破译

上面说过，有限域 GF(2) 上的二元加法流密码（见图 2-3）是目前最为常用的流密码体制，设滚动密钥生成器是线性反馈移位寄存器，产生的密钥是 m 序列。又设 S_h 和

S_{h+1} 是序列中两个连续的 n 长向量,其中

$$\boldsymbol{S}_h = \begin{pmatrix} a_h \\ a_{h+1} \\ \vdots \\ a_{h+n-1} \end{pmatrix}, \quad \boldsymbol{S}_{h+1} = \begin{pmatrix} a_{h+1} \\ a_{h+2} \\ \vdots \\ a_{h+n} \end{pmatrix}$$

设序列 $\{a_i\}$ 满足线性递推关系:

$$a_{h+n} = c_1 a_{h+n-1} \oplus c_2 a_{h+n-2} \oplus \cdots \oplus c_n a_h$$

可表示为

$$\begin{pmatrix} a_{h+1} \\ a_{h+2} \\ \vdots \\ a_{h+n} \end{pmatrix} = \begin{pmatrix} 0 & 1 & 0 & \cdots & 0 \\ 0 & 0 & 1 & \cdots & 0 \\ \vdots & \vdots & \vdots & & \vdots \\ c_n & c_{n-1} & c_{n-2} & \cdots & c_1 \end{pmatrix} \begin{pmatrix} a_h \\ a_{h+1} \\ \vdots \\ a_{h+n-1} \end{pmatrix}$$

或 $\boldsymbol{S}_{h+1} = \boldsymbol{M} \cdot \boldsymbol{S}_h$,其中

$$\boldsymbol{M} = \begin{pmatrix} 0 & 1 & 0 & \cdots & 0 \\ 0 & 0 & 1 & \cdots & 0 \\ \vdots & \vdots & \vdots & & \vdots \\ c_n & c_{n-1} & c_{n-2} & \cdots & c_1 \end{pmatrix}$$

又设敌手知道一段长为 $2n$ 的明密文对,即已知

$$x = x_1 x_2 \cdots x_{2n}, \quad y = y_1 y_2 \cdots y_{2n}$$

于是可求出一段长为 $2n$ 的密钥序列

$$z = z_1 z_2 \cdots z_{2n}$$

其中,$z_i = x_i \oplus y_i = x_i \oplus (x_i \oplus z_i)$。由此可推出线性反馈移位寄存器连续的 $n+1$ 个状态:

$$\boldsymbol{S}_1 = (z_1 z_2 \cdots z_n) \xlongequal{\text{记为}} (a_1 a_2 \cdots a_n)$$

$$\boldsymbol{S}_2 = (z_2 z_3 \cdots z_{n+1}) \xlongequal{\text{记为}} (a_2 a_3 \cdots a_{n+1})$$

$$\vdots$$

$$\boldsymbol{S}_{n+1} = (z_{n+1} z_{n+2} \cdots z_{2n}) \xlongequal{\text{记为}} (a_{n+1} a_{n+2} \cdots a_{2n})$$

设矩阵

$$\boldsymbol{X} = (\boldsymbol{S}_1 \boldsymbol{S}_2 \cdots \boldsymbol{S}_n)$$

而

$$(a_{n+1} a_{n+2} \cdots a_{2n}) = (c_n c_{n-1} \cdots c_1) \begin{pmatrix} a_1 & \cdots & a_n \\ \vdots & & \vdots \\ a_n & \cdots & a_{2n-1} \end{pmatrix}$$

$$= (c_n c_{n-1} \cdots c_1) \boldsymbol{X}$$

若 $\boldsymbol{X}$ 可逆,则

$$(c_n c_{n-1} \cdots c_1) = (a_{n+1} a_{n+2} \cdots a_{2n}) \boldsymbol{X}^{-1}$$

下面证明 $\boldsymbol{X}$ 的确是可逆的。

因为 $\boldsymbol{X}$ 是由 $\boldsymbol{S}_1,\boldsymbol{S}_2,\cdots,\boldsymbol{S}_n$ 作为列向量,要证 $\boldsymbol{X}$ 可逆,只要证明这 n 个向量线性无关。

由序列递推关系:

$$a_{h+n}=c_1 a_{h+n-1}\oplus c_2 a_{h+n-2}\oplus\cdots\oplus c_n a_h$$

可推出向量的递推关系:

$$\boldsymbol{S}_{h+n}=c_1\boldsymbol{S}_{h+n-1}\oplus c_2\boldsymbol{S}_{h+n-2}\oplus\cdots\oplus c_n\boldsymbol{S}_h=\sum_{i=1}^{n}c_i\boldsymbol{S}_{h+n-i}\,(\mathrm{mod}\,2)$$

设 $m(m\leqslant n+1)$ 是使 $\boldsymbol{S}_1,\boldsymbol{S}_2,\cdots,\boldsymbol{S}_m$ 线性相关的最小整数,即存在不全为 0 的系数 $l_1,l_2,\cdots,l_m$,其中,不妨设 $l_1=1$,使得

$$\boldsymbol{S}_m+l_2\boldsymbol{S}_{m-1}+l_3\boldsymbol{S}_{m-2}+\cdots+l_m\boldsymbol{S}_1=0$$

即

$$\boldsymbol{S}_m=l_m\boldsymbol{S}_1+l_{m-1}\boldsymbol{S}_2+\cdots+l_2\boldsymbol{S}_{m-1}=\sum_{j=1}^{m-1}l_{j+1}\boldsymbol{S}_{m-j}$$

对于任一整数 i,有

$$\begin{aligned}\boldsymbol{S}_{m+i}&=\boldsymbol{M}^i\boldsymbol{S}_m=\boldsymbol{M}^i(l_m\boldsymbol{S}_1+l_{m-1}\boldsymbol{S}_2+\cdots+l_2\boldsymbol{S}_{m-1})\\&=l_m\boldsymbol{M}^i\boldsymbol{S}_1+l_{m-1}\boldsymbol{M}^i\boldsymbol{S}_2+\cdots+l_2\boldsymbol{M}^i\boldsymbol{S}_{m-1}\\&=l_m\boldsymbol{S}_{i+1}+l_{m-1}\boldsymbol{S}_{i+2}+\cdots+l_2\boldsymbol{S}_{m+i-1}\end{aligned}$$

由此又推出密钥流的递推关系:

$$a_{m+i}=l_2 a_{m+i-1}\oplus l_3 a_{m+i-2}\oplus\cdots\oplus l_m a_{i+1}$$

即密钥流的级数小于 m。若 $m\leqslant n$,则得出密钥流的级数小于 n,矛盾。所以 $m=n+1$,从而推出矩阵 $\boldsymbol{X}$ 必是可逆的。

【例 2-6】　设敌手得到密文串 101101011110010 和相应的明文串 011001111111001,因此可计算出相应的密钥流为 110100100001011。进一步假定敌手还知道密钥流是使用 5 级线性反馈移位寄存器产生的,那么敌手可分别用密文串中的前 10 个比特和明文串中的前 10 个比特建立如下方程

$$(a_6 a_7 a_8 a_9 a_{10})=(c_5 c_4 c_3 c_2 c_1)\begin{pmatrix}a_1 a_2 a_3 a_4 a_5\\a_2 a_3 a_4 a_5 a_6\\a_3 a_4 a_5 a_6 a_7\\a_4 a_5 a_6 a_7 a_8\\a_5 a_6 a_7 a_8 a_9\end{pmatrix}$$

即

$$(01000)=(c_5 c_4 c_3 c_2 c_1)\begin{pmatrix}1&1&0&1&0\\1&0&1&0&0\\0&1&0&0&1\\1&0&0&1&0\\0&0&1&0&0\end{pmatrix}$$

而

$$\begin{pmatrix} 1 & 1 & 0 & 1 & 0 \\ 1 & 0 & 1 & 0 & 0 \\ 0 & 1 & 0 & 0 & 1 \\ 1 & 0 & 0 & 1 & 0 \\ 0 & 0 & 1 & 0 & 0 \end{pmatrix}^{-1} = \begin{pmatrix} 0 & 1 & 0 & 0 & 1 \\ 1 & 0 & 0 & 1 & 0 \\ 0 & 0 & 0 & 0 & 1 \\ 0 & 1 & 0 & 1 & 1 \\ 1 & 0 & 1 & 1 & 0 \end{pmatrix}$$

从而得到

$$(c_5 c_4 c_3 c_2 c_1) = (01000)\begin{pmatrix} 0 & 1 & 0 & 0 & 1 \\ 1 & 0 & 0 & 1 & 0 \\ 0 & 0 & 0 & 0 & 1 \\ 0 & 1 & 0 & 1 & 1 \\ 1 & 0 & 1 & 1 & 0 \end{pmatrix}$$

所以

$$(c_5 c_4 c_3 c_2 c_1) = (10010)$$

密钥流的递推关系为

$$a_{i+5} = c_5 a_i \oplus c_2 a_{i+3} = a_i \oplus a_{i+3}$$

2.6 非线性序列

在 2.1.3 节已介绍密钥流生成器可分解为驱动子系统和非线性组合子系统,如图 2-6 所示,驱动子系统常用一个或多个线性反馈移位寄存器来实现,非线性组合子系统用非线性组合函数 F 来实现,如图 2-7 所示,本节介绍第二部分——非线性组合子系统。

为了使密钥流生成器输出的二元序列尽可能复杂,应保证其周期尽可能大、线性复杂度和不可预测性尽可能高,因此常使用多个 LFSR 来构造二元序列,称每个 LFSR 的输出序列为驱动序列,显然密钥流生成器输出序列的周期不大于各驱动序列周期的乘积,因此,提高输出序列的线性复杂度应从极大化其周期开始。

二元序列的线性复杂度指生成该序列的最短 LFSR 的级数,最短 LFSR 的特征多项式称为二元序列的极小特征多项式。

下面介绍 4 种由多个 LFSR 驱动的非线性序列生成器。

2.6.1 Geffe 序列生成器

Geffe 序列生成器由 3 个 LFSR 组成,其中,LFSR2 作为控制生成器使用,如图 2-12 所示。

当 LFSR2 输出 1 时,LFSR2 与 LFSR1 相连接;当 LFSR2 输出 0 时,LFSR2 与 LFSR3 相连接。若设 LFSRi 的输出序列为 $\{a_k^{(i)}\}(i=1,2,3)$,则输出序列 $\{b_k\}$ 可以表示为

$$b_k = a_k^{(1)} a_k^{(2)} + a_k^{(3)} \overline{a_k^{(2)}} = a_k^{(1)} a_k^{(2)} + a_k^{(3)} a_k^{(2)} + a_k^{(3)}$$

Geffe 序列生成器也可以表示为图 2-13 的形式,其中,LFSR1 和 LFSR3 作为多路复

合器的输入,LFSR2 控制多路复合器的输出。设 LFSRi 的特征多项式分别为 n_i 次本原多项式,且 n_i 两两互素,则 Geffe 序列的周期为

$$T = \prod_{i=1}^{3}(2^{n_i}-1)$$

线性复杂度为

$$\delta = (n_1 + n_3)n_2 + n_3$$

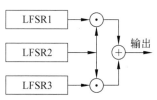

图 2-12　Geffe 序列生成器

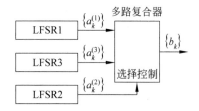

图 2-13　多路复合器表示的 Geffe 序列生成器

Geffe 序列的周期实现了极大化,且 0 与 1 之间的分布大体上是平衡的。

2.6.2　JK 触发器

JK 触发器如图 2-14 所示,它的两个输入端分别用 J 和 K 表示,其输出 c_k 不仅依赖于输入,还依赖于前一个输出位 c_{k-1},即

$$c_k = \overline{(x_1 + x_2)}c_{k-1} + x_1$$

其中,x_1 和 x_2 分别是 J 和 K 端的输入。由此可得 JK 触发器的真值表,如表 2-3 所示。

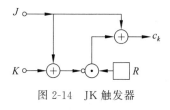

图 2-14　JK 触发器

表 2-3　JK 触发器的真值表

J	K	c_k
0	0	c_{k-1}
0	1	0
1	0	1
1	1	$\overline{c_{k-1}}$

利用 JK 触发器的非线性序列生成器见图 2-15,令驱动序列 $\{a_k\}$ 和 $\{b_k\}$ 分别为 m 级和 n 级 m 序列,则有

$$c_k = \overline{(a_k + b_k)}c_{k-1} + a_k = (a_k + b_k + 1)c_{k-1} + a_k$$

图 2-15　利用 JK 触发器的非线性序列生成器

如果令 $c_{-1} = 0$,则输出序列的最初 3 项为

$$c_0 = a_0$$

$$c_1 = (a_1 + b_1 + 1)a_0 + a_1$$
$$c_2 = (a_2 + b_2 + 1)((a_1 + b_1 + 1)a_0 + a_1) + a_2$$

当 m 与 n 互素且 $a_0 + b_0 = 1$ 时，序列 $\{c_k\}$ 的周期为 $(2^m - 1)(2^n - 1)$。

【例 2-7】 令 $m = 2, n = 3$，两个驱动 m 序列分别为

$$\{a_k\} = 0, 1, 1, \cdots$$

和

$$\{b_k\} = 1, 0, 0, 1, 0, 1, 1, \cdots$$

于是，输出序列 $\{c_k\}$ 是 $0, 1, 1, 0, 1, 0, 0, 1, 1, 1, 0, 1, 0, 1, 0, 0, 1, 0, 0, 1, 0, \cdots$
其周期为 $(2^2 - 1)(2^3 - 1) = 21$。

由表达式 $c_k = (a_k + b_k + 1)c_{k-1} + a_k$ 可得

$$c_k = \begin{cases} a_k, & c_{k-1} = 0 \\ \overline{b_k}, & c_{k-1} = 1 \end{cases}$$

因此，如果知道 $\{c_k\}$ 中相邻位的值 c_{k-1} 和 c_k，就可以推断出 a_k 和 b_k 中的一个。而一旦知道足够多的这类信息，就可通过密码分析的方法得到序列 $\{a_k\}$ 和 $\{b_k\}$。为了克服上述缺点，Pless 提出了由多个 JK 触发器序列驱动的多路复合序列方案，称为 Pless 生成器。

2.6.3　Pless 生成器

Pless 生成器由 8 个 LFSR、4 个 JK 触发器和 1 个循环计数器构成，由循环计数器进行选通控制，如图 2-16 所示。假定在时刻 t 输出第 $t \pmod 4$ 个单元，则输出序列为

$$a_0 b_1 c_2 d_3 a_4 b_5 c_6 \cdots$$

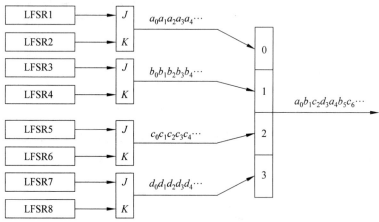

图 2-16　Pless 生成器

2.6.4　钟控序列生成器

钟控序列最基本的模型是用一个 LFSR 控制另外一个 LFSR 的移位时钟脉冲，如图 2-17 所示。

假设 LFSR1 和 LFSR2 分别输出序列 $\{a_k\}$ 和 $\{b_k\}$，其周期分别为 p_1 和 p_2。当

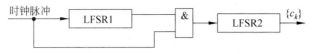

图 2-17 最简单的钟控序列生成器

LFSR1 输出 1 时,移位时钟脉冲通过与门使 LFSR2 进行一次移位,从而生成下一位。当 LFSR1 输出 0 时,移位时钟脉冲无法通过与门影响 LFSR2。因此 LFSR2 重复输出前一位。假设钟控序列 $\{c_k\}$ 的周期为 p,可得如下关系:

$$p = \frac{p_1 p_2}{\gcd(w_1, p_2)}$$

其中,$w_1 = \sum_{i=0}^{p_1-1} a_i$。

又设 $\{a_k\}$ 和 $\{b_k\}$ 的极小特征多项式分别为 GF(2) 上的 m 和 n 次本原多项式 $f_1(x)$ 和 $f_2(x)$,且 $m \mid n$。因此,$p_1 = 2^m - 1$,$p_2 = 2^n - 1$。又知 $w_1 = 2^{m-1}$,因此 $\gcd(w_1, p_2) = 1$,所以 $p = p_1 p_2 = (2^m - 1)(2^n - 1)$。

此外,也可推导出 $\{c_k\}$ 的线性复杂度为 $n(2^m - 1)$,极小特征多项式为 $f_2(x^{2^m-1})$。

【例 2-8】 设 LFSR1 为 3 级 m 序列生成器,其特征多项式为 $f_1(x) = 1 + x + x^3$。设初态为 $a_0 = a_1 = a_2 = 1$,于是输出序列为 $\{a_k\} = 1,1,1,0,1,0,0,\cdots$。

又设 LFSR2 为 3 级 m 序列生成器,且记其状态向量为 $\boldsymbol{\sigma}_k$,则在图 2-17 的构造下 $\boldsymbol{\sigma}_k$ 的变化情况如下:

$$
\begin{array}{llllllll}
\boldsymbol{\sigma}_0 & \boldsymbol{\sigma}_1 & \boldsymbol{\sigma}_2 & \boldsymbol{\sigma}_3 & \boldsymbol{\sigma}_3 & \boldsymbol{\sigma}_4 & \boldsymbol{\sigma}_4 & \boldsymbol{\sigma}_4 \\
\boldsymbol{\sigma}_5 & \boldsymbol{\sigma}_6 & \boldsymbol{\sigma}_0 & \boldsymbol{\sigma}_0 & \boldsymbol{\sigma}_1 & \boldsymbol{\sigma}_1 & \boldsymbol{\sigma}_1 \\
\boldsymbol{\sigma}_2 & \boldsymbol{\sigma}_3 & \boldsymbol{\sigma}_4 & \boldsymbol{\sigma}_4 & \boldsymbol{\sigma}_5 & \boldsymbol{\sigma}_5 & \boldsymbol{\sigma}_5 \\
\boldsymbol{\sigma}_6 & \boldsymbol{\sigma}_0 & \boldsymbol{\sigma}_1 & \boldsymbol{\sigma}_1 & \boldsymbol{\sigma}_2 & \boldsymbol{\sigma}_2 & \boldsymbol{\sigma}_2 \\
\boldsymbol{\sigma}_0 & \boldsymbol{\sigma}_1 & \boldsymbol{\sigma}_2 & \boldsymbol{\sigma}_2 & \boldsymbol{\sigma}_3 & \boldsymbol{\sigma}_3 & \boldsymbol{\sigma}_3 \\
\boldsymbol{\sigma}_4 & \boldsymbol{\sigma}_5 & \boldsymbol{\sigma}_6 & \boldsymbol{\sigma}_6 & \boldsymbol{\sigma}_0 & \boldsymbol{\sigma}_0 & \cdots
\end{array}
$$

$\{c_k\}$ 的周期为 $(2^3 - 1)^2 = 49$,在它的一个周期内,每个 $\boldsymbol{\sigma}_k$ 恰出现 7 次。

设 $f_2(x) = 1 + x^2 + x^3$ 为 LFSR2 的特征多项式,且初态为 $b_0 = b_1 = b_2 = 1$,则 $\{b_k\} = 1,1,1,0,0,1,0,\cdots$。

由 $\boldsymbol{\sigma}_k$ 的变化情况得:

$$
\begin{aligned}
\{c_k\} = &1,1,1,0,0,0,0,0,0,\\
&1,0,1,1,1,1,1,\\
&1,0,0,0,1,1,1,\\
&0,1,1,1,1,1,1,\\
&0,0,1,1,0,0,0,\\
&1,1,1,1,0,0,0,\\
&0,1,0,0,1,1,\cdots
\end{aligned}
$$

$\{c_k\}$ 的极小特征多项式为 $1 + x^{14} + x^{21}$,其线性复杂度为 $3 \cdot (2^3 - 1) = 21$,图 2-18 是

其线性等价生成器。

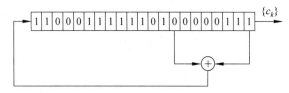

图 2-18 一个钟控序列的线性等价生成器

实际应用中,可以用上述最基本的钟控序列生成器构造复杂的模型,具体构造方式读者可参阅有关文献。

设计一个性能良好的序列密码是一项十分困难的任务。最基本的设计原则是"密钥流生成器的不可预测性",它可分解为下述基本原则:

(1) 长周期。

(2) 高线性复杂度。

(3) 统计性能良好。

(4) 足够的"混乱"。

(5) 足够的"扩散"。

(6) 抵抗不同形式的攻击。

习　　题

1. 3 级线性反馈移位寄存器在 $c_3=1$ 时可有 4 种线性反馈函数,设其初始状态为 $(a_1,a_2,a_3)=(1,0,1)$,求各线性反馈函数的输出序列及周期。

2. 设 n 级线性反馈移位寄存器的特征多项式为 $p(x)$,初始状态为 $(a_1,a_2,\cdots,a_n)=(00\cdots01)$,证明输出序列的周期等于 $p(x)$ 的阶。

3. 设 $n=4,f(a_1,a_2,a_3,a_4)=a_1\oplus a_4\oplus 1\oplus a_2a_3$,初始状态为 $(a_1,a_2,a_3,a_4)=(1,1,0,1)$,求此非线性反馈移位寄存器的输出序列及周期。

4. 设密钥流是由 $m=2s$ 级 LFSR 产生,其前 $m+2$ 个比特是 $(01)^{s+1}$,即 $s+1$ 个 01。问:第 $m+3$ 个比特有无可能是 1?为什么?

5. 设密钥流是由 n 级 LFSR 产生,其周期为 $2^n-1,i$ 是任一正整数,在密钥流中考虑以下比特对

$$(S_i,S_{i+1}),(S_{i+1},S_{i+2}),\cdots,(S_{i+2^n-3},S_{i+2^n-2}),(S_{i+2^n-2},S_{i+2^n-1})$$

问:有多少形如 $(S_j,S_{j+1})=(1,1)$ 的比特对?证明你的结论。

6. 已知流密码的密文串 1010110110 和相应的明文串 0100010001,而且还已知密钥流是使用三级线性反馈移位寄存器产生的,试破译该密码系统。

7. 若 GF(2)上的二元加法流密码的密钥生成器是 n 级线性反馈移位寄存器,产生的密钥是 m 序列。由 2.5 节已知,敌手若知道一段长为 $2n$ 的明密文对就可破译密钥流生成器。如果敌手仅知道长为 $2n-2$ 的明密文对,如何破译密钥流生成器?

8. 设 JK 触发器中 $\{a_k\}$ 和 $\{b_k\}$ 分别为 3 级和 4 级 m 序列,且

$$\{a_k\} = 11101001110100\cdots$$

$$\{b_k\} = 00101101101100000101101011000\cdots$$

求输出序列$\{c_k\}$及周期。

9. 设基本钟控序列产生器中$\{a_k\}$和$\{b_k\}$分别为 2 级和 3 级 m 序列,且

$$\{a_k\} = 101101\cdots$$

$$\{b_k\} = 10011011001101\cdots$$

求输出序列$\{c_k\}$及周期。

第 3 章 分组密码体制

3.1 分组密码概述

在许多密码系统中，单钥分组密码是系统安全的一个重要组成部分，用分组密码易于构造伪随机数生成器、流密码、消息认证码（MAC）和哈希函数等，还可进而成为消息认证技术、数据完整性机制、实体认证协议以及单钥数字签字体制的核心组成部分。实际应用中对于分组密码可能会提出多方面的要求，除了安全性外，还有运行速度、存储量（程序的长度、数据分组长度、高速缓存大小）、实现平台（硬件、软件、芯片）、运行模式等限制条件。这些都需要与安全性要求之间进行适当的折中选择。

分组密码是将明文消息编码表示后的数字序列 $x_0, x_1, \cdots, x_i, \cdots$ 划分成长为 n 的组 $\boldsymbol{x} = (x_0, x_1, \cdots, x_{n-1})$，各组（长为 n 的矢量）分别在密钥 $\boldsymbol{k} = (k_0, k_1, \cdots, k_{t-1})$ 控制下变换成等长的输出数字序列 $\boldsymbol{y} = (y_0, y_1, \cdots, y_{m-1})$（长为 m 的矢量），其加密函数 $E: V_n \times K \to V_m, V_n$ 和 V_m 分别是 n 维和 m 维矢量空间，K 为密钥空间，如图 3-1 所示。它与流密码的不同之处在于输出的每一位数字不是只与相应时刻输入的明文数字有关，而是与一组长为 n 的明文数字有关。在相同密钥下，分组密码对长为 n 的输入明文组所实施的变换是等同的，所以只须研究对任一组明文数字的变换规则。这种密码实质上是字长为 n 的数字序列的代换密码。

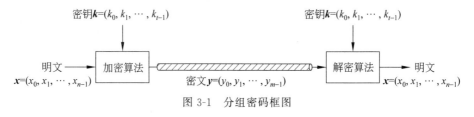

图 3-1　分组密码框图

通常取 $m = n$。若 $m > n$，则为有数据扩展的分组密码。若 $m < n$，则为有数据压缩的分组密码。在二元情况下，$\boldsymbol{x}$ 和 $\boldsymbol{y}$ 均为二元数字序列，它们的每个分量 $x_i, y_i \in \mathrm{GF}(2)$。下面主要讨论二元情况。设计的算法应满足下述要求：

（1）分组长度 n 要足够大，使分组代换字母表中的元素个数 2^n 足够大，防止明文穷举攻击法奏效。DES、IDEA、FEAL 和 LOKI 等分组密码都采用 $n = 64$，在生日攻击下用 2^{32} 组密文成功概率为 $1/2$，同时要求 $2^{32} \times 64 \mathrm{bit} = 2^{15} \mathrm{Mbyte}$ 存储，故采用穷举攻击是不现实的。

（2）密钥量要足够大（即置换子集中的元素足够多），尽可能消除弱密钥并使所有密钥同等地好,以防止密钥穷举攻击奏效。但密钥又不能过长,以便于密钥的管理。DES采用 56 比特密钥,现在看来太短了,IDEA 采用 128 比特密钥。

(3) 由密钥确定置换的算法要足够复杂,充分实现明文与密钥的扩散和混淆,没有简单的关系可循,能抗击各种已知的攻击,如差分攻击和线性攻击;有高的非线性阶数,实现复杂的密码变换;使对手破译时除了用穷举法外,无其他捷径可循。

(4) 加密和解密运算简单,易于软件和硬件高速实现。如将分组 n 划分为子段,每段长为 8、16 或者 32。在以软件实现时,应选用简单的运算,使作用于子段上的密码运算易于以标准处理器的基本运算,如加、乘、移位等实现,避免使用以软件难以实现的逐比特置换。为了便于硬件实现,加密和解密过程之间的差别应仅在于由秘密密钥所生成的密钥表不同而已。这样,加密和解密就可使用同一器件实现。设计的算法采用规则的模块结构,如多轮迭代等,以便于软件和 VLSI 快速实现。此外,差错传播和数据扩展要尽可能小。

(5) 数据扩展尽可能小。一般无数据扩展,在采用同态置换和随机化加密技术时可引入数据扩展。

(6) 差错传播尽可能小。

要实现上述几点要求并不容易。首先,要在理论上研究有效而可靠的设计方法,而后进行严格的安全性检验,并且要易于实现。

下面介绍设计分组密码的一些常用方法。

3.1.1　代换

如果明文和密文的分组长都为 n 比特,则明文的每一个分组都有 2^n 个可能的取值。为使加密运算可逆(使解密运算可行),明文的每一个分组都应产生唯一的一个密文分组,这样的变换是可逆的,称明文分组到密文分组的可逆变换为代换。不同可逆变换的个数有 $2^n!$ 个。

图 3-2 表示 $n=4$ 的代换密码的一般结构,4 比特输入产生 16 个可能输入状态中的一个,由代换结构将这一状态映射为 16 个可能输出状态中的一个,每一输出状态由 4 个

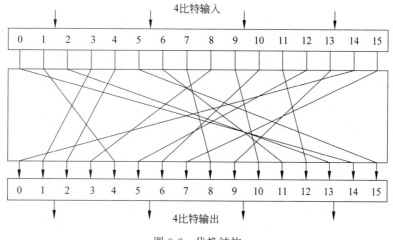

图 3-2　代换结构

密文比特表示。加密映射和解密映射可由代换表来定义,如表 3-1 所示。这种定义法是分组密码最常用的形式,能用于定义明文和密文之间的任何可逆映射。

表 3-1　与图 3-2 对应的代换表

明文	密文	明文	密文	密文	明文	密文	明文
0000	1110	1000	0011	0000	1110	1000	0111
0001	0100	1001	1010	0001	0011	1001	1101
0010	1101	1010	0110	0010	0100	1010	1001
0011	0001	1011	1100	0011	1000	1011	0110
0100	0010	1100	0101	0100	0001	1100	1011
0101	1111	1101	1001	0101	1100	1101	0010
0110	1011	1110	0000	0110	1010	1110	0000
0111	1000	1111	0111	0111	1111	1111	0101

但这种代换结构在实用中还有一些问题需考虑。如果分组长度太小,如 $n=4$,系统则等价于古典的代换密码,容易通过对明文的统计分析而攻破。这个弱点不是代换结构固有的,只是因为分组长度太短。如果分组长度 n 足够大,而且从明文到密文可有任意可逆的代换,那么明文的统计特性将被隐藏而使以上的攻击不能奏效。

然而,从实现的角度来看,分组长度很大的可逆代换结构是不实际的。仍以表 3-1 为例,该表定义了 $n=4$ 时从明文到密文的一个可逆映射,其中,第二列是每个明文分组对应的密文分组的值,可用来定义这个可逆映射。因此从本质上来说,第二列是从所有可能的映射中决定某一特定映射的密钥。在这个例子中,密钥需要 64 比特。一般,对 n 比特的代换结构,密钥的大小是 $n \times 2^n$ 比特。如对 64 比特的分组,密钥大小应是 $64 \times 2^{64} = 2^{70} \approx 10^{21}$ 比特,因此难以处理。实际中常将 n 分成较小的段,例如可选 $n = r \cdot n_0$,其中,r 和 n_0 都是正整数,将设计 n 个变量的代换变为设计 r 个较小的子代换,而每个子代换只有 n_0 个输入变量。一般 n_0 都不太大,称每个子代换为代换盒,简称为 S 盒。例如 DES 中将输入为 48 比特、输出为 32 比特的代换用 8 个 S 盒来实现,每个 S 盒的输入端数仅为 6 比特,输出端数仅为 4 比特。

3.1.2　扩散和混淆

扩散和混淆是由 Shannon 提出的设计密码系统的两个基本方法,目的是抗击敌手对密码系统的统计分析。如果敌手知道明文的某些统计特性,如消息中不同字母出现的频率,或可能出现的特定单词或短语,而且这些统计特性以某种方式在密文中反映出来,敌手就有可能得出加密密钥或其一部分,或包含加密密钥的一个可能密钥集合。在 Shannon 称之为理想密码的密码系统中,密文的所有统计特性都与所使用的密钥独立。图 3-2 讨论的代换密码就是这样的一个密码系统,然而是不实用的。

所谓扩散,就是将明文的统计特性散布到密文中去,实现方式是使得密文中每一位由明文中多位产生。例如,对英文消息 $M = m_1 m_2 m_3 \cdots$ 的加密操作

$$y_n = \mathrm{chr}\left(\sum_{i=1}^{k} \mathrm{ord}(m_{n+i}) \pmod{26} \right)$$

其中，$\mathrm{ord}(m_i)$ 是求字母 m_i 对应的序号，$\mathrm{chr}(i)$ 是求序号 i 对应的字母，密文字母 y_n 是由明文中 k 个连续的字母相加而得。这时明文的统计特性将被散布到密文，因而每一字母在密文中出现的频率比在明文中出现的频率更接近于相等，双字母及多字母出现的频率也更接近于相等。在二元分组密码中，可对数据重复执行某个置换再对这一置换作用以一个函数，便可获得扩散。

分组密码在将明文分组依靠密钥变换到密文分组时，扩散的目的是使明文和密文之间的统计关系变得尽可能复杂，以使敌手无法得到密钥。混淆是使密文和密钥之间的统计关系变得尽可能复杂，以使敌手无法得到密钥。因此即使敌手能得到密文的一些统计关系，由于密钥和密文之间统计关系复杂化，敌手无法得到密钥。使用复杂的代换算法可得预期的混淆效果，而简单的线性代换函数得到的混淆效果不够理想。

扩散和混淆成功地实现了分组密码的本质属性，因而成为设计现代分组密码的基础。

3.1.3　Feistel 密码结构

很多分组密码的结构从本质上说都是基于一个称为 Feistel 网络的结构。Feistel 提出利用乘积密码可获得简单的代换密码，乘积密码指顺序地执行两个或多个基本密码系统，使得最后结果的密码强度高于每个基本密码系统产生的结果，Feistel 还提出了实现代换和置换的方法。其思想实际上是 Shannon 提出的利用乘积密码实现混淆和扩散思想的具体应用。

1. Feistel 加密结构

图 3-3 是 Feistel 网络示意图，加密算法的输入是分组长为 $2w$ 的明文和一个密钥 K。将每组明文分成左右两半 L_0 和 R_0，在进行完 n 轮迭代后，左右两半再合并到一起以产生密文分组。其第 i 轮迭代的输入为前轮输出的函数：

$$L_i = R_{i-1}$$
$$R_i = L_{i-1} \oplus F(R_{i-1}, K_i)$$

其中，K_i 是第 i 轮用的子密钥，由加密密钥 K 得到。一般，各轮子密钥彼此不同而且与 K 也不同。

Feistel 网络中每轮结构都相同，每轮中右半数据被作用于轮函数 F 后，再与左半数据进行异或运算，这一过程就是上面介绍的代换。每轮轮函数的结构都相同，但以不同的子密钥 K_i 作为参数。代换过程完成后，再交换左、右两半数据，这一过程称为置换。这种结构是 Shannon 提出的代换-置换网络（Substitution-Permutation Network，SPN）的特有形式。

Feistel 网络的实现与以下参数和特性有关：

(1) 分组大小。分组越大则安全性越高，但加密速度就越慢。分组密码设计中最为普遍使用的分组大小是 64 比特。

(2) 密钥大小。密钥越长则安全性越高，但加密速度就越慢。现在普遍认为 64 比特或更短的密钥是不安全的，通常使用 128 比特长的密钥。

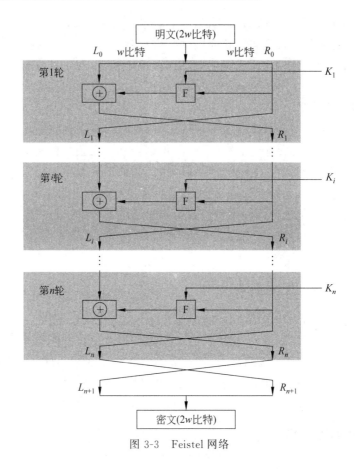

图 3-3 Feistel 网络

（3）轮数。单轮结构远不足以保证安全性,多轮结构可提供足够的安全性。典型地,轮数取为 16。

（4）子密钥产生算法。该算法的复杂性越高,则密码分析的困难性就越大。

（5）轮函数。轮函数的复杂性越高,密码分析的困难性也越大。

在设计 Feistel 网络时,还要考虑以下两个问题:

（1）快速的软件实现。在很多情况下,算法是被镶嵌在应用程序中,因而无法用硬件实现。此时算法的执行速度是考虑的关键。

（2）算法容易分析。如果算法能被无疑义地解释清楚,就可容易地分析算法抵抗攻击的能力,有助于设计高强度的算法。

2. Feistel 解密结构

Feistel 解密过程本质上和加密过程是一样的,算法使用密文作为输入,但使用子密钥 K_i 的次序与加密过程相反,即第一轮使用 K_n,第二轮使用 K_{n-1},一直下去,最后一轮使用 K_1。这一特性保证了解密和加密可采用同一算法。

图 3-4 的左边表示 16 轮 Feistel 网络的加密过程,右边表示解密过程,加密过程由上而下,解密过程由下而上。为清楚起见,加密算法每轮的左右两半用 LE_i 和 RE_i 表示,解密算法每轮的左右两半用 LD_i 和 RD_i 表示。图 3-4 的右边还标出了解密过程中每一轮

的中间值与左边加密过程中间值的对应关系,即加密过程第 i 轮的输出是 $\mathrm{LE}_i \parallel \mathrm{RE}_i$($\parallel$ 表示链接),解密过程第 $16-i$ 轮相应的输入是 $\mathrm{RD}_i \parallel \mathrm{LD}_i$。

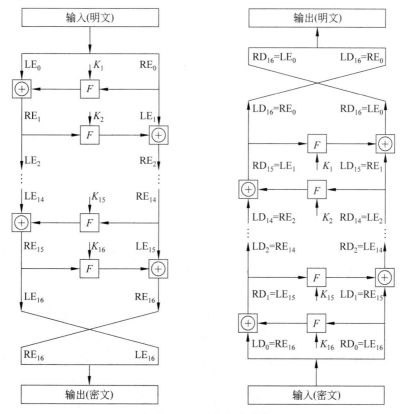

图 3-4 Feistel 加解密过程

加密过程的最后一轮执行完后,两半输出再经交换,因此密文是 $\mathrm{RE}_{16} \parallel \mathrm{LE}_{16}$。解密过程取以上密文作为同一算法的输入,即第一轮输入是 $\mathrm{RE}_{16} \parallel \mathrm{LE}_{16}$,等于加密过程第 16 轮两半输出交换后的结果。现在显示解密过程第一轮的输出等于加密过程第 16 轮输入左右两半的交换值。

在加密过程中:
$$\mathrm{LE}_{16} = \mathrm{RE}_{15}$$
$$\mathrm{RE}_{16} = \mathrm{LE}_{15} \oplus F(\mathrm{RE}_{15}, K_{16})$$

在解密过程中:
$$\mathrm{LD}_1 = \mathrm{RD}_0 = \mathrm{LE}_{16} = \mathrm{RE}_{15}$$
$$\mathrm{RD}_1 = \mathrm{LD}_0 \oplus F(\mathrm{RD}_0, K_{16}) = \mathrm{RE}_{16} \oplus F(\mathrm{RE}_{15}, K_{16})$$
$$= [\mathrm{LE}_{15} \oplus F(\mathrm{RE}_{15}, K_{16})] \oplus F(\mathrm{RE}_{15}, K_{16})$$
$$= \mathrm{LE}_{15}$$

所以解密过程第一轮的输出为 $\mathrm{LE}_{15} \parallel \mathrm{RE}_{15}$,等于加密过程第 16 轮输入左右两半交换后的结果。容易证明这种对应关系在 16 轮中每轮都成立。一般,加密过程的第 i

轮有：

$$LE_i = RE_{i-1}$$
$$RE_i = LE_{i-1} \oplus F(RE_{i-1}, K_i)$$

因此

$$RE_{i-1} = LE_i$$
$$LE_{i-1} = RE_i \oplus F(RE_{i-1}, K_i) = RE_i \oplus F(LE_i, K_i)$$

以上两式描述了加密过程中第 i 轮的输入与第 i 轮输出的函数关系,由此关系可得图 3-4 右边显示的 LD_i 和 RD_i 的取值关系。

最后可以看到,解密过程最后一轮的输出是 $RE_0 \parallel LE_0$,左右两半再经一次交换后即得最初的明文。

3.2　数据加密标准

DES(Data Encryption Standard)是迄今为止世界上最为广泛使用和流行的一种分组密码算法,它的分组长度为 64 比特,密钥长度为 56 比特,它是由美国 IBM 公司研制的,是早期的称为 Lucifer 密码的一种发展和修改。DES 在 1975 年 3 月 17 日首次被公布在联邦记录中,在做了大量的公开讨论后于 1977 年 1 月 15 日被正式批准并作为美国联邦信息处理标准,即 FIPS-46,同年 7 月 15 日开始生效。规定每隔 5 年由美国国家保密局(National Security Agency,NSA)作出评估,并重新批准它是否继续作为联邦加密标准。最后一次评估是在 1994 年 1 月,美国决定 1998 年 12 月以后不再使用 DES。1997 年,DESCHALL 小组经过近 4 个月的努力,通过 Internet 搜索了 3×10^{16} 个密钥,找出了 DES 的密钥,恢复出了明文。1998 年 5 月美国 EFF(Electronics Frontier Foundation)宣布,他们将一台价值 20 万美元的计算机改装成的专用解密机,用 56 小时破译了 56 比特密钥的 DES。美国国家标准和技术协会已征集并进行了几轮评估筛选,产生了称为 AES(Advanced Encryption Standard)的新加密标准。尽管如此,DES 对于推动密码理论的发展和应用起了重大作用,对于掌握分组密码的基本理论、设计思想和实际应用仍然有着重要的参考价值,下面是这一算法的描述。

3.2.1　DES 描述

图 3-5 是 DES 加密算法的框图,其中明文分组长为 64 比特,密钥长为 56 比特。图的左边是明文的处理过程,有 3 个阶段,首先是一个初始置换 IP,用于重排明文分组的 64 比特数据。然后是具有相同功能的 16 轮变换,每轮中都有置换和代换运算,第 16 轮变换的输出分为左右两半,并被交换次序。最后再经过一个逆初始置换 IP^{-1}(为 IP 的逆)从而产生 64 比特的密文。除初始置换和逆初始置换外,DES 的结构和图 3-3 所示的 Feistel 密码结构完全相同。

图 3-5 的右边是使用 56 比特密钥的方法。密钥首先通过一个置换函数,然后,对加密过程的每一轮,通过一个左循环移位和一个置换产生一个子密钥。其中每轮的置换都

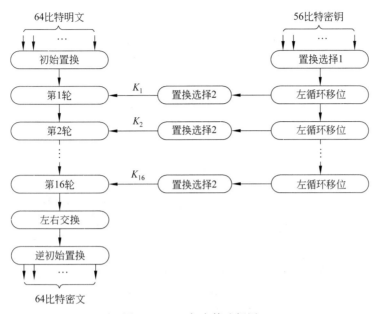

图 3-5　DES 加密算法框图

相同,但由于密钥被重复迭代,所以产生的每轮子密钥不相同。

1. 初始置换

表 3-2(a)和表 3-2(b)分别给出了初始置换和逆初始置换的定义,为了显示这两个置换的确是彼此互逆的,考虑下面 64 比特的输入 M。

表 3-2　DES 的置换表

(a) 初始置换 IP

58	50	42	34	26	18	10	2
60	52	44	36	28	20	12	4
62	54	46	38	30	22	14	6
64	56	48	40	32	24	16	8
57	49	41	33	25	17	9	1
59	51	43	35	27	19	11	3
61	53	45	37	29	21	13	5
63	55	47	39	31	23	15	7

(b) 逆初始置换 IP^{-1}

40	8	48	16	56	24	64	32
39	7	47	15	55	23	63	31
38	6	46	14	54	22	62	30
37	5	45	13	53	21	61	29
36	4	44	12	52	20	60	28
35	3	43	11	51	19	59	27
34	2	42	10	50	18	58	26
33	1	41	9	49	17	57	25

(c) 选择扩展运算 E

32	1	2	3	4	5
4	5	6	7	8	9
8	9	10	11	12	13
12	13	14	15	16	17
16	17	18	19	20	21
20	21	22	23	24	25
24	25	26	27	28	29
28	29	30	31	32	1

(d) 置换运算 P

16	7	20	21
29	12	28	17
1	15	23	26
5	18	31	10
2	8	24	14
32	27	3	9
19	13	30	6
22	11	4	25

$$M_1 \quad M_2 \quad M_3 \quad M_4 \quad M_5 \quad M_6 \quad M_7 \quad M_8$$
$$M_9 \quad M_{10} \quad M_{11} \quad M_{12} \quad M_{13} \quad M_{14} \quad M_{15} \quad M_{16}$$
$$M_{17} \quad M_{18} \quad M_{19} \quad M_{20} \quad M_{21} \quad M_{22} \quad M_{23} \quad M_{24}$$
$$M_{25} \quad M_{26} \quad M_{27} \quad M_{28} \quad M_{29} \quad M_{30} \quad M_{31} \quad M_{32}$$
$$M_{33} \quad M_{34} \quad M_{35} \quad M_{36} \quad M_{37} \quad M_{38} \quad M_{39} \quad M_{40}$$
$$M_{41} \quad M_{42} \quad M_{43} \quad M_{44} \quad M_{45} \quad M_{46} \quad M_{47} \quad M_{48}$$
$$M_{49} \quad M_{50} \quad M_{51} \quad M_{52} \quad M_{53} \quad M_{54} \quad M_{55} \quad M_{56}$$
$$M_{57} \quad M_{58} \quad M_{59} \quad M_{60} \quad M_{61} \quad M_{62} \quad M_{63} \quad M_{64}$$

其中,M_i 是二元数字。由表 3-2(a),得 $X=\mathrm{IP}(M)$ 为

$$M_{58} \quad M_{50} \quad M_{42} \quad M_{34} \quad M_{26} \quad M_{18} \quad M_{10} \quad M_2$$
$$M_{60} \quad M_{52} \quad M_{44} \quad M_{36} \quad M_{28} \quad M_{20} \quad M_{12} \quad M_4$$
$$M_{62} \quad M_{54} \quad M_{46} \quad M_{38} \quad M_{30} \quad M_{22} \quad M_{14} \quad M_6$$
$$M_{64} \quad M_{56} \quad M_{48} \quad M_{40} \quad M_{32} \quad M_{24} \quad M_{16} \quad M_8$$
$$M_{57} \quad M_{49} \quad M_{41} \quad M_{33} \quad M_{25} \quad M_{17} \quad M_9 \quad M_1$$
$$M_{59} \quad M_{51} \quad M_{43} \quad M_{35} \quad M_{27} \quad M_{19} \quad M_{11} \quad M_3$$
$$M_{61} \quad M_{53} \quad M_{45} \quad M_{37} \quad M_{29} \quad M_{21} \quad M_{13} \quad M_5$$
$$M_{63} \quad M_{55} \quad M_{47} \quad M_{39} \quad M_{31} \quad M_{23} \quad M_{15} \quad M_7$$

如果再取逆初始置换 $Y=\mathrm{IP}^{-1}(X)=\mathrm{IP}^{-1}(\mathrm{IP}(M))$,可以看出,$M$ 各位的初始顺序将被恢复。

2. 轮结构

图 3-6 是 DES 加密算法的轮结构,首先看图的左半部分。将 64 比特的轮输入分为

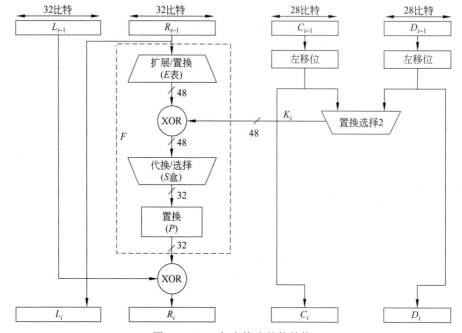

图 3-6　DES 加密算法的轮结构

各为 32 比特的左、右两半,分别记为 L 和 R。和 Feistel 网络一样,每轮变换可由以下公式表示:

$$L_i = R_{i-1}$$
$$R_i = L_{i-1} \oplus F(R_{i-1}, K_i)$$

其中,轮密钥 K_i 为 48 比特,函数 $F(R, K)$ 的计算如图 3-7 所示。轮输入的右半部分 R 为 32 比特,R 首先被扩展成 48 比特,扩展过程由表 3-2(c) 定义,其中将 R 的 16 个比特各重复一次。扩展后的 48 比特再与子密钥 K_i 异或,然后再通过一个 S 盒,产生 32 比特的输出。该输出再经过一个由表 3-2(d) 定义的置换,产生的结果即为函数 $F(R, K)$ 的输出。

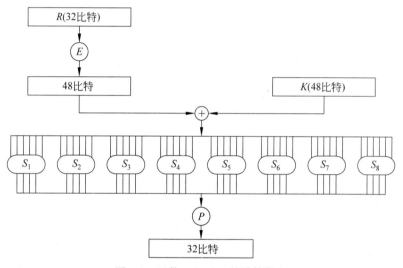

图 3-7　函数 $F(R, K)$ 的计算过程

F 中的代换由 8 个 S 盒组成,每个 S 盒的输入长为 6 比特、输出长为 4 比特,其变换关系由表 3-3 定义,每个 S 盒给出了 4 个代换(由一个表的 4 行给出)。

表 3-3　DES 的 S 盒定义

行 ＼ 列		0	1	2	3	4	5	6	7	8	9	10	11	12	13	14	15
S_1	0	14	4	13	1	2	15	11	8	3	10	6	12	5	9	0	7
	1	0	15	7	4	14	2	13	1	10	6	12	11	9	5	3	8
	2	4	1	14	8	13	6	2	11	15	12	9	7	3	10	5	0
	3	15	12	8	2	4	9	1	7	5	11	3	14	10	0	6	13
S_2	0	15	1	8	14	6	11	3	4	9	7	2	13	12	0	5	10
	1	3	13	4	7	15	2	8	14	12	0	1	10	6	9	11	5
	2	0	14	7	11	10	4	13	1	5	8	12	6	9	3	2	15
	3	13	8	10	1	3	15	4	2	11	6	7	12	0	5	14	9
S_3	0	10	0	9	14	6	3	15	5	1	13	12	7	11	4	2	8
	1	13	7	0	9	3	4	6	10	2	8	5	14	12	11	15	1
	2	13	6	4	9	8	15	3	0	11	1	2	12	5	10	14	7
	3	1	10	13	0	6	9	8	7	4	15	14	3	11	5	2	12

续表

行\列		0	1	2	3	4	5	6	7	8	9	10	11	12	13	14	15
S_4	0	7	13	14	3	0	6	9	10	1	2	8	5	11	12	4	15
	1	13	8	11	5	6	15	0	3	4	7	2	12	1	10	14	9
	2	10	6	9	0	12	11	7	13	15	1	3	14	5	2	8	4
	3	3	15	0	6	10	1	13	8	9	4	5	11	12	7	2	14
S_5	0	2	12	4	1	7	10	11	6	8	5	3	15	13	0	14	9
	1	14	11	2	12	4	7	13	1	5	0	15	10	3	9	8	6
	2	4	2	1	11	10	13	7	8	15	9	12	5	6	3	0	14
	3	11	8	12	7	1	14	2	13	6	15	0	9	10	4	5	3
S_6	0	12	1	10	15	9	2	6	8	0	13	3	4	14	7	5	11
	1	10	15	4	2	7	12	9	5	6	1	13	14	0	11	3	8
	2	9	14	15	5	2	8	12	3	7	0	4	10	1	13	11	6
	3	4	3	2	12	9	5	15	10	11	14	1	7	6	0	8	13
S_7	0	4	11	2	14	15	0	8	13	3	12	9	7	5	10	6	1
	1	13	0	11	7	4	9	1	10	14	3	5	12	2	15	8	6
	2	1	4	11	13	12	3	7	14	10	15	6	8	0	5	9	2
	3	6	11	13	8	1	4	10	7	9	5	0	15	14	2	3	12
S_8	0	13	2	8	4	6	15	11	1	10	9	3	14	5	0	12	7
	1	1	15	13	8	10	3	7	4	12	5	6	11	0	14	9	2
	2	7	11	4	1	9	12	14	2	0	6	10	13	15	3	5	8
	3	2	1	14	7	4	10	8	13	15	12	9	0	3	5	6	11

对每个盒 S_i,其 6 比特输入中,第 1 个和第 6 个比特形成一个 2 位二进制数,用来选择 S_i 的 4 个代换中的一个。在 6 比特输入中,中间 4 比特用来选择列。行和列选定后,得到其交叉位置的十进制数,将这个数表示为 4 位二进制数即得这一 S 盒的输出。例如,S_1 的输入为 011001,行选为 01(即第 1 行),列选为 1100(即第 12 列),行列交叉位置的数为 9,其 4 位二进制表示为 1001,所以 S_1 的输出为 1001。

S 盒的每一行定义了一个可逆代换,图 3-2(在 3.1.1 节)表示 S_1 第 0 行定义的代换。

3. 密钥的产生

再看图 3-5 和图 3-6,输入算法的 56 比特密钥首先经过一个置换运算,该置换由表 3-4(a)给出,然后将置换后的 56 比特分为各为 28 比特的左、右两半,分别记为 C_0 和 D_0。在第 i 轮分别对 C_{i-1} 和 D_{i-1} 进行左循环移位,所移位数由表 3-4(c)给出。移位后的结果作为下一轮求子密钥的输入,同时也作为置换选择 2 的输入。通过置换选择 2 产生的 48 比特的 K_i,即为本轮的子密钥,作为函数 $F(R_{i-1}, K_i)$ 的输入。其中,置换选择 2 由表 3-4(b)定义。

表 3-4　DES 密钥编排中使用的表

（a）置换选择 1　　　　　　　　　　　　　　　（b）置换选择 2

PC-1							PC-2					
57	49	41	33	25	17	9	14	17	11	24	1	5
1	58	50	42	34	26	18	3	28	15	6	21	10
10	2	59	51	43	35	27	23	19	12	4	26	8
19	11	3	60	52	44	36	16	7	27	20	13	2
63	55	47	39	31	23	15	41	52	31	37	47	55
7	62	54	46	38	30	22	30	40	51	45	33	48
14	6	61	53	45	37	29	44	49	39	56	34	53
21	13	5	28	20	12	4	46	42	50	36	29	32

（c）左循环移位位数

轮　　数	1	2	3	4	5	6	7	8	9	10	11	12	13	14	15	16
位　　数	1	1	2	2	2	2	2	2	1	2	2	2	2	2	2	1

4. 解密

和 Feistel 密码一样，DES 的解密和加密使用同一算法，但子密钥使用的顺序相反。

3.2.2　二重 DES

为了提高 DES 的安全性，并利用实现 DES 的现有软硬件，可将 DES 算法在多密钥下多重使用。

二重 DES 是多重使用 DES 时最简单的形式，如图 3-8 所示。其中，明文为 P，两个加密密钥为 K_1 和 K_2，密文为

$$C = E_{K_2}[E_{K_1}[P]]$$

解密时，以相反顺序使用两个密钥：

$$P = D_{K_1}[D_{K_2}[C]]$$

因此，二重 DES 所用密钥长度为 112 比特，强度极大增加。然而，如果对任意两个密钥 K_1 和 K_2，能够找出另一密钥 K_3，使得

$$E_{K_2}[E_{K_1}[P]] = E_{K_3}[P]$$

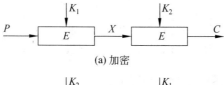

(a) 加密

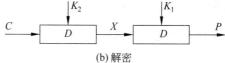

(b) 解密

图 3-8　二重 DES

那么,二重 DES 以及多重 DES 都没有意义,因为它们与 56 比特密钥的单重 DES 等价。

但上式对 DES 并不成立。将 DES 加密过程 64 比特分组到 64 比特分组的映射看作一个置换,如果考虑 2^{64} 个所有可能的输入分组,则给定密钥后,DES 的加密将把每个输入分组映射到一个唯一的输出分组。否则,如果有两个输入分组被映射到同一分组,则解密过程就无法实施。对 2^{64} 个输入分组,总映射个数为 $(2^{64})! > (10^{10^{20}})$。

另一方面,对每个不同的密钥,DES 都定义了一个映射,总映射数为 $2^{56} < 10^{17}$。

因此,可假定用两个不同的密钥两次使用 DES,可得一个新映射,而且这一新映射不出现在单重 DES 定义的映射中。这一假定已于 1992 年被证明。所以使用二重 DES 产生的映射不会等价于单重 DES 加密。但对二重 DES 有以下一种称为中途相遇攻击的攻击方案,这种攻击不依赖于 DES 的任何特性,因而可用于攻击任何分组密码。其基本思想如下:

如果有

$$C = E_{K_2}[E_{K_1}[P]]$$

那么

$$X = E_{K_1}[P] = D_{K_2}[C]$$

如果已知一个明文密文对 (P,C),攻击的实施可如下进行:首先,用 2^{56} 个所有可能的 K_1 对 P 加密,将加密结果存入一个表中并对该表按 X 排序,然后用 2^{56} 个所有可能的 K_2 对 C 解密,在上述表中查找与 C 解密结果相匹配的项,如果找到,则记下相应的 K_1 和 K_2。最后再用一个新的明文密文对 (P', C') 检验上面找到的 K_1 和 K_2,用 K_1 和 K_2 对 P' 两次加密,若结果等于 C',就可确定 K_1 和 K_2 是所要找的密钥。

对已知的明文 P,二重 DES 能产生 2^{64} 个可能的密文。而可能的密钥个数为 2^{112},所以平均来说,对一个已知的明文,有 $2^{112}/2^{64} = 2^{48}$ 个密钥可产生已知的密文。而再经过另外一对明文密文的检验,误报率将下降到 $2^{48-64} = 2^{-16}$。所以在实施中途相遇攻击时,如果已知两个明文密文对,则找到正确密钥的概率为 $1 - 2^{-16}$。

3.2.3 两个密钥的三重 DES

抵抗中途相遇攻击的一种方法是使用 3 个不同的密钥做 3 次加密,从而可使已知明文攻击的代价增加到 2^{112}。然而,这样又会使密钥长度增加到 $56 \times 3 = 168$ 比特,因而过于笨重。一种实用的方法是仅使用两个密钥做三次加密,实现方式为加密—解密—加密,简记为 EDE(Encrypt-Decrypt-Encrypt),如图 3-9 所示,即:

$$C = E_{K_1}[D_{K_2}[E_{K_1}[P]]]$$

第 2 步解密的目的仅在于使得用户可对一重 DES 加密的数据解密。

此方案已在密钥管理标准 ANS X.917 和 ISO 8732 中被采用。

3.2.4 3 个密钥的三重 DES

3 个密钥的三重 DES 密钥长度为 168 比特,加密方式为

$$C = E_{K_3}[D_{K_2}[E_{K_1}[P]]]$$

令 $K_3 = K_2$ 或 $K_1 = K_2$,则变为一重 DES。

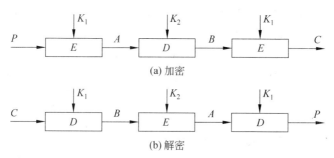

图 3-9　两个密钥的三重 DES

3 个密钥的三重 DES 已在因特网的许多应用(如 PGP 和 S/MIME)中被采用。

3.3　差分密码分析与线性密码分析

3.3.1　差分密码分析

差分密码分析是迄今已知的攻击迭代密码最有效的方法之一,其基本思想是:通过分析明文对的差值对密文对的差值的影响来恢复某些密钥比特。

对分组长度为 n 的 r 轮迭代密码,两个 n 比特串 Y_i 和 Y_i^* 的差分定义为

$$\Delta Y_i = Y_i \otimes Y_i^{*^{-1}}$$

其中,$\otimes$ 表示 n 比特串集上的一个特定群运算,$Y_i^{*^{-1}}$ 表示 Y_i^* 在此群中的逆元。

由加密对可得差分序列:

$$\Delta Y_0, \Delta Y_1, \cdots, \Delta Y_r$$

其中,Y_0 和 Y_0^* 是明文对,Y_i 和 Y_i^* ($1 \leqslant i \leqslant r$) 是第 i 轮的输出,它们同时也是第 $i+1$ 轮的输入。第 i 轮的子密钥记为 K_i,F 是轮函数,且 $Y_i = F(Y_{i-1}, K_i)$。

定义 3-1　r-轮特征(r-round characteristic)Ω 是一个差分序列:

$$\alpha_0, \alpha_1, \cdots, \alpha_r$$

其中,α_0 是明文对 Y_0 和 Y_0^* 的差分,α_i ($1 \leqslant i \leqslant r$) 是第 i 轮输出 Y_i 和 Y_i^* 的差分。

定义 3-2　在 r-轮特征 $\Omega = \alpha_0, \alpha_1, \cdots, \alpha_r$ 中,定义

$$p_i^\Omega = P(\Delta F(Y) = \alpha_i \mid \Delta Y = \alpha_{i-1})$$

即 p_i^Ω 表示在输入差分为 α_{i-1} 的条件下,轮函数 F 的输出差分为 α_i 的概率。

定义 3-3　r-轮特征 $\Omega = \alpha_0, \alpha_1, \cdots, \alpha_r$ 的概率 p^Ω 定义为

$$p^\Omega = \prod_{i=1}^{r} p_i^\Omega$$

对 r-轮迭代密码的差分密码分析可综述为如下的算法:

(1) 找出一个 $(r-1)$-轮特征 $\Omega(r-1) = \alpha_0, \alpha_1, \cdots, \alpha_{r-1}$,使得它的概率达到最大或几乎最大。

(2) 均匀随机地选择明文 Y_0 并计算 Y_0^*,使得 Y_0 和 Y_0^* 的差分为 α_0,找出 Y_0 和 Y_0^*

在实际密钥加密下所得的密文 Y_r 和 Y_r^*。若最后一轮的子密钥 K_r(或 K_r 的部分比特)有 2^m 个可能值 $K_j^r(1 \leqslant j \leqslant 2^m)$,设置相应的 2^m 个计数器 $\Lambda_j(1 \leqslant j \leqslant 2^m)$;用每个 K_j^r 解密密文 Y_r 和 Y_r^*,得到 Y_{r-1} 和 Y_{r-1}^*,如果 Y_{r-1} 和 Y_{r-1}^* 的差分是 α_{r-1},则给相应的计数器 Λ_j 加1。

(3) 重复步骤(2),直到一个或几个计数器的值明显高于其他计数器的值,输出它们对应的子密钥(或部分比特)。

一种攻击的复杂度可以分为两部分:数据复杂度和处理复杂度。数据复杂度是实施该攻击所需输入的数据量;而处理复杂度是处理这些数据所需的计算量。这两部分主要用来刻画该攻击的复杂度。

差分密码分析的数据复杂度两倍于成对加密所需的选择明文对 (Y_0, Y_0^*) 的个数。差分密码分析的处理复杂度是从 $(\Delta Y_{r-1}, Y_r, Y_r^*)$ 找出子密钥 K_r(或 K_r 的部分比特)的计算量,它实际上与 r 无关,而且由于轮函数是弱的,所以此计算量在大多数情况下相对较小。因此,差分密码分析的复杂度取决于它的数据复杂度。

3.3.2 线性密码分析

线性密码分析是对迭代密码的一种已知明文攻击,它利用的是密码算法中的"不平衡(有效)的线性逼近"。

设明文分组长度和密文分组长度都为 n 比特,密钥分组长度为 m 比特。记明文分组为 $P[1], P[2], \cdots, P[n]$,密文分组为 $C[1], C[2], \cdots, C[n]$,密钥分组为 $K[1], K[2], \cdots, K[m]$。定义 $A[i, j, \cdots, k] = A[i] \oplus A[j] \oplus \cdots \oplus A[k]$。

线性密码分析的目标就是找出以下形式的有效线性方程:

$$P[i_1, i_2, \cdots, i_a] \oplus C[j_1, j_2, \cdots, j_b] = K[k_1, k_2, \cdots, k_c]$$

其中,$1 \leqslant a \leqslant n, 1 \leqslant b \leqslant n, 1 \leqslant c \leqslant m$。

如果方程成立的概率 $p \neq \dfrac{1}{2}$,则称该方程是有效的线性逼近。如果 $\left| p - \dfrac{1}{2} \right|$ 是最大的,则称该方程是最有效的线性逼近。

设 N 表示明文数,T 是使方程左边为0的明文数。如果 $T > \dfrac{N}{2}$,则令:

$$K[k_1, k_2, \cdots, k_c] = \begin{cases} 0, & p > \dfrac{1}{2} \\ 1, & p < \dfrac{1}{2} \end{cases}$$

如果 $T < \dfrac{N}{2}$,则令:

$$K[k_1, k_2, \cdots, k_c] = \begin{cases} 0, & p < \dfrac{1}{2} \\ 1, & p > \dfrac{1}{2} \end{cases}$$

从而可得关于密钥比特的一个线性方程。对不同的明文密文对重复以上过程,可得关于密钥的一组线性方程,从而确定出密钥比特。

研究表明,当 $\left| p - \dfrac{1}{2} \right|$ 充分小时,攻击成功的概率为

$$\frac{1}{\sqrt{2\pi}} \int_{-2\sqrt{N}\left|p-\frac{1}{2}\right|}^{\infty} e^{-\frac{x^2}{2}} dx$$

这一概率只依赖于 $\sqrt{N} \left| p - \dfrac{1}{2} \right|$,并随着 N 或 $\left| p - \dfrac{1}{2} \right|$ 的增加而增加。

如何对差分密码分析和线性密码分析进行改进,降低它们的复杂度仍是现在理论研究的热点,目前已推出了很多改进方法,例如,高阶差分密码分析、截段差分密码分析 (Truncated Differential Cryptanalysis)、不可能差分密码分析、多重线性密码分析、非线性密码分析、划分密码分析和差分-线性密码分析。针对密钥编排算法的相关密钥攻击、基于 Lagrange 插值公式的插值攻击及基于密码器件的能量分析(Power Analysis)。另外还有错误攻击、时间攻击、Square 攻击和 Davies 攻击等。

3.4　分组密码的运行模式

分组密码在加密时明文分组的长度是固定的,而实用中待加密消息的数据量是不定的,数据格式可能是多种多样的。为了能在各种应用场合使用 DES,美国在 FIPS PUS 74 和 81 中定义了 DES 的 4 种运行模式,如表 3-5 所示。这些模式也可用于其他分组密码,下面以 DES 为例来介绍这 4 种模式。

表 3-5　DES 的运行模式

模　式	描　述	用　途
电码本(ECB)模式	每个明文组独立地以同一密钥加密	传送短数据(如一个加密密钥)
密码分组链接(CBC)模式	加密算法的输入是当前明文组与前一密文组的异或	传送数据分组;认证
密码反馈(CFB)模式	每次只处理输入的 j 比特,将上一次的密文用作加密算法的输入以产生伪随机输出,该输出再与当前明文异或以产生当前密文	传送数据流;认证
输出反馈(OFB)模式	与 CFB 类似,不同之处是本次加密算法的输入为前一次加密算法的输出	有扰信道上(如卫星通信)传送数据流

3.4.1　电码本模式

电码本(Electronic CodeBook,ECB)模式是最简单的运行模式,它一次对一个 64 比特长的明文分组加密,而且每次的加密密钥都相同,如图 3-10 所示。当密钥取定时,对明文的每一个分组,都有一个唯一的密文与之对应。因此可以形象地认为有一个非常大的电码本,对任意一个可能的明文分组,电码本中都有一项与之对应的密文。

如果消息长于 64 比特,则将其分为长为 64 比特的分组,最后一个分组如果不够 64 比特,则需要填充。解密过程也是一次对一个分组解密,而且每次解密都使用同一密

钥。图 3-10 中,明文由分组长为 64 比特的分组序列 $P_1, P_2, \cdots, P_N$ 构成,相应的密文分组序列是 $C_1, C_2, \cdots, C_N$。

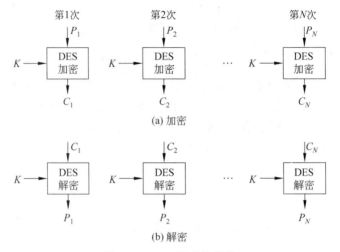

图 3-10　ECB 模式示意图

ECB 在用于短数据(如加密密钥)时非常理想,因此如果需要安全地传递 DES 密钥,ECB 是最合适的模式。

ECB 的最大特性是若同一明文分组在消息中重复出现,则产生的密文分组也相同。

ECB 用于长消息时可能不够安全,如果消息有固定结构,密码分析者有可能找出这种关系。例如,如果已知消息总是以某个预定义字段开始,那么分析者就可能得到很多明文密文对。如果消息有重复的元素而重复的周期是 64 的倍数,那么密码分析者就能够识别这些元素。以上这些特性都有助于密码分析者,有可能为其提供对分组的代换或重排的机会。

3.4.2　密码分组链接模式

为了解决 ECB 的安全缺陷,可以让重复的明文分组产生不同的密文分组,密码分组链接(Cipher Block Chaining,CBC)模式就可满足这一要求。

图 3-11 是 CBC 模式的示意图,它一次对一个明文分组加密,每次加密使用同一密钥,加密算法的输入是当前明文分组和前一次密文分组的异或,因此加密算法的输入不会显示出与这次的明文分组之间的固定关系,所以重复的明文分组不会在密文中暴露出这种重复关系。

解密时,每一个密文分组被解密后,再与前一个密文分组异或,即:

$$D_K[C_n] \oplus C_{n-1} = D_K[E_K[C_{n-1} \oplus P_n]] \oplus C_{n-1}$$
$$= C_{n-1} \oplus P_n \oplus C_{n-1} = P_n \quad (\text{设 } C_n = E_K[C_{n-1} \oplus P_n])$$

因而产生出明文分组。

在产生第一个密文分组时,需要有一个初始向量 IV 与第一个明文分组异或。解密时,IV 和解密算法对第一个密文分组的输出进行异或以恢复第一个明文分组。

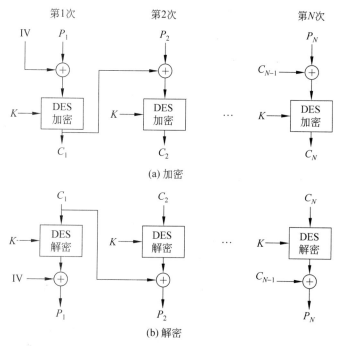

图 3-11　CBC 模式示意图

　　IV 对于收发双方都应是已知的,为使安全性最高,IV 应像密钥一样被保护,可使用 ECB 加密模式来发送 IV。保护 IV 的原因如下:如果敌手能欺骗接收方使用不同的 IV 值,敌手就能够在明文的第一个分组中插入自己选择的比特值,这是因为:

$$C_1 = E_K[\mathrm{IV} \oplus P_1]$$
$$P_1 = \mathrm{IV} \oplus D_K[C_1]$$

用 $X(i)$ 表示 64 比特分组 X 的第 i 个比特,那么 $P_1(i) = \mathrm{IV}(i) \oplus D_K[C_1](i)$,由异或的性质得:

$$P_1(i)' = \mathrm{IV}(i)' \oplus D_K[C_1](i)$$

其中,撇号表示比特补。上式意味着如果敌手篡改了 IV 中的某些比特,则接收方收到的 P_1 中相应的比特也发生变化。

　　由于 CBC 模式的链接机制,CBC 模式对加密长于 64 比特的消息非常合适。

　　CBC 模式除能够获得保密性外,还能用于认证。

3.4.3　密码反馈模式

　　如上所述,DES 是分组长为 64 比特的分组密码,但利用密码反馈(Cipher FeedBack,CFB)模式或 OFB 模式可将 DES 转换为流密码。流密码不需要对消息填充,而且运行是实时的。因此如果传送字母流,可使用流密码对每个字母直接加密并传送。

　　流密码具有密文和明文一样长这一性质,因此,如果需要发送的每个字符长为 8 比特,就应使用 8 比特密钥来加密每个字符。如果密钥长超过 8 比特,则造成浪费。

　　图 3-12 是 CFB 模式示意图,设传送的每个单元(如一个字符)是 j 比特长,通常取

$j=8$,与 CBC 模式一样,明文单元被链接在一起,使得密文是前面所有明文的函数。

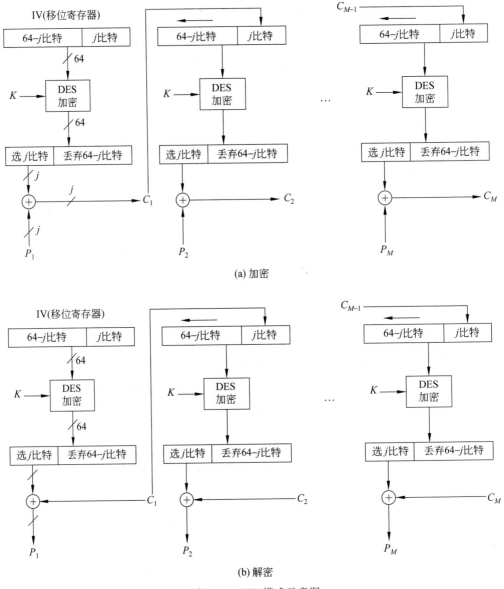

(a) 加密

(b) 解密

图 3-12　CFB 模式示意图

加密时,加密算法的输入是 64 比特移位寄存器,其初值为某个初始向量 IV。加密算法输出的最左(最高有效位)j 比特与明文的第一个单元 P_1 异或,产生出密文的第一个单元 C_1,并传送该单元。然后将移位寄存器的内容左移 j 位并将 C_1 送入移位寄存器最右边(最低有效位)j 位。这一过程继续到明文的所有单元都被加密为止。

解密时,将收到的密文单元与加密函数的输出进行异或。注意这时仍然使用加密算法而不是解密算法,原因如下:

设 $S_j(X)$ 是 X 的 j 个最高有效位,那么 $C_1=P_1\oplus S_j(E(\mathrm{IV}))$,因此

$$P_1 = C_1 \oplus S_j(E(\mathrm{IV}))$$

可证明以后各步也有类似的这种关系。

CFB 模式除能获得保密性外,还能用于认证。

3.4.4　输出反馈模式

输出反馈(Output FeedBack,OFB)模式的结构类似于 CFB,如图 3-13 所示。不同之处如下:OFB 模式是将加密算法的输出反馈到移位寄存器,而 CFB 模式是将密文单元反馈到移位寄存器。

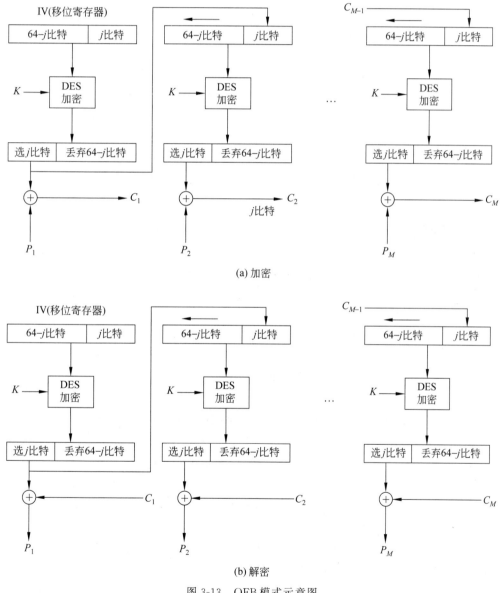

(a) 加密

(b) 解密

图 3-13　OFB 模式示意图

OFB 模式的优点是传输过程中的比特错误不会被传播。例如,C_1 中出现一比特错误,在解密结果中只有 P_1 受到影响,以后各明文单元则不受影响。而在 CFB 中,C_1 也作为移位寄存器的输入,因此它的一比特错误会影响解密结果中各明文单元的值。

OFB 的缺点是它比 CFB 模式更易受到对消息流的篡改攻击,例如在密文中取 1 比特的补,那么在恢复的明文中相应位置的比特也为原比特的补。因此使得敌手有可能通过对消息校验部分的篡改和对数据部分的篡改,而以纠错码不能检测的方式篡改密文。

3.5 IDEA

IDEA(International Data Encryption Algorithm,国际数据加密算法)由来学嘉(X. J. Lai)和 J. L. Massey 提出,其第一版于 1990 年公布,当时称为 PES(Proposed Encryption Standard,建议加密标准)。1991 年,在 Biham 和 Shamir 提出差分密码分析之后,设计者推出了改进算法 IPES,即改进型建议加密标准。1992 年,设计者又将 IPES 改名为 IDEA。这是已提出的各种分组密码中一个很成功的方案,已在 PGP 中采用。

3.5.1 设计原理

算法中明文和密文分组长度都是 64 比特,密钥长 128 比特。其设计原理可从密码强度和实现两方面考虑。

1. 密码强度

密码强度主要是通过有效的混淆和扩散特性而得以保证。

混淆是通过使用以下 3 种运算而获得,3 种运算都有两个 16 比特的输入和一个 16 比特的输出:

(1) 逐比特异或,表示为 $\oplus$。

(2) 模 2^{16}(即 65 536)整数加法,表示为 $\boxplus$,其输入和输出作为 16 位无符号整数处理。

(3) 模 $2^{16}+1$(即 65 537)整数乘法,表示为 $\odot$,其输入、输出中除 16 位全为 0 作为 2^{16} 处理外,其余都作为 16 位无符号整数处理。

例如:

$$0000000000000000 \odot 1000000000000000 = 1000000000000001$$

这是因为 $2^{16} \times 2^{15} \bmod (2^{16}+1) = 2^{15}+1$。

表 3-6 给出了操作数为 2 比特长时 3 种运算的运算表。在以下意义下,3 种运算是不兼容的:

表 3-6 IDEA 中的 3 种运算(操作数为 2 比特长)

X		Y		$X \boxplus Y$		$X \odot Y$		$X \oplus Y$	
0	00	0	00	0	00	1	01	0	00
0	00	1	01	1	01	0	00	1	01

续表

X		Y		$X \boxplus Y$		$X \odot Y$		$X \oplus Y$	
0	00	2	10	2	10	3	11	2	10
0	00	3	11	3	11	2	10	3	11
1	01	0	00	1	01	0	00	1	01
1	01	1	01	2	10	1	01	0	00
1	01	2	10	3	11	2	10	3	11
1	01	3	11	0	00	3	11	2	10
2	10	0	00	2	10	3	11	2	10
2	10	1	01	3	11	2	10	3	11
2	10	2	10	0	00	0	00	0	00
2	10	3	11	1	01	1	01	1	01
3	11	0	00	3	11	2	10	3	11
3	11	1	01	0	00	3	11	2	10
3	11	2	10	1	01	1	01	1	01
3	11	3	11	2	10	0	00	0	00

（1）3 个运算中任意两个都不满足分配律，例如：
$$a \boxplus (b \odot c) \neq (a \boxplus b) \odot (a \boxplus c)$$
（2）3 个运算中任意两个都不满足结合律，例如：
$$a \boxplus (b \oplus c) \neq (a \boxplus b) \oplus c$$

3 种运算结合起来使用可对算法的输入提供复杂的变换，从而使得对 IDEA 的密码分析比对仅使用异或运算的 DES 更为困难。

算法中扩散是由称为乘加（Multiplication/Addition，MA）结构（见图 3-14）的基本单元实现的。该结构的输入是两个 16 比特的子段和两个 16 比特的子密钥，输出也为两个 16 比特的子段。这一结构在算法中重复使用了 8 次，获得了非常有效的扩散效果。

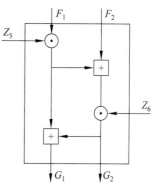

图 3-14　MA 结构

2. 实现

IDEA 可方便地通过软件和硬件实现。

（1）软件：软件实现采用 16 比特子段处理，可通过使用容易编程的加法、移位等运算实现算法的 3 个运算。

（2）硬件：由于加、解密相似，差别仅为使用密钥的方式，因此可用同一器件实现。再者，算法中规则的模块结构，可方便 VLSI 的实现。

3.5.2 加密过程

加密过程(见图 3-15)由连续的 8 轮迭代和一个输出变换组成,算法将 64 比特的明文分组分成 4 个 16 比特的子段,每轮迭代以 4 个 16 比特的子段作为输入,输出也为 4 个 16 比特的子段。最后的输出变换也产生 4 个 16 比特的子段,链接起来后形成 64 比特的密文分组。每轮迭代还需使用 6 个 16 比特的子密钥,最后的输出变换需使用 4 个 16 比特的子密钥,所以子密钥总数为 52。图 3-15 的右半部分表示由初始的 128 比特密钥产生52 个子密钥的子密钥产生器。

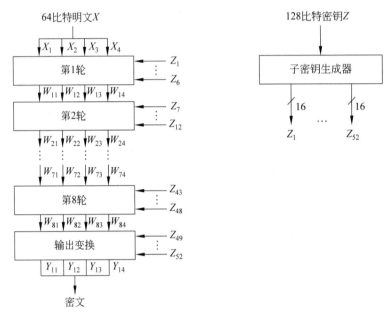

图 3-15　IDEA 的加密框图

1. 轮结构

图 3-16 是 IDEA 第一轮的结构示意图,以后各轮也都是这种结构,但所用的子密钥和轮输入不同。从结构图可见,IDEA 不是传统的 Feistel 密码结构。每轮开始时有一个变换,该变换的输入是 4 个子段和 4 个子密钥,变换中的运算是两个乘法和两个加法,输出的 4 个子段经过异或运算形成了两个 16 比特的子段作为 MA 结构的输入。MA 结构也有两个输入的子密钥,输出是两个 16 比特的子段。

最后,变换的 4 个输出子段和 MA 结构的两个输出子段经过异或运算产生这一轮的 4 个输出子段。注意,由 X_2 产生的输出子段和由 X_3 产生的输出子段交换位置后形成 W_{12} 和 W_{13},目的在于进一步增加混淆效果,使得算法更易抵抗差分密码分析。

算法的第 9 步是一个输出变换,如图 3-17 所示。它的结构和每一轮开始的变换结构一样,不同之处在于输出变换的第 2 个和第 3 个输入首先交换了位置,目的在于撤销第 8 轮输出中两个子段的交换。还需注意,第 9 步仅需要 4 个子密钥而前面 8 轮中每轮需要 6 个子密钥。

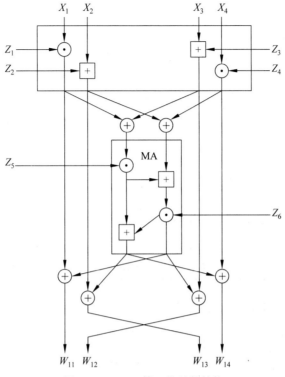

图 3-16　IDEA 第一轮的轮结构

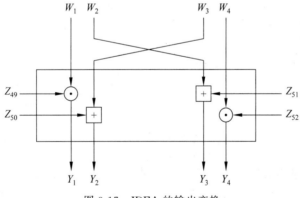

图 3-17　IDEA 的输出变换

2. 子密钥的产生

加密过程中 52 个 16 比特的子密钥是由 128 比特的加密密钥按如下方式产生的：前 8 个子密钥 $Z_1,Z_2,\cdots,Z_8$ 直接从加密密钥中取，即 Z_1 取前 16 比特（最高有效位），Z_2 取下面的 16 比特，以此类推。然后加密密钥循环左移 25 位，再取下面 8 个子密钥 Z_9，$Z_{10},\cdots,Z_{16}$，取法与 $Z_1,Z_2,\cdots,Z_8$ 的取法相同。这一过程重复下去，直到 52 个子密钥都被产生为止。

3. 解密过程

解密过程和加密过程基本相同,但子密钥的选取不同。解密子密钥 $U_1,U_2,\cdots,U_{52}$ 由加密子密钥按如下方式得到(将加密过程最后一步的输出变换当作第 9 轮):

(1) 第 $i(i=1,\cdots,9)$ 轮解密的前 4 个子密钥由加密过程第 $(10-i)$ 轮的前 4 个子密钥得出:其中,第 1 和第 4 解密子密钥取为相应的第 1 和第 4 个加密子密钥的模 $2^{16}+1$ 乘法逆元,第 2 和第 3 个子密钥的取法为:当轮数 $i=2,\cdots,8$ 时,取为相应的第 3 个和第 2 个加密子密钥的模 2^{16} 加法逆元。当 $i=1$ 和 9 时,取为相应的第 2 个和第 3 个加密子密钥的模 2^{16} 加法逆元。

(2) 第 $i(i=1,\cdots,8)$ 轮解密的后两个子密钥等于加密过程第 $(9-i)$ 轮的后两个子密钥。

表 3-7 是对以上关系的总结。其中,Z_j 的模 $2^{16}+1$ 乘法逆元为 Z_j^{-1},满足:

$$Z_j \cdot Z_j^{-1}=1 \bmod (2^{16}+1)$$

表 3-7 IDEA 加密、解密子密钥表

轮数	加密子密钥	解密子密钥	
1	Z_1,Z_2,Z_3,Z_4,Z_5,Z_6	U_1,U_2,U_3,U_4,U_5,U_6	$Z_{49}^{-1},-Z_{50},-Z_{51},Z_{52}^{-1},Z_{47},Z_{48}$
2	$Z_7,Z_8,Z_9,Z_{10},Z_{11},Z_{12}$	$U_7,U_8,U_9,U_{10},U_{11},U_{12}$	$Z_{43}^{-1},-Z_{45},-Z_{44},Z_{46}^{-1},Z_{41},Z_{42}$
3	$Z_{13},Z_{14},Z_{15},Z_{16},Z_{17},Z_{18}$	$U_{13},U_{14},U_{15},U_{16},U_{17},U_{18}$	$Z_{37}^{-1},-Z_{39},-Z_{38},Z_{40}^{-1},Z_{35},Z_{36}$
4	$Z_{19},Z_{20},Z_{21},Z_{22},Z_{23},Z_{24}$	$U_{19},U_{20},U_{21},U_{22},U_{23},U_{24}$	$Z_{31}^{-1},-Z_{33},-Z_{32},Z_{34}^{-1},Z_{29},Z_{30}$
5	$Z_{25},Z_{26},Z_{27},Z_{28},Z_{29},Z_{30}$	$U_{25},U_{26},U_{27},U_{28},U_{29},U_{30}$	$Z_{25}^{-1},-Z_{27},-Z_{26},Z_{28}^{-1},Z_{23},Z_{24}$
6	$Z_{31},Z_{32},Z_{33},Z_{34},Z_{35},Z_{36}$	$U_{31},U_{32},U_{33},U_{34},U_{35},U_{36}$	$Z_{19}^{-1},-Z_{21},-Z_{20},Z_{22}^{-1},Z_{17},Z_{18}$
7	$Z_{37},Z_{38},Z_{39},Z_{40},Z_{41},Z_{42}$	$U_{37},U_{38},U_{39},U_{40},U_{41},U_{42}$	$Z_{13}^{-1},-Z_{15},-Z_{14},Z_{16}^{-1},Z_{11},Z_{12}$
8	$Z_{43},Z_{44},Z_{45},Z_{46},Z_{47},Z_{48}$	$U_{43},U_{44},U_{45},U_{46},U_{47},U_{48}$	$Z_7^{-1},-Z_9,-Z_8,Z_{10}^{-1},Z_5,Z_6$
输出变换	$Z_{49},Z_{50},Z_{51},Z_{52}$	$U_{49},U_{50},U_{51},U_{52}$	$Z_1^{-1},-Z_2,-Z_3,Z_4^{-1}$

因 $2^{16}+1$ 是一素数,所以每一个不大于 2^{16} 的非 0 整数都有一个唯一的模 $2^{16}+1$ 乘法逆元。

Z_j 的模 2^{16} 加法逆元为 $-Z_j$,满足:

$$-Z_j \boxplus Z_j=0 \bmod (2^{16})$$

下面验证解密过程的确得到了正确的结果。图 3-18 中左边为加密过程,由上至下;右边为解密过程,由下至上。将每一轮进一步分为两步:第一步是变换,其余部分作为第二步,称为子加密。

从下往上考虑。对加密过程的最后一个输出变换,以下关系成立:

$$Y_1=W_{81} \odot Z_{49} \quad Y_2=W_{83} \boxplus Z_{50}$$
$$Y_3=W_{82} \boxplus Z_{51} \quad Y_4=W_{84} \odot Z_{52}$$

解密过程中第 1 轮的第 1 步产生以下关系:

$$J_{11}=Y_1 \odot U_1 \quad J_{12}=Y_2 \boxplus U_2$$
$$J_{13}=Y_3 \boxplus U_3 \quad J_{14}=Y_4 \odot U_4$$

将解密子密钥由加密子密钥表达并将 Y_1,Y_2,Y_3,Y_4 代入以下关系,有:

$$J_{11} = Y_1 \odot Z_{49}^{-1} = W_{81} \odot Z_{49} \odot Z_{49}^{-1} = W_{81}$$

$$J_{12} = Y_2 \boxplus - Z_{50} = W_{83} \boxplus Z_{50} \boxplus - Z_{50} = W_{83}$$

$$J_{13} = Y_3 \boxplus - Z_{51} = W_{82} \boxplus Z_{51} \boxplus - Z_{51} = W_{82}$$

$$J_{14} = Y_4 \odot Z_{52}^{-1} = W_{84} \odot Z_{52} \odot Z_{52}^{-1} = W_{84}$$

可见,解密过程第 1 轮第 1 步的输出等于加密过程最后一步输入中第 2 个子段和第 3 个子段交换后的值。从图 3-18,可得以下关系:

$$W_{81} = I_{81} \oplus MA_R(I_{81} \oplus I_{83}, I_{82} \oplus I_{84})$$

$$W_{82} = I_{83} \oplus MA_R(I_{81} \oplus I_{83}, I_{82} \oplus I_{84})$$

$$W_{83} = I_{82} \oplus MA_L(I_{81} \oplus I_{83}, I_{82} \oplus I_{84})$$

$$W_{84} = I_{84} \oplus MA_L(I_{81} \oplus I_{83}, I_{82} \oplus I_{84})$$

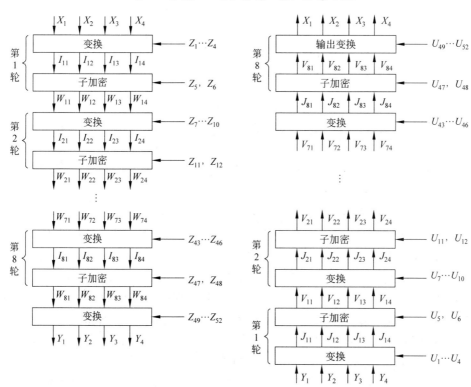

图 3-18　IDEA 加密和解密框图

其中,$MA_R(X, Y)$ 是 MA 结构输入为 X 和 Y 时的右边输出,$MA_L(X, Y)$ 是左边输出。则:

$$V_{11} = J_{11} \oplus MA_R(J_{11} \oplus J_{13}, J_{12} \oplus J_{14})$$

$$= W_{81} \oplus MA_R(W_{81} \oplus W_{82}, W_{83} \oplus W_{84})$$

$$= I_{81} \oplus MA_R(I_{81} \oplus I_{83}, I_{82} \oplus I_{84}) \oplus MA_R[I_{81}$$

$$\oplus I_{83} \oplus MA_R(I_{81} \oplus I_{83}, I_{82} \oplus I_{84}), I_{82}$$

$$\oplus MA_L(I_{81} \oplus I_{83}, I_{82} \oplus I_{84}) \oplus I_{84} \oplus MA_L(I_{81} \oplus I_{83}, I_{82} \oplus I_{84})]$$

$$= I_{81} \oplus \mathrm{MA_R}(I_{81} \oplus I_{83}, I_{82} \oplus I_{84}) \oplus \mathrm{MA_R}(I_{81} \oplus I_{83}, I_{82} \oplus I_{84})$$
$$= I_{81}$$

类似地,可有:

$$V_{12} = I_{83} \quad V_{13} = I_{82} \quad V_{14} = I_{84}$$

所以解密过程第 1 轮第 2 步的输出等于加密过程倒数第 2 步输入中第 2 个子段和第 3 个子段交换后的值。

同理可证图 3-18 中每步都有上述类似关系,这种关系一直到

$$V_{81} = I_{11} \quad V_{82} = I_{13} \quad V_{83} = I_{12} \quad V_{84} = I_{14}$$

即除了第 2 个子段和第 3 个子段交换位置外,解密过程的输出变换与加密过程第 1 轮第 1 步的变换完全相同。

所以最后得出整个解密过程的输出等于整个加密过程的输入。

3.6 AES 算法——Rijndael

1997 年 4 月 15 日,美国 ANSI 发起征集 AES(Advanced Encryption Standard)的活动,并为此成立了 AES 工作小组。此次活动的目的是确定一个非保密的、可以公开技术细节的、全球免费使用的分组密码算法,以作为新的数据加密标准。1997 年 9 月 12 日,美国联邦登记处公布了正式征集 AES 候选算法的通告。对 AES 的基本要求是:比三重 DES 快、至少与三重 DES 一样安全、数据分组长度为 128 比特、密钥长度为 128/192/256 比特。1998 年 8 月 12 日,在首届 AES 候选会议(First AES Candidate Conference)上公布了 AES 的 15 个候选算法,任由全世界各机构和个人攻击和评论,这 15 个候选算法是 CAST256、CRYPTON、E2、DEAL、FROG、SAFER +、RC6、MAGENTA、LOKI97、SERPENT、MARS、Rijndael、DFC、Twofish、HPC。1999 年 3 月,在第 2 届 AES 候选会议(Second AES Candidate Conference)上经过对全球各密码机构和个人对候选算法分析结果的讨论,从 15 个候选算法中选出了 5 个。这 5 个是 RC6、Rijndael、SERPENT、Twofish 以及 MARS。2000 年 4 月 13 日至 14 日,召开了第 3 届 AES 候选会议(Third AES Candidate Conference),继续对最后 5 个候选算法进行讨论。2000 年 10 月 2 日,NIST 宣布 Rijndael 作为新的 AES。至此,经过 3 年多的讨论,Rijndael 终于脱颖而出。

Rijndael 由比利时的 Joan Daemen 和 Vincent Rijmen 设计,算法的原型是 Square 算法,它的设计策略是宽轨迹策略(Wide Trail Strategy)。宽轨迹策略是针对差分分析和线性分析提出的,它的最大优点是可以给出算法的最佳差分特征的概率及最佳线性逼近的偏差的界;由此,可以分析算法抵抗差分密码分析及线性密码分析的能力。

3.6.1 Rijndael 的数学基础和设计思想

1. 有限域 GF(2^8)

有限域中的元素可以用多种不同的方式表示。对于任意素数的方幂,都有唯一的一个有限域,因此 GF(2^8)的所有表示是同构的,但不同的表示方法会影响到 GF(2^8)上运算

的复杂度,本算法采用传统的多项式表示法。

将 $b_7b_6b_5b_4b_3b_2b_1b_0$ 构成的字节 b 看成系数在 $\{0,1\}$ 中的多项式

$$b_7x^7 + b_6x^6 + b_5x^5 + b_4x^4 + b_3x^3 + b_2x^2 + b_1x + b_0$$

例如,十六进制数 57 对应的二进制为 01010111,看成一个字节,对应的多项式为 $x^6 + x^4 + x^2 + x + 1$。

在多项式表示中,GF(2^8)上两个元素的和仍然是一个次数不超过 7 的多项式,其系数等于两个元素对应系数的模 2 加(比特异或)。

例如,57+83=D4,用多项式表示为

$$(x^6 + x^4 + x^2 + x + 1) + (x^7 + x + 1) = x^7 + x^6 + x^4 + x^2$$

用二进制表示为

$$01010111 + 10000011 = 11010100$$

由于每个元素的加法逆元等于自己,所以减法和加法相同。

要计算 GF(2^8)上的乘法,必须先确定一个 GF(2)上的 8 次不可约多项式;GF(2^8)上两个元素的乘积就是这两个多项式的模乘(以这个 8 次不可约多项式为模)。在 Rijndael 密码中,这个 8 次不可约多项式确定为

$$m(x) = x^8 + x^4 + x^3 + x + 1$$

它的十六进制表示为 11B。

例如,57 · 83=C1 可表示为以下的多项式乘法

$$(x^6 + x^4 + x^2 + x + 1) \cdot (x^7 + x + 1) = x^7 + x^6 + 1 (\bmod m(x))$$

乘法运算虽然不是标准的按字节的运算,但也是比较简单的计算部件。

以上定义的乘法满足交换律,且有单位元 01。另外,对任何次数小于 8 的多项式 $b(x)$,可用推广的欧几里得算法得

$$b(x)a(x) + m(x)c(x) = 1$$

即 $a(x) \cdot b(x) = 1 \bmod m(x)$,因此 $a(x)$ 是 $b(x)$ 的乘法逆元。再者,乘法还满足分配律:

$$a(x) \cdot (b(x) + c(x)) = a(x) \cdot b(x) + a(x) \cdot c(x)$$

所以,256 个字节值构成的集合,在以上定义的加法和乘法运算下,有有限域 GF(2^8)的结构。

GF(2^8)上还定义了一个运算,称为 x 乘法,其定义为

$$x \cdot b(x) = b_7x^8 + b_6x^7 + b_5x^6 + b_4x^5 + b_3x^4 + b_2x^3 + b_1x^2 + b_0x (\bmod m(x))$$

如果 $b_7 = 0$,求模结果不变,否则为乘积结果减去 $m(x)$,即求乘积结果与 $m(x)$ 的异或。由此得出 x(十六进制 02)乘 $b(x)$ 可以先对 $b(x)$ 在字节内左移一位(最后一位补 0),若 $b_7 = 1$ 则再与 1B(其二进制为 00011011)做逐比特异或来实现,该运算记为 $b = \text{xtime}(a)$。在专用芯片中,xtime 只需 4 个异或。x 的幂乘运算可以重复应用 xtime 来实现。而任意常数乘法可以通过对中间结果相加实现。

例如,57 · 13 可实现如下:

$$57 \cdot 02 = \text{xtime}(57) = AE$$
$$57 \cdot 04 = \text{xtime}(AE) = 47$$
$$57 \cdot 08 = \text{xtime}(47) = 8E$$

$$57 \cdot 10 = \text{xtime}(8E) = 07$$
$$57 \cdot 13 = 57 \cdot (01 \oplus 02 \oplus 10)$$
$$= 57 \oplus AE \oplus 07 = FE$$

2. 系数在 GF(2^8)上的多项式

4 个字节构成的向量可以表示为系数在 GF(2^8)上的次数小于 4 的多项式。多项式的加法就是对应系数相加;换句话说,多项式的加法就是 4 字节向量的逐比特异或。

规定多项式的乘法运算必须要取模 $M(x) = x^4 + 1$,这样使得次数小于 4 的多项式的乘积仍然是一个次数小于 4 的多项式,将多项式的模乘运算记为 $\otimes$,设 $a(x) = a_3 x^3 + a_2 x^2 + a_1 x + a_0$,$b(x) = b_3 x^3 + b_2 x^2 + b_1 x + b_0$,$c(x) = a(x) \otimes b(x) = c_3 x^3 + c_2 x^2 + c_1 x + c_0$。由于 $x^j \bmod (x^4 + 1) = x^{j \bmod 4}$,所以

$$c_0 = a_0 b_0 \oplus a_3 b_1 \oplus a_2 b_2 \oplus a_1 b_3;$$
$$c_1 = a_1 b_0 \oplus a_0 b_1 \oplus a_3 b_2 \oplus a_2 b_3;$$
$$c_2 = a_2 b_0 \oplus a_1 b_1 \oplus a_0 b_2 \oplus a_3 b_3;$$
$$c_3 = a_3 b_0 \oplus a_2 b_1 \oplus a_1 b_2 \oplus a_0 b_3。$$

可将上述计算表示为

$$\begin{pmatrix} c_0 \\ c_1 \\ c_2 \\ c_3 \end{pmatrix} = \begin{pmatrix} a_0 & a_3 & a_2 & a_1 \\ a_1 & a_0 & a_3 & a_2 \\ a_2 & a_1 & a_0 & a_3 \\ a_3 & a_2 & a_1 & a_0 \end{pmatrix} \begin{pmatrix} b_0 \\ b_1 \\ b_2 \\ b_3 \end{pmatrix}$$

注意到 $M(x)$ 不是 GF(2^8)上的不可约多项式(甚至也不是 GF(2)上的不可约多项式),因此非 0 多项式的这种乘法不是群运算。不过在 Rijndael 密码中,对多项式 $b(x)$,这种乘法运算只限于乘一个固定的有逆元的多项式 $a(x) = a_3 x^3 + a_2 x^2 + a_1 x + a_0$。有如下的定理。

定理 3-1 系数在 GF(2^8)上的多项式 $a_3 x^3 + a_2 x^2 + a_1 x + a_0$ 是模 $x^4 + 1$ 可逆的,当且仅当矩阵

$$\begin{pmatrix} a_0 & a_3 & a_2 & a_1 \\ a_1 & a_0 & a_3 & a_2 \\ a_2 & a_1 & a_0 & a_3 \\ a_3 & a_2 & a_1 & a_0 \end{pmatrix}$$

在 GF(2^8)上可逆。

证明 $a_3 x^3 + a_2 x^2 + a_1 x + a_0$ 是模 $x^4 + 1$ 可逆的,当且仅当存在多项式 $h_3 x^3 + h_2 x^2 + h_1 x + h_0$ 使得

$$(a_3 x^3 + a_2 x^2 + a_1 x + a_0)(h_3 x^3 + h_2 x^2 + h_1 x + h_0) = 1 (\bmod x^4 + 1)$$

因此有

$$(a_3 x^3 + a_2 x^2 + a_1 x + a_0)(h_2 x^3 + h_1 x^2 + h_0 x + h_3) = x (\bmod x^4 + 1)$$
$$(a_3 x^3 + a_2 x^2 + a_1 x + a_0)(h_1 x^3 + h_0 x^2 + h_3 x + h_2) = x^2 (\bmod x^4 + 1)$$
$$(a_3 x^3 + a_2 x^2 + a_1 x + a_0)(h_0 x^3 + h_3 x^2 + h_2 x + h_1) = x^3 (\bmod x^4 + 1)$$

将以上关系写成矩阵形式即得

$$\begin{pmatrix} a_0 & a_3 & a_2 & a_1 \\ a_1 & a_0 & a_3 & a_2 \\ a_2 & a_1 & a_0 & a_3 \\ a_3 & a_2 & a_1 & a_0 \end{pmatrix} \begin{pmatrix} h_0 & h_3 & h_2 & h_1 \\ h_1 & h_0 & h_3 & h_2 \\ h_2 & h_1 & h_0 & h_3 \\ h_3 & h_2 & h_1 & h_0 \end{pmatrix} = \begin{pmatrix} 1 & 0 & 0 & 0 \\ 0 & 1 & 0 & 0 \\ 0 & 0 & 1 & 0 \\ 0 & 0 & 0 & 1 \end{pmatrix}$$

（定理 3-1 证毕）

$c(x) = x \otimes b(x)$ 定义为 x 与 $b(x)$ 的模 x^4+1 乘法，即 $c(x) = x \otimes b(x) = b_2 x^3 + b_1 x^2 + b_0 x + b_3$。其矩阵表示中，除 $a_1 = 01$ 外，其他所有 $a_i = 00$，即

$$\begin{pmatrix} c_0 \\ c_1 \\ c_2 \\ c_3 \end{pmatrix} = \begin{pmatrix} 00 & 00 & 00 & 01 \\ 01 & 00 & 00 & 00 \\ 00 & 01 & 00 & 00 \\ 00 & 00 & 01 & 00 \end{pmatrix} \begin{pmatrix} b_0 \\ b_1 \\ b_2 \\ b_3 \end{pmatrix}$$

因此，x（或 x 的幂）模乘多项式相当于对字节构成的向量进行字节循环移位。

3. 设计思想

Rijndael 密码的设计力求满足以下 3 条标准：

(1) 抵抗所有已知的攻击。

(2) 在多个平台上速度快，编码紧凑。

(3) 设计简单。

当前的大多数分组密码，其轮函数是 Feistel 结构，即将中间状态的部分比特不加改变地简单放置到其他位置。Rijndael 没有这种结构，其轮函数是由 3 个不同的可逆均匀变换组成的，称它们为 3 个"层"。所谓"均匀变换"，是指状态的每个比特都是用类似的方法进行处理的。不同层的特定选择大部分是建立在"宽轨迹策略"的应用基础上的；简单地说，"宽轨迹策略"就是提供抗线性密码分析和差分密码分析能力的一种设计。为实现宽轨迹策略，轮函数 3 个层中的每一层都有它自己的功能。

(1) 线性混合层：确保多轮之上的高度扩散。

(2) 非线性层：将具有最优的"最坏情况非线性特性"的 S 盒并行使用。

(3) 密钥加层：单轮子密钥简单地异或到中间状态上，实现一次性掩盖。

在第一轮之前，用了一个初始密钥加层，其目的是在不知道密钥的情况下，对最后一个密钥加层以后的任一层（或者是当进行已知明文攻击时，对第一个密钥加层以前的任一层）可简单地剥去，因此初始密钥加层对密码的安全性无任何意义。许多密码的设计中都在轮变换之前和之后用了密钥加层，如 IDEA、SAFER 和 Blowfish。

为了使加密算法和解密算法在结构上更加接近，最后一轮的线性混合层与前面各轮的线性混合层不同，这类似于 DES 的最后一轮不做左右交换一样。可以证明这种设计不以任何方式提高或降低该密码的安全性。

3.6.2　算法说明

Rijndael 是一个迭代型分组密码，其分组长度和密钥长度都可变，各自可以独立地指

定为 128 比特、192 比特、256 比特。

1. 状态、种子密钥和轮数

类似于明文分组和密文分组,算法的中间结果也需分组,称算法中间结果的分组为状态,所有的操作都在状态上进行。状态可以用以字节为元素的矩阵阵列表示,该阵列有 4 行,列数记为 N_b,N_b 等于分组长度除以 32。

种子密钥类似地用一个以字节为元素的矩阵阵列表示,该阵列有 4 行,列数记为 N_k,N_k 等于分组长度除以 32。表 3-8 是 $N_b = 6$ 的状态和 $N_k = 4$ 的种子密钥的矩阵阵列表示。

表 3-8　$N_b = 6$ 的状态和 $N_k = 4$ 的种子密钥

a_{00}	a_{01}	a_{02}	a_{03}	a_{04}	a_{05}	k_{00}	k_{01}	k_{02}	k_{03}
a_{10}	a_{11}	a_{12}	a_{13}	a_{14}	a_{15}	k_{10}	k_{11}	k_{12}	k_{13}
a_{20}	a_{21}	a_{22}	a_{23}	a_{24}	a_{25}	k_{20}	k_{21}	k_{22}	k_{23}
a_{30}	a_{31}	a_{32}	a_{33}	a_{34}	a_{35}	k_{30}	k_{31}	k_{32}	k_{33}

有时可将这些分组当作一维数组,其每一元素是上述阵列表示中的 4 字节元素构成的列向量,数组长度可为 4、6、8,数组元素下标的范围分别是 0~3、0~5 和 0~7。4 字节元素构成的列向量有时也称为字。

算法的输入和输出被看成由 8 比特字节构成的一维数组,其元素下标的范围是 0~$(4N_b - 1)$,因此输入和输出以字节为单位的分组长度分别是 16、24 和 32,其元素下标的范围分别是 0~15、0~23 和 0~31。输入的种子密钥也看成由 8 比特字节构成的一维数组,其元素下标的范围是 0~$(4N_k - 1)$,因此种子密钥以字节为单位的分组长度也分别是 16、24 和 32,其元素下标的范围分别是 0~15、0~23 和 0~31。

算法的输入(包括最初的明文输入和中间过程的轮输入)以字节为单位按 $a_{00}a_{10}a_{20}$ $a_{30}a_{01}a_{11}a_{21}a_{31}\cdots$ 的顺序放置到状态阵列中。同理,种子密钥以字节为单位按 $k_{00}k_{10}k_{20}$ $k_{30}k_{01}k_{11}k_{21}k_{31}\cdots$ 的顺序放置到种子密钥阵列中。而输出(包括中间过程的轮输出和最后的密文输出)也是以字节为单位按相同的顺序从状态阵列中取出。若输入(或输出)分组中第 n 个元素对应于状态阵列的第 (i, j) 位置上的元素,则 n 和 (i, j) 有以下关系:

$$i = n \bmod 4; \quad j = \lfloor n/4 \rfloor; \quad n = i + 4j$$

迭代的轮数记为 N_r,N_r 与 N_b 和 N_k 有关,表 3-9 给出了 N_r 与 N_b 和 N_k 的关系。

表 3-9　迭代轮数 N_r 为 N_b 和 N_k 的函数

N_r	$N_b = 4$	$N_b = 6$	$N_b = 8$
$N_k = 4$	10	12	14
$N_k = 6$	12	12	14
$N_k = 8$	14	14	14

2. 轮函数

Rijndael 的轮函数由 4 个不同的计算部件组成,分别是字节代换(ByteSub)、行移位(ShiftRow)、列混合(MixColumn)、密钥加(AddRoundKey)。

1) 字节代换

字节代换(ByteSub)是非线性变换,独立地对状态的每个字节进行。代换表(即 S 盒)是可逆的,由以下两个变换的合成得到:

(1) 首先,将字节看作 $GF(2^8)$ 上的元素,映射到自己的乘法逆元,00 映射到自己。

(2) 其次,对字节做如下的($GF(2)$ 上的,可逆的)仿射变换:

$$\begin{pmatrix} y_0 \\ y_1 \\ y_2 \\ y_3 \\ y_4 \\ y_5 \\ y_6 \\ y_7 \end{pmatrix} = \begin{pmatrix} 1 & 0 & 0 & 0 & 1 & 1 & 1 & 1 \\ 1 & 1 & 0 & 0 & 0 & 1 & 1 & 1 \\ 1 & 1 & 1 & 0 & 0 & 0 & 1 & 1 \\ 1 & 1 & 1 & 1 & 0 & 0 & 0 & 1 \\ 1 & 1 & 1 & 1 & 1 & 0 & 0 & 0 \\ 0 & 1 & 1 & 1 & 1 & 1 & 0 & 0 \\ 0 & 0 & 1 & 1 & 1 & 1 & 1 & 0 \\ 0 & 0 & 0 & 1 & 1 & 1 & 1 & 1 \end{pmatrix} \begin{pmatrix} x_0 \\ x_1 \\ x_2 \\ x_3 \\ x_4 \\ x_5 \\ x_6 \\ x_7 \end{pmatrix} + \begin{pmatrix} 1 \\ 1 \\ 0 \\ 0 \\ 0 \\ 1 \\ 1 \\ 0 \end{pmatrix}$$

上述 S 盒对状态的所有字节所做的变换记为

$$\text{ByteSub(State)}$$

图 3-19 是字节代换示意图。

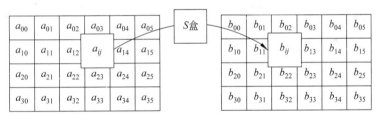

图 3-19　字节代换示意图

ByteSub 的逆变换由代换表的逆表做字节代换,可通过如下两步实现:首先进行仿射变换的逆变换,再求每一字节在 $GF(2^8)$ 上的逆元。

2) 行移位

行移位(ShiftRow)是将状态阵列的各行进行循环移位,不同状态行的位移量不同。第 0 行不移动,第 1 行循环左移 C_1 个字节,第 2 行循环左移 C_2 个字节,第 3 行循环左移 C_3 个字节。位移量 C_1、C_2、C_3 的取值与 N_b 有关,由表 3-10 给出。

表 3-10　对应于不同分组长度的位移量

N_b	C_1	C_2	C_3
4	1	2	3
6	1	2	3
8	1	3	4

按指定的位移量对状态的行进行的行移位运算记为

$$\text{ShiftRow}(\text{State})$$

图 3-20 是行移位示意图。

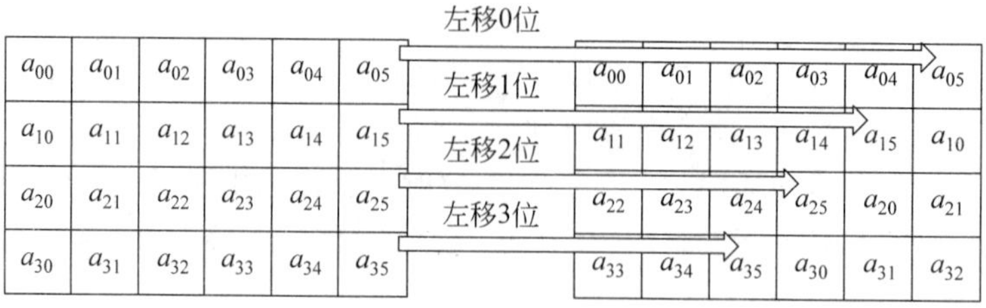

					左移0位						
a_{00}	a_{01}	a_{02}	a_{03}	a_{04}	a_{05}	a_{00}	a_{01}	a_{02}	a_{03}	a_{04}	a_{05}
a_{10}	a_{11}	a_{12}	a_{13}	a_{14}	a_{15}	a_{11}	a_{12}	a_{13}	a_{14}	a_{15}	a_{10}
a_{20}	a_{21}	a_{22}	a_{23}	a_{24}	a_{25}	a_{22}	a_{23}	a_{24}	a_{25}	a_{20}	a_{21}
a_{30}	a_{31}	a_{32}	a_{33}	a_{34}	a_{35}	a_{33}	a_{34}	a_{35}	a_{30}	a_{31}	a_{32}

左移1位、左移2位、左移3位

图 3-20   行移位示意图

ShiftRow 的逆变换是对状态阵列的后 3 列分别以位移量 $N_b - C_1$、$N_b - C_2$、$N_b - C_3$ 进行循环移位,使得第 i 行第 j 列的字节移位到 $(j + N_b - C_i) \bmod N_b$。

3) 列混合

在列混合(MixColumn)变换中,将状态阵列的每个列视为 $GF(2^8)$ 上的多项式,再与一个固定的多项式 $c(x)$ 进行模 $x^4 + 1$ 乘法。当然要求 $c(x)$ 是模 $x^4 + 1$ 可逆的多项式,否则列混合变换就是不可逆的,因而会使不同的输入分组对应的输出分组可能相同。Rijndael 的设计者给出的 $c(x)$ 为(系数用十六进制数表示):

$$c(x) = 03x^3 + 01x^2 + 01x + 02$$

$c(x)$ 是与 $x^4 + 1$ 互素的,因此是模 $x^4 + 1$ 可逆的。列混合运算也可写为矩阵乘法。设 $b(x) = c(x) \otimes a(x)$,则

$$
\begin{pmatrix} b_0 \\ b_1 \\ b_2 \\ b_3 \end{pmatrix} =
\begin{pmatrix} 02 & 03 & 01 & 01 \\ 01 & 02 & 03 & 01 \\ 01 & 01 & 02 & 03 \\ 03 & 01 & 01 & 02 \end{pmatrix}
\begin{pmatrix} a_0 \\ a_1 \\ a_2 \\ a_3 \end{pmatrix}
$$

这个运算需要做 $GF(2^8)$ 上的乘法,但由于所乘的因子是 3 个固定的元素 02、03、01,所以这些乘法运算仍然是比较简单的。

对状态 State 的所有列所做的列混合运算记为

$$\text{MixColumn}(\text{State})$$

图 3-21 是列混合运算示意图。

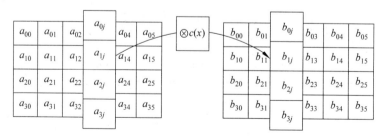

图 3-21   列混合运算示意图

列混合运算的逆运算是类似的，即每列都用一个特定的多项式 $d(x)$ 相乘。$d(x)$ 满足

$$(03x^3 + 01x^2 + 01x + 02) \otimes d(x) = 01$$

由此可得

$$d(x) = 0Bx^3 + 0Dx^2 + 09x + 0E$$

4）密钥加

密钥加（AddRoundKey）是将轮密钥简单地与状态进行逐比特异或。轮密钥由种子密钥通过密钥编排算法得到，轮密钥长度等于分组长度 N_b。

状态 State 与轮密钥 RoundKey 的密钥加运算表示为

$$\text{AddRoundKey(State，RoundKey)}$$

图 3-22 是密钥加运算示意图。

a_{00}	a_{01}	a_{02}	a_{03}	a_{04}	a_{05}
a_{10}	a_{11}	a_{12}	a_{13}	a_{14}	a_{15}
a_{20}	a_{21}	a_{22}	a_{23}	a_{24}	a_{25}
a_{30}	a_{31}	a_{32}	a_{33}	a_{34}	a_{35}

$\oplus$

k_{00}	k_{01}	k_{02}	k_{03}	k_{04}	k_{05}
k_{10}	k_{11}	k_{12}	k_{13}	k_{14}	k_{15}
k_{20}	k_{21}	k_{22}	k_{23}	k_{24}	k_{25}
k_{30}	k_{31}	k_{32}	k_{33}	k_{34}	k_{35}

$=$

b_{00}	b_{01}	b_{02}	b_{03}	b_{04}	b_{05}
b_{10}	b_{11}	b_{12}	b_{13}	b_{14}	b_{15}
b_{20}	b_{21}	b_{22}	b_{23}	b_{24}	b_{25}
b_{30}	b_{31}	b_{32}	b_{33}	b_{34}	b_{35}

图 3-22　密钥加运算示意图

密钥加运算的逆运算是自己。

综上所述，组成 Rijndael 轮函数的计算部件简洁快速，功能互补。轮函数的伪 C 代码如下：

```
Round(State, RoundKey)
{
    ByteSub(State);
    ShiftRow(State);
    MixColumn(State);
    AddRoundKey(State, RoundKey)
}
```

结尾轮的轮函数与前面各轮不同，将 MixColumn 这一步去掉。

```
FinalRound(State, RoundKey)
{
    ByteSub(State);
    ShiftRow(State);
    AddRoundKey(State, RoundKey)
}
```

在以上伪 C 代码记法中，State、RoundKey 可用指针类型，函数 Round、FinalRound、ByteSub、ShiftRow、MixColumn、AddRoundKey 都在指针 State、RoundKey 所指向的阵列上进行运算。

3. 密钥编排

密钥编排是指从种子密钥得到轮密钥的过程,它由密钥扩展和轮密钥选取两部分组成,其基本原则如下:

(1) 轮密钥的比特数等于分组长度乘以轮数加 1;

(2) 种子密钥被扩展成为扩展密钥;

(3) 轮密钥从扩展密钥中取,其中第 1 轮轮密钥取扩展密钥的前 N_b 个字,第 2 轮轮密钥取接下来的 N_b 个字,如此下去。

1) 密钥扩展

扩展密钥是以 4 字节字为元素的一维阵列,表示为 $W[N_b * (N_r+1)]$,其中,前 N_k 个字取为种子密钥,以后每个字按递归方式定义。扩展算法根据 $N_k \leqslant 6$ 和 $N_k > 6$ 有所不同。

当 $N_k \leqslant 6$ 时,扩展算法为

```
KeyExpansion(byte  Key[4 * N_k], W[N_b * (N_r+1)])
{
    For(i=0; i<N_k; i++)
        W[i]=(Key[4 * i], Key[4 * i+1], Key[4 * i+2], Key[4 * i+3]);
    For(i=N_k; i<N_b * (N_r+1); i++)
    {
        temp=W[i-1];
        if(i % N_k==0)
            temp=SubByte(RotByte(temp))^Rcon[i/N_k];
        W[i]=W[i-N_k]^temp;
    }
}
```

其中,$Key[4 * N_k]$ 为种子密钥,看作以字节为元素的一维阵列。函数 SubByte() 返回 4 字节字,其中每一个字节都是用 Rijndael 的 S 盒作用到输入字对应的字节得到。函数 RotByte() 也返回 4 字节字,该字由输入的字循环移位得到,即当输入字为 (a, b, c, d) 时,输出字为 (b, c, d, a)。

可以看出,扩展密钥的前 N_k 个字即为种子密钥,之后的每个字 $W[i]$ 等于前一个字 $W[i-1]$ 与 N_k 个位置之前的字 $W[i-N_k]$ 的异或;不过当 i/N_k 为整数时,须先将前一个字 $W[i-1]$ 经过以下一系列的变换:

1 字节的循环移位 RotByte→用 S 盒进行变换 SubByte→异或轮常数 $Rcon[i/N_k]$。

当 $N_k > 6$ 时,扩展算法为

```
KeyExpansion(byte  Key[4 * N_k], W[N_b * (N_r+1)])
{
    For(i=0; i<N_k; i++)
        W[i]=(Key[4 * i], Key[4 * i+1], Key[4 * i+2], Key[4 * i+3]);
    For(i=N_k; i<N_b * (N_r+1); i++)
    {
```

```
temp=W[i-1];
if(i %Nk==0)
    temp=SubByte(RotByte(temp))^Rcon[i/Nk];
else if(i %Nk==4)
    temp=SubByte(temp);
W[i]=W[i-Nk]^temp;
}
}
```

$N_k > 6$ 与 $N_k \leqslant 6$ 的密钥扩展算法的区别在于:当 i 为 N_k 的 4 的倍数时,需先将前一个字 $W[i-1]$ 经过 SubByte 变换。

以上两个算法中,$\text{Rcon}[i/N_k]$ 为轮常数,其值与 N_k 无关,定义为(字节用十六进制表示,同时理解为 $\text{GF}(2^8)$ 上的元素):

$$\text{Rcon}[i] = (\text{RC}[i], 00, 00, 00)$$

其中,$\text{RC}[i]$ 是 $\text{GF}(2^8)$ 中值为 x^{i-1} 的元素,因此

$$\text{RC}[1] = 1(\text{即 } 01)$$
$$\text{RC}[i] = x(\text{即 } 02) \cdot \text{RC}[i-1] = x^{i-1}$$

2) 轮密钥选取

轮密钥 i(即第 i 个轮密钥)由轮密钥缓冲字 $W[N_b * i]$ 到 $W[N_b * (i+1)-1]$ 给出,如图 3-23 所示。

图 3-23 $N_b = 6$ 且 $N_k = 4$ 时的密钥扩展与轮密钥选取

4. 加密算法

加密算法为顺序完成以下操作:初始的密钥加;(N_r-1) 轮迭代;一个结尾轮。即

```
Rijndael(State, CipherKey)
{
    KeyExpansion(CipherKey, ExpandedKey);
    AddRoundKey(State, ExpandedKey);
    For(i=1; i<Nr; i++)  Round(State, ExpandedKey+Nb * i);
    FinalRound(State, ExpandedKey+Nb * Nr)
}
```

其中,CipherKey 是种子密钥,ExpandedKey 是扩展密钥。密钥扩展可以事先进行(预计算),且 Rijndael 密码的加密算法可以用这一扩展密钥来描述:

```
Rijndael(State, ExpandedKey)
{
    AddRoundKey(State, ExpandedKey);
    For(i=1; i<Nr; i++)  Round(State, ExpandedKey+Nb * i);
```

```
        FinalRound(State, ExpandedKey+N_b * N_r)
}
```

5. 加解密的相近程度及解密算法

首先给出以下的结论。

引理 3-1 设字节代换(ByteSub)、行移位(ShiftRow)的逆变换分别为 InvByteSub、InvShiftRow,则组合部件 ByteSub→ShiftRow 的逆变换为 InvByteSub→InvShiftRow。

证明 组合部件 ByteSub→ShiftRow 的逆变换原本为 InvShiftRow→InvByteSub。由于字节代换(ByteSub)是对每个字节进行相同的变换,故 InvShiftRow 与 InvByteSub 两个计算部件可以交换顺序。

(引理 3-1 证毕)

引理 3-2 设列混合(MixColumn)的逆变换为 InvMixColumn,则列混合部件与密钥加部件(AddRoundKey)的组合部件

$$MixColumn→AddRoundKey(\cdot, Key)$$

的逆变换为

$$InvMixColumn→AddRoundKey(\cdot, InvKey)$$

其中,密钥 InvKey 与 Key 的关系为:InvKey=InvMixColumn(Key)。

证明 组合部件 MixColumn→AddRoundKey(·, Key) 的逆变换原本为

$$AddRoundKey(\cdot, Key)→InvMixColumn$$

设 S 和 K 分别表示状态阵列和轮密钥阵列,由于

$$(S \oplus K) \otimes d(x) = (S \otimes d(x)) \oplus (K \otimes d(x))$$

所以

$$AddRoundKey(\cdot, Key) → InvMixColumn$$
$$= InvMixColumn → AddRoundKey(\cdot, InvMixColumn(Key))$$

(引理 3-2 证毕)

引理 3-3 将某一轮的后两个计算部件和下一轮的前两个计算部件组成组合部件,该组合部件的程序为

```
MixColumn(State);
AddRoundKey(State, Key(i));
ByteSub(State);
ShiftRow(State)
```

则该组合部件的逆变换程序为

```
InvByteSub(State);
InvShiftRow(State);
InvMixColumn(State);
AddRoundKey(State, InvMixColumn(Key(i)))
```

证明 这是引理 3-1 和引理 3-2 的直接推论。

应注意,在引理 3-3 所描述的逆变换中,第 2 步到第 4 步在形状上很像加密算法的轮

函数,这将是解密算法的轮函数。注意到结尾轮只有 3 个计算部件,因此得到以下定理。

定理 3-2　Rijndael 密码的解密算法为顺序完成以下操作:初始的密钥加;(N_r-1) 轮迭代;一个结尾轮。其中,解密算法的轮函数为

```
InvRound(State, RoundKey)
{
    InvByteSub(State);
    InvShiftRow(State);
    InvMixColumn(State);
    AddRoundKey(State, RoundKey)
}
```

解密算法的结尾轮为

```
InvFinalRound(State, RoundKey)
{
    InvByteSub(State);
    InvShiftRow(State);
    AddRoundKey(State, RoundKey)
}
```

设加密算法的初始密钥加、第 1 轮、第 2 轮……第 N_r 轮的子密钥依次为

$$k(0), k(1), k(2), \cdots, k(N_r-1), k(N_r)$$

则解密算法的初始密钥加、第 1 轮、第 2 轮……第 N_r 轮的子密钥依次为

$k(N_r)$, InvMixColumn($k(N_r-1)$), InvMixColumn($k(N_r-2)$), $\cdots$, InvMixColumn($k(1)$), $k(0)$。

证明　这是上述 3 个引理的直接推论。

综上所述,Rijndael 密码的解密算法与加密算法的计算网络都相同,只是将各计算部件换为对应的逆部件。

3.7　中国商用密码算法 SM4

SM4 算法是用于 WAPI 的分组密码算法,是 2006 年我国国家密码管理局公布的国内第一个商用密码算法。

SM4 算法是分组密码算法,其中,数据分组长度为 128 比特,密钥分组长度也为 128 比特。加密算法与密钥扩展算法都采用 32 轮迭代结构,以字节(8 位)和字(32 位)为单位进行数据处理。

1. 基本运算

SM4 密码算法的基本运算有模 2 加和循环移位。

(1) 模 2 加:记为 $\oplus$,为 32 位逐比特异或运算。

(2) 循环移位:$<<<i$,把 32 位字循环左移 i 位。

2. 基本密码部件

1）S 盒

S 盒是以字节为单位的非线性替换，其密码学作用是混淆，它的输入和输出都是 8 位的字节。设输入字节为 a，输出字节为 b，则 S 盒的运算可表示为

$$b = S(a)$$

S 盒的替换规则如表 3-11 所示。例如输入为 EF，则输出为第 E 行与第 F 列交叉处的值 84，即 $S(\text{EF}) = 84$。

表 3-11　SM4 密码算法的 S 盒

		低 位														
		0	1	2	3	4	5	6	7	8	9	A	B	C	D	E	F
高位	0	D6	90	E9	FE	CC	E1	3D	B7	16	B6	14	C2	28	FB	2C	05
	1	2B	67	9A	76	2A	BE	04	C3	AA	44	13	26	49	86	06	99
	2	9C	42	50	F4	91	EF	98	7A	33	54	0B	43	ED	CF	AC	62
	3	E4	B3	1C	A9	C9	08	E8	95	80	DF	94	FA	75	8F	3F	A6
	4	47	07	A7	FC	F3	73	17	BA	83	59	3C	19	E6	85	4F	A8
	5	68	6B	81	B2	71	64	DA	8B	F8	EB	0F	4B	70	56	9D	35
	6	1E	24	0E	5E	63	58	D1	A2	25	22	7C	3B	01	21	78	87
	7	D4	00	46	57	9F	D3	27	52	4C	36	02	E7	A0	C4	C8	9E
	8	EA	BF	8A	D2	40	C7	38	B5	A3	F7	F2	CE	F9	61	15	A1
	9	E0	AE	5D	A4	9B	34	1A	55	AD	93	32	30	F5	8C	B1	E3
	A	1D	F6	E2	2E	82	66	CA	60	C0	29	23	AB	0D	53	4E	6F
	B	D5	DB	37	45	DE	FD	8E	2F	03	FF	6A	72	6D	6C	5B	51
	C	8D	1B	AF	92	BB	DD	BC	7F	11	D9	5C	41	1F	10	5A	D8
	D	0A	C1	31	88	A5	CD	7B	BD	2D	74	D0	12	B8	E5	B4	B0
	E	89	69	97	4A	0C	96	77	7E	65	B9	F1	09	C5	6E	C6	84
	F	18	F0	7D	EC	3A	DC	4D	20	79	EE	5F	3E	D7	CB	39	48

2）非线性变换 τ

非线性变换 τ 是以字为单位的非线性替换，它由 4 个 S 盒并置构成。设输入为 $A = (a_0, a_1, a_2, a_3)$（4 个 32 位的字），输出为 $B = (b_0, b_1, b_2, b_3)$（4 个 32 位的字），则

$$B = (b_0, b_1, b_2, b_3) = \tau(A) = (S(a_0), S(a_1), S(a_2), S(a_3)) \tag{3-1}$$

3）线性变换部件 L

线性变换部件 L 是以字为处理单位的线性变换，其输入输出都是 32 位的字，它的密

码学作用是扩散。

设 L 的输入为字 B，输出为字 C，则

$$C = L(B) = B \oplus (B <<< 2) \oplus (B <<< 10) \oplus (B <<< 18) \oplus (B <<< 24)$$

$$(3\text{-}2)$$

4）合成变换 T

合成变换 T 由非线性变换 τ 和线性变换 L 复合而成，数据处理的单位是字。设输入为字 X，则先对 X 进行非线性 τ 变换，再进行线性 L 变换。记为

$$T(X) = L(\tau(X))$$

$$(3\text{-}3)$$

由于合成变换 T 是非线性变换 τ 和线性变换 L 的复合，所以它综合起到混淆和扩散的作用，从而可提高密码的安全性。

3. 轮函数

轮函数由上述基本密码部件构成。设轮函数 F 的输入为 4 个 32 位字 (X_0, X_1, X_2, X_3)，共 128 位，轮密钥为一个 32 位的字 rk。输出也是一个 32 位的字，由下式给出：

$$F(X_0, X_1, X_2, X_3, \mathrm{rk}) = X_0 \oplus T(X_1 \oplus X_2 \oplus X_3 \oplus \mathrm{rk})$$

根据式(3-3)，有

$$F(X_0, X_1, X_2, X_3, \mathrm{rk}) = X_0 \oplus L(\tau(X_1 \oplus X_2 \oplus X_3 \oplus \mathrm{rk}))$$

记 $B = (X_1 \oplus X_2 \oplus X_3 \oplus \mathrm{rk})$，根据式(3-1)和式(3-2)，有

$$F(X_0, X_1, X_2, X_3, \mathrm{rk})$$
$$= X_0 \oplus [S(B)] \oplus [S(B) <<< 2] \oplus [S(B) <<< 10] \oplus$$
$$[S(B) <<< 18] \oplus [S(B) <<< 24]$$

轮函数的结构如图 3-24 所示。

4. 加密算法

加密算法采用 32 轮迭代结构，每轮使用一个轮密钥。

设输入的明文为 4 个字 (X_0, X_1, X_2, X_3)（128 比特长），输入的轮密钥为 $\mathrm{rk}_i (i = 0, 1, \cdots, 31)$，共 32 个字。输出的密文为 4 个字 (Y_0, Y_1, Y_2, Y_3)（128 比特长）。加密算法可描述如下：

$$X_{i+4} = F(X_i, X_{i+1}, X_{i+2}, X_{i+3}, \mathrm{rk}_i)$$
$$= X_i \oplus T(X_{i+1} \oplus X_{i+2} \oplus X_{i+3} \oplus \mathrm{rk}_i) (i = 0, 1, \cdots, 31)$$

为了与解密算法需要的顺序一致，同时也与人们的习惯顺序一致，在加密算法之后还需要一个反序处理 R：

$$(Y_0, Y_1, Y_2, Y_3) = (X_{35}, X_{34}, X_{33}, X_{32}) = R(X_{32}, X_{33}, X_{34}, X_{35})$$

加密算法的框图如图 3-24 所示。

5. 解密算法

解密算法与加密算法相同，只是轮密钥的使用顺序相反，解密轮密钥是加密轮密钥的逆序。

算法的输入为密文 (Y_0, Y_1, Y_2, Y_3) 和轮密钥 $\mathrm{rk}_i (i = 31, 30, \cdots, 1, 0)$，输出为明文 (X_0, X_1, X_2, X_3)，则 $(Y_0, Y_1, Y_2, Y_3) = (X_{35}, X_{34}, X_{33}, X_{32})$。为了便于与加密算法对

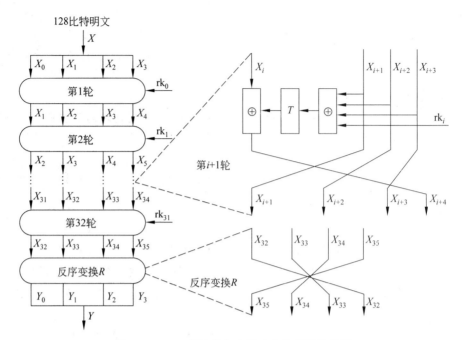

图 3-24 SM4 算法的加密算法和轮函数结构图

照,解密算法中仍然用 X_i 表示密文。于是可得到如下的解密算法。

解密算法：
$$X_i = F(X_{i+4}, X_{i+3}, X_{i+2}, X_{i+1}, \mathrm{rk}_i)$$
$$= X_{i+4} \oplus T(X_{i+3} \oplus X_{i+2} \oplus X_{i+1} \oplus \mathrm{rk}_i) \quad (i = 31, 30, \cdots, 1, 0)$$

与加密算法之后需要一个反序处理同样的道理,在解密算法之后也需要一个反序处理 R：

$$(X_0, X_1, X_2, X_3) = R(X_3, X_2, X_1, X_0)$$

6. 密钥扩展算法

SM4 算法加密时输入 128 位的密钥,采用 32 轮迭代结构,每一轮使用一个 32 位的轮密钥,共使用 32 个轮密钥。使用密钥扩展算法,从加密密钥产生出 32 个轮密钥。

1) 常数 FK

在密钥扩展中使用如下的常数：
$$FK_0 = (A3B1BAC6), \quad FK_1 = (56AA3350),$$
$$FK_2 = (677D9197), \quad FK_3 = (B27022DC)$$

2) 固定参数 CK

共使用 32 个固定参数 CK_i,每个 CK_i 是一个字,其产生规则如下：

设 $ck_{i,j}$ 为 CK_i 的第 j 字节 $(i=0,1,\cdots,31; j=0,1,2,3)$,即 $CK_i = (ck_{i,0}, ck_{i,1}, ck_{i,2}, ck_{i,3})$,则 $ck_{i,j} = (4i+j) \times 7 (\mathrm{mod}\ 256)$

这 32 个固定参数如下(十六进制)：

00070E15,	1C232A31,	383F464D,	545B6269
70777E85,	8C939AA1,	A8AFB6BD,	C4CBD2D9
E0E7EEF5,	FC030A11,	181F262D,	343B4249
50575E65,	6C737A81,	888F969D,	A4ABB2B9
C0C7CED5,	DCE3EAF1,	F8FF060D,	141B2229
30373E45,	4C535A61,	686F767D,	848B9299
A0A7AEB5,	BCC3CAD1,	D8DFE6ED,	F4FB0209
10171E25,	2C333A41,	484F565D,	646B7279

3) 密钥扩展算法

设输入的加密密钥为 $MK = (MK_0, MK_1, MK_2, MK_3)$，输出轮密钥为 $rk_i(i = 0, 1, \cdots, 30, 31)$，密钥扩展算法可描述如下，其中，$K_i(i = 0, 1, \cdots, 35)$ 为中间数据：

(1) $(K_0, K_1, K_2, K_3) = (MK_0 \oplus FK_0, MK_1 \oplus FK_1, MK_2 \oplus FK_2, MK_3 \oplus FK_3)$

(2) For $i = 0, 1, \cdots, 31$ Do

$$rk_i = K_{i+4} = K_i \oplus T'(K_{i+1} \oplus K_{i+2} \oplus K_{i+3} \oplus CK_i)$$

其中的变换 T' 与加密算法轮函数中的 T 基本相同，只将其中的线性变化 L 修改为以下的 L'：

$$L'(B) = B \oplus (B <<< 13) \oplus (B <<< 23)$$

密钥扩展算法的结构与加密算法的结构类似，也是采用了 32 轮的迭代处理。

3.8　祖冲之密码

祖冲之密码算法(ZUC)的名字源于我国古代数学家祖冲之，由信息安全国家重点实验室等单位研制，2011 年 9 月被批准成为新一代宽带无线移动通信系统(LTE)的国际标准，即 4G 的国际标准。

算法以分组密码的方式产生面向字的流密码所用的密钥流，算法的输入是 128 比特的初始密钥和 128 比特的初始向量(IV)，输出是以 32 比特长的字(称为密钥字)为单位的密钥流。

3.8.1　算法中的符号及含义

1. 数制表示

下面整数如果不加特殊说明都为十进制，如果有前缀 0x，则表示十六进制，如果有下标 2，则表示二进制。

例如，整数 a 可以有以下不同数制表示形式。

$a = 1234567890$	十进制表示
$= 0x499602D2$	十六进制表示
$= 1001001100101100000001011010010_2$	二进制表示

2. 数据位序

下面所有数据的最高位(或字节)在左边，最低位(或字节)在右边。如 $a =$

$100100110010110000000101101 0010_2$，$a$ 的最高位为其最左边一位 1，a 的最低位为其最右边一位 0。

3. 运算符号表示

$+$	两个整数加
ab	两个整数 a 和 b 相乘
$=$	赋值运算
mod	整数取模
$\oplus$	整数间逐比特异或(模 2 加)
$\boxplus$	模 2^{32} 加
$a\|\|b$	串 a 和 b 级联
a_H	整数 a 的高(最左)16 位
a_L	整数 a 的低(最右)16 位
$a<<<k$	a 循环左移 k 位
$a>>1$	a 右移一位
$(a_1,a_2,\cdots,a_n)\to(b_1,b_2,\cdots,b_n)$	a_i 到 b_i 的并行赋值

例如，$a=0\text{x}1234$，$b=0\text{x}5678$，$c=a\|\|b=0\text{x}12345678$。

例如，$a=100100110010110000000101101 0010_2$，则

$$a_H=1001001100101100_2,\quad a_L=0000001011010010_2$$

例如，$a=1100100110010110000000101101 0010_2$，则

$$a>>1=1100100110010110000000101101 001_2$$

例如，设 $a_1,a_2,\cdots,a_{15},b_1,b_2,\cdots,b_{15}$ 都是整数，$(a_1,a_2,\cdots,a_{15})\to(b_1,b_2,\cdots,b_{15})$ 意味着 $b_i=a_i(1\leqslant i\leqslant 15)$。

3.8.2　祖冲之密码的算法结构

算法从逻辑上分为上中下 3 层，如图 3-25 所示。上层是 16 级线性反馈移位寄存器(LFSR)，中层是比特重组(Bit Reconstruction，BR)，下层是非线性函数 F。

下面是各层的具体解释。

1. 线性反馈移位寄存器

线性反馈移位寄存器(LFSR)由 16 个 31 比特寄存器单元 $s_0,s_1,\cdots,s_{15}$ 组成，每个单元在集合

$$\{1,2,3,\cdots,2^{31}-1\}$$

中取值。

线性反馈移位寄存器的特征多项式是有限域 $GF(2^{31}-1)$ 上的 16 次本原多项式

$$p(x)=x^{16}-2^{15}x^{15}-2^{17}x^{13}-2^{21}x^{10}-2^{20}x^4-(2^8+1)$$

因此，其输出为有限域 $GF(2^{31}-1)$ 上的 m 序列，具有良好的随机性。

线性反馈移位寄存器的运行模式有两种：初始化模式和工作模式。

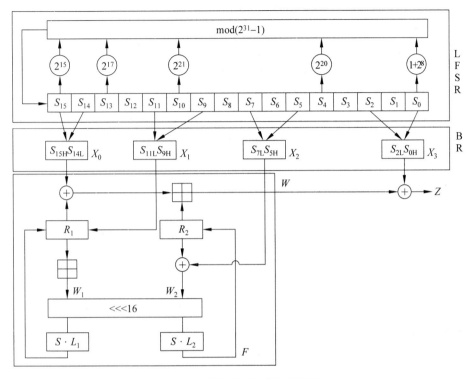

图 3-25 祖冲之密码算法结构图

1) 初始化模式

在初始化模式中，LFSR 接收一个 31 比特字 u，u 是由非线性函数 F 的 32 比特输出 W 通过舍弃最低位比特得到，即 $u = W \gg 1$。计算过程如下：

LFSRWithInitialisationMode(u)

{

(1) $v = 2^{15} s_{15} + 2^{17} s_{13} + 2^{21} s_{10} + 2^{20} s_4 + (1 + 2^8) s_0 \bmod (2^{31} - 1)$；

(2) $s_{16} = (v + u) \bmod (2^{31} - 1)$；

(3) 如果 $s_{16} = 0$，则置 $s_{16} = 2^{31} - 1$；

(4) $(s_1, s_2, \cdots, s_{15}, s_{16}) \rightarrow (s_0, s_1, \cdots, s_{14}, s_{15})$。

}

2) 工作模式

在工作模式下，LFSR 没有输入。计算过程如下：

LFSRWithWorkMode()

{

(1) $s_{16} = 2^{15} s_{15} + 2^{17} s_{13} + 2^{21} s_{10} + 2^{20} s_4 + (1 + 2^8) s_0 \bmod (2^{31} - 1)$；

(2) 如果 $s_{16} = 0$，则置 $s_{16} = 2^{31} - 1$；

(3) $(s_1, s_2, \cdots, s_{15}, s_{16}) \rightarrow (s_0, s_1, \cdots, s_{14}, s_{15})$。

}

比较两种模式,差别在于初始化时需要引入由非线性函数 F 输出的 W 通过舍弃最低位比特得到 u,而工作模式不需要。目的在于,引入非线性函数 F 的输出,使线性反馈移位寄存器的状态随机化。

LFSR 的作用主要是为中层的比特重组(BR)提供随机性良好的输入驱动。

2. 比特重组

比特重组从 LFSR 的寄存器单元中抽取 128 比特组成 4 个 32 比特字 X_0,X_1,X_2,X_3,其中前 3 个字将用于下层的非线性函数 F,第 4 个字参与密钥流的计算。

具体计算过程如下:

BitReconstruction()

{

  (1) $X_0 = s_{15H} || s_{14L}$;

  (2) $X_1 = s_{11L} || s_{9H}$;

  (3) $X_2 = s_{7L} || s_{5H}$;

  (4) $X_3 = s_{2L} || s_{0H}$。

}

注意:对每个 $i(0 \leqslant i \leqslant 15)$,$s_i$ 的比特长是 31,所以 s_{iH} 由 s_i 的第 30 到第 15 比特位构成,而不是第 31 到第 16 比特位。

3. 非线性函数 F

非线性函数 F 有 2 个 32 比特长的存储单元 R_1 和 R_2,其输入为来自上层比特重组的 3 个 32 比特字 X_0、X_1、X_2,输出为一个 32 比特字 W。因此,非线性函数 F 是一个把 96 比特压缩为 32 比特的一个非线性压缩函数。具体计算过程如下:

$F(X_0, X_1, X_2)$

{

  (1) $W = (X_0 \oplus R_1) \boxplus R_2$;

  (2) $W_1 = R_1 \boxplus X_1$;

  (3) $W_2 = R_2 \oplus X_2$;

  (4) $R_1 = S(L_1(W_{1L} || W_{2H}))$;

  (5) $R_2 = S(L_2(W_{2L} || W_{1H}))$。

}

其中,S 是 32×32 的 S 盒,L_1、L_2 是线性变换。S 盒及 L_1、L_2 的描述如下:

(1) S 盒。32×32(即输入长和输出长都为 32 比特)的 S 盒 S 由 4 个并置的 8×8 的 S 盒构成,即

$$S = (S_0, S_1, S_2, S_3)$$

其中,$S_2 = S_0$,$S_3 = S_1$,于是有

$$S = (S_0, S_1, S_0, S_1)$$

S_0 和 S_1 的定义分别如表 3-12 和表 3-13 所示。

表 3-12　*S* 盒 *S*₀

	0	1	2	3	4	5	6	7	8	9	A	B	C	D	E	F
0	3E	72	5B	47	CA	E0	00	33	04	D1	54	98	09	B9	6D	CB
1	7B	1B	F9	32	AF	9D	6A	A5	B8	2D	FC	1D	08	53	03	90
2	4D	4E	84	99	E4	CE	D9	91	DD	B6	85	48	8B	29	6E	AC
3	CD	C1	F8	1E	73	43	69	C6	B5	BD	FD	39	63	20	D4	38
4	76	7D	B2	A7	CF	ED	57	C5	F3	2C	BB	14	21	06	55	9B
5	E3	EF	5E	31	4F	7F	5A	A4	0D	82	51	49	5F	BA	58	1C
6	4A	16	D5	17	A8	92	24	1F	8C	FF	D8	AE	2E	01	D3	AD
7	3B	4B	DA	46	EB	C9	DE	9A	8F	87	D7	3A	80	6F	2F	C8
8	B1	B4	37	F7	0A	22	13	28	7C	CC	3C	89	C7	C3	96	56
9	07	BF	7E	F0	0B	2B	97	52	35	41	79	61	A6	4C	10	FE
A	BC	26	95	88	8A	B0	A3	FB	C0	18	94	F2	E1	E5	E9	5D
B	D0	DC	11	66	64	5C	EC	59	42	75	12	F5	74	9C	AA	23
C	0E	86	AB	BE	2A	02	E7	67	E6	44	A2	6C	C2	93	9F	F1
D	F6	FA	36	D2	50	68	9E	62	71	15	3D	D6	40	C4	E2	0F
E	8E	83	77	6B	25	05	3F	0C	30	EA	70	B7	A1	E8	A9	65
F	8D	27	1A	DB	81	B3	A0	F4	45	7A	19	DF	EE	78	34	60

表 3-13　*S* 盒 *S*₁

	0	1	2	3	4	5	6	7	8	9	A	B	C	D	E	F
0	55	C2	63	71	3B	C8	47	86	9F	3C	DA	5B	29	AA	FD	77
1	8C	C5	94	0C	A6	1A	13	00	E3	A8	16	72	40	F9	F8	42
2	44	26	68	96	81	D9	45	3E	10	76	C6	A7	8B	39	43	E1
3	3A	B5	56	2A	C0	6D	B3	05	22	66	BF	DC	0B	FA	62	48
4	DD	20	11	06	36	C9	C1	CF	F6	27	52	BB	69	F5	D4	87
5	7F	84	4C	D2	9C	57	A4	BC	4F	9A	DF	FE	D6	8D	7A	EB
6	2B	53	D8	5C	A1	14	17	FB	23	D5	7D	30	67	73	08	09
7	EE	B7	70	3F	61	B2	19	8E	4E	E5	4B	93	8F	5D	DB	A9
8	AD	F1	AE	2E	CB	0D	FC	F4	2D	46	6E	JD	97	E8	D1	E9
9	4D	37	A5	75	5E	83	9E	AB	82	9D	B9	1C	E0	CD	49	89
A	01	B6	BD	58	24	A2	5F	38	78	99	15	90	50	B8	95	E4
B	D0	91	C7	CE	ED	0F	B4	6F	A0	CC	F0	02	4A	79	C3	DE
C	A3	EF	EA	51	E6	6B	18	EC	1B	2C	80	F7	74	E7	FF	21
D	5A	6A	54	1E	41	31	92	35	C4	33	07	0A	BA	7E	0E	34
E	88	B1	98	7C	F3	3D	60	6C	7B	CA	D3	1F	32	65	04	28
F	64	BE	85	9B	2F	59	8A	D7	B0	25	AC	AF	12	03	E2	F2

设 x 是 S_0(或 S_1)的 8 比特长输入,将 x 写成两个十六进制数 $x = h \| \ell$,那么 S_0(或 S_1)的输出是表 3-12(或表 3-13)第 h 行和第 ℓ 列交叉位置的十六进制数。

例如,$S_0(0x12) = 0xF9$,$S_1(0x34) = 0xC0$。

设 S 的输入、输出分别为 X(32 比特长)和 Y(32 比特长),将 X 和 Y 分别表示成 4 个字节 $X = x_0 \| x_1 \| x_2 \| x_3$,$Y = y_0 \| y_1 \| y_2 \| y_3$,那么 $y_i = S_i(x_i)$,$(i = 0,1,2,3)$。

例如,设 $X = 0x12345678$,则
$$Y = S(X) = S_0(0x12)S_1(0x34)S_2(0x56)S_4(0x78) = 0xF9C05A4E$$

(2) 线性变换 L_1 和 L_2。L_1 和 L_2 为 32 比特线性变换,定义如下:
$$\begin{cases} L_1(X) = X \oplus (X <<< 2) \oplus (X <<< 10) \oplus (X <<< 18) \oplus (X <<< 24) \\ L_2(X) = X \oplus (X <<< 8) \oplus (X <<< 14) \oplus (X <<< 22) \oplus (X <<< 30) \end{cases}$$
$$(3\text{-}4)$$

其中,符号 $a <<< n$ 表示把 a 循环左移 n 位。

与式(3-2)相比可知,式(3-4)中的 $L_1(X)$ 与 SM4 密码中的线性变换 $L(B)$ 相同。

在非线性函数 F 中采用非线性变换 S 盒的目的是提供混淆作用,采用线性变换 L 的目的是提供扩散作用。正是混淆和扩散相互配合提高了密码的安全性。

非线性函数 F 输出的 W 与比特重组(BR)输出的 X_3 异或,形成输出密钥序列 Z。

算法结构如图 3-25 所示。

4. 密钥装载

密钥装载过程将 128 比特的初始密钥 k 和 128 比特的初始向量 IV 扩展为 16 个 31 比特长的整数,作为 LFSR 寄存器单元 $s_0, s_1, \cdots, s_{15}$ 的初始状态。

设 k 和 IV 分别为
$$k = k_0 \| k_1 \| \cdots \| k_{15}$$
和
$$IV = iv_0 \| iv_1 \| \cdots \| iv_{15}$$

其中,k_i 和 iv_i 均为 8 比特长字节,$0 \leqslant i \leqslant 15$。密钥装入过程如下:

(1) 设 D 为 240 比特的常量,可按如下方式分成 16 个 15 比特的子串:
$$D = d_0 \| d_1 \| \cdots \| d_{15}$$

其中,d_i 的二进制表示为
$$d_0 = 100010011010111_2$$
$$d_1 = 010011010111100_2$$
$$d_2 = 110001001101011_2$$
$$d_3 = 001001101011110_2$$
$$d_4 = 101011110001001_2$$
$$d_5 = 011010111100010_2$$
$$d_6 = 111000100110101_2$$
$$d_7 = 000100110101111_2$$
$$d_8 = 100110101111000_2$$

$$d_9 = 010111100010011_2$$
$$d_{10} = 110101111000100_2$$
$$d_{11} = 001101011110001_2$$
$$d_{12} = 101111000100110_2$$
$$d_{13} = 011110001001101_2$$
$$d_{14} = 111100010011010_2$$
$$d_{15} = 100011110101100_2$$

(2) 对 $0 \leqslant i \leqslant 15$，取 $s_i = k_i \| d_i \| \mathrm{iv}_i$。

3.8.3　祖冲之密码的运行

算法的运行有两个阶段：初始化阶段和工作阶段。

1. 初始化阶段

调用密钥装载过程，将 128 比特的初始密钥 k 和 128 比特的初始向量 IV 装入 LFSR 的寄存器单元变量 $s_0, s_1, \cdots, s_{15}$ 中，作为 LFSR 的初态，并置非线性函数 F 中的 32 比特存储单元 R_1 和 R_2 全为 0。

然后重复执行以下过程 32 次：

(1) BitReconstruction()；

(2) $W = F(X_0, X_1, X_2)$；

(3) LFSRWithInitialisationMode(u)。

2. 工作阶段

初始化阶段以后，执行工作阶段。

首先执行以下过程一次，并将 F 的输出 W 丢弃：

(1) BitReconstruction()；

(2) $F(X_0, X_1, X_2)$；

(3) LFSRWithWorkMode()。

然后进入密钥输出阶段，其中每进行一次循环，执行以下过程一次，输出一个 32 比特的密钥字 Z：

(1) BitReconstruction()；

(2) $Z = F(X_0, X_1, X_2) \oplus X_3$；

(3) LFSRWithWorkMode()。

3.8.4　基于祖冲之密码的机密性算法 128-EEA3

基于祖冲之密码的机密性算法主要用于 4G 移动通信中移动用户设备 UE 和无线网络控制设备 RNC 之间的无线链路上通信信令和数据的加解密。

1. 算法的输入与输出

算法的输入参数见表 3-14，输出参数见表 3-15。

表 3-14   ZUC 机密性算法输入参数表

输 入 参 数	比 特 长 度	备 注
COUNT	32	计数器
BEARER	5	承载层标识
DIRECTION	1	传输方向标识
CK	128	机密性密钥
LENGTH	32	明文消息的比特长度
M	LENGTH	明文消息的比特流

表 3-15   ZUC 机密性算法输出参数表

输 出 参 数	比 特 长 度	备 注
C	LENGTH	输出比特流

2. 算法工作流程

加解密算法如图 3-26 所示。

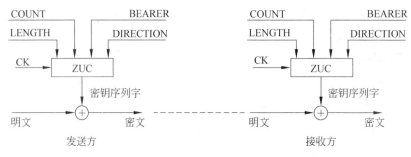

图 3-26   基于祖冲之密码的机密性算法 128-EEA3

1) 初始化

初始化是指根据机密性密钥 CK 以及其他输入参数(见表 3-14)构造祖冲之算法的初始密钥 k 和初始向量 IV。

把 CK(128 比特长)和 k(128 比特长)分别表示为 16 个字节:

$$CK = CK[0] \,||\, CK[1] \,||\, CK[2] \,||\, \cdots \,||\, CK[15],$$
$$k = k[0] \,||\, k[1] \,||\, k[2] \,||\, \cdots \,||\, k[15]$$

令

$$k[i] = CK[i], i = 0,1,2,\cdots,15$$

把计数器 COUNT(32 比特长)表示为 4 个字节:

$$COUNT = COUNT[0] \,||\, COUNT[1] \,||\, COUNT[2] \,||\, COUNT[3]$$

把 IV(128 比特长)表示为 16 个字节:

$$IV = IV[0] \,||\, IV[1] \,||\, IV[2] \,||\, \cdots \,||\, IV[15],$$

令

$$\begin{cases} \text{IV}[0] = \text{COUNT}[0], \text{IV}[1] = \text{COUNT}[1] \\ \text{IV}[2] = \text{COUNT}[2], \text{IV}[3] = \text{COUNT}[3] \\ \text{IV}[4] = \text{BEARER} \mid\mid \text{DIRECTION} \mid\mid 00_2 \\ \text{IV}[5] = \text{IV}[6] = \text{IV}[7] = 00000000_2 \\ \text{IV}[8] = \text{IV}[0], \text{IV}[9] = \text{IV}[1] \\ \text{IV}[10] = \text{IV}[2], \text{IV}[11] = \text{IV}[3] \\ \text{IV}[12] = \text{IV}[4], \text{IV}[13] = \text{IV}[5] \\ \text{IV}[14] = \text{IV}[6], \text{IV}[15] = \text{IV}[7] \end{cases}$$

2）密钥流的产生

设消息长为 LENGTH 比特,由初始化算法得到的初始密钥 k 和初始向量 IV,调用 ZUC 密码产生 L 个字(每个 32 比特长)的密钥,其中,L 为

$$L = \lceil \text{LENGTH}/32 \rceil$$

将生成的密钥流用比特串表示为 $z[0], z[1], \cdots, z[32 \times L - 1]$,其中,$z[0]$ 为 ZUC 算法生成的第一个密钥字的最高位比特,$z[31]$ 为最低位比特,其他以此类推。

3）加解密

密钥流产生之后,数据的加解密就十分简单了。

设长度为 LENGTH 的输入消息的比特流为

$$M = M[0] \mid\mid M[1] \mid\mid M[2] \mid\mid \cdots \mid\mid M[\text{LENGTH} - 1]$$

则输出的密文比特流为

$$C = C[0] \mid\mid C[1] \mid\mid C[2] \mid\mid \cdots \mid\mid C[\text{LENGTH} - 1]$$

其中,$C[i] = M[i] \oplus z[i]$,$i = 0, 1, 2, \cdots, \text{LENGTH} - 1$。

习　　题

1.（1）设 M' 是 M 的逐比特取补,证明在 DES 中,如果对明文分组和加密密钥都逐比特取补,那么得到的密文也是原密文的逐比特取补,即

$$\text{如果 } Y = \text{DES}_K(X)$$
$$\text{那么 } Y' = \text{DES}_{K'}(X')$$

提示:对任意两个长度相等的比特串 A 和 B,证明 $(A \oplus B)' = A' \oplus B$。

（2）对 DES 进行穷搜索攻击时,需要在由 2^{56} 个密钥构成的密钥空间进行。能否根据（1）的结论减小进行穷搜索攻击时所用的密钥空间?

2. 证明 DES 的解密变换是加密变换的逆。

3. 在 DES 的 ECB 模式中,如果在密文分组中有一个错误,解密后仅相应的明文分组受到影响。然而在 CBC 模式中,将有错误传播。例如,在图 3-11 中,C_1 中的一个错误明显地将影响 P_1 和 P_2 的结果。

（1）P_2 后的分组是否受到影响?

（2）设加密前的明文分组 P_1 中有一个比特的错误,这一错误将在多少个密文分组中传播?对接收者产生什么影响?

4. 在 8 比特 CFB 模式中,如果在密文字符中出现 1 比特的错误,该错误能传播多远?

5. 在实现 IDEA 时,最困难的部分是模 $2^{16}+1$ 乘法运算。以下关系给出了实现模乘法的一种有效方法,其中,a 和 b 是两个 n 比特的非 0 整数:

$$ab \bmod (2^n+1)=\begin{cases}(ab \bmod 2^n)-(ab \operatorname{div} 2^n), & (ab \bmod 2^n) \geqslant (ab \operatorname{div} 2^n) \\ (ab \bmod 2^n)-(ab \operatorname{div} 2^n)+2^n+1, & (ab \bmod 2^n) \leqslant (ab \operatorname{div} 2^n)\end{cases}$$

注意:$(ab \bmod 2^n)$ 相应于 ab 的 n 个最低有效位,$(ab \operatorname{div} 2^n)$ 是 ab 右移 n 位。

(1) 证明存在唯一的非负整数 q 和 r,使得 $ab=q(2^n+1)+r$。

(2) 求 q 和 r 的上下界。

(3) 证明 $q+r<2^{n+1}$。

(4) 求 $(ab \operatorname{div} 2^n)$ 关于 q 的表达式。

(5) 求 $(ab \bmod 2^n)$ 关于 q 和 r 的表达式。

(6) 用(4)和(5)的结果求 r 的表达式,说明 r 的含义。

6. (1) 在 IDEA 的模乘运算中,为什么将模数取为 $2^{16}+1$ 而不是 2^{16}?

(2) 在 IDEA 的模加运算中,为什么将模数取为 2^{16} 而不是 $2^{16}+1$?

7. 证明 SM4 算法满足对合性,即解密过程和加密过程一样,只是密钥的使用顺序相反。

第4章

公 钥 密 码

本章首先介绍密码学中常用的一些数学知识,然后介绍公钥密码体制的基本概念和几种重要算法。

密码学中一些常用的数学知识

4.1.1 群、环、域

群、环、域都是代数系统(也称代数结构),代数系统是对要研究的现象或过程建立起的一种数学模型,模型中包括要处理的数学对象的集合以及集合上的关系或运算,运算可以是一元的也可以是多元的,可以有一个也可以有多个。

设 * 是集合 S 上的运算,若对 $\forall a, b \in S$,有 $a * b \in S$,则称 S 对运算 * 是封闭的。若 * 是一元运算,对 $\forall a \in S$,有 $* a \in S$,则称 S 对运算 * 是封闭的。

若对 $\forall a, b, c \in S$,有 $(a * b) * c = a * (b * c)$,则称 * 满足结合律。

定义 4-1 设 $\langle G, * \rangle$ 是一个代数系统, * 满足:

(1) 封闭性。

(2) 结合律。

则称 $\langle G, * \rangle$ 是半群。

定义 4-2 设 $\langle G, * \rangle$ 是一个代数系统, * 满足:

(1) 封闭性。

(2) 结合律。

(3) 存在元素 e,对 $\forall a \in G$,有 $a * e = e * a = a$;e 称为 $\langle G, * \rangle$ 的单位元。

(4) 对 $\forall a \in G$,存在元素 a^{-1},使得 $a * a^{-1} = a^{-1} * a = e$;称 a^{-1} 为元素 a 的逆元。

则称 $\langle G, * \rangle$ 是群。若其中的运算 * 已明确,有时将 $\langle G, * \rangle$ 简记为 G。

如果 G 是有限集合,则称 $\langle G, * \rangle$ 是有限群,否则是无限群。有限群中,G 的元素个数称为群的阶数。

如果群 $\langle G, * \rangle$ 中的运算 * 还满足交换律,即对 $\forall a, b \in G$,有 $a * b = b * a$,则称 $\langle G, * \rangle$ 为交换群或 Abel 群。

群中运算 * 一般称为乘法,称该群为乘法群。若运算 * 改为 +,则称为加法群,此时逆元 a^{-1} 写成 $-a$。

【例 4-1】 (1) $\langle I, + \rangle$ 是 Abel 群,其中,I 是整数集合。

(2) $\langle Q, \cdot \rangle$ 是 Abel 群,其中,Q 是有理数集合。

（3）设 A 是任一集合，P 表示 A 上的双射函数集合，$\langle P,\circ\rangle$ 是群，这里$\circ$表示函数的合成，通常这个群不是 Abel 群。

（4）$\langle \mathbb{Z}_n,+_n\rangle$ 是 Abel 群，其中，$\mathbb{Z}_n=\{0,1,\cdots,n-1\}$，$+_n$ 是模加，$a+_n b$ 等于 $(a+b)\bmod n$，$x^{-1}=n-x$。$\langle \mathbb{Z}_n,\times_n\rangle$ 不是群，因为 0 没有逆元，这里$\times_n$ 是模乘，$a\times_n b$ 等于 $(a\times b)\bmod n$。

定义 4-3 设 $\langle G,*\rangle$ 是一个群，I 是整数集合。如果存在一个元素 $g\in G$，对于每一个元素 $a\in G$，都有一个相应的 $i\in I$，能把 a 表示成 g^i，则称 $\langle G,*\rangle$ 为循环群，g 称为循环群的生成元，记 $G=\langle g\rangle=\{g^i\mid i\in I\}$。称满足方程 $a^m=e$ 的最小正整数 m 为 a 的阶，记为 $|a|$。

密码学中使用的群大多为循环群，循环群的性质在 4.1.11 节和 4.1.12 节专门介绍。

定义 4-4 若代数系统 $\langle \mathbb{R},+,\cdot\rangle$ 的二元运算$+$和$\cdot$满足：

（1）$\langle \mathbb{R},+\rangle$ 是 Abel 群；

（2）$\langle \mathbb{R},\cdot\rangle$ 是半群；

（3）乘法 $\cdot$ 在加法$+$上可分配，即对 $\forall a,b,c\in \mathbb{R}$，有

$$a\cdot(b+c)=a\cdot b+a\cdot c \text{ 和 } (b+c)\cdot a=b\cdot a+c\cdot a$$

则称 $\langle \mathbb{R},+,\cdot\rangle$ 是环。

【例 4-2】（1）$\langle I,+,\cdot\rangle$ 是环，因为 $\langle I,+\rangle$ 是 Abel 群，$\langle I,\cdot\rangle$ 是半群，乘法 $\cdot$ 在加法$+$上可分配。

（2）$\langle \mathbb{Z}_n,+_n,\times_n\rangle$ 是环，因为 $\langle \mathbb{Z}_n,+_n\rangle$ 是 Abel 群，$\langle \mathbb{Z}_n,\times_n\rangle$ 是半群，$\times_n$ 对 $+_n$ 可分配。

（3）$\langle \mathbb{M}_n,+,\cdot\rangle$ 是环，这里$\mathbb{M}_n$ 是 I 上 $n\times n$ 方阵集合，$+$ 是矩阵加法，$\cdot$ 是矩阵乘法。

（4）$\langle R(x),+,\cdot\rangle$ 是环，这里 $R(x)$ 是所有实系数的多项式集合，$+$ 和 $\cdot$ 分别是多项式加法和乘法。

定义 4-5 若代数系统 $\langle \mathbb{F},+,\cdot\rangle$ 的二元运算$+$和$\cdot$满足：

（1）$\langle \mathbb{F},+\rangle$ 是 Abel 群；

（2）$\langle \mathbb{F}-\{0\},\cdot\rangle$ 是 Abel 群，其中 0 是$+$的单位元；

（3）乘法 $\cdot$ 在加法$+$上可分配，即对 $\forall a,b,c\in \mathbb{F}$，有

$$a\cdot(b+c)=a\cdot b+a\cdot c \quad \text{和} \quad (b+c)\cdot a=b\cdot a+c\cdot a$$

则称 $\langle \mathbb{F},+,\cdot\rangle$ 是域。

$\langle Q,+,\cdot\rangle$、$\langle R,+,\cdot\rangle$、$\langle C,+,\cdot\rangle$ 都是域，其中 Q、R、C 分别是有理数集合、实数集合和复数集合。

有限域是指域中元素个数有限的域，元素个数称为域的阶。若 q 是素数的幂，即 $q=p^r$，其中，p 是素数，r 是自然数，则阶为 q 的域称为 Galois 域，记为 $GF(q)$ 或$\mathbb{F}_q$。

已知所有实系数的多项式集合 $R(x)$ 在多项式加法和乘法运算下构成环。类似地，任意域$\mathbb{F}$上的多项式（即系数取自$\mathbb{F}$）集合 $F(x)$ 在多项式的加法和乘法运算下也构成环。

$F(x)$ 中不可约多项式的概念与整数中的素数概念类似，是指在$\mathbb{F}$上仅能被非 0 常数或自身的常数倍除尽，但不能被其他多项式除尽的多项式。

两个多项式的最高公因式为 1 时,称它们互素。

多项式的系数取自以素数 p 为模的域 F 时,这样的多项式集合记为 $F_p[x]$。若 $m(x)$ 是 $F_p[x]$ 上的 n 次不可约多项式,$F_p[x]$ 上多项式加法和乘法改为以 $m(x)$ 为模的加法和乘法,此时的多项式集合记为 $F_p[x]/m(x)$,集合中元素个数为 p^n,$F_p[x]/m(x)$ 是一个有限域 GF(p^n)。

4.1.2 素数和互素数

1. 因子

设 a,$b(b\neq0)$ 是两个整数,如果存在另一个整数 m,使得 $a=mb$,则称 b 整除 a,记为 $b|a$,且称 b 是 a 的因子;否则称 b 不整除 a,记为 $b\nmid a$。

整数具有以下性质:

(1) $a|1$,那么 $a=\pm1$;

(2) $a|b$ 且 $b|a$,则 $a=\pm b$;

(3) 对任一 $b(b\neq0)$,$b|0$;

(4) $b|g$,$b|h$,则对任意整数 m、n 有 $b|(mg+nh)$。

这里只给出(4)的证明,其他 3 个性质的证明都很简单。

证(4):由 $b|g$,$b|h$ 知,存在整数 g_1、h_1,使得

$$g=bg_1, \quad h=bh_1$$

所以

$$mg+nh=mbg_1+nbh_1=b(mg_1+nh_1)$$

因此,$b|(mg+nh)$。

2. 素数

称整数 $p(p>1)$ 是素数,如果 p 的因子只有 ±1 和 $\pm p$。

若 p 不是素数,则称为合数。

任一整数 $a(a>1)$ 都能唯一地分解为以下形式:

$$a=p_1^{a_1}p_2^{a_2}\cdots p_t^{a_t}$$

其中,$p_1<p_2<\cdots<p_t$ 是素数,$a_i>0(i=1,\cdots,t)$。例如

$$91=7\times13, \quad 11011=7\times11^2\times13$$

这一性质称为整数分解的唯一性,也可如下陈述:

设 P 是所有素数集合,则任意整数 $a(a>1)$ 都能唯一地写成以下形式:

$$a=\prod_{p\in P}p^{a_p}$$

其中,$a_p\geq0$。

等号右边的乘积项取所有的素数,然而大多指数项 a_p 为 0。

相应地,任一正整数也可由非 0 指数列表表示。如:11011 可表示为 $\{a_7=1,a_{11}=2,a_{13}=1\}$。

两数相乘等价于对应的指数相加,即,由 $k=mn$ 可得:对每一素数 p,$k_p=m_p+n_p$。而由 $a|b$ 可得:对每一素数 p,$a_p\leq b_p$。这是因为 p^k 只能被 $p^j(j\leq k)$ 整除。

3. 互素数

称 c 是两个整数 a、b 的最大公因子,如果

(1) c 是 a 的因子也是 b 的因子,即 c 是 a、b 的公因子。

(2) a 和 b 的任一公因子,也是 c 的因子。

表示为 $c=\gcd(a,b)$。

由于要求最大公因子为正,所以 $\gcd(a,b)=\gcd(a,-b)=\gcd(-a,b)=\gcd(-a,-b)$。一般 $\gcd(a,b)=\gcd(|a|,|b|)$。由任一非 0 整数能整除 0,可得 $\gcd(a,0)=a$。如果将 a、b 都表示为素数的乘积,则 $\gcd(a,b)$ 极易确定。

【例 4-3】

$$300=2^2 \times 3^1 \times 5^2$$
$$18=2^1 \times 3^2$$
$$(18,300)=2^1 \times 3^1 \times 5^0 =6$$

一般由 $c=\gcd(a,b)$ 可得:对每一素数 p,$c_p=\min(a_p,b_p)$。

如果 $\gcd(a,b)=1$,则称 a 和 b 互素。

称 d 是两个整数 a、b 的最小公倍数,如果

(1) d 是 a 的倍数也是 b 的倍数,即 d 是 a、b 的公倍数;

(2) a 和 b 的任一公倍数,也是 d 的倍数。

表示为 $c=\text{lcm}(a,b)$。

若 a、b 是两个互素的正整数,则 $\text{lcm}(a,b)=ab$。

4.1.3　模运算

设 n 是一个正整数,a 是整数,如果用 n 除 a,得商为 q,余数为 r,则

$$a=qn+r, \quad 0 \leqslant r < n, \quad q=\left\lfloor \frac{a}{n} \right\rfloor$$

其中,$\lfloor x \rfloor$ 为小于或等于 x 的最大整数。

用 $a \bmod n$ 表示余数 r,则 $a=\left\lfloor \dfrac{a}{n} \right\rfloor n+a \bmod n$。

如果 $(a \bmod n)=(b \bmod n)$,则称两整数 a 和 b 模 n 同余,记为 $a \equiv b \bmod n$。称与 a 模 n 同余的数的全体为 a 的同余类,记为 $[a]$,称 a 为这个同余类的表示元素。

注意:如果 $a \equiv 0 (\bmod n)$,则 $n|a$。

同余有以下性质:

(1) $n|(a-b)$ 与 $a \equiv b \bmod n$ 等价。

(2) $(a \bmod n)=(b \bmod n)$,则 $a \equiv b \bmod n$。

(3) $a \equiv b \bmod n$,则 $b \equiv a \bmod n$。

(4) $a \equiv b \bmod n$,$b \equiv c \bmod n$,则 $a \equiv c \bmod n$。

(5) 如果 $a \equiv b \bmod n$,$d \,|n$,则 $a \equiv b \bmod d$。

(6) 如果 $a \equiv b \bmod n_i (i=1,\cdots,k)$,$d=\text{lcm}(n_1,\cdots,n_k)$,则 $a \equiv b \bmod d$。

证明　(5) 由 $a \equiv b \bmod n$ 及 $d \,|n$,得 $n|(a-b)$,$d|(a-b)$。

（6）由 $a\equiv b \bmod n_i$ 得，$n_i\mid(a-b)$，即 $a-b$ 是 $n_1,\cdots,n_k$ 的公倍数，所以 $d\mid(a-b)$。

从以上性质易知，同余类中的每一元素都可作为这个同余类的表示元素。

求余数运算（简称求余运算）$a \bmod n$ 将整数 a 映射到集合 $\{0,1,\cdots,n-1\}$，称求余运算在这个集合上的算术运算为模运算，模运算有以下性质：

（1）$[(a \bmod n)+(b \bmod n)]\bmod n=(a+b)\bmod n$。

（2）$[(a \bmod n)-(b \bmod n)]\bmod n=(a-b)\bmod n$。

（3）$[(a \bmod n)\times(b \bmod n)]\bmod n=(a\times b)\bmod n$。

证（1）：设 $(a \bmod n)=r_a$，$(b \bmod n)=r_b$，则存在整数 j、k 使得 $a=jn+r_a$，$b=kn+r_b$。

因此

$$(a+b)\bmod n=[(j+k)n+r_a+r_b]\bmod n=(r_a+r_b)\bmod n$$
$$=[(a \bmod n)+(b \bmod n)]\bmod n$$

（2）、（3）的证明类似。

【例 4-4】　设 $\mathbb{Z}_8=\{0,1,\cdots,7\}$，考虑 $\mathbb{Z}_8$ 上的模加法和模乘法，结果如表 4-1 所示。

表 4-1　模 8 运算

+	0	1	2	3	4	5	6	7	×	0	1	2	3	4	5	6	7
0	0	1	2	3	4	5	6	7	0	0	0	0	0	0	0	0	0
1	1	2	3	4	5	6	7	0	1	0	1	2	3	4	5	6	7
2	2	3	4	5	6	7	0	1	2	0	2	4	6	0	2	4	6
3	3	4	5	6	7	0	1	2	3	0	3	6	1	4	7	2	5
4	4	5	6	7	0	1	2	3	4	0	4	0	4	0	4	0	4
5	5	6	7	0	1	2	3	4	5	0	5	2	7	4	1	6	3
6	6	7	0	1	2	3	4	5	6	0	6	4	2	0	6	4	2
7	7	0	1	2	3	4	5	6	7	0	7	6	5	4	3	2	1

从加法结果可见，对每一 x，都有一 y，使得 $x+y\equiv 0 \bmod 8$。如对 2，有 6，使得 $2+6\equiv 0 \bmod 8$，称 y 为 x 的负数，也称为加法逆元。

对 x，若有 y，使得 $x\times y\equiv 1 \bmod 8$，如 $3\times 3\equiv 1 \bmod 8$，则称 y 为 x 的倒数，也称为乘法逆元。本例可见，并非任一 x 都有乘法逆元。

一般，定义 $\mathbb{Z}_n$ 为小于 n 的所有非负整数集合，即

$$\mathbb{Z}_n=\{0,1,\cdots,n-1\}$$

称 $\mathbb{Z}_n$ 为模 n 的同余类集合。其上的模运算有以下性质：

（1）交换律

$$(w+x)\bmod n=(x+w)\bmod n$$
$$(w\times x)\bmod n=(x\times w)\bmod n$$

（2）结合律

$$[(w+x)+y]\bmod n=[w+(x+y)]\bmod n$$
$$[(w\times x)\times y]\bmod n=[w\times(x\times y)]\bmod n$$

（3）分配律

$$[w \times (x+y)] \bmod n = [(w \times x) + (w \times y)] \bmod n$$

（4）单位元

$$(0+w) \bmod n = w \bmod n$$

$$(1 \times w) \bmod n = w \bmod n$$

（5）加法逆元。对 $w \in \mathbb{Z}_n$，存在 $z \in \mathbb{Z}_n$，使得 $w+z \equiv 0 \bmod n$，记 $z = -w$。

此外还有以下性质：

如果 $(a+b) \equiv (a+c) \bmod n$，则 $b \equiv c \bmod n$，称为加法的可约律。

该性质可由 $(a+b) \equiv (a+c) \bmod n$ 的两边同加上 a 的加法逆元得到。

然而类似性质对乘法却不一定成立。例如，$6 \times 3 \equiv 6 \times 7 \equiv 2 \bmod 8$，但 $3 \not\equiv 7 \bmod 8$。原因是 6 乘 0～7 得到的 8 个数仅为 $\mathbb{Z}_8$ 的一部分，看上例。如果将对 $\mathbb{Z}_8$ 作 6 的乘法 $6 \times \mathbb{Z}_8$（即用 6 乘 $\mathbb{Z}_8$ 中每一数）看作 $\mathbb{Z}_8$ 到 $\mathbb{Z}_8$ 的映射的话，$\mathbb{Z}_8$ 中至少有两个数映射到同一数，因此该映射为多到一的，所以对 6 来说，没有唯一的乘法逆元。但对 5 来说，$5 \times 5 \equiv 1 \bmod 8$，因此 5 有乘法逆元 5。仔细观察可见，与 8 互素的几个数 1、3、5、7 都有乘法逆元。

记 $\mathbb{Z}_n^* = \{a \mid 0 < a < n, \gcd(a,n)=1\}$。

定理 4-1 $\mathbb{Z}_n^*$ 中每一元素都有乘法逆元。

证明 首先证明 $\mathbb{Z}_n^*$ 中任一元素 a 与 $\mathbb{Z}_n^*$ 中任意两个不同元素 b、c（不妨设 $c<b$）相乘，其结果必然不同。否则设 $a \times b \equiv a \times c \bmod n$，则存在两个整数 k_1、k_2，使得 $ab = k_1 n + r$，$ac = k_2 n + r$，可得 $a(b-c) = (k_1 - k_2)n$，所以 a 是 $(k_1 - k_2)n$ 的一个因子。又由 $\gcd(a,n)=1$，得 a 是 $k_1 - k_2$ 的一个因子，设 $k_1 - k_2 = k_3 a$，所以 $a(b-c) = k_3 an$，即 $b-c = k_3 n$，与 $0 < c < b < n$ 矛盾。所以 $|a \times \mathbb{Z}_n^*| = |\mathbb{Z}_n^*|$。

对 $a \times \mathbb{Z}_n^*$ 中任一元素 ac，由 $\gcd(a,n)=1$，$\gcd(c,n)=1$，得 $\gcd(ac,n)=1$，$ac \in \mathbb{Z}_n^*$，所以 $a \times \mathbb{Z}_n^* \subseteq \mathbb{Z}_n^*$。

由以上两条得 $a \times \mathbb{Z}_n^* = \mathbb{Z}_n^*$。因此对 $1 \in \mathbb{Z}_n^*$，存在 $x \in \mathbb{Z}_n^*$，使得 $a \times x \equiv 1 \bmod n$，即 x 是 a 的乘法逆元。记为 $x = a^{-1}$。

（定理 4-1 证毕）

证明中用到如下结论：设 A、B 是两个集合，满足 $A \subseteq B$ 且 $|A| = |B|$，则 $A = B$。

设 p 为一素数，则 $\mathbb{Z}_p$ 中每一非 0 元素都与 p 互素，因此有乘法逆元。类似于加法可约律，可有以下乘法可约律：

如果 $(a \times b) \equiv (a \times c) \bmod n$ 且 a 有乘法逆元，那么对 $(a \times b) \equiv (a \times c) \bmod n$ 两边同乘以 a^{-1}，即得 $b \equiv c \bmod n$。

4.1.4 模指数运算

模指数运算是指对给定的正整数 m,n，计算 $a^m \bmod n$。

【例 4-5】 $a=7,n=19$，则易求出 $7^1 \equiv 7 \bmod 19$，$7^2 \equiv 11 \bmod 19$，$7^3 \equiv 1 \bmod 19$。

由于 $7^{3+j} = 7^3 \cdot 7^j \equiv 7^j \bmod 19$，所以 $7^4 \equiv 7 \bmod 19$，$7^5 \equiv 7^2 \bmod 19$，…，即从 $7^4 \bmod 19$ 开始所求的幂出现循环，循环周期为 3。

可见，在模指数运算中，若能找出循环周期，则会使得计算简单。

称满足方程 $a^m \equiv 1 \bmod n$ 的最小正整数 m 为模 n 下 a 的阶，记为 $\mathrm{ord}_n(a)$。

定理 4-2　设 $\mathrm{ord}_n(a) = m$，则 $a^k \equiv 1 \bmod n$ 的充要条件是 k 为 m 的倍数。

证明　设存在整数 q，使得 $k = qm$，则 $a^k \equiv (a^m)^q \equiv 1 \bmod n$。反之，假定 $a^k \equiv 1 \bmod n$，令 $k = qm + r$ 其中 $0 < r \leqslant m-1$，那么

$$a^k \equiv (a^m)^q a^r \equiv a^r \equiv 1 (\bmod n)$$

与 m 是阶矛盾。

（定理 4-2 证毕）

4.1.5　费尔马定理、欧拉定理、卡米歇尔定理

这 3 个定理在公钥密码体制中起着重要作用。

1. 费尔马(Fermat)定理

定理 4-3（费尔马定理）　若 p 是素数，a 是正整数且 $\gcd(a, p) = 1$，则 $a^{p-1} \equiv 1 \bmod p$。

证明　在定理 4-1 的证明中知，当 $\gcd(a, p) = 1$ 时，$a \times \mathbb{Z}_p = \mathbb{Z}_p$，其中，$a \times \mathbb{Z}_p$ 表示 a 与 $\mathbb{Z}_p$ 中每一元素做模 p 乘法。又知 $a \times 0 \equiv 0 \bmod p$，所以 $a \times \mathbb{Z}_p - \{0\} = \mathbb{Z}_p - \{0\}$，$a \times (\mathbb{Z}_p - \{0\}) = \mathbb{Z}_p - \{0\}$。即

$$\{a \bmod p, 2a \bmod p, \cdots, (p-1)a \bmod p\} = \{1, 2, \cdots, p-1\}$$

分别将两个集合中的元素连乘，得：

$$a \times 2a \times \cdots (p-1)a \equiv [(a \bmod p) \times (2a \bmod p) \times \cdots \times ((p-1)a \bmod p)] \bmod p$$
$$\equiv (p-1)! \bmod p$$

另一方面，

$$a \times 2a \times \cdots (p-1)a = (p-1)! \, a^{p-1}$$

因此

$$(p-1)! \, a^{p-1} \equiv (p-1)! \bmod p$$

由于 $(p-1)!$ 与 p 互素，因此 $(p-1)!$ 有乘法逆元，由乘法可约律得 $a^{p-1} \equiv 1 \bmod p$。

（定理 4-3 证毕）

费尔马定理也可写成如下形式：设 p 是素数，a 是任一正整数，则 $a^p \equiv a \bmod p$。

2. 欧拉函数

设 n 是一正整数，小于 n 且与 n 互素的正整数的个数称为 n 的欧拉函数，记为 $\varphi(n)$。

【例 4-6】　$\varphi(6) = 2, \varphi(7) = 6, \varphi(8) = 4$。

定理 4-4　(1) 若 n 是素数，则 $\varphi(n) = n-1$；

(2) 若 n 是两个素数 p 和 q 的乘积，则 $\varphi(n) = \varphi(p) \times \varphi(q) = (p-1) \times (q-1)$；

(3) 若 n 有标准分解式 $n = p_1^{\alpha_1} p_2^{\alpha_2} \cdots p_t^{\alpha_t}$，则 $\varphi(n) = n\left(1 - \dfrac{1}{p_1}\right) \cdots \left(1 - \dfrac{1}{p_t}\right)$。

证明　(1) 显然；

(2) 考虑 $\mathbb{Z}_n = \{0, 1, \cdots, pq-1\}$，其中不与 n 互素的数有 3 类：即 $A = \{p, 2p, \cdots, (q-1)p\}$，$B = \{q, 2q, \cdots, (p-1)q\}$，$C = \{0\}$，且 $A \bigcap B = \Phi$，否则如果 $ip =$

jq,其中,$1 \leqslant i \leqslant q-1$,$1 \leqslant j \leqslant p-1$,则 p 是 jq 的因子,因此是 j 的因子,设 $j=kp$,$k \geqslant 1$。则 $ip=kpq$,$i=kq$,与 $1 \leqslant i \leqslant q-1$ 矛盾。所以

$$\varphi(n) = |Z_n| - [|A| + |B| + |C|] = pq - [(q-1)+(p-1)+1]$$
$$= (p-1) \times (q-1) = \varphi(p) \times \varphi(q)$$

(3) 当 $n = p^a$ 时,$1 \sim n$ 与 n 不互素的数有 $1 \cdot p, 2 \cdot p, \cdots, p^{a-1} \cdot p$,共 p^{a-1} 个,所以 $\varphi(p^a) = p^a - p^{a-1}$。

当 $n = p_1^{a_1} p_2^{a_2} \cdots p_t^{a_t}$ 时,由(2)得,

$$\varphi(n) = \varphi(p_1^{a_1}) \varphi(p_2^{a_2}) \cdots \varphi(p_t^{a_t}) = (p_1^{a_1} - p_1^{a_1-1})(p_2^{a_2} - p_2^{a_2-1}) \cdots (p_t^{a_t} - p_t^{a_t-1})$$
$$= n \left(1 - \frac{1}{p_1}\right) \cdots \left(1 - \frac{1}{p_t}\right)$$

(定理 4-4 证毕)

【例 4-7】 $\varphi(21) = \varphi(3 \times 7) = \varphi(3) \times \varphi(7) = 2 \times 6 = 12$

$$\varphi(72) = \varphi(2^3 3^2) = 72 \left(1 - \frac{1}{2}\right)\left(1 - \frac{1}{3}\right) = 24$$

3. 欧拉(Euler)定理

定理 4-5(欧拉定理) 若 a 和 n 互素,则 $a^{\varphi(n)} \equiv 1 \bmod n$。

证明 设 $R = \{x_1, x_2, \cdots, x_{\varphi(n)}\}$ 是由小于 n 且与 n 互素的全体数构成的集合,$a \times R = \{ax_1 \bmod n, ax_2 \bmod n, \cdots, ax_{\varphi(n)} \bmod n\}$,考虑 $a \times R$ 中任一元素 $ax_i \bmod n$,因 a 与 n 互素,x_i 与 n 互素,所以 ax_i 与 n 互素,且 $ax_i \bmod n < n$,因此 $ax_i \bmod n \in R$,所以 $a \times R \subseteq R$。

又因 $a \times R$ 中任意两个元素都不相同,否则 $ax_i \bmod n = ax_j \bmod n$,由 a 与 n 互素知 a 在 $\bmod n$ 下有乘法逆元,得 $x_i = x_j$。所以 $|a \times R| = |R|$,得 $a \times R = R$,所以 $\prod_{i=1}^{\varphi(n)}(ax_i \bmod n) = \prod_{i=1}^{\varphi(n)} x_i, \prod_{i=1}^{\varphi(n)} ax_i \equiv \prod_{i=1}^{\varphi(n)} x_i (\bmod n), a^{\varphi(n)} \cdot \prod_{i=1}^{\varphi(n)} x_i \equiv \prod_{i=1}^{\varphi(n)} x_i (\bmod n)$,由每一 x_i 与 n 互素,知 $\prod_{i=1}^{\varphi(n)} x_i$ 与 n 互素,$\prod_{i=1}^{\varphi(n)} x_i$ 在 $\bmod n$ 下有乘法逆元。所以 $a^{\varphi(n)} \equiv 1 \bmod n$。

(定理 4-5 证毕)

推论 $\mathrm{ord}_n(a) | \varphi(n)$。

推论说明,$\mathrm{ord}_n(a)$ 一定是 $\varphi(n)$ 的因子。如果 $\mathrm{ord}_n(a) = \varphi(n)$,则称 a 为 n 的本原根。如果 a 是 n 的本原根,则

$$a, a^2, \cdots, a^{\varphi(n)}$$

在 $\bmod n$ 下互不相同且都与 n 互素。

特别地,如果 a 是素数 p 的本原根,则

$$a, a^2, \cdots, a^{p-1}$$

在 $\bmod p$ 下都不相同。

【例 4-8】 $n = 9$,则 $\varphi(n) = 6$,考虑 2 在 $\bmod 9$ 下的幂 $2^1 \bmod 9 \equiv 2$,$2^2 \bmod 9 \equiv 4$,$2^3 \bmod 9 \equiv 8$,$2^4 \bmod 9 \equiv 7$,$2^5 \bmod 9 \equiv 5$,$2^6 \bmod 9 \equiv 1$。即 $\mathrm{ord}_9(2) = \varphi(9)$,所以 2 为 9 的本原根。

【例 4-9】 $n=19,a=3$ 在 mod 19 下的幂分别为

$$3,9,8,5,15,7,2,6,18,16,10,11,14,4,12,17,13,1$$

即 $\mathrm{ord}_{19}(3)=18=\varphi(19)$，所以 3 为 19 的本原根。

本原根不唯一。可验证除 3 外，19 的本原根还有 2,10,13,14,15。

注意并非所有的整数都有本原根，只有以下形式的整数才有本原根：

$$2,4,p^{\alpha},2p^{\alpha}$$

其中，p 为奇素数。

4. 卡米歇尔定理

对满足 $\gcd(a,n)=1$ 的所有 a，使得 $a^m\equiv 1 \bmod n$ 同时成立的最小正整数 m，称为 n 的卡米歇尔(Carmichael)函数，记为 $\lambda(n)$。

【例 4-10】 $n=8$，与 8 互素的数有 1,3,5,7，即 $\varphi(8)=4$。

$$1^2\equiv 1 \bmod 8, \quad 3^2\equiv 1 \bmod 8, \quad 5^2\equiv 1 \bmod 8, \quad 7^2\equiv 1 \bmod 8$$

所以 $\lambda(8)=2$。

从该例看出，$\lambda(n)\leqslant\varphi(n)$。

定理 4-6 （1）如果 $a\mid b$，则 $\lambda(a)\mid\lambda(b)$；

（2）对任意互素的正整数 a,b，有 $\lambda(ab)=\mathrm{lcm}(\lambda(a),\lambda(b))$；

$$(3)\ \lambda(n)=\begin{cases}\varphi(n)=1, & n=1 \\ \varphi(n)=1, & n=2 \\ \varphi(n)=2, & n=4 \\ \dfrac{1}{2}\varphi(n)=2^{\alpha-2}, & n=2^{\alpha},\alpha>2 \\ \varphi(n)=p-1, & n=p,p\ \text{奇素数} \\ \varphi(n)=p^{\alpha}-p^{\alpha-1}, & n=p^{\alpha},p\ \text{奇素数},\alpha>1 \\ \mathrm{lcm}(\lambda(p_1^{\alpha_1}),\cdots,\lambda(p_t^{\alpha_t})), & n=\prod\limits_{i=1}^{t}p_i^{\alpha_i}\end{cases}$$

证明 （1）对满足 $\gcd(x,b)=1$ 的所有 x，$x^{\lambda(b)}\equiv 1 \bmod b$，由 $a\mid b$ 得，$x^{\lambda(b)}\equiv 1 \bmod a$。设 $\lambda(b)=k\lambda(a)+r$，其中，$0\leqslant r<\lambda(a)$，则 $x^{\lambda(b)}\equiv(x^{\lambda(a)})^k x^r\equiv x^r\equiv 1 \bmod a$，所以 $r=0$，即 $\lambda(a)\mid\lambda(b)$。

（2）由（1）得，$\lambda(a)\mid\lambda(ab)$，$\lambda(b)\mid\lambda(ab)$，即 $\lambda(ab)$ 是 $\lambda(a)$ 和 $\lambda(b)$ 的公倍数。又设 d 是 $\lambda(a)$ 和 $\lambda(b)$ 的任一公倍数，由 $\lambda(a)\mid d$，$\lambda(b)\mid d$ 得 $x^d\equiv 1 \bmod a$，$x^d\equiv 1 \bmod b$，其中，$\gcd(x,a)=1$，$\gcd(x,b)=1$，所以 $x^d\equiv 1 \bmod ab$，其中，$\gcd(x,ab)=1$，$\lambda(ab)\mid d$。所以 $\lambda(ab)$ 是 $\lambda(a)$ 和 $\lambda(b)$ 的最小公倍数。

（3）可由（2）得到。

（定理 4-6 证毕）

定理 4-7（卡米歇尔定理） 若 a 和 n 互素，则 $a^{\lambda(n)}\equiv 1 \bmod n$。

证明 设 $n=p_1^{\alpha_1}p_2^{\alpha_2}\cdots p_t^{\alpha_t}$，下面证明 $a^{\lambda(n)}\equiv 1 \bmod p_i^{\alpha_i}$ $(i=1,\cdots,t)$。

如果 $p_i^{\alpha_i}=2,4$ 或奇素数的幂,由定理 4-6(3),$\lambda(p_i^{\alpha_i})=\varphi(p_i^{\alpha_i})$,所以 $a^{\lambda(p_i^{\alpha_i})}\equiv a^{\varphi(p_i^{\alpha_i})}\equiv 1\ \mathrm{mod}\ p_i^{\alpha_i}$。又因 $\lambda(p_i^{\alpha_i})\mid\lambda(n)$,所以 $a^{\lambda(n)}\equiv 1\ \mathrm{mod}\ p_i^{\alpha_i}$。

当 $p_i^{\alpha_i}=2^{\alpha_i}(\alpha_i>2)$ 时,$\lambda(p_i^{\alpha_i})=\dfrac{1}{2}\varphi(2^{\alpha_i})=2^{\alpha_i-2}$,我们需要证明 $a^{2^{\alpha_i-2}}\equiv 1\ \mathrm{mod}\ 2^{\alpha_i}$,对 α_i 用归纳法。当 $\alpha_i=3$ 时,$a^2\equiv 1\ \mathrm{mod}\ 8$ 对每一奇整数 a 成立。设 $a^{2^{\alpha_i-2}}\equiv 1\ \mathrm{mod}\ 2^{\alpha_i}$ 对 α_i 成立,即 $a^{2^{\alpha_i-2}}=1+t2^{\alpha_i}$,$t$ 是一个正整数。则当 α_i+1 时,$a^{2^{\alpha_i-1}}=(1+t2^{\alpha_i})^2=1+t2^{\alpha_i+1}+t^2 2^{2\alpha_i}\equiv 1\ \mathrm{mod}\ 2^{\alpha_i+1}$。由归纳法,$a^{2^{\alpha_i-2}}\equiv 1\ \mathrm{mod}\ 2^{\alpha_i}$ 对任意 $\alpha_i(\alpha_i>2)$ 成立。

由 $a^{\lambda(n)}\equiv 1\ \mathrm{mod}\ p_i^{\alpha_i}(i=1,\cdots,t)$,得 $a^{\lambda(n)}\equiv 1\ \mathrm{mod}\ d$,其中,$d=\mathrm{lcm}(p_1^{\alpha_1},\cdots,p_t^{\alpha_t})=p_1^{\alpha_1}\cdots p_t^{\alpha_t}=n$,所以 $a^{\lambda(n)}\equiv 1\ \mathrm{mod}\ n$。

(定理 4-7 证毕)

4.1.6 素性检验

素性检验是指对给定的数检验其是否为素数。

1. 爱拉托斯散(Eratosthenes)筛法

定理 4-8 设 n 是一个正整数,如果对所有满足 $p\leqslant\sqrt{n}$ 的素数 p,都有 $p\nmid n$,那么 n 一定是素数。

基于这个定理,有一个寻找素数的算法,称为爱拉托斯散(Eratosthenes)筛法。要找不大于 n 的所有素数,先将 $2\sim n$ 的整数都列出,从中删除小于等于 $\sqrt{n}$ 的所有素数 $2,3,5,7,\cdots,p_k$(设满足 $p\leqslant\sqrt{n}$ 的素数有 k 个)的倍数,余下的整数就是所要求的所有素数。

【例 4-11】 求不超过 $n=100$ 的所有素数。

解 因为 $\sqrt{100}=10$,小于 10 的素数有 2、3、5、7,删除 $2\sim 100$ 的整数中 2 的倍数(保留 2)得:

	2	3	~~4~~	5	~~6~~	7	~~8~~	9	~~10~~
11	~~12~~	13	~~14~~	15	~~16~~	17	~~18~~	19	~~20~~
21	~~22~~	23	~~24~~	25	~~26~~	27	~~28~~	29	~~30~~
31	~~32~~	33	~~34~~	35	~~36~~	37	~~38~~	39	~~40~~
41	~~42~~	43	~~44~~	45	~~46~~	47	~~48~~	49	~~50~~
51	~~52~~	53	~~54~~	55	~~56~~	57	~~58~~	59	~~60~~
61	~~62~~	63	~~64~~	65	~~66~~	67	~~68~~	69	~~70~~
71	~~72~~	73	~~74~~	75	~~76~~	77	~~78~~	79	~~80~~
81	~~82~~	83	~~84~~	85	~~86~~	87	~~88~~	89	~~90~~
91	~~92~~	93	~~94~~	95	~~96~~	97	~~98~~	99	~~100~~

删去 3 的倍数(保留 3)得:

2	3	5	7	~~9~~
11	13	~~15~~	17	19
~~21~~	23	25	~~27~~	29
31	~~33~~	35	37	~~39~~
41	43	~~45~~	47	49
~~51~~	53	55	~~57~~	59
61	~~63~~	65	67	~~69~~
71	73	~~75~~	77	79
~~81~~	83	85	~~87~~	89
91	~~93~~	95	97	~~99~~

再分别删除 5 的倍数(以"一"表示,保留 5)和 7 的倍数(以"="表示,保留 7)得:

2	3	5	7	
11	13		17	19
	23	~~25~~		29
31		~~35~~	37	
41	43		47	~~49~~
	53	~~55~~		59
61		~~65~~	67	
71	73		~~77~~	79
	83	~~85~~		89
~~91~~		~~95~~	97	

此时,余下的数就是不超过 100 的所有素数。

爱拉托斯散筛法在判断 n 是否为素数时,要除以不大于 $\sqrt{n}$ 的所有素数,当 n 很大时,实际上是不可行的。

2. Miller-Rabin 概率检测法

引理 4-1　如果 p 为大于 2 的素数,则方程 $x^2 \equiv 1 (\bmod\ p)$ 的解只有 $x \equiv 1$ 和 $x \equiv -1$。

证明　由 $x^2 \equiv 1\ \bmod\ p$,有 $x^2 - 1 \equiv 0\ \bmod\ p$,$(x+1)(x-1) \equiv 0\ \bmod\ p$,因此 $p|(x+1)$ 或 $p|(x-1)$ 或 $p|(x+1)$ 且 $p|(x-1)$。

若 $p|(x+1)$ 且 $p|(x-1)$,则存在两个整数 k 和 j,使得 $x+1=kp$,$x-1=jp$ 两式相减得 $2=(k-j)p$,为不可能结果。所以有 $p|(x+1)$ 或 $p|(x-1)$。

设 $p|(x+1)$,则 $x+1=kp$,因此 $x \equiv -1(\bmod\ p)$。

类似地可得 $x \equiv 1(\bmod\ p)$。

(引理 4-1 证毕)

引理 4-1 的逆否命题为:如果方程 $x^2 \equiv 1\ \bmod\ p$ 有一解 $x_0 \notin \{-1,1\}$,那么 p 不为素数。

【例 4-12】　考虑方程 $x^2 \equiv 1(\bmod\ 8)$,由 4.1.3 节 $\mathbb{Z}_8$ 上模乘法的结果得

$$1^2 \equiv 1\ \bmod\ 8,\quad 3^2 \equiv 1\ \bmod\ 8,\quad 5^2 \equiv 1\ \bmod\ 8,\quad 7^2 \equiv 1\ \bmod\ 8$$

又 $5\equiv-3\ \mathrm{mod}\ 8,7\equiv-1\ \mathrm{mod}\ 8$,所以方程的解为 $1,-1,3,-3$,可见 8 不是素数。

下面介绍 Miller-Rabin 的素性概率检测法。其核心部分如下:

```
WITNESS(a,n)
1. 将 n-1 表示为二进制形式 bₖbₖ₋₁…b₀;
2. d←1
    for  i=k  downto  0  do{
        x←d;
        d←(d×d)mod n;
        if d=1  and(x≠1)and(x≠n-1) then return FALSE;
        if bᵢ=1 then d←(d×a)mod n}
    if d≠1 then return FALSE;
    return TRUE.
```

算法有两个输入,n 是待检验的数,a 是小于 n 的整数。如果算法的返回值为 FALSE,则 n 肯定不是素数,如果返回值为 TRUE,则 n 有可能是素数。

for 循环结束后,有 $d\equiv a^{n-1}\ \mathrm{mod}\ n$,由 Fermat 定理知,若 n 为素数,则 d 为 1。因此若 $d\neq1$,则 n 不为素数,所以返回 FALSE。

因为 $n-1\equiv-1\ \mathrm{mod}\ n$,所以 $(x\neq1)\mathrm{and}(x\neq n-1)$ 意指 $x^{2}\equiv1(\mathrm{mod}\ n)$ 有不在 $\{-1,1\}$ 中的根,因此 n 不为素数,返回 FALSE。

该算法有以下性质:对 s 个不同的 a,重复调用这一算法,只要有一次算法返回为 FALSE,就可肯定 n 不是素数。如果算法每次返回都为 TRUE,则 n 是素数的概率至少为 $1-2^{-s}$,因此对于足够大的 s,就可以非常肯定地相信 n 为素数。

3. AKS 算法

2002 年,印度数学家 Manindra Agrawal、Neeraj Kayal、Nitin Saxena 给出了一个确定性的素数判别算法,简称 AKS 算法。

设 **N** 和 **I** 分别是自然数集合和整数集合,且 $n\in\mathbf{N},a\in\mathbf{I},\gcd(a,n)=1$,满足

$$a^{k}\equiv1\ \mathrm{mod}\ n$$

的最小正整数 k 称为模 n 下 a 的阶,记为 $\mathrm{ord}_{n}(a)$。

算法基于以下引理:

引理 4-2 设 $n\geqslant2$,且是一个自然数,$a\in\mathbf{I},\gcd(a,n)=1$,则 n 是素数的充要条件是:

$$(X+a)^{n}\equiv X^{n}+a(\mathrm{mod}\ n)$$

证明 对 $0<i<n$,$(X+a)^{n}-(X^{n}+a)$ 中 X^{i} 的系数为 $\dbinom{n}{i}a^{n-i}$。

如果 n 是素数,则 $\dbinom{n}{i}=0$,所以 $x^{i}(0<i<n)$ 的系数都为 0。

如果 n 是合数,可设 q 是它的一个素数因子且 $q^{k}\mid n$,则 q^{k} 不能除尽 $\dbinom{n}{q}$,而且 q^{k} 和 a^{n-q} 互素,所以在模 n 下,X^{q} 的系数不为 0,$(X+a)^{n}-(X^{n}+a)\not\equiv0\ \mathrm{mod}\ n$。

(引理 4-2 证毕)

引理 4-2 给出了一个素数检验的简单方法,然而要验证等式 $(X+a)^n \equiv X^n+a \pmod{n}$ 是否成立,需计算 n 个系数。为了减少系数的计算,可在等式的两边同时对一个形如 X^r-1 的多项式取模(其中,r 是一个适当选择的小整数),即将判断等式 $(X+a)^n \equiv X^n+a$ $\pmod{n}$ 是否成立,改为判断

$$(X+a)^n \equiv X^n+a \pmod{X^r-1, n}$$

是否成立。$(X+a)^n \equiv X^n+a \pmod{X^r-1, n}$ 表示在环 $\mathbb{Z}_n[X]/(X^r-1)$ 上,$(X+a)^n = X^n+a$。

算法如下:

输入整数 n,

1. 如果 $n=a^b, a \in N, b>1$,输出"合数";
2. 求满足 $\mathrm{ord}_r(n)>\log^2 n$ 的最小的 r;
3. 如果存在 a,满足 $a \leqslant r$ 且 $1 < \gcd(a,n) < n$,输出"合数";
4. 如果 $n \leqslant r$,输出"素数";
5. for a=1 to $\lfloor \sqrt{\varphi(r)} \log n \rfloor$ do
    如果 $(X+a)^n \not\equiv X^n+a \pmod{X^r-1, n}$,输出"合数";
6. 输出"素数"。

4.1.7 欧几里得算法

欧几里得(Euclid)算法是数论中的一个基本技术,是求两个正整数的最大公因子的简化过程。而推广的欧几里得算法不仅可求两个正整数的最大公因子,而且当两个正整数互素时,还可求出其中一个数关于另一个数的乘法逆元。

1. 求最大公因子

欧几里得算法是基于下面一个基本结论:

设 a、b 是任意两个正整数,将它们的最大公因子 $\gcd(a,b)$ 简记为 (a,b)。有以下重要结论

$$(a,b) = (b, a \bmod b)$$

证明 b 是正整数,因此可将 a 表示为 $a = kb+r, a \bmod b = r$,其中,k 为一整数,所以 $a \bmod b = a-kb$。

设 d 是 a、b 的公因子,即 $d|a, d|b$,所以 $d|kb$。由 $d|a$ 和 $d|kb$ 得 $d|(a \bmod b)$,因此 d 是 b 和 $a \bmod b$ 的公因子。

所以得出 a、b 的公因子集合与 b、$a \bmod b$ 的公因子集合相等,两个集合的最大值也相等,得证。

在求两个数的最大公因子时,可重复使用以上结论。

【例 4-13】 $(55,22) = (22, 55 \bmod 22) = (22,11) = (11,0) = 11$。

【例 4-14】 $(18,12) = (12,6) = (6,0) = 6$
$$(11,10) = (10,1) = 1$$

欧几里得算法如下:设 a、b 是任意两个正整数,记 $r_0 = a, r_1 = b$,反复用上述除法(称为辗转相除法),有:

$$r_0 = r_1 q_1 + r_2, \quad 0 \leqslant r_2 < r_1$$

$$r_1 = r_2 q_2 + r_3, \quad 0 \leqslant r_3 < r_2$$

$$\cdots$$

$$r_{n-2} = r_{n-1} q_{n-1} + r_n, \quad 0 \leqslant r_n < r_{n-1}$$

$$r_{n-1} = r_n q_n + r_{n+1}, \quad r_{n+1} = 0$$

由于 $r_1 = b > r_2 > \cdots > r_n > r_{n+1} \geqslant 0$，经过有限步后，必然存在 n 使得 $r_{n+1} = 0$。可得 $(a, b) = r_n$，即辗转相除法中最后一个非 0 余数就是 a 和 b 的最大公因子。这是因为 $(a, b) = (b, r_2) = (r_2, r_3) = \cdots = (r_{n-1}, r_n) = (r_n, 0) = r_n$。

因 $(a, b) = (|a|, |b|)$，因此可假定算法的输入是两个正整数，并设 $a > b$。

```
EUCLID(a, b)
1. X←a;  Y←b;
2. if Y=0 then retutn X=(a,b);
3. if Y=1 then return Y=(a,b);
4. R=X mod Y;
5. X=Y;
6. Y=R;
7. goto 2.
```

【**例 4-15**】 求 $(1970, 1066)$。

$$1970 = 1 \times 1066 + 904, \quad (1066, 904)$$
$$1066 = 1 \times 904 + 162, \quad (904, 162)$$
$$904 = 5 \times 162 + 94, \quad (162, 94)$$
$$162 = 1 \times 94 + 68, \quad (94, 68)$$
$$94 = 1 \times 68 + 26, \quad (68, 26)$$
$$68 = 2 \times 26 + 16, \quad (26, 16)$$
$$26 = 1 \times 16 + 10, \quad (16, 10)$$
$$16 = 1 \times 10 + 6, \quad (10, 6)$$
$$10 = 1 \times 6 + 4, \quad (6, 4)$$
$$6 = 1 \times 4 + 2, \quad (4, 2)$$
$$4 = 2 \times 2 + 0, \quad (2, 0)$$

因此 $(1970, 1066) = 2$。

在辗转相除法中，有

$$r_n = r_{n-2} - r_{n-1} q_{n-1}$$

$$r_{n-1} = r_{n-3} - r_{n-2} q_{n-2}$$

$$\cdots$$

$$r_3 = r_1 - r_2 q_2$$

$$r_2 = r_0 - r_1 q_1$$

依次将后一项代入前一项，可得 r_n 由 $r_0 = a$、$r_1 = b$ 的线性组合表示。因此有如下结论：存在整数 s、t，使得 $sa + tb = (a, b)$，即两个数的最大公因子能由这两个数的线性组合表示。

2. 求乘法逆元

如果$(a,b)=1$,则b在$\bmod a$下有乘法逆元(不妨设$b<a$),即存在一个$x(x<a)$,使得$bx\equiv1\bmod a$。推广的欧几里得算法先求出(a,b),当$(a,b)=1$时,则返回b的逆元。

```
EXTENDED EUCLID(a, b) (设 b<a)
1. (X₁,X₂,X₃)←(1,0,a); (Y₁,Y₂,Y₃)←(0,1,b);
2. if Y₃=0 then return X₃=(a,b);no inverse;
3. if Y₃=1 then return Y₃=(a,b);Y₂=b⁻¹mod f;
4. Q=⌊X₃/Y₃⌋
5. (T₁,T₂,T₃)←(X₁-QY₁,X₂-QY₂,X₃-QY₃);
6. (X₁,X₂,X₃)←(Y₁,Y₂,Y₃);
7. (Y₁,Y₂,Y₃)←(T₁,T₂,T₃);
8. goto 2.
```

算法中的变量有以下关系:
$$aT_1+bT_2=T_3;\quad aX_1+bX_2=X_3;\quad aY_1+bY_2=Y_3$$

这一关系可用归纳法证明:设前一轮的变量为(T_1',T_2',T_3')、(X_1',X_2',X_3')、(Y_1',Y_2',Y_3')满足
$$aT_1'+bT_2'=T_3';\quad aX_1'+bX_2'=X_3';\quad aY_1'+bY_2'=Y_3'$$

则这一轮的变量(T_1,T_2,T_3)、(X_1,X_2,X_3)、(Y_1,Y_2,Y_3)和前一轮的变量有如下关系:
$$(T_1,T_2,T_3)=(X_1'-Q'Y_1',X_2'-Q'Y_2',X_3'-Q'Y_3')$$
$$(X_1,X_2,X_3)=(Y_1',Y_2',Y_3')$$
$$(Y_1,Y_2,Y_3)=(T_1,T_2,T_3)$$

所以
$$aT_1+bT_2=a(X_1'-Q'Y_1')+b(X_2'-Q'Y_2')$$
$$=aX_1'+bX_2'-Q'(aY_1'+bY_2')=X_3'-Q'Y_3'=T_3$$
$$aX_1+bX_2=aY_1'+bY_2'=Y_3'=X_3$$
$$aY_1+bY_2=aT_1+bT_2=T_3=Y_3$$

在算法$EUCLID(a,b)$中,X等于前一轮循环中的Y,Y等于前一轮循环中的$X\bmod Y$。而在算法$EXTENDED\ EUCLID(a,b)$中,X_3等于前一轮循环中的Y_3,Y_3等于前一轮循环中的X_3-QY_3,由于Q是Y_3除X_3的商,因此Y_3是前一轮循环中的Y_3除X_3的余数,即$X_3\bmod Y_3$。可见,$EXTENDED\ EUCLID(a,b)$中的X_3、Y_3与$EUCLID(a,b)$中的X、Y作用相同,因此可正确产生(a,b)。

如果$(a,b)=1$,则在倒数第二轮循环中,$Y_3=1$。由$Y_3=1$,可得$aY_1+bY_2=Y_3$,$aY_1+bY_2=1$,$bY_2=1+(-Y_1)\times a$,$bY_2\equiv1\bmod a$,所以$Y_2\equiv b^{-1}\bmod a$。

【例 4-16】　求$(1769,550)$。

解　算法的运行结果及各变量的变化情况如表 4-2 所示。

表 4-2　求(1769,550)时推广欧几里得算法的运行结果

循 环 次 数	Q	X_1	X_2	X_3	Y_1	Y_2	Y_3
初　　值	—	1	0	1769	0	1	550
1	3	0	1	550	1	−3	119
2	4	1	−3	119	−4	13	74
3	1	−4	13	74	5	−16	45
4	1	5	−16	45	−9	29	29
5	1	−9	29	29	14	−45	16
6	1	14	−45	16	−23	74	13
7	1	−23	74	13	37	−119	3
8	4	37	−119	3	−171	550	1

所以 $(1769,550)=1,550^{-1}\bmod 1769=550$。

4.1.8　中国剩余定理

中国剩余定理是数论中最有用的一个工具,它有两个用途:一是如果已知某个数关于一些两两互素的数的同余类集,就可重构这个数;二是可将大数用小数表示、大数的运算通过小数实现。

【例 4-17】 Z_{10} 中每个数都可从这个数关于 2 和 5(10 的两个互素的因子)的同余类重构。例如已知 x 关于 2 和 5 的同余类分别是 $[0]$ 和 $[3]$,即 $x\bmod 2\equiv 0$,$x\bmod 5\equiv 3$。可知 x 是偶数且被 5 除后余数是 3,所以可得 8 是满足这一关系的唯一的 x。

【例 4-18】 假设只能处理 5 以内的数,若要考虑 15 以内的数,可将 15 分解为两个小素数的乘积,$15=3\times 5$,将 $1\sim 15$ 的数列表表示,表的行号为 $0\sim 2$,列号为 $0\sim 4$,将 $1\sim 15$ 的数填入表中,使得其所在行号为该数除 3 得到的余数,列号为该数除 5 得到的余数。如 $12\bmod 3=0$,$12\bmod 5=2$,所以 12 应填在第 0 行、第 2 列,如表 4-3 所示。

表 4-3　$1\sim 15$ 的数

	0	1	2	3	4
0	0	6	12	3	9
1	10	1	7	13	4
2	5	11	2	8	14

现在就可处理 15 以内的数了。

例如,求 $12\times 13(\bmod 15)$,因 12 和 13 所在的行号分别是 0 和 1,12 和 13 所在的列号分别是 2 和 3,由 $0\times 1\equiv 0\bmod 3$;$2\times 3\equiv 1\bmod 5$ 得 $12\times 13(\bmod 15)$ 所在的列号和行号分别为 0 和 1,这个位置上的数是 6,所以得 $12\times 13(\bmod 15)\equiv 6$。又因 $0+1\equiv 1\bmod 3$;$2+3\equiv 0\bmod 5$,第 1 行、第 0 列为 10,所以 $12+13\equiv 10\bmod 15$。

以上两例是中国剩余定理的直观应用,下面具体介绍定理的内容。

中国剩余定理最早见于《孙子算经》的"物不知数"问题:今有物不知其数,三三数之有

二,五五数之有三,七七数之有二,问物有多少?

这一问题用方程组表示为

$$\begin{cases} x \equiv 2 \bmod 3 \\ x \equiv 3 \bmod 5 \\ x \equiv 2 \bmod 7 \end{cases}$$

下面给出解的构造过程。首先将 3 个余数写成和式的形式

$$2+3+2$$

为满足第一个方程,即模 3 后,后 2 项消失,将后 2 项各乘以 3,得:

$$2+3 \cdot 3+2 \cdot 3$$

为满足第二个方程,即模 5 后,第一、三项消失,将第一、三项各乘以 5,得:

$$2 \cdot 5+3 \cdot 3+2 \cdot 5$$

同理,给前 2 项各乘以 7,得

$$2 \cdot 5 \cdot 7+3 \cdot 3 \cdot 7+2 \cdot 3 \cdot 5$$

然而,将结果代入第一个方程,得到 $2 \cdot 5 \cdot 7$,为消去 $5 \cdot 7$,将结果的第一项再乘以 $(5 \cdot 7)^{-1} \bmod 3$,得 $2 \cdot 5 \cdot 7 \cdot (5 \cdot 7)^{-1} \bmod 3+3 \cdot 3 \cdot 7+2 \cdot 3 \cdot 5$。类似地,将第二项乘以 $(3 \cdot 7)^{-1} \bmod 5$,第三项乘以 $(3 \cdot 5)^{-1} \bmod 7$,得结果为

$$2 \cdot 5 \cdot 7 \cdot (5 \cdot 7)^{-1} \bmod 3+3 \cdot 3 \cdot 7 \cdot (3 \cdot 7)^{-1} \bmod 5+$$
$$2 \cdot 3 \cdot 5 \cdot (3 \cdot 5)^{-1} \bmod 7=233$$

又因为 $233+k \cdot 3 \cdot 5 \cdot 7=233+105k$($k$ 为任一整数)都满足方程组,可取 $k=-2$,得到小于 $105(=3 \cdot 5 \cdot 7)$ 的唯一解 23,所以方程组的唯一解构造如下:

$$[2 \cdot 5 \cdot 7 \cdot (5 \cdot 7)^{-1} \bmod 3+3 \cdot 3 \cdot 7 \cdot (3 \cdot 7)^{-1} \bmod 5+$$
$$2 \cdot 3 \cdot 5 \cdot (3 \cdot 5)^{-1} \bmod 7] \bmod (3 \cdot 5 \cdot 7)$$

把这种构造法推广到一般形式,就是如下的中国剩余定理。

定理 4-9（中国剩余定理）　设 $m_1, m_2, \cdots, m_k$ 是两两互素的正整数,$M=\prod\limits_{i=1}^{k} m_i$,则一次同余方程组

$$\begin{cases} a_1 (\bmod m_1) \equiv x \\ a_2 (\bmod m_2) \equiv x \\ \vdots \\ a_k (\bmod m_k) \equiv x \end{cases}$$

对模 M 有唯一解:

$$x \equiv \left(\frac{M}{m_1} e_1 a_1 + \frac{M}{m_2} e_2 a_2 + \cdots + \frac{M}{m_k} e_k a_k \right) (\bmod M)$$

其中,e_i 满足 $\frac{M}{m_i} e_i \equiv 1 (\bmod m_i)(i=1,2,\cdots,k)$。

证明　设 $M_i = \dfrac{M}{m_i} = \prod\limits_{\substack{l=1 \\ l \neq i}}^{k} m_l, i=1,2,\cdots,k$,由 M_i 的定义得 M_i 与 m_i 是互素的,可知

M_i 在模 m_i 下有唯一的乘法逆元,即满足 $\dfrac{M}{m_i}e_i\equiv 1(\bmod\ m_i)$ 的 e_i 是唯一的。

下面证明对 $\forall i\in\{1,2,\cdots,k\}$,上述 x 满足 $a_i(\bmod\ m_i)\equiv x$。注意到当 $j\neq i$ 时,$m_i\mid M_j$,即 $M_j\equiv 0(\bmod\ m_i)$。所以

$$(M_j\times e_j\bmod m_j)\bmod m_i\equiv((M_j\bmod m_i)\times((e_j\bmod m_j)\bmod m_i))\bmod m_i$$
$$\equiv 0$$

而

$$(M_i\times(e_i\bmod m_i))\bmod m_i\equiv(M_i\times e_i)\bmod m_i\equiv 1$$

所以 $x(\bmod\ m_i)\equiv a_i$,即 $a_i(\bmod\ m_i)\equiv x$。

下面证明方程组的解是唯一的。设 x' 是方程组的另一解,即

$$x'\equiv a_i(\bmod\ m_i),\quad i=1,2,\cdots,k$$

由 $x\equiv a_i(\bmod\ m_i)$ 得 $x'-x\equiv 0(\bmod\ m_i)$,即 $m_i\mid(x'-x)$。再根据 m_i 两两互素,有 $M\mid(x'-x)$,即 $x'-x\equiv 0(\bmod\ M)$,所以 $x'(\bmod\ M)=x(\bmod\ M)$。

(定理 4-9 证毕)

中国剩余定理提供了一个非常有用的特性,即在模 $M\left(M=\prod\limits_{i=1}^{k}m_i\right)$ 下可将大数 A 用一组小数 $(a_1,a_2,\cdots,a_k)$ 表达,且大数的运算可通过小数实现。表示为

$$A\leftrightarrow(a_1,a_2,\cdots,a_k)\tag{4-1}$$

其中,$a_i=A\bmod m_i(i=1,\cdots,k)$,则有以下推论:

推论 如果

$$A\leftrightarrow(a_1,a_2,\cdots,a_k),\quad B\leftrightarrow(b_1,b_2,\cdots,b_k)$$

那么

$$(A+B)\bmod M\leftrightarrow((a_1+b_1)\bmod m_1,\cdots,(a_k+b_k)\bmod m_k)$$
$$(A-B)\bmod M\leftrightarrow((a_1-b_1)\bmod m_1,\cdots,(a_k-b_k)\bmod m_k)$$
$$(A\times B)\bmod M\leftrightarrow((a_1\times b_1)\bmod m_1,\cdots,(a_k\times b_k)\bmod m_k)$$

证明 可由模运算的性质直接得出。

【例 4-18 续】 表 4-3 的构造:

设 $1\leqslant x\leqslant 15$,求 $a\equiv x\bmod 3,b\equiv x\bmod 5$,将 x 填入表的 a 行、b 列。表建立完成后,数 x 可由它的行号 a 和列号 b,按中国剩余定理如下恢复:

$x\equiv[a\cdot 5\cdot(5^{-1}\bmod 3)+b\cdot 3\cdot(3^{-1}\bmod 5)]\bmod 15\equiv[a\cdot 5\cdot 2+b\cdot 3\cdot 2]\bmod 15$
$\equiv[10a+6b]\bmod 15$

例如,$12\bmod 3\equiv 0,12\bmod 5\equiv 2$;$13\bmod 3\equiv 1,13\bmod 5\equiv 3$。所以 12 位于表中第 0 行、第 2 列,13 位于表中第 1 行、第 3 列。反之若求表中第 0 行、第 2 列的数,将 $a=0,b=2$ 代入 $x\equiv[10a+6b]\bmod 15$,得 $x=12$。

已知数 x 的行号 a 和列号 b,可将 x 表示为 (a,b)。x 的运算用 (a,b) 实现。设 $x_1=(a_1,b_1),x_2=(a_2,b_2)$,则 $x_1+x_2=(a_1+a_2,b_1+b_2),x_1\cdot x_2=(a_1\cdot a_2,b_1\cdot b_2)$。例如,$12=(0,2),13=(1,3),12+13=(0,2)+(1,3)=(1,0),12\cdot 13=(0,2)\cdot(1,3)=(0,1)$,所以 $12+13$ 为 10,$12\cdot 13$ 为 6。

【例 4-19】 由以下方程组求 x。

$$\begin{cases} x \equiv 1 \bmod 2 \\ x \equiv 2 \bmod 3 \\ x \equiv 3 \bmod 5 \\ x \equiv 5 \bmod 7 \end{cases}$$

解　$M = 2 \cdot 3 \cdot 5 \cdot 7 = 210, M_1 = 105, M_2 = 70, M_3 = 42, M_4 = 30$，易求 $e_1 \equiv M_1^{-1} \bmod 2 \equiv 1$，$e_2 \equiv M_2^{-1} \bmod 3 \equiv 1, e_3 \equiv M_3^{-1} \bmod 5 \equiv 3, e_4 \equiv M_4^{-1} \bmod 7 \equiv 4$，所以 $x \bmod 210 \equiv (105 \times 1 \times 1 + 70 \times 1 \times 2 + 42 \times 3 \times 3 + 30 \times 4 \times 5) \bmod 210 \equiv 173$，或写成 $x \equiv 173 \bmod 210$。

【**例 4-20**】　为将 $973 \bmod 1813$ 由模数分别为 37 和 49 的两个数表示，可取

$$x = 973, M = 1813, m_1 = 37, m_2 = 49。$$

由 $a_1 \equiv 973 \bmod m_1 \equiv 11, a_2 \equiv 973 \bmod m_2 \equiv 42$ 得，x 在模 37 和模 49 下的表达为 $(11, 42)$。

若要求 $973 \bmod 1813 + 678 \bmod 1813$，可先求出

$$678 \leftrightarrow (678 \bmod 37, 678 \bmod 49) = (12, 41)$$

从而可将以上加法表达为 $((11 + 12) \bmod 37, (42 + 41) \bmod 49) = (23, 34)$。

4.1.9　离散对数

1. 指标

首先回忆一下一般对数的概念，指数函数 $y = a^x (a > 0, a \neq 1)$ 的逆函数称为以 a 为底 x 的对数，记为 $y = \log_a(x)$。对数函数有以下性质：

$$\log_a(1) = 0, \quad \log_a(a) = 1, \quad \log_a(xy) = \log_a(x) + \log_a(y), \quad \log_a(x^y) = y\log_a(x)$$

在模运算中也有类似的函数。设 p 是一素数，a 是 p 的本原根，则 $a, a^2, \cdots, a^{p-1}$ 产生出 $1 \sim p-1$ 的所有值，且每一值只出现一次。因此对任意 $b \in \{1, \cdots, p-1\}$，都存在唯一的 $i (1 \leqslant i \leqslant p-1)$，使得 $b \equiv a^i \bmod p$。称 i 为模 p 下以 a 为底 b 的指标，记为 $i = \mathrm{ind}_{a,p}(b)$。指标有以下性质：

(1) $\mathrm{ind}_{a,p}(1) = 0$；

(2) $\mathrm{ind}_{a,p}(a) = 1$。

这两个性质分别由以下关系可得：$a^0 \bmod p = 1 \bmod p = 1, a^1 \bmod p = a$。

以上假定模数 p 是素数，对于非素数也有类似结论，见例 4-21。

【**例 4-21**】　设 $p = 9$，则 $\varphi(p) = 6, a = 2$ 是 p 的一个本原根，a 的不同的幂为（模 9 下）

$$2^0 \equiv 1, \quad 2^1 \equiv 2, \quad 2^2 \equiv 4, \quad 2^3 \equiv 8, \quad 2^4 \equiv 7, \quad 2^5 \equiv 5, \quad 2^6 \equiv 1$$

由此可得 a 的指数表如表 4-4(a) 所示。

表 4-4　指数和指标举例

(a) 模 9 下 2 的指数表

指标	0	1	2	3	4	5
指数	1	2	4	8	7	5

(b) 与 9 互素的数的指标

数	1	2	4	5	7	8
指标	0	1	2	5	4	3

重新排列表 4-4(a)，可求每一与 9 互素的数的指标如表 4-4(b) 所示。

在讨论指标的另两个性质时，需要如下定理：

定理 4-10　若 $a^z \equiv a^q \bmod p$，其中，p 为素数，a 是 p 的本原根，则有 $z \equiv q \bmod \varphi(p)$。

证明 因 a 和 p 互素,所以 a 在模 p 下存在逆元 a^{-1},在 $a^z \equiv a^q \bmod p$ 两边同乘以 $(a^{-1})^q$,得 $a^{z-q} \equiv 1 \bmod p$。因 a 是 p 的本原根,a 的阶为 $\varphi(p)$,所以存在一个整数 k,使得 $z-q \equiv k\varphi(p)$,所以 $z \equiv q \bmod \varphi(p)$。

(定理 4-10 证毕)

由定理 4-10 可得指标的以下两个性质:

(3) $\mathrm{ind}_{a,p}(xy) = [\mathrm{ind}_{a,p}(x) + \mathrm{ind}_{a,p}(y)] \bmod \varphi(p)$;

(4) $\mathrm{ind}_{a,p}(y^r) = [r \times \mathrm{ind}_{a,p}(y)] \bmod \varphi(p)$。

证明(3) 设 $x \equiv a^{\mathrm{ind}_{a,p}(x)} \bmod p$,$y \equiv a^{\mathrm{ind}_{a,p}(y)} \bmod p$,$xy \equiv a^{\mathrm{ind}_{a,p}(xy)} \bmod p$,由模运算的性质得:

$$a^{\mathrm{ind}_{a,p}(xy)} \bmod p = (a^{\mathrm{ind}_{a,p}(x)} \bmod p)(a^{\mathrm{ind}_{a,p}(y)} \bmod p) = (a^{\mathrm{ind}_{a,p}(x)+\mathrm{ind}_{a,p}(y)}) \bmod p$$

所以

$$\mathrm{ind}_{a,p}(xy) = [\mathrm{ind}_{a,p}(x) + \mathrm{ind}_{a,p}(y)] \bmod \varphi(p)。$$

性质(4)是性质(3)的推广。

从指标的以上性质可见,指标与对数的概念极为相似,将指标称为离散对数,如下所述。

2. 离散对数

设 p 是素数,a 是 p 的本原根,即 $a^1, a^2, \cdots, a^{p-1}$ 在 $\bmod\ p$ 下产生 $1 \sim p-1$ 的所有值,所以对 $\forall b \in \{1, \cdots, p-1\}$,有唯一的 $i \in \{1, \cdots, p-1\}$,使得 $b \equiv a^i \bmod p$。称 i 为模 p 下以 a 为底 b 的离散对数,记为 $i \equiv \log_a(b) (\bmod\ p)$。

当 a、b、i 已知时,用快速指数算法可比较容易地求出 b,但如果已知 a、b 和 p,求 i 则非常困难。目前已知的最快的求离散对数算法的时间复杂度为

$$O(\exp((\ln p)^{\frac{1}{3}} \ln(\ln p))^{\frac{2}{3}})$$

所以当 p 很大时,该算法也是不可行的。

4.1.10 平方剩余

设 n 是正整数,a 是整数,满足 $\gcd(a,n)=1$,称 a 是模 n 的二次剩余,如果方程

$$x^2 \equiv a (\bmod\ n)$$

有解,否则称为二次非剩余。

【例 4-22】 $x^2 \equiv 1 \bmod 7$ 有解:$x=1, x=6$;

$x^2 \equiv 2 \bmod 7$ 有解:$x=3, x=4$;

$x^2 \equiv 3 \bmod 7$ 无解;

$x^2 \equiv 4 \bmod 7$ 有解:$x=2, x=5$;

$x^2 \equiv 5 \bmod 7$ 无解;

$x^2 \equiv 6 \bmod 7$ 无解。

可见共有 3 个数(1、2、4)是模 7 的二次剩余,且每个二次剩余都有两个平方根(即例中的 x)。

容易证明,若 p 是素数,则模 p 的二次剩余的个数为 $(p-1)/2$,且与模 p 的二次非剩余的个数相等。如果 a 是模 p 的一个二次剩余,那么 a 恰有两个平方根,其中一个的取值范围为 $0 \sim (p-1)/2$,另一个的取值范围为 $(p-1)/2+1 \sim p-1$,且这两个平方根中的一个也

是一个模 p 二次剩余。

定义 4-6　设 p 是素数，a 是一整数，符号 $\left(\dfrac{a}{p}\right)$ 的定义如下：

$$\left(\frac{a}{p}\right)=\begin{cases}0, & \text{如果 } a \text{ 被 } p \text{ 整除}\\1, & \text{如果 } a \text{ 是模 } p \text{ 的平方剩余}\\-1, & \text{如果 } a \text{ 是模 } p \text{ 的非平方剩余}\end{cases}$$

称符号 $\left(\dfrac{a}{p}\right)$ 为 Legendre 符号。

【例 4-23】　$\left(\dfrac{1}{7}\right)=\left(\dfrac{2}{7}\right)=\left(\dfrac{4}{7}\right)=1,\left(\dfrac{3}{7}\right)=\left(\dfrac{5}{7}\right)=\left(\dfrac{6}{7}\right)=-1$。

计算 $\left(\dfrac{a}{p}\right)$ 有一个简单公式：$\left(\dfrac{a}{p}\right)\equiv a^{(p-1)/2} \bmod p$。

【例 4-24】　$p=23,a=5,a^{(p-1)/2} \bmod p\equiv 5^{11} \bmod p=-1$，所以 5 不是模 23 的二次剩余。

Legendre 符号有以下性质：

定理 4-11　设 p 是奇素数，a 和 b 都不能被 p 除尽，则

(1) 若 $a\equiv b \bmod p$，则 $\left(\dfrac{a}{p}\right)=\left(\dfrac{b}{p}\right)$；

(2) $\left(\dfrac{ab}{p}\right)=\left(\dfrac{a}{p}\right)\left(\dfrac{b}{p}\right)$；

(3) $\left(\dfrac{a^2}{p}\right)=1$；

(4) $\left(\dfrac{a+p}{p}\right)=\left(\dfrac{a}{p}\right)$。

证明从略。

以下定义的 Jacobi 符号是 Legendre 符号的推广。

定义 4-7　设 n 是正整数，且 $n=p_1^{a_1} p_2^{a_2} \cdots p_k^{a_k}$，定义 Jacobi 符号为

$$\left(\frac{a}{n}\right)=\left(\frac{a}{p_1}\right)^{a_1}\left(\frac{a}{p_2}\right)^{a_2}\cdots\left(\frac{a}{p_k}\right)^{a_k}$$

其中，右端的符号是 Legendre 符号。

当 n 为素数时，Jacobi 符号就是 Legendre 符号。

Jacobi 符号有以下性质：

定理 4-12　设 n 是正合数，a 和 b 是与 n 互素的整数，则

(1) 若 $a\equiv b \bmod n$，则 $\left(\dfrac{a}{n}\right)=\left(\dfrac{b}{n}\right)$；

(2) $\left(\dfrac{ab}{n}\right)=\left(\dfrac{a}{n}\right)\left(\dfrac{b}{n}\right)$；

(3) $\left(\dfrac{ab^2}{n}\right)=\left(\dfrac{a}{n}\right)$；

(4) $\left(\dfrac{a+n}{n}\right)=\left(\dfrac{a}{n}\right)$。

对一些特殊的 a，Jacobi 符号可计算如下：

$$\left(\frac{1}{n}\right)=1, \quad \left(\frac{-1}{n}\right)=(-1)^{\frac{n-1}{2}}, \quad \left(\frac{2}{n}\right)=(-1)^{\frac{n^2-1}{8}}$$

定理 4-13（Jacobi 符号的互反律） 设 m、n 均为大于 2 的奇数，则

$$\left(\frac{m}{n}\right)=(-1)^{\frac{(m-1)(n-1)}{4}}\left(\frac{n}{m}\right)$$

若 $m\equiv n\equiv 3 \bmod 4$，则 $\left(\dfrac{m}{n}\right)=-\left(\dfrac{n}{m}\right)$；否则 $\left(\dfrac{m}{n}\right)=\left(\dfrac{n}{m}\right)$。

以上性质表明：为了计算 Jacobi 符号（包括 Legendre 符号作为它的特殊情形），我们并不需要求素因子分解式。例如，105 虽然不是素数，但是在计算 Legendre 符号 $\left(\dfrac{105}{317}\right)$ 时，可以先把它看作 Jacobi 符号来计算，由上述两个定理得：

$$\left(\frac{105}{317}\right)=\left(\frac{317}{105}\right)=\left(\frac{2}{105}\right)=1$$

一般在计算 $\left(\dfrac{m}{n}\right)$ 时，如果有必要，可用 $m \bmod n$ 代替 m，而互反律用以减小 $\left(\dfrac{m}{n}\right)$ 中的 n。

可见，引入 Jacobi 符号对计算 Legendre 符号是十分方便的，但应强调指出，Jacobi 符号和 Legendre 符号的本质差别是：Jacobi 符号 $\left(\dfrac{a}{n}\right)$ 不表示方程 $x^2\equiv a \bmod n$ 是否有解。例如 $n=p_1 p_2$，a 关于 p_1 和 p_2 都不是二次剩余，即 $x^2\equiv a \bmod p_1$ 和 $x^2\equiv a \bmod p_2$ 都无解，由中国剩余定理知 $x^2\equiv a \bmod n$ 也无解。但是，由于 $\left(\dfrac{a}{p_1}\right)=\left(\dfrac{a}{p_2}\right)=-1$，所以 $\left(\dfrac{a}{n}\right)=\left(\dfrac{a}{p_1}\right)\left(\dfrac{a}{p_2}\right)=1$。即 $x^2\equiv a \bmod n$ 虽无解，但 Jacobi 符号 $\left(\dfrac{a}{n}\right)$ 却为 1。

【例 4-25】 考虑方程 $x^2\equiv 2 \bmod 3599$，由于 $3599=59\times 61$，所以方程等价于方程组

$$\begin{cases} x^2\equiv 2 \bmod 59 \\ x^2\equiv 2 \bmod 61 \end{cases}$$

由于 $\left(\dfrac{2}{59}\right)=-1$，所以方程组无解，但 Jacobi 符号 $\left(\dfrac{2}{3599}\right)=(-1)^{\frac{3599^2-1}{8}}=1$。

下面考虑公钥密码体制中一个非常重要的问题。

设 n 是两个大素数 p 和 q 的乘积。由上述结论，$1\sim p-1$ 有一半数是模 p 的平方剩余（记这些数的集合为 Q_p），另一半是模 p 的非平方剩余（记这些数的集合为 NQ_p），对 q 也有类似结论（分别记两个集合为 Q_q 和 NQ_q）。另一方面，a 是模 n 的平方剩余，当且仅当 a 既是模 p 的平方剩余也是模 q 的平方剩余，即 $a\in Q_p\bigcap Q_q$。所以对满足

$$0<a<n, \quad \gcd(a,n)=1$$

的 a，有一半满足 $\left(\dfrac{a}{n}\right)=1$（$a\in Q_p\bigcap Q_q$ 或 $a\in NQ_p\bigcap NQ_q$），另一半满足 $\left(\dfrac{a}{n}\right)=-1$（$a\in Q_p\bigcap NQ_q$ 或 $a\in NQ_p\bigcap Q_q$）。而在满足 $\left(\dfrac{a}{n}\right)=1$ 的 a 中，有一半满足 $\left(\dfrac{a}{p}\right)=\left(\dfrac{a}{q}\right)=1$（$a\in Q_p\bigcap Q_q$），这些 a 就是模 n 的平方剩余；另一半满足 $\left(\dfrac{a}{p}\right)=\left(\dfrac{a}{q}\right)=-1$（$a\in NQ_p\bigcap NQ_q$），这些 a 是模 n 的非平方剩余。

设 a 是模 n 的平方剩余,即存在 x 使得 $x^2 \equiv a \bmod n$ 成立,因 a 既是模 p 的平方剩余,又是模 q 的平方剩余,所以存在 y,z,使得 $(\pm y)^2 \equiv a \bmod p$,$(\pm z)^2 \equiv a \bmod q$,当 $p \equiv q \equiv 3 \bmod 4$ 时,y 和 z 可容易地求出(请参阅 4.5 节)。因此

$$x \equiv \pm y \bmod p, \quad x \equiv \pm z \bmod q$$

由中国剩余定理可求得 x,即为 $a \bmod n$ 的 4 个平方根。

以上结果表明,已知 n 的分解 $n = pq$,且 a 是模 n 的平方剩余,就可求得 $a \bmod n$ 的 4 个平方根。

下面考虑相反的问题,即已知 $a \bmod n$ 的两个不同的平方根($u \bmod n$ 和 $w \bmod n$,且 $u \not\equiv \pm w \bmod n$),就可分解 n。

事实上由 $u^2 \equiv w^2 \bmod n$ 得 $(u+w)(u-w) \equiv 0 \bmod n$,但 n 既不能整除 $u+w$,也不能整除 $u-w$,否则由 $n \mid (u+w)$ 或 $n \mid (u-w)$,可得 $u \equiv -w \bmod n$ 或 $u \equiv w \bmod n$。

由 $(u+w)(u-w) \equiv 0 \bmod n$,得 $p \mid (u+w)(u-w)$ 及 $q \mid (u+w)(u-w)$,所以必有 $p \mid (u+w)$ 或 $p \mid (u-w)$ 且 $q \mid (u+w)$ 或 $q \mid (u-w)$。

当 $p \mid (u+w)$ 时,必有 $q \nmid (u+w)$,否则 $n = pq \mid (u+w)$。所以当 $p \mid (u+w)$ 时,必有 $q \mid (u-w)$。同理当 $p \mid (u-w)$ 时,必有 $q \mid (u+w)$。

在第一种情况下

$$\gcd(n, u+w) = p, \quad \gcd(n, u-w) = q$$

在第二种情况下

$$\gcd(n, u-w) = p, \quad \gcd(n, u+w) = q$$

因此得到了 n 的两个因子。

将以上讨论总结为如下定理。

定理 4-14 当 $p \equiv q \equiv 3 \bmod 4$ 时,求解方程 $x^2 \equiv a \bmod n$ 与分解 n 是等价的。

第 2 个重要结论是:当 $p \equiv q \equiv 3 \bmod 4$ 时,$a \bmod n$ 的两个不同的平方根 u 和 w 的 Jacobi 符号有如下关系:

$$\left(\frac{u}{n}\right) = -\left(\frac{w}{n}\right)$$

证明 由以上讨论知,u、w 满足

$$p \mid (u+w), \quad q \mid (u-w)$$

或

$$p \mid (u-w), \quad q \mid (u+w)$$

即 $u \equiv -w \bmod p$,$u \equiv w \bmod q$ 或 $u \equiv w \bmod p$,$u \equiv -w \bmod q$。

若为第一种情况,

$$\left(\frac{u}{n}\right) = \left(\frac{u}{p}\right)\left(\frac{u}{q}\right) = \left(\frac{-w}{p}\right)\left(\frac{w}{q}\right) = \left(\frac{-1}{p}\right)\left(\frac{w}{p}\right)\left(\frac{w}{q}\right)$$

设 $p = 4k+3$,则 $\left(\dfrac{-1}{p}\right) = (-1)^{(p-1)/2} \bmod p = (-1)^{2k+1} \bmod p = -1$,所以上式等于 $-\left(\dfrac{w}{p}\right)\left(\dfrac{w}{q}\right) = -\left(\dfrac{w}{n}\right)$。

同理可证第二种情况。

(定理 4-14 证毕)

4.1.11　循环群

定理 4-15（Lagrange 定理）　有限群 G 的任意子群 H 的阶整除群的阶，即 $|H|\,|\,|G|$。
证明要用到正规子群及陪集的概念，略去。

定理 4-16　循环群的子群是循环群。

证明　设 H 是循环群 $G=\{g^i\,|\,i=1,\cdots\}$ 的子群，k 是使得 $g^k\in H$ 的最小正整数。对任一 $a=g^i\in H$，令 $i=qk+r(0\leqslant r<k)$，则 $g^i=(g^k)^q g^r$，$g^r=g^i(g^{qk})^{-1}\in H$。所以 $r=0$，否则与 k 的最小性矛盾。所以 $g^i=(g^k)^q$，H 是由 g^k 生成的循环子群。

（定理 4-16 证毕）

定理 4-17　设 G 是 n 阶有限群，a 是 G 中任一元素，有 $a^n=e$。

证明　设 $H=\{e,a,a^2,\cdots,a^{r-1}\}$，其中，$r$ 是 a 的阶，易证〈H，·〉是〈G，·〉的子群，由 Lagrange 定理，$|H|\,|\,|G|$，$r|n$，存在正整数 t，使得 $n=rt$。所以 $a^n=(a^r)^t=e$。

（定理 4-17 证毕）

定理 4-18　素数阶的群是循环群，且任一与单位元不同的元素是生成元。

证明　设〈G，·〉是群，且 $|G|=p$（p 为素数）。任取 $a\in G,a\neq e$，构造 $H=\{e,a,a^2,\cdots\}$，易知 H 是 G 的子群（同定理 4-17）。设 $|H|=n$，则 $n\neq 1$。由 Lagrange 定理，$n|p$，故 $n=p$，H=G。所以 G 是循环群，a 是生成元。

（定理 4-18 证毕）

定理 4-19　设 a^r 是 n 阶循环群 $G=\langle a\rangle$ 中任一元素，$d=\gcd(n,r)$。那么 $\mathrm{ord}_n(a^r)=\dfrac{n}{d}$。

证明　由 $d=\gcd(n,r)$，$d|n$ 且 $d|r$。设 $n=dq_1,r=dq_2$，其中，$q_1=\dfrac{n}{d}$，$q_2=\dfrac{r}{d}$，且 $\gcd(q_1,q_2)=1$。

首先，$(a^r)^{\frac{n}{d}}=(a^{dq_2})^{\frac{n}{d}}=a^{q_2 n}=(a^n)^{q_2}=e^{q_2}=e$。设 $\mathrm{ord}_n(a^r)=k$，则 $k\left|\dfrac{n}{d}\right.$。

其次，由 $(a^r)^k=e$，可得 $n|rk$，两边同除以 d，得 $\dfrac{n}{d}\left|\dfrac{r}{d}k\right.$，但 $\left(\dfrac{n}{d},\dfrac{r}{d}\right)=1$，所以 $\dfrac{n}{d}\left|k\right.$。

所以 $k=\dfrac{n}{d}$，$\mathrm{ord}_n(a^r)=\dfrac{n}{d}$。

（定理 4-19 证毕）

定理 4-20　在 n 阶循环群 $G=\langle a\rangle$ 中，a^r 是生成元当且仅当 $\gcd(r,n)=1$。

证明　设 $\gcd(n,r)=d$。若 a^r 是生成元，则有 $\mathrm{ord}_n(a^r)=n$。但由定理 4-19，$\mathrm{ord}_n(a^r)=\dfrac{n}{d}$，所以有 $\dfrac{n}{d}=n,d=1$，即 $\gcd(n,r)=1$。反之若 $d=\gcd(n,r)=1$，则 $\mathrm{ord}_n(a^r)=\dfrac{n}{d}=n$，$a^r$ 是生成元。

（定理 4-20 证毕）

4.1.12　循环群的选取

在实际应用中经常需要使用群生成算法产生一系列循环群，群的描述包括一个有限

的循环群 $\hat{G}$ 以及 $\hat{G}$ 的素数阶的子群 G、G 的生成元 g、G 的阶 q，用 $\Gamma[\hat{G},G,g,q]$ 表示群的描述，其上的运算有：

- 乘法运算——为确定性的多项式时间算法，输入 $\Gamma[\hat{G},G,g,q]$ 及 $h_1,h_2\in\hat{G}$，输出 $h_1\cdot h_2\in\hat{G}$。

- 求逆运算——为确定性的多项式时间算法，输入 $\Gamma[\hat{G},G,g,q]$ 及 $h\in\hat{G}$，输出 $h^{-1}\in\hat{G}$。

- 子群判定运算——为确定性的多项式时间算法，输入 $\Gamma[\hat{G},G,g,q]$ 及 $h\in\hat{G}$，判断是否 $h\in G$。

- 求生成元及子群的阶——为确定性的多项式时间算法，输入 $\Gamma[\hat{G},G,g,q]$，输出 g 和 q。

有些群不存在求子群的阶的多项式时间算法，例如对合数 n，群 $\mathbb{Z}_n^*$。

实际应用中，经常使用的循环群有以下几类。

（1）设 $l_1(\kappa),l_2(\kappa)$ 是安全参数 κ 的多项式有界的整数函数，满足 $1<l_1(\kappa)<l_2(\kappa)$，$\Gamma[\hat{G},G,g,q]$ 由三元组 (q,p,g) 表示，其中

- q 是一个 $l_1(\kappa)$ 比特长的随机素数。
- p 是一个 $l_2(\kappa)$ 比特长的随机素数，满足 $p\equiv 1 \bmod q$。
- g 是 G 的随机生成元。

其含义为循环群 $\hat{G}=\mathbb{Z}_p^*$，G 是 $\hat{G}$ 的阶为 q 的唯一子群。

$\mathbb{Z}_p^*$ 中的元素能用 $l_2(\kappa)$ 长的比特串表示，其上的元素乘法运算可用模 p 乘法运算，求逆运算可使用推广的欧几里得算法，判断元素 $\alpha \bmod p\in\mathbb{Z}_p^*$ 是否属于子群 G 可通过判断 $\alpha^q\equiv 1 \bmod p$ 是否成立。

G 的随机生成元 g 可如下产生：产生 $\mathbb{Z}_p^*$ 的随机元素，求它的 $\dfrac{p-1}{q}$ 次幂，如果求幂后得到 $1 \bmod p$，则重新选取 $\mathbb{Z}_p^*$ 的另一随机元素，重复上述过程。

（2）除了 $p=2q+1$，其余参数与 1 的群相同，此时关于 $\mathbb{Z}_p^*$ 的 q 阶子群 G 有以下结论。

定理 4-21 当 $p=2q+1$ 时，$\mathbb{Z}_p^*$ 的 q 阶子群 G 是二次剩余类子群（即其所有元素都是二次剩余）。

证明 若 g 是 $\mathbb{Z}_p^*$ 的生成元，对任一 $a\in G$，存在整数 i，使得 $a\equiv g^i \bmod p$。又知 $a^q=1$，所以 $g^{iq}=g^{i\frac{p-1}{2}}=1$，所以 $p-1\left|i\dfrac{p-1}{2}\right.$，$i$ 一定是偶数，即 a 是二次剩余。

（定理 4-21 证毕）

因为计算 Legendre 符号 $\left(\dfrac{a}{p}\right)$ 比求模指数运算 $\alpha^q\equiv 1 \bmod p$ 容易，所以判断元素 $\alpha \bmod p\in\mathbb{Z}_p^*$ 是否属于子群 G，可通过判断 $\left(\dfrac{a}{p}\right)$ 是否等于 1 完成。

4.1.13　双线性映射

设 q 是一大素数，G_1 和 G_2 是两个阶为 q 的群，其上的运算分别称为加法和乘法。

$\mathbb{G}_1$到$\mathbb{G}_2$的双线性映射 $\hat{e}$:$\mathbb{G}_1\times\mathbb{G}_1\to\mathbb{G}_2$,满足下面的性质:

(1) 双线性。如果对任意 $P,Q,R\in\mathbb{G}_1$和 $a,b\in Z$,有 $\hat{e}(aP,bQ)=\hat{e}(P,Q)^{ab}$,或 $\hat{e}(P+Q,R)=\hat{e}(P,R)\cdot\hat{e}(Q,R)$和 $\hat{e}(P,Q+R)=\hat{e}(P,Q)\cdot\hat{e}(P,R)$,那么就称该映射为双线性映射。

(2) 非退化性。映射不把$\mathbb{G}_1\times\mathbb{G}_1$中的所有元素对(即序偶)映射到$\mathbb{G}_2$中的单位元。由于$\mathbb{G}_1$、$\mathbb{G}_2$都是阶为素数的群,这意味着:如果 P 是$\mathbb{G}_1$的生成元,那么 $\hat{e}(P,P)$就是$\mathbb{G}_2$的生成元。

(3) 可计算性。对任意的 $P,Q\in\mathbb{G}_1$,存在一个有效算法计算 $\hat{e}(P,Q)$。

Weil 配对和 Tate 配对是满足上述 3 条性质的双线性映射。

第二类双线性映射形如: $\hat{e}$:$\mathbb{G}_1\times\mathbb{G}_2\to\mathbb{G}_T$,其中,$\mathbb{G}_1$、$\mathbb{G}_2$和$\mathbb{G}_T$都是阶为 q 的群,$\mathbb{G}_2$到$\mathbb{G}_1$有一个同态映射 ψ:$\mathbb{G}_2\to\mathbb{G}_1$,满足 $\psi(g_2)=g_1,g_1$ 和 g_2 分别是$\mathbb{G}_1$和$\mathbb{G}_2$上的固定生成元。$\mathbb{G}_1$中的元素可用较短的形式表达,因此在构造签名方案时,把签名取为$\mathbb{G}_1$中的元素,可得短的签名。在构造加密方案时,把密文取为$\mathbb{G}_1$中的元素,可得短的密文。

4.1.14　计算复杂性

对一个密码系统来说,应要求在密钥已知的情况下,加密算法和解密算法是"容易的",而在未知密钥的情况下,推导出密钥和明文是"困难的"。那么如何描述一个计算问题是"容易的"还是"困难的"?可用解决这个问题的算法的计算时间和存储空间来描述。算法的计算时间和存储空间(分别称为算法的时间复杂度和空间复杂度)定义为算法输入数据的长度 n 的函数 $f(n)$。当 n 很大时,通常只关心 $f(n)$ 随着 n 的无限增大是如何变化的,即算法的渐近效率。渐近效率通常使用以下几种:

1. O 记号

O 记号给出的是 $f(n)$ 的渐近上界。如果存在常数 C 和 N,当 $n>N$ 时,$f(n)\leqslant Cg(n)$,则记 $f(n)=O(g(n))$。所以 O 记号给出的是 $f(n)$ 在一个常数因子内的上界。

例如,$f(n)=8n+10$,则当 $n>N=10$ 时,$f(n)\leqslant 9n$,所以 $f(n)=O(n)$。

一般地,若 $f(n)=a_0+a_1n+\cdots+a_kn^k$,则 $f(n)=O(n^k)$。

若算法的时间复杂度为 $T=O(n^k)$,则称该算法是多项式时间的;若 $T=O(k^{f(n)})$,其中 k 是常数,$f(n)$ 是多项式,就称该算法是指数时间的。

2. o 记号

O 记号给出的渐近上界可能是渐近紧确的,也可能不是。比如 $2n^2=O(n^2)$ 是渐近紧确的,但 $2n=O(n^2)$ 却不是。o 记号给出的是 $f(n)$ 的非渐近紧确的上界。如果对任意常数 C,存在常数 N,当 $n>N$ 时,$0\leqslant f(n)\leqslant Cg(n)$,则记 $f(n)=o(g(n))$。

例如,$2n=o(n^2)$,$2n^2\neq o(n^2)$。

从直观上看,在 o 表示中,当 n 趋于无穷时,$f(n)$ 相对于 $g(n)$ 来说就不重要了,即

$$\lim_{n\to\infty}\frac{f(n)}{g(n)}=0。$$

定义 4-8 字母表 Σ 是一个有限的符号集合,Σ 上的语言 L 是 Σ 上的符号构成的符号串的集合。

一个图灵机 M 接受一个语言 L 表示为 $x \in L \Leftrightarrow M(x) = 1$，这里简单地用 1 来表示接受。

有两种类型的计算性问题是比较重要的。第一种是可以在多项式时间内判定的语言集合，表示为 P。正式地说，$x \in L$，当且仅当存在图灵机在最多 $p(|x|)$（p 为某个多项式，x 是图灵机的输入串，$|x|$ 表示 x 的长度）步内接受一个输入 x，我们就说语言 L 在 P 中。第二种是 NP 类语言，NP 问题是指可在多项式时间内验证它的一个解的问题。即对语言中的元素存在多项式时间的图灵机可验证该元素是否属于该语言。正式地说，如果存在一个多项式图灵机 M，使得 $x \in L$ 当且仅当存在一个串 w_x 使得 $M(x, w_x) = 1$。我们就说语言 L 在 NP 中。w_x 称为 x 的证据，用于证明 $x \in L$。

因为可在多项式时间内求解就一定可在多项式时间内验证。但反过来不成立，因为求解比验证解更为困难。用 P 表示所有 P 问题的集合，NP 表示所有 NP 问题的集合，则有 $P \subset \mathrm{NP}$。在 NP 类中，有一部分可以证明比其他问题困难，这一部分问题称为 NPC 问题。也就是说，NPC 问题是 NP 类中"最难"的问题。

定义 4-9　一个函数 $\varepsilon: R \to [0, 1]$ 是可忽略的当且仅当对于 $\forall c > 0$，存在一个 $N_c > 0$ 使得对于 $\forall N > N_c$，有 $\varepsilon(N) < 1/N^c$。

直观地，$\varepsilon(\cdot)$ 是可忽略的，当且仅当它的增长速度比任何多项式的逆更慢。一个常见的例子是逆指数 $\varepsilon(k) = 2^{-k}$。对于任意的 c，$2^{-k} = O(1/k^c)$。

称一个机器是概率多项式时间的，如果它的运行步数是安全参数的多项式函数，简记为 PPT。

定义 4-10　设 $\mathcal{X} = \{X_k\}$ 和 $\mathcal{Y} = \{Y_k\}$ 是两个分布总体，其中，X_k 和 Y_k 是同一空间上的分布（对于所有的 k）。$\mathcal{X}$ 和 $\mathcal{Y}$ 是计算上不可区分的（记为 $\mathcal{X} \overset{c}{\equiv} \mathcal{Y}$），如果对于所有 PPT 敌手 $\mathcal{A}$，下式是可忽略的：

$$| \Pr[x \leftarrow_R X_k; \mathcal{A}(x) = 1] - \Pr[y \leftarrow_R Y_k; \mathcal{A}(y) = 1] |$$

一些符号使用说明：如果 S 是集合，则 $x \leftarrow_R S$ 表示从 S 中均匀随机选取元素 x。如果 $A(\cdot)$ 是随机化算法，则 $x \leftarrow A(\cdot)$ 表示运行 $A(\cdot)$（输入是均匀随机的）得到输出 x。$x = f(\cdot)$ 表示将 $f(\cdot)$ 的值赋值给 x。概率表达式中 $\mathcal{A}(x) = 1$ 表示判断 $\mathcal{A}(x)$ 是否为 1。

4.2　公钥密码体制的基本概念

在公钥密码体制以前的整个密码学史中，所有的密码算法，包括原始手工计算的、由机械设备实现的以及由计算机实现的，都是基于代换和置换这两个基本工具。而公钥密码体制则为密码学的发展提供了新的理论和技术基础，一方面，公钥密码算法的基本工具不再是代换和置换，而是数学函数；另一方面，公钥密码算法以非对称的形式使用两个密钥，两个密钥的使用对保密性、密钥分配、认证等都有着深刻的意义。可以说，公钥密码体制的出现在密码学史上是一个最大的而且是唯一真正的革命。

公钥密码体制的概念是在解决单钥密码体制中最难解决的两个问题时提出的，这两个问题是密钥分配和数字签字。

单钥密码体制在进行密钥分配时（请参阅第 5 章），要求通信双方或者已经有一个共享的密钥，或者可借助于一个密钥分配中心。对第一个要求，常常可用人工方式传送双方最初共享的密钥,这种方法成本很高,而且还完全依赖于信使的可靠性。第二个要求则完全依赖于密钥分配中心的可靠性。

第二个问题数字签字考虑的是如何为数字化的消息或文件提供一种类似于为书面文件手书签字的方法。

1976 年 W.Diffie 和 M.Hellman 对解决上述两个问题获得了突破,从而提出了公钥密码体制。

4.2.1 公钥密码体制的原理

公钥密码算法的最大特点是采用两个相关密钥将加密和解密能力分开,其中一个密钥是公开的,称为公开密钥,简称公开钥,用于加密;另一个密钥是为用户专用,因而是保密的,称为秘密密钥,简称秘密钥,用于解密。因此公钥密码体制也称为双钥密码体制。算法有以下重要特性:已知密码算法和加密密钥,求解密密钥在计算上是不可行的。

图 4-1 是公钥体制加密的框图,加密过程有以下几步:

(1) 要求接收消息的端系统,产生一对用来加密和解密的密钥,如图中的接收者 B,产生一对密钥 PK_B,SK_B,其中,PK_B 是公开钥,SK_B 是秘密钥。

(2) 端系统 B 将加密密钥(如图中的 PK_B)予以公开。另一密钥则被保密(图中的 SK_B)。

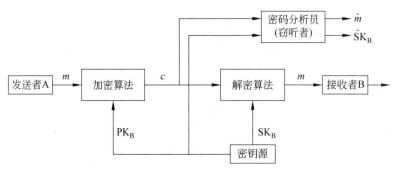

图 4-1　公钥体制加密的框图

(3) A 要想向 B 发送消息 m,则使用 B 的公开钥加密 m,表示为 $c = \mathcal{E}_{PK_B}[m]$,其中,$c$ 是密文,$\mathcal{E}$ 是加密算法。

(4) B 收到密文 c 后,用自己的秘密钥 SK_B 解密,表示为 $m = \mathcal{D}_{SK_B}[c]$,其中,$\mathcal{D}$ 是解密算法。

因为只有 B 知道 SK_B,所以其他人都无法对 c 解密。

公钥加密算法不仅能用于加、解密,还能用于对发方 A 发送的消息 m 提供认证,如图 4-2 所示。用户 A 用自己的秘密钥 SK_A 对 m 加密,表示为

$$c = \mathcal{E}_{SK_A}[m]$$

将 c 发往 B。B 用 A 的公开钥 PK_A 对 c 解密,表示为

$$m = \mathcal{D}_{PK_A}[c]$$

因为从 m 得到 c 是经过 A 的秘密钥 SK_A 加密,只有 A 才能做到。因此 c 可当作 A

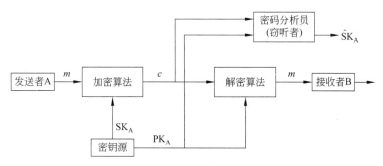

图 4-2 公钥密码体制认证框图

对 m 的数字签字。另一方面,任何人只要得不到 A 的秘密钥 SK_A 就不能篡改 m,所以以上过程获得了对消息来源和消息完整性的认证。

在实际应用中,特别是用户数目很多时,以上认证方法需要很大的存储空间,因为每个文件都必须以明文形式存储以方便实际使用,同时还必须存储每个文件被加密后的密文形式即数字签字,以便在有争议时用来认证文件的来源和内容。改进的方法是减小文件的数字签字的大小,即先将文件经过一个函数压缩成长度较小的比特串,得到的比特串称为认证符。认证符具有这样一个性质:如果保持认证符的值不变而修改文件这在计算上是不可行的。用发送者的秘密钥对认证符加密,加密后的结果为原文件的数字签字。这一内容将在第 7 章详细介绍。

在以上认证过程中,由于消息是由用户自己的秘密钥加密的,所以消息不能被他人篡改,但却能被他人窃听。这是因为任何人都能用用户的公开钥对消息解密。为了同时提供认证功能和保密性,可使用双重加、解密,如图 4-3 所示。

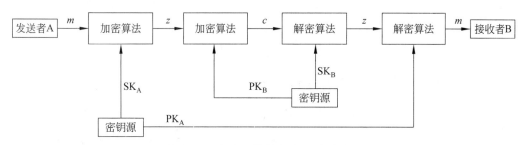

图 4-3 公钥密码体制的认证、保密框图

发方首先用自己的秘密钥 SK_A 对消息 m 加密,用于提供数字签字。再用收方的公开钥 PK_B 第二次加密,表示为

$$c = \mathcal{E}_{PK_B}\left[\mathcal{E}_{SK_A}[m]\right]$$

解密过程为

$$m = \mathcal{D}_{PK_A}\left[\mathcal{D}_{SK_B}[c]\right]$$

即收方先用自己的秘密钥再用发方的公开钥对收到的密文两次解密。

4.2.2 公钥密码算法应满足的要求

公钥密码算法应满足以下要求:

（1）接收方 B 产生密钥对(公开钥 PK_B 和秘密钥 SK_B)是计算上容易的。

（2）发方 A 用收方的公开钥对消息 m 加密以产生密文 c，即

$$c = \mathcal{E}_{PK_B}[m]$$

在计算上是容易的。

（3）收方 B 用自己的秘密钥对 c 解密，即

$$m = \mathcal{D}_{SK_B}[c]$$

在计算上是容易的。

（4）敌手由 B 的公开钥 PK_B 求秘密钥 SK_B 在计算上是不可行的。

（5）敌手由密文 c 和 B 的公开钥 PK_B 恢复明文 m 在计算上是不可行的。

（6）加、解密次序可换，即

$$\mathcal{E}_{PK_B}[\mathcal{D}_{SK_B}(m)] = \mathcal{D}_{SK_B}[\mathcal{E}_{PK_B}(m)]$$

其中最后一条虽然非常有用，但不是对所有的算法都作要求。

以上要求的本质之处在于要求一个陷门单向函数。单向函数是两个集合 X、Y 之间的一个映射，使得 Y 中每一元素 y 都有唯一的一个原像 $x \in X$，且由 x 易于计算它的像 y，由 y 计算它的原像 x 是不可行的。注意这里的易于计算和不可行两个概念与计算复杂性理论中复杂度的概念极为相似，然而又存在着本质的区别。在复杂性理论中，算法的复杂度是以算法在最坏情况或平均情况时的复杂度来度量的。而在此所说的两个概念是指算法在几乎所有情况下的情形。称一个函数是陷门单向函数，是指该函数是易于计算的，但求它的逆是不可行的，除非再已知某些附加信息。当附加信息给定后，求逆可在多项式时间完成。总结为：陷门单向函数是一族可逆函数 f_k，满足

（1）当已知 k 和 X 时，$Y = f_k(X)$ 易于计算。

（2）当已知 k 和 Y 时，$X = f_k^{-1}(Y)$ 易于计算。

（3）当已知 Y 但未知 k 时，求 $X = f_k^{-1}(Y)$ 是计算上是不可行的。

因此，研究公钥密码算法就是要找出合适的陷门单向函数。

4.2.3　对公钥密码体制的攻击

和单钥密码体制一样，如果密钥太短，公钥密码体制也易受到穷搜索攻击。因此密钥必须足够长才能抗击穷搜索攻击。然而又由于公钥密码体制所使用的可逆函数的计算复杂性与密钥长度常常不是呈线性关系，而是增大得更快。所以密钥长度太大又会使得加解密运算太慢而不实用。因此公钥密码体制目前主要用于密钥管理和数字签字。

对公钥密码算法的第二种攻击法是寻找从公开钥计算秘密钥的方法。到目前为止，对常用公钥算法还都未能够证明这种攻击是不可行的。

还有一种仅适用于对公钥密码算法的攻击法，称为可能字攻击。例如，对 56 比特的 DES 密钥用公钥密码算法加密后发送，敌手用算法的公开钥对所有可能的密钥加密后与截获的密文相比较。如果一样，则相应的明文即 DES 密钥就被找出。因此不管公钥算法的密钥多长，这种攻击的本质是对 56 比特 DES 密钥的穷搜索攻击。抵抗方法是在欲发送的明文消息后添加一些随机比特。

4.3 │ RSA 算法

RSA 算法是 1978 年由 R. Rivest、A. Shamir 和 L. Adleman 提出的一种用数论构造的、也是迄今为止理论上最为成熟完善的公钥密码体制,该体制已得到广泛的应用。

4.3.1　算法描述

1. 密钥的产生

(1) 选两个保密的大素数 p 和 q;

(2) 计算 $n = p \times q$,$\varphi(n) = (p-1)(q-1)$,其中,$\varphi(n)$ 是 n 的欧拉函数值;

(3) 选一整数 e,满足 $1 < e < \varphi(n)$,且 $\gcd(\varphi(n), e) = 1$;

(4) 计算 d,满足

$$d \cdot e \equiv 1 \bmod \varphi(n)$$

即 d 是 e 在模 $\varphi(n)$ 下的乘法逆元,因 e 与 $\varphi(n)$ 互素,由模运算可知,它的乘法逆元一定存在;

(5) 以 $\{e, n\}$ 为公开钥,$\{d, n\}$ 为秘密钥。

2. 加密

加密时首先将明文比特串分组,使得每个分组对应的十进制数小于 n,即分组长度小于 $\log_2 n$。然后对每个明文分组 m,作加密运算:

$$c \equiv m^e \bmod n$$

3. 解密

对密文分组的解密运算为

$$m \equiv c^d \bmod n$$

下面证明 RSA 算法中解密过程的正确性。

证明　由加密过程,可知 $c \equiv m^e \bmod n$,所以

$$c^d \bmod n \equiv m^{ed} \bmod n \equiv m^{k\varphi(n)+1} \bmod n$$

下面分两种情况讨论。

(1) m 与 n 互素,则由 Euler 定理:

$$m^{\varphi(n)} \equiv 1 \bmod n, \quad m^{k\varphi(n)} \equiv 1 \bmod n, \quad m^{k\varphi(n)+1} \equiv m \bmod n$$

即 $c^d \bmod n \equiv m$。

(2) $\gcd(m, n) \neq 1$,先看 $\gcd(m, n) = 1$ 的含义,由于 $n = pq$,所以 $\gcd(m, n) = 1$ 意味着 m 不是 p 的倍数也不是 q 的倍数。因此 $\gcd(m, n) \neq 1$ 意味着 m 是 p 的倍数或 q 的倍数,不妨设 $m = tp$,其中 t 为一个正整数。此时必有 $\gcd(m, q) = 1$,否则 m 也是 q 的倍数,从而是 pq 的倍数,与 $m < n = pq$ 矛盾。

由 $\gcd(m, q) = 1$ 及 Euler 定理得

$$m^{\varphi(q)} \equiv 1 \bmod q$$

所以
$$m^{k\varphi(q)} \equiv 1 \bmod q, \quad [m^{k\varphi(q)}]^{\varphi(p)} \equiv 1 \bmod q, \quad m^{k\varphi(n)} \equiv 1 \bmod q$$
因此存在一个整数 r,使得 $m^{k\varphi(n)} = 1 + rq$,两边同乘以 $m = tp$ 得
$$m^{k\varphi(n)+1} = m + rtpq = m + rtn$$
即 $m^{k\varphi(n)+1} \equiv m \bmod n$,所以 $c^d \bmod n \equiv m$。

【例 4-26】 选 $p = 7, q = 17$。求 $n = p \times q = 119, \varphi(n) = (p-1)(q-1) = 96$。取 $e = 5$,满足 $1 < e < \varphi(n)$,且 $\gcd(\varphi(n), e) = 1$。确定满足 $d \cdot e = 1 \bmod 96$ 且小于 96 的 d,因为 $77 \times 5 = 385 = 4 \times 96 + 1$,所以 d 为 77,因此公开钥为 $\{5, 119\}$,秘密钥为 $\{77, 119\}$。设明文 $m = 19$,则由加密过程得密文为
$$c \equiv 19^5 \bmod 119 \equiv 2476099 \bmod 119 \equiv 66$$
解密为
$$66^{77} \bmod 119 \equiv 19$$

【例 4-27】 设 $n = 5515596313 = 71593 \cdot 77041, e = 1757316971$,满足 $1 < e < \varphi(n)$,且 $\gcd(\varphi(n), e) = 1$。确定 $d \equiv e^{-1} (\bmod (71593-1)(77041-1)) \equiv 2674607171$。又设待加密的消息是 "Please wait for me"。为了对消息加密,首先将消息的每一字母转换为两位十进制数字,设转换关系由表 4-5 给出。得明文为
$$m = 1612050119050023010920000615518001305$$

表 4-5 英文字母和两位十进制数的对应关系

字　母	␣	a	b	c	d	e	f	g	h	i	j	k	l	m
数　字	00	01	02	03	04	05	06	07	08	09	10	11	12	13
字　母	n	o	p	q	r	s	t	u	v	w	x	y	z	
数　字	14	15	16	17	18	19	20	21	22	23	24	25	26	

将明文分成 4 个分组,最后一个分组的右端补 0,得
$$m = (m_1, m_2, m_3, m_4) = (1612050119 \quad 0500230109 \quad 2000061518 \quad 0013050000)$$
计算密文分组得:
$$c_1 \equiv 1612050119^{1757316971} \equiv 763222127 (\bmod 5515596313)$$
$$c_2 \equiv 0500230109^{1757316971} \equiv 1991534528 (\bmod 5515596313)$$
$$c_3 \equiv 2000061518^{1757316971} \equiv 74882553 (\bmod 5515596313)$$
$$c_4 \equiv 0013050000^{1757316971} \equiv 3895624854 (\bmod 5515596313)$$
得到密文为
$$c = (c_1, c_2, c_3, c_4) = (763222127, 1991534528, 74882553, 3895624854)$$
解密:
$$m_1 \equiv 763222127^{2674607171} \equiv 1612050119 (\bmod 5515596313)$$
$$m_2 \equiv 1991534528^{2674607171} \equiv 500230109 (\bmod 5515596313)$$
$$m_3 \equiv 74882553^{2674607171} \equiv 2000061518 (\bmod 5515596313)$$

$$m_4 \equiv 3895624854^{2674607171} \equiv 13050000 (\mathrm{mod}\ 5515596313)$$

给第一和第三个分组补 0,得明文为

$$m = (m_1, m_2, m_3, m_4) = (1612050119, 0500230109, 2000061518, 0013050000)$$

再由表 4-5,得消息为 Please wait for me。

4.3.2　RSA 算法中的计算问题

1. 加密和解密

RSA 的加密和解密过程都为求一个整数的整数次幂,再取模。如果按其含义直接计算,则中间结果非常大,有可能超出计算机所允许的整数取值范围。如上例中解密运算 $66^{77}\ \mathrm{mod}\ 119$,先求 66^{77} 再取模,则中间结果就已远远超出了计算机允许的整数取值范围。而用模运算的性质:

$$(a \times b)\,\mathrm{mod}\ n = [(a\ \mathrm{mod}\ n) \times (b\ \mathrm{mod}\ n)]\,\mathrm{mod}\ n$$

就可减小中间结果。

再者,考虑如何提高加密和解密运算中指数运算的有效性。例如求 x^{16},直接计算的话需要做 15 次乘法。然而如果重复对每个部分结果做平方运算,即求 x、x^2、x^4、x^8、x^{16},则只须做 4 次乘法。

一般,求 a^m 可如下进行,其中,a、m 是正整数:

将 m 表示为二进制形式 $b_k b_{k-1} \cdots b_0$,即

$$m = b_k 2^k + b_{k-1} 2^{k-1} + \cdots + b_1 2 + b_0$$

因此

$$a^m = (\cdots(((a^{b_k})^2 a^{b_{k-1}})^2 a^{b_{k-2}})^2 \cdots a^{b_1})^2 a^{b_0}$$

例如,$19 = 1 \times 2^4 + 0 \times 2^3 + 0 \times 2^2 + 1 \times 2^1 + 1 \times 2^0$,所以

$$a^{19} = (((((a^1)^2 a^0)^2 a^0)^2 a^1)^2 a^1$$

可得以下快速指数算法:

```
c=0;  d=1
for  i=k  downto 0  do  {
    c=2×c;
    d=(d×d) mod n;
    if  bᵢ=1  then  {
                c=c+1;
                d=(d×a) mod n
                }
    }
return  d.
```

其中,d 是中间结果,d 的终值即为所求结果。c 在这里的作用是表示指数的部分结果,其终值即为指数 m,c 对计算结果无任何贡献,算法中完全可将之去掉。

【例 4-28】　求 $7^{560}\ \mathrm{mod}\ 561$。

将 560 表示为 1000110000,算法的中间结果如表 4-6 所示。

表 4-6　快速指数算法示例

i		9	8	7	6	5	4	3	2	1	0
b_i		1	0	0	0	1	1	0	0	0	0
c	0	1	2	4	8	17	35	70	140	280	560
d	1	7	49	157	526	160	241	298	166	67	1

所以 $7^{560} \bmod 561 = 1$。

2. 密钥的产生

产生密钥时,需要考虑两个大素数 p、q 的选取,以及 e 的选取和 d 的计算。

因为 $n = pq$ 在体制中是公开的,因此为了防止敌手通过穷搜索发现 p、q,这两个素数应是在一个足够大的整数集合中选取的大数。如果选取 p 和 q 为 10^{100} 左右的大素数,那么 n 的阶为 10^{200},每个明文分组可以含有 664 位($10^{200} \approx 2^{664}$),即 83 个 8 比特字节,这比 DES 的数据分组(8 个 8 比特字节)大得多,这时就能看出 RSA 算法的优越性了。因此如何有效地寻找大素数是第一个需要解决的问题。

寻找大素数时一般是先随机选取一个大的奇数(如用伪随机数产生器),然后用素性检验算法检验这一奇数是否为素数,如果不是,则选取另一大奇数,重复这一过程,直到找到素数为止。可见寻找大素数是一个比较烦琐的工作。然而在 RSA 体制中,只有在产生新密钥时才需执行这一工作。

决定了 p 和 q 之后,下一个需要解决的问题是如何选取满足 $1 < e < \varphi(n)$ 和 $\gcd(\varphi(n), e) = 1$ 的 e,并计算满足 $d \cdot e \equiv 1 \bmod \varphi(n)$ 的 d。这一问题可由推广的 Euclid 算法完成。

4.3.3　一种改进的 RSA 实现方法

利用中国剩余定理,可极大地提高解密运算的速度。方法如下:解密方计算

$$d_p \equiv d \bmod (p-1), d_q \equiv d \bmod (q-1)$$
$$m_p \equiv c^{d_p} \bmod p, m_q \equiv c^{d_q} \bmod q$$

由中国剩余定理,解

$$\begin{cases} m_p \equiv c^{d_p} \bmod p \equiv c^d \bmod p \equiv m \bmod p \\ m_q \equiv c^{d_q} \bmod q \equiv c^d \bmod q \equiv m \bmod q \end{cases}$$

即得 m。

已证明,如果不考虑中国剩余定理的计算代价,则改进后的解密运算速度是原解密运算速度的 4 倍。若考虑中国剩余定理的计算代价,则改进后的解密运算速度分别是原解密运算速度的 3.24 倍(模为 768 比特时)、3.32 倍(模为 1024 比特时)、3.47 倍(模为 2048 比特时)。

4.3.4　RSA 的安全性

RSA 的安全性是基于分解大整数的困难性假定,之所以为假定是因为至今还未能证明分解大整数就是 NP 问题,也许有尚未发现的多项式时间分解算法。如果 RSA 的模数 n 被成功地分解为 $p \times q$,则立即获得 $\varphi(n) = (p-1)(q-1)$,从而能够确定 e 模 $\varphi(n)$

的乘法逆元 d，即 $d \equiv e^{-1} \bmod \varphi(n)$，因此攻击成功。

随着人类计算能力的不断提高，原来被认为是不可能分解的大数已被成功分解。例如，RSA-129（即 n 为 129 位十进制数，大约 428 比特）已在网络上通过分布式计算历时 8 个月于 1994 年 4 月被成功分解，RSA-130 已于 1996 年 4 月被成功分解，RSA-140 已于 1999 年 2 月被成功分解，RSA-155（512 比特）已于 1999 年 8 月被成功分解，得到了两个 78 位（十进制）的素数。

对于大整数的威胁除了人类的计算能力外，还来自分解算法的进一步改进。分解算法过去都采用二次筛法，如对 RSA-129 的分解。而对 RSA-130 的分解则采用了一个新算法，称为推广的数域筛法，该算法在分解 RSA-130 时所做的计算仅比分解 RSA-129 多 10%，对 RSA-140 和 RSA-155 的分解，也采用的是推广的数域筛法。将来也可能还有更好的分解算法，因此在使用 RSA 算法时对其密钥的选取要特别注意其大小。估计在未来一段比较长的时期，密钥长度介于 1024～2048 比特的 RSA 是安全的。

是否有不通过分解大整数的其他攻击途径？下面证明由 n 直接确定 $\varphi(n)$ 等价于对 n 的分解。

设 $n = p \times q$ 中，$p > q$，由 $\varphi(n) = (p-1)(q-1)$，有

$$p + q = n - \varphi(n) + 1$$

以及

$$p - q = \sqrt{(p+q)^2 - 4n} = \sqrt{[n - \varphi(n) + 1]^2 - 4n}$$

由此可得，

$$p = \frac{1}{2}[(p+q) + (p-q)]$$

$$q = \frac{1}{2}[(p+q) - (p-q)]$$

所以，由 p、q 确定 $\varphi(n)$ 和由 $\varphi(n)$ 确定 p、q 是等价的。

为保证算法的安全性，还对 p 和 q 提出以下要求：

（1）$|p-q|$ 要大。

由 $\dfrac{(p+q)^2}{4} - n = \dfrac{(p+q)^2}{4} - pq = \dfrac{(p-q)^2}{4}$，如果 $|p-q|$ 小，则 $\dfrac{(p-q)^2}{4}$ 也小，因此 $\dfrac{(p+q)^2}{4}$ 稍大于 n，$\dfrac{p+q}{2}$ 稍大于 $\sqrt{n}$。可得 n 的如下分解法：

① 顺序检查大于 $\sqrt{n}$ 的每一整数 x，直到找到一个 x 使得 $x^2 - n$ 是某一整数（记为 y）的平方。

② 由 $x^2 - n = y^2$，得 $n = (x+y)(x-y)$。

（2）$p-1$ 和 $q-1$ 都应有大素因子。

这是因为 RSA 算法存在着可能的重复加密攻击法。设攻击者截获密文 c，可如下进行重复加密：

$$c^e \equiv (m^e)^e \equiv m^{e^2} (\bmod n)$$

$$c^{e^2} \equiv (m^e)^{e^2} \equiv m^{e^3} \pmod{n}$$

$$\cdots$$

$$c^{e^{t-1}} \equiv (m^e)^{e^{t-1}} \equiv m^{e^t} \pmod{n}$$

$$c^{e^t} \equiv (m^e)^{e^t} \equiv m^{e^{t+1}} \pmod{n}$$

若 $m^{e^{t+1}} \equiv c \pmod{n}$，即 $(m^{e^t})^e \equiv c \pmod{n}$，则有 $m^{e^t} \equiv m \pmod{n}$，即 $c^{e^{t-1}} \equiv m \pmod{n}$，所以在上述重复加密的倒数第 2 步就已恢复出明文 m，这种攻击法只有在 t 较小时才是可行的。为抵抗这种攻击，p、q 的选取应保证使 t 很大。

设 m 在模 n 下阶为 k，由 $m^{e^t} \equiv m \pmod{n}$ 得 $m^{e^t - 1} \equiv 1 \pmod{n}$，所以 $k \mid (e^t - 1)$，即 $e^t \equiv 1 \pmod{k}$，t 取为满足上式的最小值（为 e 在模 k 下的阶）。又当 e 与 k 互素时 $t \mid \varphi(k)$。为使 t 大，k 就应大且 $\varphi(k)$ 应有大的素因子。又由 $k \mid \varphi(n)$，所以为使 k 大，$p-1$ 和 $q-1$ 都应有大的素因子。

此外，研究结果表明，如果 $e < n$ 且 $d < n^{\frac{1}{4}}$，则 d 能被容易地确定。

4.3.5 对 RSA 的攻击

RSA 存在以下两种攻击，并不是因为算法本身存在缺陷，而是由于参数选择不当造成的。

1. 共模攻击

在实现 RSA 时，为方便，我们可能给每一用户相同的模数 n，虽然加解密密钥不同，然而这样做是不行的。

设两个用户的公开钥分别为 e_1 和 e_2，且 e_1 和 e_2 互素（一般情况都成立），明文消息是 m，密文分别是

$$c_1 \equiv m^{e_1} \pmod{n}$$

$$c_2 \equiv m^{e_2} \pmod{n}$$

敌手截获 c_1 和 c_2 后，可如下恢复 m。用推广的 Euclid 算法求出满足

$$re_1 + se_2 = 1$$

的两个整数 r 和 s，其中一个为负，设为 r。再次用推广的 Euclid 算法求出 c_1^{-1}，由此得 $(c_1^{-1})^{-r} c_2^s \equiv m \pmod{n}$。

2. 低指数攻击

假定将 RSA 算法同时用于多个用户（为讨论方便，以下假定 3 个），然而每个用户的加密指数（即公开钥）都很小。设 3 个用户的模数分别为 $n_i (i = 1, 2, 3)$，当 $i \neq j$ 时，$\gcd(n_i, n_j) = 1$，否则通过 $\gcd(n_i, n_j)$ 有可能得出 n_i 和 n_j 的分解。设明文消息是 m，密文分别是

$$c_1 \equiv m^3 \pmod{n_1}$$

$$c_2 \equiv m^3 \pmod{n_2}$$

$$c_3 \equiv m^3 \pmod{n_3}$$

由中国剩余定理可求出 $m^3 \pmod{n_1 n_2 n_3}$。由于 $m^3 < n_1 n_2 n_3$，可直接由 m^3 开立方根得到 m。

4.4 背包密码体制

设 $\boldsymbol{A} = (a_1, a_2, \cdots, a_n)$ 是由 n 个不同的正整数构成的 n 元组，s 是另一已知的正整数。背包问题就是从 $\boldsymbol{A}$ 中求出所有的 a_i，使其和等于 s。其中，$\boldsymbol{A}$ 称为背包向量，s 是背包的容积。

例如 $\boldsymbol{A} = (43, 129, 215, 473, 903, 302, 561, 1165, 697, 1523)$，$s = 3231$。由于
$$3231 = 129 + 473 + 903 + 561 + 1165$$
所以从 $\boldsymbol{A}$ 中找出的满足要求的数有 129、473、903、561、1165。

从原则上讲，通过检查 $\boldsymbol{A}$ 的所有子集，总可找出问题的解（如果有解的话）。本例 $\boldsymbol{A}$ 的子集共有 $2^{10} = 1024$ 个（包括空集）。然而如果 $\boldsymbol{A}$ 中元素个数 n 很大，子集个数 2^n 将非常大。如 $\boldsymbol{A}$ 中有 300 个元素，$\boldsymbol{A}$ 的子集有 2^{300}。寻找满足要求的 $\boldsymbol{A}$ 的子集没有比穷搜索更好的算法，因此背包问题是 NPC 问题。

由背包问题构造公钥密码体制同样是要构造一个单向函数 f，将 $x (1 \leqslant x \leqslant 2^n - 1)$ 写成长为 n 的二元表示 $0 \cdots 001, 0 \cdots 010, 0 \cdots 011, \cdots, 1 \cdots 111$，$f(x)$ 定义为 $\boldsymbol{A}$ 中所有 a_i 的和，其中，x 的二元表示的第 i 位为 1，即
$$f(1) = f(0 \cdots 001) = a_n$$
$$f(2) = f(0 \cdots 010) = a_{n-1}$$
$$f(3) = f(0 \cdots 011) = a_{n-1} + a_n$$
$$\vdots$$
$$f(2^n - 1) = f(1 \cdots 111) = a_1 + a_2 + \cdots + a_n$$

使用向量乘，有 $f(x) = \boldsymbol{A} \cdot \boldsymbol{B}_x$，其中，$\boldsymbol{B}_x$ 是将 x 的二元表示写成的列向量。

上例中 $f(364) = f(0101101100) = 129 + 473 + 903 + 561 + 1165 = 3231$，类似地可求出
$$f(609) = 2942, \quad f(686) = 3584, \quad f(32) = 903, \quad f(46) = 3326$$
$$f(128) = 215, \quad f(261) = 2817, \quad f(44) = 2629, \quad f(648) = 819$$

由 f 的定义可见，已知 x 很容易求 $f(x)$，但已知 $f(x)$ 求 x 就是要解背包问题。当然在实际应用中，n 不能太小，一般至少为 200。

用 f 对明文消息 m 加密时，首先将 m 写成二元表示，再将其分为长为 n 的分组（最后一个分组不够长的话，可在后面填充一些 0），然后求每一分组的函数值，以函数值作为密文分组。

例如，明文消息是英文文本，则可将每个字母用其在字母表中的序号表示，再将该序号转换为二进制形式（5 位即可），如表 4-7 所示，其中，符号 ⌣ 表示空格。

表 4-7　英文字母表及字母的二进制表示

字　母	序　号	二进制	字　母	序　号	二进制	字　母	序　号	二进制
⌣	0	00000	I	9	01001	R	18	10010
A	1	00001	J	10	01010	S	19	10011
B	2	00010	K	11	01011	T	20	10100
C	3	00011	L	12	01100	U	21	10101
D	4	00100	M	13	01101	V	22	10110
E	5	00101	N	14	01110	W	23	10111
F	6	00110	O	15	01111	X	24	11000
G	7	00111	P	16	10000	Y	25	11001
H	8	01000	Q	17	10001	Z	26	11010

背包向量仍取上例中的 A，设待加密的明文是 SAUNA AND HEALTH。因为 A 长为 10，所以应将明文分成长为 10 比特（即两个明文字母）的分组

$$SA,UN,A⌣,AN,D⌣,HE,AL,TH$$

相应的二元序列为

$$1001100001,\quad 1010101110,\quad 0000100000,\quad 0000101110$$
$$0010000000,\quad 0100000101,\quad 0000101100,\quad 1010001000$$

分别对以上二元序列作用于函数 f，得密文为

$$(2942,3584,903,3326,215,2817,2629,819)$$

解密运算分别以每一密文分组作为背包容积，求背包问题的解。为使接收方能够解密，就需找出单向函数 $f(x)$ 的陷门。为此需引入一种特殊类型的背包向量。

定义 4-11　背包向量 $A=(a_1,a_2,\cdots,a_n)$ 称为超递增的，如果

$$a_j > \sum_{i=1}^{j-1} a_i \quad j=2,\cdots,n$$

超递增背包向量对应的背包问题很容易通过以下算法（称为贪婪算法）求解。

已知 s 为背包容积，对 A 从右向左检查每一元素，以确定是否在解中。若 $s \geqslant a_n$，则 a_n 在解中，令 $x_n=1$；若 $s<a_n$，则 a_n 不在解中，令 $x_n=0$。下面令

$$s = \begin{cases} s, & s<a_n \\ s-a_n, & s \geqslant a_n \end{cases}$$

对 a_{n-1} 重复上述过程，一直下去，直到检查出 a_1 是否在解中。检查结束后得 $x=(x_1 x_2 \cdots x_n)$，$B_x=(x_1 x_2 \cdots x_n)^{\mathrm{T}}$。

然而，敌手如果也知道超递增背包向量，同样也很容易解密。为此可用模乘对 A 进行伪装，模乘的模数 k 和乘数 t 皆取为常量，满足 $k > \sum_{i=1}^{n} a_i$，$\gcd(t,k)=1$，即 t 在模 k 下有乘法逆元。设

$$b_i \equiv t \cdot a_i \bmod k \quad i=1,2,\cdots,n$$

得到一个新的背包向量 $\boldsymbol{B}=(b_1,b_2,\cdots,b_n)$，记为 $\boldsymbol{B}\equiv t\cdot\boldsymbol{A}\bmod k$，用户以 $\boldsymbol{B}$ 作为自己的公开钥。

【例 4-29】 $\boldsymbol{A}=(1,3,5,11,21,44,87,175,349,701)$ 是一个超递增背包向量，取 $k=1590,t=43,\gcd(43,1590)=1$，得 $\boldsymbol{B}=(43,129,215,473,903,302,561,1165,697,1523)$。

在得到 $\boldsymbol{B}$ 后，对明文分组 $x=(x_1x_2\cdots x_n)$ 的加密运算为
$$c=f(x)=\boldsymbol{B}\cdot\boldsymbol{B}_x\equiv t\cdot\boldsymbol{A}\cdot\boldsymbol{B}_x\bmod k$$

对单向函数 $f(x),t,t^{-1}$ 以及 k 可作为其秘密的陷门信息，即解密密钥。解密时首先由 $s\equiv t^{-1}c\bmod k$，求出 s 作为超递增背包向量 $\boldsymbol{A}$ 的容积，再解背包问题即得 $x=(x_1x_2\cdots x_n)$。这是因为 $t^{-1}c\bmod k\equiv t^{-1}t\boldsymbol{AB}_x\bmod k\equiv\boldsymbol{AB}_x\bmod k$，而由 $k>\sum\limits_{i=1}^{n}a_i$，知 $\boldsymbol{AB}_x<k$，所以 $t^{-1}c\bmod k=\boldsymbol{AB}_x$，是唯一的。

【例 4-30】 接例 4-29，$\boldsymbol{A}=(1,3,5,11,21,44,87,175,349,701)$ 是一个超递增背包向量，$k=1590,t=43$，得 $t^{-1}\equiv37\bmod1590$，设用户收到的密文是 $(2942,3584,903,3326,215,2817,2629,819)$，由
$$37\times2942\equiv734\bmod1590,\quad 37\times3584\equiv638\bmod1590,\quad 37\times903\equiv21\bmod1590,$$
$$37\times3326\equiv632\bmod1590,\quad 37\times215\equiv5\bmod1590,\quad 37\times2817\equiv879\bmod1590,$$
$$37\times2629\equiv283\bmod1590,\quad 37\times819\equiv93\bmod1590$$
得 $(734,638,21,632,5,879,283,93)$。取 $s=734$，由 $734>701$，得 $x_{10}=1$；令 $s=734-701=33$，由 $33<349$，得 $x_9=0$；重复该过程得第一个明文分组是 1001100001，它对应的英文文本是 SA；类似地，得其他明文分组，解密结果为 SAUNA AND HEALTH。

背包密码体制是 Diffie 和 Hellman 1976 年提出公钥密码体制的设想后的第一个公钥密码体制，由 Merkle 和 Hellman 1978 年提出。然而又过了两年该体制即被破译，破译的基本思想是不必找出正确的模数 k 和乘数 t（即陷门信息），只须找出任意模数 k' 和乘数 t'，使得用 k' 和 t' 去乘公开的背包向量 $\boldsymbol{B}$ 时，能够产生超递增的背包向量即可。

4.5　Rabin 密码体制

对 RSA 密码体制，n 被分解成功，该体制便被破译，即破译 RSA 的难度不超过大整数的分解。但还不能证明破译 RSA 和分解大整数是等价的，虽然这一结论已得到普遍共识。Rabin 密码体制已被证明对该体制的破译与分解大整数是一样困难的。

Rabin 密码体制是对 RSA 的一种修正，它有以下两个特点：

- 它不是以一一对应的单向陷门函数为基础，对同一密文，可能有两个以上对应的明文。
- 破译该体制等价于对大整数的分解。

RSA 中选取的公开钥 e 满足 $1<e<\varphi(n)$，且 $\gcd(e,\varphi(n))=1$。Rabin 密码体制则取 $e=2$。

1. 密钥的产生

随机选择两个大素数 p、q，满足 $p \equiv q \equiv 3 \bmod 4$，即这两个素数形式为 $4k+3$；计算 $n = p \times q$。以 n 作为公开钥，p、q 作为秘密钥。

2. 加密

$$c \equiv m^2 \bmod n$$

其中，m 是明文分组，c 是对应的密文分组。

3. 解密

解密就是求 c 模 n 的平方根，即解 $x^2 \equiv c \bmod n$，该方程等价于方程组

$$\begin{cases} x^2 \equiv c \bmod p \\ x^2 \equiv c \bmod q \end{cases}$$

由于 $p \equiv q \equiv 3 \bmod 4$，下面将看到，方程组的解可容易地求出，其中每个方程都有两个解，即

$$x \equiv y \bmod p, \quad x \equiv -y \bmod p$$
$$x \equiv z \bmod q, \quad x \equiv -z \bmod q$$

经过组合可得 4 个同余方程组

$$\begin{cases} x \equiv y \bmod p, \\ x \equiv z \bmod q, \end{cases} \quad \begin{cases} x \equiv y \bmod p \\ x \equiv -z \bmod q \end{cases}$$
$$\begin{cases} x \equiv -y \bmod p, \\ x \equiv z \bmod q, \end{cases} \quad \begin{cases} x \equiv -y \bmod p \\ x \equiv -z \bmod q \end{cases}$$

由中国剩余定理可解出每一方程组的解，共有 4 个，即每一密文对应的明文不唯一。为了有效地确定明文，可在 m 中加入某些信息，如发送者的身份号、接收者的身份号、日期、时间等。

下面证明，当 $p \equiv q \equiv 3 \bmod 4$ 时，两个方程

$$x^2 \equiv c \bmod p, \quad x^2 \equiv c \bmod q$$

的平方根都可容易地求出。

由 $p \equiv 3 \bmod 4$ 得，$p+1 = 4k$，即 $\frac{1}{4}(p+1)$ 是一个整数。因 c 是模 p 的平方剩余，故

$$\left(\frac{c}{p} \right) \equiv c^{(p-1)/2} \equiv 1 \bmod p$$

设 $x^2 \equiv c \bmod p$ 的根为 y，即 $y^2 \equiv c \bmod p$，则

$$(c^{\frac{p+1}{4}})^2 \equiv (y^{\frac{p+1}{2}})^2 \equiv (y^2)^{\frac{p+1}{2}} \equiv c^{\frac{p+1}{2}} \equiv c^{(p-1)/2} \cdot c \equiv c \bmod p$$

所以 $c^{\frac{p+1}{4}}$ 和 $p - c^{\frac{p+1}{4}}$ 是方程 $x^2 \equiv c \bmod p$ 的两个根。同理，$c^{\frac{q+1}{4}}$ 和 $q - c^{\frac{q+1}{4}}$ 是方程 $x^2 \equiv c \bmod q$ 的两个根。

由 4.1.10 节知，当 $p \equiv q \equiv 3 \bmod 4$ 时，求解方程 $x^2 \equiv a \bmod n$ 与分解 n 是等价的，所以破译 Rabin 密码体制的困难程度等价于大整数 n 的分解。

附录 设 p、q 是素数，$n = p \times q$，则 $a \equiv b \bmod n$ 等价于 $\begin{cases} a \equiv b \bmod p \\ a \equiv b \bmod q \end{cases}$。

证明 若 $\begin{cases} a \equiv b \bmod p \\ a \equiv b \bmod q \end{cases}$,则 $p \mid (a-b)$,$q \mid (a-b)$,而 $\gcd(p,q)=1$,所以 $pq \mid (a-b)$,

即 $a \equiv b \bmod pq$。

反之,若 $a \equiv b \bmod n$,则 $n \mid (a-b)$,由 $p \mid n$,$q \mid n$,得 $p \mid (a-b)$,$q \mid (a-b)$,

即 $\begin{cases} a \equiv b \bmod p \\ a \equiv b \bmod q \end{cases}$。

4.6 NTRU 公钥密码系统

NTRU 是一种基于环的公钥密码系统,由 Jeffrey Hoffstein 等人在 1998 年提出,系统的特点是密钥短且容易产生、算法的运算速度快、所需的存储空间小。

系统建立在整系数多项式环上。设 R 表示最高次数不超过 $N-1$ 的所有整系数多项式集合,设

$$a = a_0 + a_1 x + \cdots + a_{N-1} x^{N-1}, \quad b = b_0 + b_1 x + \cdots + b_{N-1} x^{N-1}$$

是 R 上的两个元素,R 上的加法定义为

$$a + b = (a_0 + b_0) + (a_1 + b_1)x + \cdots + (a_{N-1} + b_{N-1})x^{N-1}$$

乘法定义为

$$a * b = c_0 + c_1 x + \cdots + c_{N-1} x^{N-1}$$

其中,k 阶系数 c_k 为

$$c_k = a_0 b_k + a_1 b_{k-1} + \cdots + a_k b_0 + a_{k+1} b_{N-1} + a_{k+2} b_{N-2} + \cdots + a_{N-1} b_{k+1} = \sum_{i+j \equiv k (\bmod N)} a_i b_j$$

容易验证 R 在以上定义的加法运算和乘法运算下构成一个环。

1. 算法的参数

参数包括 3 个整数 (N,p,q) 和 4 个次数为 $N-1$ 的整系数多项式集合 L_f,L_g,L_ϕ,L_m,其中,p 和 q 不要求是素数,但满足 $\gcd(p,q)=1$ 且 q 大于 p。

2. 密钥的产生

密钥的产生由接收方完成:随机选取两个多项式 $f,g \in L_g$,其中,多项式 f 在模 q 和模 p 下均可逆,其逆元分别表示为 F_q 和 F_p,即:$F_q * f \equiv 1 (\bmod q)$ 和 $F_p * f \equiv 1 (\bmod p)$。计算 $h \equiv F_q * g (\bmod q)$,以 h 作为公开钥,f 作为秘密钥,接方同时还需保存 F_p。

3. 加密

设发送方欲将消息 $m \in L_m$ 发送给接收方,可对 m 如下加密:随机选取多项式 $\phi \in L_\phi$,用公钥 h 对消息进行加密

$$e \equiv p\phi * h + m (\bmod q)$$

将 e 发送给接收方。

4. 解密

接收方收到 e 后,使用公开钥 f 对其如下解密。

（1）首先计算 $a \equiv f * e \pmod q$，a 的系数选在 $-q/2 \sim q/2$。

（2）将 a 作为一个整系数多项式，计算 $F_p * a \pmod p$ 即可恢复明文 m。

解密原理：

$$a \equiv f * e \equiv f * p\phi * h + f * m \pmod q$$
$$\equiv f * p\phi * F_q * g + f * m \pmod q$$
$$\equiv p\phi * g + f * m \pmod q$$
$$\equiv p\phi * g + f * m$$

最后一步是由于若选择的参数合适，可保证多项式 $p\phi * g + f * m$ 的系数在 $-q/2 \sim q/2$，所以对 $p\phi * g + f * m$ 模 q 运算后结果不变。

而 $F_p * a \equiv F_p * p\phi * g + F_p * f * m \pmod p \equiv m \pmod p$。

4.7 椭圆曲线密码体制

4.3 节已经说过，为保证 RSA 算法的安全性，它的密钥长度需一再增大，使得它的运算负担越来越大。相比之下，椭圆曲线密码体制 ECC(Elliptic Curve Cryptography)可用短得多的密钥获得同样的安全性，因此具有广泛的应用前景。ECC 已被 IEEE 公钥密码标准 P1363 采用。

4.7.1 椭圆曲线

椭圆曲线并非椭圆，之所以称其为椭圆曲线，是因为它的曲线方程与计算椭圆周长的方程类似。一般地，椭圆曲线的曲线方程是以下形式的三次方程：

$$y^2 + axy + by = x^3 + cx^2 + dx + e \tag{4-2}$$

其中，a、b、c、d、e 是满足某些简单条件的实数。定义中包括一个称为无穷远点的元素，记为 O。图 4-4 是椭圆曲线的两个例子。

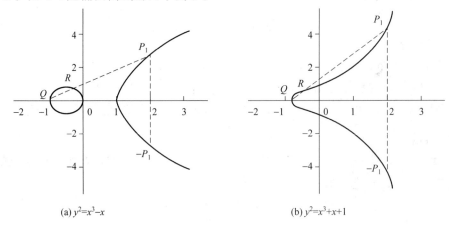

(a) $y^2 = x^3 - x$　　　　　　　　　(b) $y^2 = x^3 + x + 1$

图 4-4　椭圆曲线的两个例子

从图可见，椭圆曲线关于 x 轴对称。

椭圆曲线上的加法运算定义如下：如果其上的 3 个点位于同一直线上，那么它们的和为 O。进一步可如下定义椭圆曲线上的加法律(加法法则)：

(1) O 为加法单位元，即对椭圆曲线上任一点 P，有 $P+O=P$。

(2) 设 $P_1=(x,y)$ 是椭圆曲线上的一点(见图 4-4)，它的加法逆元定义为 $P_2=-P_1=(x,-y)$。

这是因为 P_1、P_2 的连线延长到无穷远时，得到椭圆曲线上的另一点 O，即椭圆曲线上的 3 点 P_1、P_2、O 共线，所以 $P_1+P_2+O=O$，$P_1+P_2=O$，即 $P_2=-P_1$。

由 $O+O=O$，还可得 $O=-O$。

(3) 设 Q 和 R 是椭圆曲线上 x 坐标不同的两点，$Q+R$ 的定义如下：画一条通过 Q、R 的直线，与椭圆曲线交于 P_1(这一交点是唯一的，除非所做的直线是 Q 点或 R 点的切线，此时分别取 $P_1=Q$ 和 $P_1=R$)。由 $Q+R+P_1=O$，得 $Q+R=-P_1$。

(4) 点 Q 的倍数定义如下：在 Q 点做椭圆曲线的一条切线，设切线与椭圆曲线交于点 S，定义 $2Q=Q+Q=-S$。类似地，可定义 $3Q=Q+Q+Q,\cdots$，等。

以上定义的加法具有加法运算的一般性质，如交换律、结合律等。

4.7.2　有限域上的椭圆曲线

密码中普遍采用的是有限域上的椭圆曲线，有限域上的椭圆曲线是指曲线方程定义式(4-2)中，所有系数都是某一有限域 $\mathrm{GF}(p)$ 中的元素(p 为一个大素数)。其中最为常用的是由方程

$$y^2=x^3+ax+b \quad (a,b\in \mathrm{GF}(p),4a^3+27b^2\neq 0) \tag{4-3}$$

定义的曲线。

因为 $\Delta=\left(\dfrac{a}{3}\right)^3+\left(\dfrac{b}{2}\right)^2=\dfrac{1}{108}(4a^3+27b^2)$ 是方程 $x^3+ax+b=0$ 的判别式，当 $4a^3+27b^2=0$ 时，方程 $x^3+ax+b=0$ 有重根，设为 x_0，则点 $Q_0=(x_0,0)$ 是方程 $y^2=x^3+ax+b$ 的重根。令 $F(x,y)=y^2-x^3-ax-b$，则 $\left.\dfrac{\partial F}{\partial x}\right|_{Q_0}=\left.\dfrac{\partial F}{\partial y}\right|_{Q_0}=0$，所以 $\dfrac{\mathrm{d}y}{\mathrm{d}x}=-\dfrac{\partial F}{\partial x}\bigg/\dfrac{\partial F}{\partial y}$ 在 Q_0 点无定义，即曲线 $y^2\equiv x^3+ax+b$ 在 Q_0 点的切线无定义，因此点 Q_0 的倍点运算无定义。

例如，$p=23,a=b=1,4a^3+27b^2=8\neq 0$，方程(4-3)为 $y^2\equiv x^3+x+1$，其图形是连续曲线，如图 4-4(b)所示。然而我们感兴趣的是曲线在第一象限中的整数点。设 $E_p(a,b)$ 表示方程(4-3)定义的椭圆曲线上的点集 $\{(x,y)|0\leqslant x<p,0\leqslant y<p$，且 x,y 均为整数$\}$并上无穷远点 O。本例中 $E_{23}(1,1)$ 由表 4-8 给出，表中未给出 O。

表 4-8　椭圆曲线上的点集 $E_{23}(1,1)$

(0, 1)	(0, 22)	(1, 7)	(1, 16)	(3, 10)	(3, 13)	(4, 0)	(5, 4)	(5, 19)
(6, 4)	(6, 19)	(7, 11)	(7, 12)	(9, 7)	(9, 16)	(11, 3)	(11, 20)	(12, 4)
(12, 19)	(13, 7)	(13, 16)	(17, 3)	(17, 20)	(18, 3)	(18, 20)	(19, 5)	(19, 18)

一般来说，$E_p(a,b)$ 由以下方式产生：

(1) 对每一 $x(0 \leqslant x < p$ 且 x 为整数)，计算 $x^3 + ax + b \pmod p$。

(2) 决定(1)中求得的值在模 p 下是否有平方根，如果没有，则曲线上没有与这一 x 相对应的点。如果有，则求出两个平方根($y=0$ 时只有一个平方根)。

$E_p(a,b)$ 上的加法定义如下：

设 $P, Q \in E_p(a,b)$，则

(1) $P + O = P$。

(2) 如果 $P = (x, y)$，那么 $(x, y) + (x, -y) = O$，即 $(x, -y)$ 是 P 的加法逆元，表示为 $-P$。

由 $E_p(a,b)$ 的产生方式知，$-P$ 也是 $E_p(a,b)$ 中的点，如上例，$P = (13, 7) \in E_{23}(1,1)$，$-P = (13, -7)$，而 $-7 \bmod 23 \equiv 16$，所以 $-P = (13, 16)$，也在 $E_{23}(1,1)$ 中。

(3) 设 $P = (x_1, y_1)$，$Q = (x_2, y_2)$，$P \neq -Q$，则 $P + Q = (x_3, y_3)$ 由以下规则确定：

$$x_3 \equiv \lambda^2 - x_1 - x_2 \pmod p$$
$$y_3 \equiv \lambda(x_1 - x_3) - y_1 \pmod p$$

其中

$$\lambda = \begin{cases} \dfrac{y_2 - y_1}{x_2 - x_1}, & P \neq Q \\[3mm] \dfrac{3x_1^2 + a}{2y_1}, & P = Q \end{cases}$$

【例 4-31】 仍以 $E_{23}(1,1)$ 为例，设 $P = (3, 10)$，$Q = (9, 7)$，则

$$\lambda = \frac{7 - 10}{9 - 3} = \frac{-3}{6} = \frac{-1}{2} \equiv 11 \bmod 23$$
$$x_3 = 11^2 - 3 - 9 = 109 \equiv 17 \bmod 23$$
$$y_3 = 11(3 - 17) - 10 = -164 \equiv 20 \bmod 23$$

所以 $P + Q = (17, 20)$，仍为 $E_{23}(1,1)$ 中的点。

若求 $2P$，则

$$\lambda = \frac{3 \cdot 3^2 + 1}{2 \times 10} = \frac{5}{20} = \frac{1}{4} \equiv 6 \bmod 23$$
$$x_3 = 6^2 - 3 - 3 = 30 \equiv 7 \bmod 23$$
$$y_3 = 6(3 - 7) - 10 = -34 \equiv 12 \bmod 23$$

所以 $2P = (7, 12)$。

倍点运算仍定义为重复加法，如 $4P = P + P + P + P$。

从这个例子可以看出，加法运算在 $E_{23}(1,1)$ 中是封闭的，且能验证还满足交换律。对一般 $E_p(a,b)$，可证其上的加法运算是封闭的、满足交换律，同样还能证明其上的加法逆元运算也是封闭的，所以 $E_p(a,b)$ 是一个 Abel 群。

【例 4-32】 已知 $y^2 \equiv x^3 - 2x - 3$ 是系数在 $GF(7)$ 上的椭圆曲线，$P = (3, 2)$ 是其上一点，求 $10P$。

解 $2P = P + P = (3, 2) + (3, 2) = (2, 6)$

$$3P = P + 2P = (3,2) + (2,6) = (4,2)$$
$$4P = P + 3P = (3,2) + (4,2) = (0,5)$$
$$5P = P + 4P = (3,2) + (0,5) = (5,0)$$
$$6P = P + 5P = (3,2) + (5,0) = (0,2)$$
$$7P = P + 6P = (3,2) + (0,2) = (4,5)$$
$$8P = P + 7P = (3,2) + (4,5) = (2,1)$$
$$9P = P + 8P = (3,2) + (2,1) = (3,5)$$
$$10P = P + 9P = (3,2) + (3,5) = O$$

4.7.3　椭圆曲线上的点数

在 4.7.2 节的例子中，GF(23) 上的椭圆曲线 $y^2 \equiv x^3 + x + 1$ 在第一象限中的整数点加无穷远点 O 共有 28 个。一般有以下定理：

定理 4-22　GF(p) 上的椭圆曲线 $y^2 = x^3 + ax + b (a,b \in$ GF(p)$, 4a^3 + 27b^2 \neq 0)$ 在第一象限中的整数点加无穷远点 O 共有

$$1 + p + \sum_{x \in \mathrm{GF}(p)} \left(\frac{x^3 + ax + b}{p} \right) = 1 + p + \varepsilon$$

个，其中 $\left(\dfrac{x^3 + ax + b}{p} \right)$ 是 Legendre 符号。

定理中的 ε 由以下定理给出：

定理 4-23（Hasse 定理）　$|\varepsilon| \leqslant 2\sqrt{p}$。

【例 4-33】　若 $p = 5$，则 $|\varepsilon| \leqslant 4$。因此 GF(5) 上的椭圆曲线 $y^2 = x^3 + ax + b$ 上的点数为 2～10。

4.7.4　明文消息到椭圆曲线上的嵌入

在使用椭圆曲线构造密码体制前，需要将明文消息镶嵌到椭圆曲线上，作为椭圆曲线上的点。设明文消息是 $m(0 \leqslant m \leqslant M)$，椭圆曲线由式 (4-2) 给出，$k$ 是一个足够大的整数，使得将明文消息镶嵌到椭圆曲线上时，错误概率是 2^{-k}。实际中，k 可在 30～50 取值。下面取 $k = 30$，对明文消息 m，如下计算一系列 x：

$$x = \{mk + j, j = 0,1,2,\cdots\} = \{30m, 30m+1, 30m+2, \cdots\}$$

直到 $x^3 + ax + b \pmod{p}$ 是平方根，即得到椭圆曲线上的点 $\left(x, \sqrt{x^3+ax+b}\right)$。因为在 $0 \sim p$ 的整数中，有一半是模 p 的平方剩余，另一半是模 p 的非平方剩余。所以 k 次找到 x，使得 $x^3 + ax + b \pmod{p}$ 是平方根的概率不小于 $1 - 2^{-k}$。

反过来，为了从椭圆曲线上的点 (x,y) 得到明文消息 m，只须求 $m = \left\lfloor \dfrac{x}{30} \right\rfloor$。

【例 4-34】　设椭圆曲线为 $y^2 = x^3 + 3x, p = 4177, m = 2174$。则 $x = \{30 \cdot 2174 + j, j = 0,1,2,\cdots\}$。当 $j = 15$ 时，$x = 30 \cdot 2174 + 15 = 65235, x^3 + 3x = 65235^3 + 3 \cdot 65235 = 1444$ $\mathrm{mod} 4177 = 38^2$。所以得到椭圆曲线上的点为 $(65235, 38)$。若已知椭圆曲线上的点 $(65235, 38)$，则明文消息 $m = \left\lfloor \dfrac{65235}{30} \right\rfloor = \lfloor 2174.5 \rfloor = 2174$。

4.7.5 椭圆曲线上的密码

为使用椭圆曲线构造密码体制,需要找出椭圆曲线上的数学困难问题。

在椭圆曲线构成的 Abel 群 $E_p(a,b)$ 上考虑方程 $Q=kP$,其中,$P,Q\in E_p(a,b)$,$k<p$,则由 k 和 P 易求 Q,但由 P、Q 求 k 则是困难的,这就是椭圆曲线上的离散对数问题,可应用于公钥密码体制。Diffie-Hellman 密钥交换和 ElGamal 密码体制是基于有限域上离散对数问题的公钥体制,下面考虑如何用椭圆曲线来实现这两种密码体制。

1. Diffie-Hellman 密钥交换

首先取一个素数 $p\approx 2^{180}$ 和两个参数 a、b,则得方程(4-2)表达的椭圆曲线及其上面的点构成的 Abel 群 $E_p(a,b)$。第二步,取 $E_p(a,b)$ 的一个生成元 $G(x_1,y_1)$,要求 G 的阶是一个非常大的素数,G 的阶是满足 $nG=O$ 的最小正整数 n。$E_p(a,b)$ 和 G 作为公开参数。

两用户 A 和 B 之间的密钥交换如下进行:

(1) A 选一小于 n 的整数 n_A,作为秘密钥,并由 $P_A=n_A G$ 产生 $E_p(a,b)$ 上的一点作为公开钥;

(2) B 类似地选取自己的秘密钥 n_B 和公开钥 P_B;

(3) A、B 分别由 $K=n_A P_B$ 和 $K=n_B P_A$ 产生出双方共享的秘密钥。

这是因为 $K=n_A P_B=n_A(n_B G)=n_B(n_A G)=n_B P_A$。

攻击者若想获取 K,则必须由 P_A 和 G 求出 n_A,或由 P_B 和 G 求出 n_B,即需要求椭圆曲线上的离散对数,因此是不可行的。

【例 4-35】 $p=211$,$E_p(0,-4)$,即椭圆曲线为 $y^2\equiv x^3-4$,$G=(2,2)$ 是 $E_{211}(0,-4)$ 的阶为 241 的一个生成元,即 $241G=O$。A 的秘密钥取为 $n_A=121$,公开钥为 $P_A=121(2,2)=(115,48)$。B 的秘密钥取为 $n_B=203$,公开钥为 $P_B=203(2,2)=(130,203)$。由此得到的共享密钥为 $121(130,203)=203(115,48)=(161,169)$,即共享密钥是一对数。如果将这一密钥用作单钥加密的会话密钥,则可简单地取其中的一个,如取 x 坐标,或取 x 坐标的某一简单函数。

2. ElGamal 密码体制

其密钥产生过程如下:首先选择一个素数 p 以及两个小于 p 的随机数 g 和 x,计算 $y\equiv g^x \bmod p$。以 (y,g,p) 作为公开密钥,x 作为秘密密钥。

加密过程如下:设欲加密明文消息 M,随机选择一个与 $p-1$ 互素的整数 k,计算 $C_1\equiv g^k \bmod p$,$C_2\equiv y^k M \bmod p$,密文为 $C=(C_1,C_2)$。

解密过程如下:

$$M=\frac{C_2}{C_1^x} \bmod p$$

这是因为

$$\frac{C_2}{C_1^x} \bmod p=\frac{y^k M}{g^{kx}} \bmod p=\frac{y^k M}{y^k} \bmod p=M \bmod p$$

下面讨论利用椭圆曲线实现 ElGamal 密码体制。

首先选取一条椭圆曲线,并得 $E_p(a,b)$,将明文消息 m 嵌入曲线上的点 P_m,再对点 P_m 做加密变换。

取 $E_p(a,b)$ 的一个生成元 G,$E_p(a,b)$ 和 G 作为公开参数。

用户 A 选 n_A 作为秘密钥,并以 $P_A = n_A G$ 作为公开钥。任一用户 B 若想向 A 发送消息 P_m,可选取一个随机正整数 k,产生以下点对作为密文:

$$C_m = \{kG, P_m + kP_A\}$$

A 解密时,以密文点对中的第二个点减去用自己的秘密钥与第一个点的倍乘,即

$$P_m + kP_A - n_A kG = P_m + k(n_A G) - n_A kG = P_m$$

攻击者若想由 C_m 得到 P_m,就必须知道 k。而要得到 k,只有通过椭圆曲线上的两个已知点 G 和 kG,这意味着必须求椭圆曲线上的离散对数,因此不可行。

【**例 4-36**】 取 $p=751$,$E_p(-1,188)$,即椭圆曲线为 $y^2 \equiv x^3 - x + 188$,$E_p(-1,188)$ 的一个生成元是 $G=(0,376)$,A 的公开钥为 $P_A=(201,5)$。假定 B 已将欲发往 A 的消息嵌入椭圆曲线上的点 $P_m=(562,201)$,B 选取随机数 $k=386$,由 $kG=386(0,376)=(676,558)$,$P_m + kP_A = (562,201) + 386(201,5) = (385,328)$,得密文为 $\{(676,558),(385,328)\}$。

与基于有限域上离散对数问题的公钥体制(如 Diffie-Hellman 密钥交换和 ElGamal 密码体制)相比,椭圆曲线密码体制有以下优点:

(1)安全性高。攻击有限域上的离散对数问题有指数积分法,其运算复杂度为 $O(\exp \sqrt[3]{(\log p)(\log\log p)^2})$,其中,$p$ 是模数,为素数。而它对椭圆曲线上的离散对数问题并不是有效的。目前攻击椭圆曲线上的离散对数问题只有适合攻击任何循环群上离散对数问题的大步小步法,其运算复杂度为 $O(\exp(\log \sqrt{p_{\max}}))$,其中,$p_{\max}$ 是椭圆曲线所形成的 Abel 群的阶的最大素因子。因此,椭圆曲线密码体制比基于有限域上的离散对数问题的公钥体制更安全。

(2)密钥量小。由攻击两者的算法复杂度可知,在实现相同的安全性能的条件下,椭圆曲线密码体制所需的密钥量远比基于有限域上的离散对数问题的公钥体制的密钥量小。

(3)灵活性好。有限域 $GF(q)$ 一定的情况下,其上的循环群(即 $GF(q)-\{0\}$)就确定了。而 $GF(q)$ 上的椭圆曲线可以通过改变曲线参数,得到不同的曲线,形成不同的循环群。因此,椭圆曲线具有丰富的群结构和多选择性。

正是由于椭圆曲线具有丰富的群结构和多选择性,并可在保持和 RSA/DSA 体制同样安全性能的前提下大大缩短密钥长度(目前 160 比特足以保证安全性),因而在密码领域有着广阔的应用前景。表 4-9 给出了椭圆曲线密码体制和 RSA/DSA 体制在保持同等安全的条件下各自所需的密钥的长度。

表 4-9　ECC 和 RSA/DSA 在保持同等安全的条件下所需的密钥长度(单位为比特)

RSA/DSA	512	768	1024	2048	21000
ECC	106	132	160	211	600

4.8 SM2 椭圆曲线公钥密码加密算法

SM2 是中国国家密码管理局颁布的中国商用公钥密码标准算法,它是一组椭圆曲线密码算法,其中包含加解密算法、数字签名算法。

SM2 算法与国际标准的 ECC 算法比较:

(1) ECC 算法通常采用 NIST 等国际机构建议的曲线及参数,而 SM2 算法的参数需要利用一定的算法产生。而由于算法中加入了用户特异性的曲线参数、基点、用户的公钥点信息,故使得 SM2 算法的安全性明显提高。

(2) 在 ECC 算法中,用户可以选择 MD5 或 SHA-1 等国际通用的哈希算法。而 SM2 算法中则使用 SM3 哈希算法,SM3 算法输出为 256 比特,其安全性与 SHA-256 算法基本相当。

SM2 算法分为基于素数域和基于二元扩域两种。本节仅介绍基于素数域的 SM2 算法。

1. 基本参数

基于素数域 F_p 的 SM2 算法参数如下:

- F_p 的特征 p 为 m 比特长的素数,p 要尽可能大,但太大会影响计算速度;
- 长度不小于 192 比特的比特串 SEED;
- F_p 上的 2 个元素 a、b,满足 $4a^3 + 27b^2 \neq 0$,定义曲线 $E(F_p)$:$y^2 = x^2 + ax + b$;
- 基点 $G = (x_G, y_G) \in E(F_p)$,$G \neq O$;
- G 的阶 n 为 m 比特长的素数,满足 $n > 2^{191}$ 且 $n > 4\sqrt{p}$;
- $h = \dfrac{|E(F_p)|}{n}$ 称为余因子,其中,$|E(F_p)|$ 是曲线 $E(F_p)$ 的点数。

SEED 和 a、b 的产生算法如下:

(1) 任意选取长度不小于 192 比特的比特串 SEED;

(2) 计算 $H = H_{256}(\text{SEED})$,记 $H = (h_{255}, h_{254}, \cdots, h_0)$,其中,$H_{256}$ 表示 256 比特输出的 SM3 哈希算法;

(3) 取 $R = \sum\limits_{i=0}^{255} h_i 2^i$;

(4) 取 $r = R \bmod p$;

(5) 在 F_p 上任意选择 2 个元素 a,b,满足 $rb^2 = a^3 \bmod p$;

(6) 若 $4a^3 + 27b^2 = 0 \bmod p$,则转向(1);

(7) 所选择的 F_p 上曲线是 $E(F_p)$:$y^2 = x^2 + ax + b$;

(8) 输出(SEED,a,b)。

2. 密钥产生

设接收方为 B,B 的秘密钥取为 $\{1, 2, \cdots, n-1\}$ 中的一个随机数 d_B,记为 $d_B \xleftarrow{R} \{1, 2, \cdots, n-1\}$,其中,$n$ 是基点 G 的阶。

B 的公开钥取为椭圆曲线上的点：

$$P_B = d_B G$$

其中, $G = G(x, y)$ 是基点。

3. 加密算法

设发送方是 A, A 要发送的消息表示成比特串 M, M 的长度为 klen。加密运算如下：

(1) 选择随机数 $k \leftarrow_R \{1, 2, \cdots, n-1\}$;

(2) 计算椭圆曲线点 $C_1 = kG = (x_1, y_1)$, 将 (x_1, y_1) 表示为比特串；

(3) 计算椭圆曲线点 $S = hP_B$, 若 S 是无穷远点, 则报错并退出；

(4) 计算椭圆曲线点 $kP_B = (x_2, y_2)$, 将 (x_2, y_2) 表示为比特串；

(5) 计算 $t = \mathrm{KDF}(x_2 \parallel y_2, \mathrm{klen})$, 若 t 为全 0 的比特串, 则返回(1)；

(6) 计算 $C_2 = M \oplus t$;

(7) 计算 $C_3 = \mathrm{Hash}(x_2 \parallel M \parallel y_2)$;

(8) 输出密文 $C = (C_1, C_2, C_3)$。

其中, 第(5)步 KDF(·) 是密钥派生函数, 其本质上就是一个伪随机数产生函数, 用来产生密钥, 取为密码哈希函数 SM3。第(3)步的 Hash 函数也取为 SM3。

图 4-5 是 SM2 加密算法的流程图。

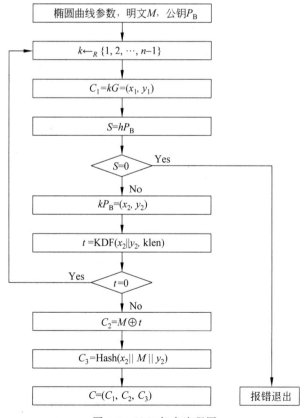

图 4-5　SM2 加密流程图

4. 解密算法

B 收到密文后,执行以下解密运算:

(1) 从 C 中取出比特串 C_1,将 C_1 表示为椭圆曲线上的点,验证 C_1 是否满足椭圆曲线方程,若不满足则报错并退出;

(2) 计算椭圆曲线点 $S=hC_1$,若 S 是无穷远点,则报错并退出;

(3) 计算 $d_B C_1=(x_2,y_2)$,将坐标 x_2,y_2 表示为比特串;

(4) 计算 $t=\mathrm{KDF}(x_2 \| y_2, \mathrm{klen})$,若 t 为全 0 比特串,则报错并退出;

(5) 从 C 中取出比特串 C_2,计算 $M'=C_2 \oplus t$;

(6) 计算 $u=\mathrm{Hash}(x_2 \| M' \| y_2)$,从 C 中取出 C_3,若 $u \neq C_3$,则报错并退出;

(7) 输出明文 M'。

图 4-6 是 SM2 解密算法的流程图。

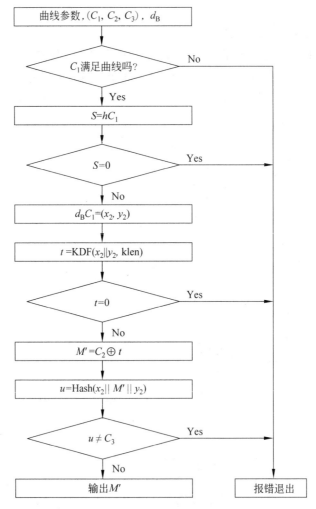

图 4-6 SM2 解密流程图

解密的正确性：因为 $P_B = d_B G$，$C_1 = kG = (x_1, y_1)$，由解密算法的第(3)步可得

$$d_B C_1 = d_B kG = k(d_B G) = kP_B = (x_2, y_2)$$

所以解密算法第(4)步得到的 t 与加密算法第(5)步得到的 t 相等，由 $C_2 \oplus t$，便得到明文 M。

习　　题

1. 证明以下关系：

(1) $(a \bmod n) = (b \bmod n)$，则 $a \equiv b \bmod n$；

(2) $a \equiv b \bmod n$，则 $b \equiv a \bmod n$；

(3) $a \equiv b \bmod n$，$b \equiv c \bmod n$，则 $a \equiv c \bmod n$。

2. 证明以下关系：

(1) $[(a \bmod n) - (b \bmod n)] \bmod n = (a - b) \bmod n$；

(2) $[(a \bmod n) \times (b \bmod n)] \bmod n = (a \times b) \bmod n$。

3. 用 Fermat 定理求 $3^{201} \bmod 11$。

4. 用推广的 Euclid 算法求 $67 \bmod 119$ 的逆元。

5. 求 $\gcd(4655, 12075)$。

6. 求解下列同余方程组：

$$\begin{cases} x \equiv 2 \bmod 3 \\ x \equiv 1 \bmod 5 \\ x \equiv 1 \bmod 7 \end{cases}$$

7. 计算下列 Legendre 符号：

(1) $\left(\dfrac{2}{59}\right)$；　　　(2) $\left(\dfrac{6}{53}\right)$；　　　(3) $\left(\dfrac{65}{107}\right)$。

8. 求 25 的所有本原根。

9. 证明当且仅当 n 是素数时，$\langle \mathbb{Z}_n, +_n, \times_n \rangle$ 是域。

10. 设通信双方使用 RSA 加密体制，接收方的公开钥是 $(e, n) = (5, 35)$，接收到的密文是 $C = 10$，求明文 M。

11. 已知 $c^d \bmod n$ 的运行时间是 $O(\log^3 n)$，用中国剩余定理改进 RSA 的解密运算。如果不考虑中国剩余定理的计算代价，证明改进后的解密运算速度是原解密运算速度的 4 倍。

12. 设 RSA 加密体制的公开钥是 $(e, n) = (77, 221)$。

(1) 用重复平方法加密明文 160，得中间结果为

$$160^2 (\bmod 221) \equiv 185$$
$$160^4 (\bmod 221) \equiv 191$$
$$160^8 (\bmod 221) \equiv 16$$
$$160^{16} (\bmod 221) \equiv 35$$
$$160^{32} (\bmod 221) \equiv 120$$

$$160^{64}(\bmod\ 221) \equiv 35$$
$$160^{72}(\bmod\ 221) \equiv 118$$
$$160^{76}(\bmod\ 221) \equiv 217$$
$$160^{77}(\bmod\ 221) \equiv 23$$

若敌手得到以上中间结果就很容易分解 n，问敌手如何分解 n。

（2）求解密密钥 d。

13. 在 ElGamal 加密体制中，设素数 $p=71$，本原根 $g=7$，

（1）如果接收方 B 的公开钥是 $y_B=3$，发送方 A 选择的随机整数 $k=2$，求明文 $M=30$ 所对应的密文。

（2）如果 A 选择另一个随机整数 k，使得明文 $M=30$ 加密后的密文是 $C=(59,C_2)$，求 C_2。

14. 设背包密码系统的超递增序列为 $(3,4,9,17,35)$，乘数 $t=19$，模数 $k=73$，试对 good night 加密。

15. 设背包密码系统的超递增序列为 $(3,4,8,17,35)$，乘数 $t=17$，模数 $k=67$，试对密文 25、2、72、92 解密。

16. 已知 $n=pq$，p,q 都是素数，$x,y \in \mathbb{Z}_n^*$，其 Jacobi 符号都是 1，其中，$\mathbb{Z}_n^* = \mathbb{Z}_n - \{0\}$，证明：

（1）$xy(\bmod\ n)$ 是模 n 的平方剩余，当且仅当 x,y 都是模 n 的平方剩余或 x,y 都是模 n 的非平方剩余。

（2）$x^3 y^5(\bmod\ n)$ 是模 n 的平方剩余，当且仅当 x,y 都是模 n 的平方剩余或 x,y 都是模 n 的非平方剩余。

17. 在 Rabin 密码体制中设 $p=53$，$q=59$：

（1）确定 1 在模 n 下的 4 个平方根。

（2）求明文消息 2347 所对应的密文。

（3）对上述密文，确定可能的 4 个明文。

18. 椭圆曲线 $E_{11}(1,6)$ 表示 $y^2 \equiv x^3 + x + 6 \bmod 11$，求其上的所有点。

19. 已知点 $G=(2,7)$ 在椭圆曲线 $E_{11}(1,6)$ 上，求 $2G$ 和 $3G$。

20. 利用椭圆曲线实现 ElGamal 密码体制，设椭圆曲线是 $E_{11}(1,6)$，生成元 $G=(2,7)$，接收方 A 的秘密钥 $n_A=7$。

（1）求 A 的公开钥 P_A。

（2）发送方 B 欲发送消息 $P_m=(10,9)$，选择随机数 $k=3$，求密文 C_m。

（3）显示接收方 A 从密文 C_m 恢复消息 P_m 的过程。

第 5 章

密钥分配与密钥管理

5.1 单钥加密体制的密钥分配

5.1.1 密钥分配的基本方法

两个用户（主机、进程、应用程序）在用单钥密码体制进行保密通信时，首先必须有一个共享的秘密密钥，而且为防止攻击者得到密钥，还必须时常更新密钥。因此，密码系统的强度也依赖于密钥分配技术。两个用户 A 和 B 获得共享密钥的方法有以下几种：

（1）密钥由 A 选取并通过物理手段发送给 B；

（2）密钥由第三方选取并通过物理手段发送给 A 和 B；

（3）如果 A、B 事先已有一密钥，则其中一方选取新密钥后，用已有的密钥加密新密钥并发送给另一方；

（4）如果 A 和 B 与第三方 C 分别有一个保密信道，则 C 为 A、B 选取密钥后，分别在两个保密信道上发送给 A、B。

前两种方法称为人工发送。在通信网中，若只有个别用户想进行保密通信，密钥的人工发送还是可行的。然而如果所有用户都要求支持加密服务，则任一对希望通信的用户都必须有一共享密钥。如果有 n 个用户，则密钥数目为 $n(n-1)/2$。因此当 n 很大时，密钥分配的代价非常大，密钥的人工发送是不可行的。

对第三种方法，攻击者一旦获得一个密钥就可获取以后所有的密钥；再者对所有用户分配初始密钥时，代价仍然很大。

第四种方法比较常用，其中的第三方通常是一个负责为用户分配密钥的密钥分配中心。这时每一用户必须和密钥分配中心有一个共享密钥，称为主密钥。通过主密钥分配给一对用户的密钥称为会话密钥，用于这一对用户之间的保密通信。通信完成后，会话密钥即被销毁。如上所述，如果用户数为 n，则会话密钥数为 $n(n-1)/2$。但主密钥数却只需 n 个，所以主密钥可通过物理手段发送。

5.1.2 一个实例

图 5-1 是密钥分配的一个实例。假定两个用户 A、B 分别与密钥分配中心（Key Distribution Center，KDC）有一个共享的主密钥 K_A 和 K_B，A 希望与 B 建立一个共享的一次性会话密钥，可通过以下几步：

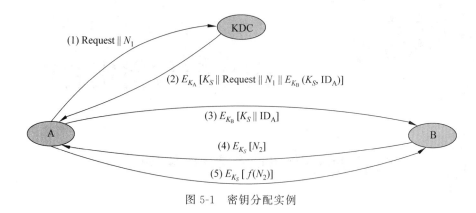

图 5-1 密钥分配实例

（1）A 向 KDC 发出会话密钥请求。表示请求的消息由两个数据项组成：一是 A 和 B 的身份；二是这次业务的唯一识别符 N_1，称 N_1 为一次性随机数，可以是时间戳、计数器或随机数。每次请求所用的 N_1 都应不同，且为防止假冒，应使敌手对 N_1 难以猜测。因此用随机数作为这个识别符最为合适。

（2）KDC 为 A 的请求发出应答。应答是由 K_A 加密的消息，因此只有 A 才能成功地对这一消息解密，并且 A 可相信这一消息的确是由 KDC 发出的。消息中包括 A 希望得到的两项：

- 一次性会话密钥 K_S；
- A 在（1）中发出的请求，包括一次性随机数 N_1，目的是使 A 将收到的应答与发出的请求相比较，看是否匹配。

因此 A 能验证自己发出的请求在被 KDC 收到之前，未被他人篡改。而且 A 还能根据一次性随机数相信自己收到的应答不是重放的过去的应答。

此外，消息中还有 B 希望得到的两项：

- 一次性会话密钥 K_S；
- A 的身份（例如 A 的网络地址）ID_A；

这两项由 K_B 加密，将由 A 转发给 B，以建立 A、B 之间的连接并用于向 B 证明 A 的身份。

（3）A 存储会话密钥，并向 B 转发 $E_{K_B}[K_S \| ID_A]$。因为转发的是由 K_B 加密后的密文，所以转发过程不会被窃听。B 收到后，可得会话密钥 K_S，并从 ID_A 可知另一方是 A，而且还从 E_{K_B} 知道 K_S 的确来自 KDC。

这一步完成后，会话密钥就安全地分配给了 A、B。然而还能继续以下两步：

（4）B 用会话密钥 K_S 加密另一个一次性随机数 N_2，并将加密结果发送给 A。

（5）A 以 $f(N_2)$ 作为对 B 的应答，其中 f 是对 N_2 进行某种变换（例如加 1）的函数，并将应答用会话密钥加密后发送给 B。

这两步可使 B 相信第（3）步收到的消息不是一个重放。

注意：第（3）步就已完成密钥分配，第（4）、（5）两步结合第（3）步执行的是认证功能。

5.1.3　密钥的分层控制

网络中如果用户数目非常多而且分布的地域非常广,一个 KDC 就无法承担为用户分配密钥的重任。问题的解决方法是使用多个 KDC 的分层结构。例如,在每个小范围(如一个 LAN 或一个建筑物)内,都建立一个本地 KDC。同一范围的用户在进行保密通信时,由本地 KDC 为他们分配密钥。如果两个不同范围的用户想获得共享密钥,则可通过各自的本地 KDC,而两个本地 KDC 的沟通又需经过一个全局 KDC。这样就建立了两层 KDC。类似地,根据网络中用户的数目及分布的地域,可建立三层或多层 KDC。

分层结构可减少主密钥的分布,因为大多数主密钥是在本地 KDC 和本地用户之间共享。再者,分层结构还可将虚假 KDC 的危害限制到一个局部区域。

5.1.4　会话密钥的有效期

会话密钥更换得越频繁,系统的安全性就越高。因为敌手即使获得一个会话密钥,也只能获得很少的密文。但另一方面,会话密钥更换得太频繁,又将延迟用户之间的交换,同时还造成网络负担。所以在决定会话密钥的有效期时,应权衡矛盾的两个方面。

对面向连接的协议,在连接未建立前或断开时,会话密钥的有效期可以很长。而每次建立连接时,都应使用新的会话密钥。如果逻辑连接的时间很长,则应定期更换会话密钥。

无连接协议(如面向业务的协议)无法明确地决定更换密钥的频率。为安全起见,用户每进行一次交换,都用新的会话密钥。然而这又失去了无连接协议主要的优势,即对每个业务都有最少的费用和最短的延迟。比较好的方案是在某一固定周期内或对一定数目的业务使用同一会话密钥。

5.1.5　无中心的密钥分配

用密钥分配中心为用户分配密钥时,要求所有用户都信任 KDC,同时还要求对 KDC 加以保护。如果密钥的分配是无中心的,则不必有以上两个要求。然而如果每个用户都能和自己想与之建立联系的另一用户安全地通信,则对有 n 个用户的网络来说,主密钥应多达 $n(n-1)/2$ 个。当 n 很大时,这种方案无实用价值,但在整个网络的局部范围却非常有用。

无中心的密钥分配时,两个用户 A 和 B 建立会话密钥需经过以下 3 步,见图 5-2。

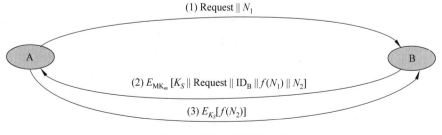

$$(1)\ \text{Request} \parallel N_1$$

$$(2)\ E_{\text{MK}_m}[K_S \parallel \text{Request} \parallel \text{ID}_B \parallel f(N_1) \parallel N_2]$$

$$(3)\ E_{K_S}[f(N_2)]$$

图 5-2　无中心的密钥分配

（1）A 向 B 发出建立会话密钥的请求和一个一次性随机数 N_1。

（2）B 用与 A 共享的主密钥 MK_m 对应答的消息加密,并发送给 A。应答的消息中有 B 选取的会话密钥、B 的身份、$f(N_1)$ 和另一个一次性随机数 N_2。

（3）A 使用新建立的会话密钥 K_S 对 $f(N_2)$ 加密后返回给 B。

5.1.6　密钥的控制使用

因为密钥可根据其不同用途分为会话密钥和主密钥两种类型,所以还希望对密钥的使用方式加以某种控制,会话密钥又称为数据加密密钥,主密钥又称为密钥加密密钥。

如果主密钥泄露了,则相应的会话密钥也将泄露,因此主密钥的安全性应高于会话密钥的安全性。一般在密钥分配中心以及终端系统中,主密钥都是物理上安全的,如果把主密钥当作会话密钥注入加密设备,那么其安全性则降低。

单钥体制中的密钥控制技术有:

1. 密钥标签

用于 DES 的密钥控制,将 DES 的 64 比特密钥中的 8 个校验位作为控制使用这一密钥的标签。标签中各比特的含义如下:

- 一个比特表示这个密钥是会话密钥还是主密钥。
- 一个比特表示这个密钥是否能用于加密。
- 一个比特表示这个密钥是否能用于解密。
- 其他比特无特定含义,留待以后使用。

由于标签是在密钥之中的,所以在分配密钥时,标签与密钥一起被加密,因此可对标签起到保护。本方案的缺点一是标签的长度被限制为 8 比特,限制了它的灵活性和功能。二是由于标签是以密文形式传送,只有解密后才能使用,因而限制了对密钥使用的控制方式。

2. 控制矢量

这一方案比上一方案灵活。方案中对每一会话密钥都指定一个相应的控制矢量,控制矢量分为若干字段,分别用于说明在不同情况下密钥是被允许使用还是不被允许使用,且控制矢量的长度可变。控制矢量是在 KDC 产生密钥时加在密钥之中的,过程由图 5-3(a)所示。首先由一个哈希函数将控制矢量压缩到与加密密钥等长,然后与主密钥异或后作为加密会话密钥的密钥,即

$$H = h(CV)$$
$$K_{in} = K_m \oplus H$$
$$K_{out} = E_{K_m \oplus H}[K_S]$$

其中,CV 是控制矢量,h 是哈希函数,K_m 是主密钥,K_S 是会话密钥。会话密钥的恢复过程由图 5-3(b)所示,表示为

$$K_S = D_{K_m \oplus H}[E_{K_m \oplus H}[K_S]]$$

KDC 在向用户发送会话密钥时,同时以明文形式发送控制矢量。用户只有使用与 KDC 共享的主密钥以及 KDC 发送来的控制矢量才能恢复会话密钥,因此还必须保留会

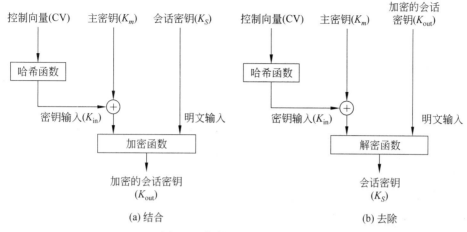

图 5-3 控制矢量的使用方式

话密钥与其控制矢量之间的对应关系。

与使用 8 比特的密钥标签相比,使用控制矢量有两个优点:第一,控制矢量的长度没有限制,因此可对密钥的使用施加任意复杂的控制;第二,控制矢量始终是以明文形式存在,因此可在任一阶段对密钥的使用施加控制。

5.2 公钥加密体制的密钥管理

5.1 节介绍了单钥密码体制中的密钥分配问题,而公钥加密的一个主要用途是分配单钥密码体制使用的密钥。本节介绍两个内容:一是公钥密码体制所用的公开密钥的分配;二是如何用公钥体制来分配单钥密码体制所需的密钥。

5.2.1 公钥的分配

公钥的分配方法有以下几类。

1. 公开发布

公开发布指用户将自己的公钥发给每一其他用户,或向某一团体广播。例如,PGP(Pretty Good Privacy)中采用了 RSA 算法,它的很多用户都是将自己的公钥附加到消息上,然后发送到公开(公共)区域,如因特网邮件列表。

这种方法虽然简单,但有一个非常大的缺点,即任何人都可伪造这种公开发布。如果某个用户假装是用户 A 并以 A 的名义向另一用户发送或广播自己的公开钥,则在 A 发现假冒者以前,这一假冒者可解读所有意欲发向 A 的加密消息,而且假冒者还能用伪造的密钥获得认证。

2. 公用目录表

公用目录表指建立一个公用的公钥动态目录表,目录表的建立、维护以及公钥的分布由某个可信的实体或组织承担,称这个实体或组织为公用目录的管理员。与第一种分配

方法相比,这种方法的安全性更高。该方案有以下一些组成部分:

(1) 管理员为每个用户都在目录表中建立一个目录,目录中有两个数据项:一是用户名,二是用户的公开钥。

(2) 每一用户都亲自或以某种安全的认证通信在管理者那里为自己的公开钥注册。

(3) 用户如果由于自己的公开钥用过的次数太多或由于与公开钥相关的秘密钥已被泄露,则可随时用新密钥替换现有的密钥。

(4) 管理员定期公布或定期更新目录表。例如,像电话号码本一样公布目录表或在发行量很大的报纸上公布目录表的更新。

(5) 用户可通过电子手段访问目录表,这时从管理员到用户必须有安全的认证通信。

本方案的安全性虽然高于公开发布的安全性,但仍易受攻击。如果敌手成功地获取了管理员的秘密钥,就可伪造一个公钥目录表,以后既可假冒任一用户,又能监听发往任一用户的消息,且公用目录表还易受到敌手的窜扰。

3. 公钥管理机构

如果在公钥目录表中对公钥的分配施加更严密的控制,安全性将会更强。与公用目录表类似,这里假定有一个公钥管理机构来为各用户建立、维护动态的公钥目录,但同时对系统提出以下要求,即:每个用户都可靠地知道管理机构的公开钥,而只有管理机构自己知道相应的秘密钥。公开钥的分配步骤如下(见图 5-4)。

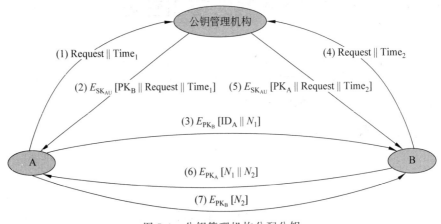

图 5-4 公钥管理机构分配公钥

(1) 用户 A 向公钥管理机构发送一个带时间戳的消息,消息中有获取用户 B 的当前公钥的请求。

(2) 管理机构对 A 的请求作出应答,应答由一个消息表示,该消息由管理机构用自己的秘密钥 SK_{AU} 加密,因此 A 能用管理机构的公开钥解密,并使 A 相信这个消息的确是来源于管理机构。

应答的消息中有以下几项。

• B 的公钥 PK_B,A 可用它对将发往 B 的消息加密。

• A 的请求,用于 A 验证收到的应答的确是对相应请求的应答,且还能验证自己最初发出的请求在被管理机构收到以前未被篡改。

- 最初的时间戳,以使 A 相信管理机构发来的消息不是一个旧消息,因此消息中的公开钥的确是 B 当前的公钥。

(3) A 用 B 的公开钥对一个消息加密后发往 B,这个消息有两个数据项,一是 A 的身份 ID_A,二是一个一次性随机数 N_1,用于唯一地标识这次业务。

(4)、(5) B 以相同方式从管理机构获取 A 的公开钥。这时,A 和 B 都已安全地得到了对方的公钥,所以可进行保密通信。然而,他们也许还希望有以下两步,以认证对方。

(6) B 用 PK_A 对一个消息加密后发往 A,该消息的数据项有 A 的一次性随机数 N_1 和 B 产生的一个新一次性随机数 N_2。因为只有 B 能解密(3)的消息,所以 A 收到的消息中的 N_1 可使其相信通信的另一方的确是 B。

(7) A 用 B 的公开钥对 N_2 加密后返回给 B,可使 B 相信通信的另一方的确是 A。

以上过程共发送了 7 个消息,其中前 4 个消息用于获取对方的公开钥。用户得到对方的公开钥后存下可供以后使用,这样就不必再发送前 4 个消息了,然而还必须定期地通过密钥管理中心获取通信对方的公开钥,以免对方的公开钥更新后无法保证当前的通信。

4. 公钥证书

上述公钥管理机构分配公开钥时也有缺点,由于每一用户要想和他人联系都需求助于管理机构,所以管理机构有可能成为系统的瓶颈,而且由管理机构维护的公钥目录表也易被敌手窜扰。

分配公钥的另一方法是公钥证书,用户通过公钥证书相互之间交换自己的公钥而无须与公钥管理机构联系。公钥证书由证书管理机构(Certificate Authority,CA)为用户建立,其中的数据项有与该用户的秘密钥相匹配的公开钥及用户的身份和时间戳等,所有的数据项经 CA 用自己的秘密钥签字后就形成证书,即证书的形式为 $C_A = E_{SK_{CA}}[T, ID_A, PK_A]$,其中,$ID_A$ 是用户 A 的身份,PK_A 是 A 的公钥,T 是当前时间戳,SK_{CA} 是 CA 的秘密钥,C_A 即是为用户 A 产生的证书。产生过程如图 5-5 所示。用户可将自己的公开钥通过公钥证书发给另一用户,接收方可用 CA 的公钥 PK_{CA} 对证书加以验证,即

$$D_{PK_{CA}}[C_A] = D_{PK_{CA}}[E_{SK_{CA}}[T, ID_A, PK_A]] = (T, ID_A, PK_A)$$

因为只有用 CA 的公钥才能解读证书,接收方从而验证了证书的确是由 CA 发放的,且也获得了发方的身份 ID_A 和公开钥 PK_A。时间戳 T 为接收方保证了收到的证书的新鲜性,用于防止发方或敌方重放一个旧证书。因此时间戳可被当作截止日期,证书如果过旧,则被吊销。

5.2.2 用公钥加密分配单钥密码体制的密钥

公开钥分配完成后,用户就可用公钥加密体制进行保密通信了。然而由于公钥加密的速度过慢,以此进行保密通信不太合适,但用于分配单钥密码体制的密钥却非常合适。

1. 简单分配

图 5-6 表示简单使用公钥加密算法建立会话密钥的过程,如果 A 希望与 B 通信,则可通过以下几步建立会话密钥:

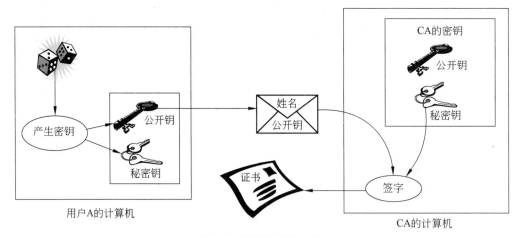

图 5-5　证书的产生过程

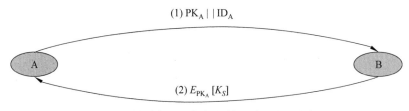

图 5-6　简单使用公钥加密算法建立会话密钥

(1) A 产生自己的一对密钥{PK_A,SK_A},并向 B 发送 PK_A||ID_A,其中,ID_A 表示 A 的身份。

(2) B 产生会话密钥 K_S,并用 A 的公开钥 PK_A 对 K_S 加密后发往 A。

(3) A 由 $D_{SK_A}[E_{PK_A}[K_S]]$ 恢复会话密钥。因为只有 A 能解读 K_S,所以仅 A、B 知道这一共享密钥。

(4) A 销毁{PK_A,SK_A},B 销毁 PK_A。

A、B 现在可以用单钥加密算法以 K_S 作为会话密钥进行保密通信,通信完成后,又都将 K_S 销毁。这种分配法尽管简单,但却由于 A、B 双方在通信前和完成通信后,都未存储密钥,因此,密钥泄露的危险性为最小,且可防止双方的通信被敌手监听。

这一协议易受到主动攻击,如果敌手 E 已接入 A、B 双方的通信信道,就可以如下不被察觉的方式截获双方的通信:

(1) 与上面的(1)相同。

(2) E 截获 A 的发送后,建立自己的一对密钥{PK_E,SK_E},并将 PK_E||ID_A 发送给 B。

(3) B 产生会话密钥 K_S 后,将 $E_{PK_E}[K_S]$ 发送出去。

(4) E 截获 B 发送的消息后,由 $D_{SK_E}[E_{PK_E}[K_S]]$ 解读 K_S。

(5) E 再将 $E_{PK_A}[K_S]$ 发往 A。

现在 A 和 B 知道 K_S,但并未意识到 K_S 已被 E 截获。A、B 在用 K_S 通信时,E 就可以实施监听。

2. 具有保密性和认证性的密钥分配

图 5-7 所示的密钥分配过程具有保密性和认证性,因此既可防止被动攻击,又可防止主动攻击。

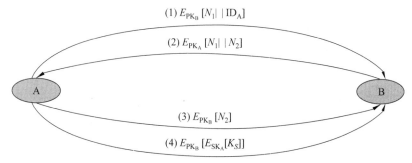

图 5-7　具有保密性和认证性的密钥分配

假定 A、B 双方已完成公钥交换,可按以下步骤建立共享会话密钥:

(1) A 用 B 的公开钥加密 A 的身份 ID_A 和一个一次性随机数 N_1 后发往 B,其中,N_1 用于唯一地标识这一业务。

(2) B 用 A 的公开钥 PK_A 加密 A 的一次性随机数 N_1 和 B 新产生的一次性随机数 N_2 后发往 A。因为只有 B 能解读(1)中的加密消息,所以 B 发来的消息中 N_1 的存在可使 A 相信对方的确是 B。

(3) A 用 B 的公钥 PK_B 对 N_2 加密后返回给 B,以使 B 相信对方的确是 A。

(4) A 选取一个会话密钥 K_S,然后将 $M = E_{PK_B}[E_{SK_A}[K_S]]$ 发给 B,用 B 的公开钥加密是为保证只有 B 能解读加密结果,用 A 的秘密钥加密是保证该加密结果只有 A 能发送。

(5) B 以 $D_{PK_A}[D_{SK_B}[M]]$ 恢复会话密钥。

5.2.3　Diffie-Hellman 密钥交换

Diffie-Hellman 密钥交换是 W. Diffie 和 M. Hellman 于 1976 年提出的第一个公钥密码算法,已在很多商业产品中得到应用。该算法的唯一目的是使得两个用户能够安全地交换密钥,得到一个共享的会话密钥,算法本身不能用于加、解密。

算法的安全性基于求离散对数的困难性。

图 5-8 表示 Diffie-Hellman 密钥交换过程,其中,p 是大素数,a 是 p 的本原根,p 和 a 作为公开的全程元素。用户 A 选择一个保密的随机整数 X_A,并将 $Y_A = a^{X_A} \bmod p$ 发送给用户 B。类似地,用户 B 选择一个保密的随机整数 X_B,并将 $Y_B = a^{X_B} \bmod p$ 发送给用户 A。然后 A 和 B 分别由 $K = Y_B^{X_A} \bmod p$ 和 $K = Y_A^{X_B} \bmod p$ 计算出的就是共享密钥,这是因为

$$Y_B^{X_A} \bmod p = (a^{X_B} \bmod p)^{X_A} \bmod p = (a^{X_B})^{X_A} \bmod p = a^{X_B X_A} \bmod p$$

$$= (a^{X_A})^{X_B} \bmod p = (a^{X_A} \bmod p)^{X_B} \bmod p = Y_A^{X_B} \bmod p$$

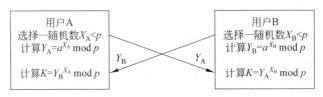

图 5-8 Diffie-Hellman 密钥交换

因为 X_A、X_B 是保密的,敌手只能得到 p、a、Y_A、Y_B,要想得到 K,则必须得到 X_A、X_B 中的一个,这意味着需要求离散对数。因此敌手求 K 是不可行的。

【例 5-1】 $p=97, a=5$,A 和 B 分别秘密选 $X_A=36$、$X_B=58$,并分别计算 $Y_A=5^{36}$ mod $97=50, Y_B=5^{58}$ mod $97=44$。在交换 Y_A, Y_B 后,分别计算

$$K=Y_B^{X_A} \bmod 97=44^{36} \bmod 97=75, \quad K=Y_A^{X_B} \bmod 97=50^{58} \bmod 97=75$$

5.3 随机数的产生

随机数在密码学中起着重要的作用。本节首先介绍随机数在密码学中的作用,然后介绍产生随机数的一些方法。

5.3.1 随机数的使用

很多密码算法都需使用随机数,例如:

- 相互认证,如在图 5-1、图 5-2、图 5-4 和图 5-7 所示的密钥分配中,都使用了一次性随机数来防止重放攻击。
- 会话密钥的产生,用随机数作为会话密钥。
- 公钥密码算法中密钥的产生,用随机数作为公钥密码算法中的密钥,如图 5-5 所示;或以随机数来产生公钥密码算法中的密钥,如图 5-8 所示。

在随机数的上述应用中,都要求随机数序列满足随机性和不可预测性。

1. 随机性

以下两个准则常用来保障数列的随机性:

(1) 均匀分布——数列中每个数出现的频率应相等或近似相等。

(2) 独立性——数列中任意一个数都不能由其他数推出。

数列是否满足均匀分布可通过检测得出,而是否满足独立性则无法检测。相反却有很多检测方法能证明数列不满足独立性。通常检测数列是否满足独立性的方法是在对数列进行了足够多次检测后都不能证明不满足独立性,就可比较有把握地相信该数列满足独立性。

在设计密码算法时,由于真随机数难以获得,经常使用似乎是随机的数列,这样的数列称为伪随机数列,这样的随机数称为伪随机数。

2. 不可预测性

在诸如相互认证和会话密钥的产生等应用中,不仅要求数列具有随机性,而且要求对

数列中以后的数是不可预测的。对于真随机数列来说,数列中每个数都独立于其他数,因此是不可预测的。对于伪随机数来说,就需要特别注意防止敌手从数列前边的数预测出后边的数。

5.3.2　随机数源

真随机数很难获得,物理噪声产生器,如离子辐射脉冲检测器、气体放电管、漏电容等都可作为随机数源,但在网络安全系统中很少采用,一方面是因为数的随机性和精度不够,另一方面这些设备又很难连接到网络系统中。

一种方法是将高质量的随机数作为随机数库编辑成书,供用户使用。然而与网络安全对随机数巨大的需求相比,这种方式提供的随机数数目非常有限。再者,虽然这时的随机数的确可被证明具有随机性,但由于敌手也能得到这个随机数源,而难以保证随机数的不可预测性。

因此网络安全中所需的随机数都借助于安全的密码算法来产生。但由于算法是确定性的,因此产生的数列不是随机的。然而如果算法设计得好,产生的数列就能通过各种随机性检验,这种数就是伪随机数。

5.3.3　伪随机数产生器

最为广泛使用的伪随机数产生器是线性同余算法。算法有 4 个参数:模数 $m(m>0)$、乘数 $a(0 \leqslant a < m)$、增量 $c(0 \leqslant c < m)$ 和初值即种子 $X_0(0 \leqslant X_0 < m)$;由以下迭代公式得到随机数数列 $\{X_n\}$:

$$X_{n+1} = (aX_n + c) \bmod m$$

如果 m、a、c、X_0 都为整数,则产生的随机数数列 $\{X_n\}$ 也都是整数,且 $0 \leqslant X_n < m$。

a、c 和 m 的取值是产生高质量随机数的关键。例如,取 $a = c = 1$,则结果数列中每一个数都是前一个数增 1,结果显然不能令人满意。如果 $a = 7,c = 0,m = 32,X_0 = 1$,则产生的数列为 $\{7, 17, 23, 1, 7, \cdots\}$,在 32 个可能值中只有 4 个出现,数列的周期为 4,因此结果仍不能令人满意。如果取 $a = 7$,其他值不变,则产生的数列为 $\{1, 5, 25, 29, 17, 21, 9, 13, 1, \cdots\}$,周期增加到 8。

为使随机数数列的周期尽可能大,m 应尽可能大。普遍原则是选 m 接近等于计算机能表示的最大整数,如接近或等于 2^{31}。

评价线性同余算法的性能有以下 3 个标准:

(1) 迭代函数应是整周期的,即数列中的数在重复之前应产生出 $0 \sim m$ 的所有数。

(2) 产生的数列看上去应是随机的。因为数列是确定性产生的,因此不可能是随机的,但可用各种统计检测来评价数列具有多少随机性。

(3) 迭代函数能有效地利用 32 位运算实现。

通过精心选取 a、c 和 m,可使以上 3 个标准得以满足。对第三条来说,为了方便 32 位运算的实现,m 可取为 $2^{31} - 1$。对第一条来说,如果 m 为素数($2^{31} - 1$ 即为素数)且 $c = 0$,则当 a 是 m 的一个本原根,即满足:

$$\begin{cases} a^n \bmod m \neq 1, & n=1,2,\cdots,m-2 \\ a^{m-1} \bmod m = 1 \end{cases}$$

时,产生的数列是整周期的。例如 $a=7^5=16\,807$ 即为 $m=2^{31}-1$ 的一个本原根,由此得到的随机数产生器 $X_{n+1}=(aX_n) \bmod (2^{31}-1)$ 已被广泛应用。

Knuth 给出了使迭代函数达到整周期的充要条件。

定理 5-1 线性同余算法达到整周期的充要条件是:

(1) $\gcd(c,m)=1$;

(2) 对所有满足 $p \mid m$ 的素数 p,有 $a \equiv 1 \pmod p$;

(3) 若 m 满足 $4 \mid m$,则 a 满足 $a \equiv 1 \pmod 4$。

通常,可取 $m=2^r$, $a=2^i+1$, $c=1$,其中,r 是一个整数,$i<r$ 也是一个整数,即可满足定理 5-1 的条件。

线性同余算法除了初值 X_0 的选取具有随机性外,算法本身并不具有随机性,因为 X_0 选定后,以后的数就被确定性地产生了。这个性质可用于对该算法的密码分析,如果敌手知道正在使用的是线性同余算法并知道算法的参数,则一旦获得数列中的一个数,就可得到以后的所有数。甚至敌手如果只知道正在使用的是线性同余算法以及产生的数列中的极少一部分,就足以确定出算法的参数。假定敌手能确定 X_0、X_1、X_2、X_3,就可通过以下方程组

$$X_1=(aX_0+c) \bmod m$$
$$X_2=(aX_1+c) \bmod m$$
$$X_3=(aX_2+c) \bmod m$$

解出 a、c 和 m。

改进的方法是利用系统时钟修改随机数数列。一种方法是每当产生 N 个数后,就利用当前的时钟值模 m 后作为新种子。另一种方法是直接将当前的时钟值加到每个随机数上(模 m 加)。

下面考虑随机数产生器 $X_{n+1}=(aX_n) \bmod m$ 的实现。

算法实现时,需解决的主要问题是溢出。溢出产生的原因在于乘积运算在模运算之前,若能颠倒两个运算的顺序,则可避免溢出。将迭代关系写为 $X=f(X)=(aX) \bmod m$,对算法做如下修改:

若 $m=aq$,则由于 $aX=p \cdot aq+r$,其中,$p=\lfloor aX/aq \rfloor=\lfloor X/q \rfloor$,所以
$$r=aX-p \cdot aq=a(X-pq)=a(X \bmod q)$$
即 $(aX) \bmod m=a(X \bmod q)$

下设 $m=aq+r$,其中,$q=\lfloor m/a \rfloor$,$r=m \bmod a$。当 $r<q$ 时,以下算法可有效地解决溢出。

$$\begin{aligned} f(X)=(aX) \bmod m &=aX-m \cdot \lfloor aX/m \rfloor=a(q\lfloor X/q \rfloor+X \bmod q)-m \cdot \lfloor aX/m \rfloor \\ &=aq\lfloor X/q \rfloor+a(X \bmod q)-m \cdot \lfloor aX/m \rfloor \\ &=(m-r)\lfloor X/q \rfloor+a(X \bmod q)-m \cdot \lfloor aX/m \rfloor \\ &=a(X \bmod q)-r\lfloor X/q \rfloor+m \cdot (\lfloor X/q \rfloor-\lfloor aX/m \rfloor) \end{aligned}$$

令 $p_1(X)=a \cdot (X \bmod q)-r \cdot \lfloor X/q \rfloor$, $p_2(X)=\lfloor X/q \rfloor-\lfloor aX/m \rfloor$,则

$$f(X) = p_1(X) + m \cdot p_2(X)$$

由 m、q、r 的定义及 $r < q$ 知,当 $1 \leqslant X < m$ 时,$a \cdot (X \bmod q)$ 和 $r \cdot \lfloor X/q \rfloor$ 的取值都在 $0 \sim m-1$,所以 $|p_1(X)| \leqslant m-1$。容易验证 $0 \leqslant X/q - aX/m \leqslant 1$,所以 $p_2(X) = \lfloor X/q \rfloor - \lfloor aX/m \rfloor = 0$ 或 1。

$p_2(X)$ 的值可不通过它的定义,而直接由 $p_1(X)$ 的值得出。这是因为 $1 \leqslant f(X) \leqslant m-1$,所以当且仅当 $1 \leqslant p_1(X) \leqslant m-1$ 时,$p_2(X) = 0$;当且仅当 $-(m-1) \leqslant p_1(X) \leqslant -1$ 时,$p_2(X) = 1$。由此得:

$$f(X) = \begin{cases} p_1(X), & \text{如果 } 1 \leqslant p_1(X) \leqslant m-1 \\ p_1(X) + m, & \text{如果 } -(m-1) \leqslant p_1(X) \leqslant -1 \end{cases}$$

算法进一步修改如下:

设 $p_1(X) = a \cdot (X \bmod q)$,$p_2(X) = r \cdot \lfloor X/q \rfloor$,那么

$$f(X) = \begin{cases} p_1(X) - p_2(X), & \text{如果 } p_1(X) > p_2(X) \\ p_1(X) + (m - p_2(X)), & \text{否则} \end{cases}$$

对线性同余算法,有以下一些常用的变形。

1. 幂形式

幂形式的迭代公式为

$$X_{n+1} = (X_n)^d \bmod m, \quad n = 1, 2, \cdots$$

其中,(d, m) 是参数,$X_0 (0 \leqslant X_0 < m)$ 是种子。

根据参数的取法,幂形式又分为以下两种。

1) RSA 产生器

若参数取为 RSA 算法的参数,即 m 是两个大素数的乘积,d 是 RSA 的秘密钥,满足 $\gcd(d, \varphi(m)) = 1$,则此时的随机数产生器称为 RSA 产生器。

【例 5-2】 $p = 13, q = 23, d = 17, m = 299, \varphi(m) = 264, X_0 = 6$,满足 $\gcd(d, \varphi(m)) = 1$。RSA 产生器为

$$X_0 = 6$$
$$X_{n+1} = (X_n)^{17} \bmod 299, \quad n = 1, 2, \cdots$$

2) 平方产生器

若 d 取 2,$m = pq$,而 p、q 是满足 $p \equiv q \equiv 3 \pmod 4$ 的大素数,此时的随机数产生器称为平方产生器。其迭代公式为

$$X_{n+1} = (X_n)^2 \bmod m, \quad n = 1, 2, \cdots$$

2. 离散指数形式

离散指数形式的迭代公式为

$$X_{n+1} = g^{X_n} \bmod m, \quad n = 1, 2, \cdots$$

其中,(g, m) 是参数,$X_0 (0 \leqslant X_0 < m)$ 是种子。

5.3.4　基于密码算法的随机数产生器

为了产生密码中可用的随机数,可使用加密算法。本节介绍 3 个具有代表性的例子。

1. 循环加密

图 5-9 是通过循环加密由主密钥产生会话密钥的示意图,其中,周期为 N 的计数器用来为加密算法产生输入。例如,要想产生 56 比特的 DES 密钥,可使用周期为 2^{56} 的计数器,每产生一个密钥后,计数器加 1。因此本方案产生的伪随机数以整周期循环,输出数列 $X_0, X_1, \cdots, X_{N-1}$ 中的每个值都是由计数器中的不同值得到,因此 $X_0 \neq X_1 \neq \cdots \neq X_{N-1}$。又因为主密钥是受到保护的,所以知道前面的密钥值想得到后面的密钥在计算上是不可行的。

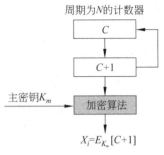

图 5-9　循环加密产生伪随机数

为进一步增加算法的强度,可用整周期的伪随机数产生器代替计数器作为方案中加密算法的输入。

2. DES 的输出反馈(OFB)模式

DES 的 OFB 模式(如图 3-13 所示)能用来产生密钥并能用于流加密。加密算法的每一步输出都为 64 比特,其中最左边的 j 个比特被反馈回加密算法。因此加密算法的一个个 64 比特输出就构成了一个具有很好统计特性的伪随机数序列。同样,如此产生的会话密钥可通过对主密钥的保护而得以保护。

3. ANSI X9.17 的伪随机数产生器

ANSI X9.17 的伪随机数产生器是密码强度最高的伪随机数产生器之一,已在包括 PGP 等许多应用过程中被采纳。

图 5-10 是 ANSI X9.17 伪随机数产生器的框图,产生器有 3 个组成部分:

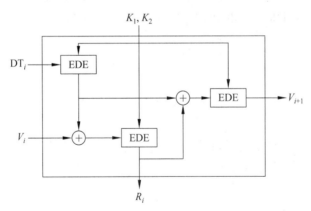

图 5-10　ANSI X9.17 伪随机数产生器

(1) 输入。输入为两个 64 比特的伪随机数,其中,DT_i 表示当前的日期和时间,每产生一个数 R_i 后,DT_i 都更新一次;V_i 是产生第 i 个随机数时的种子,其初值可任意设定,以后每次自动更新。

(2) 密钥。产生器用了 3 次三重 DES 加密,3 次加密使用相同的两个 56 比特的密钥 K_1 和 K_2,这两个密钥必须保密且不能用做他用。

（3）输出。输出为一个 64 比特的伪随机数 R_i 和一个 64 比特的新种子 V_{i+1}，其中：

$$R_i = \text{EDE}_{K_1,K_2}[V_i \oplus \text{EDE}_{K_1,K_2}[\text{DT}_i]]$$

$$V_{i+1} = \text{EDE}_{K_1,K_2}[R_i \oplus \text{EDE}_{K_1,K_2}[\text{DT}_i]]$$

EDE 表示两个密钥的三重 DES。

本方案具有非常高的密码强度，这是因为采用了 112 比特长的密钥和 9 个 DES 加密，同时还由于算法由两个伪随机数输入驱动：一个是当前的日期和时间，另一个是算法上次产生的新种子。而且即使某次产生的随机数 R_i 泄露了，但由于 R_i 又经一次 EDE 加密才产生新种子 V_{i+1}，所以别人即使得到 R_i，也得不到 V_{i+1}，从而得不到新随机数 R_{i+1}。

5.3.5　随机比特产生器

在某些情况下，需要的是随机比特序列，而不是随机数序列，如流密码的密钥流。下面介绍几个常用的随机比特产生器。

1. BBS（Blum-Blum-Shub）产生器

BBS 产生器是已经过证明的密码强度最强的伪随机数产生器，它的整个过程如下：

首先，选择两个大素数 p、q，满足 $p \equiv q \equiv 3 \pmod 4$，令 $n = p \times q$。再选一个随机数 s，使得 s 与 n 互素。然后按以下算法产生比特序列 $\{B_i\}$：

$$X_0 = s^2 \bmod n$$
$$\text{for } i = 1 \text{ to } \infty \text{ do } \{$$
$$X_i = X_{i-1}^2 \bmod n;$$
$$B_i = X_i \bmod 2\}$$

即在每次循环中取 X_i 的最低有效位。

【例 5-3】　$n = 192\ 649 = 383 \times 503$，种子 $s = 101\ 355$，结果由表 5-1 给出。

表 5-1　BBS 产生器的一个例子

i	X_i	B_i	i	X_i	B_i
0	20 749		11	137 922	0
1	143 135	1	12	123 175	1
2	177 671	1	13	8630	0
3	97 048	0	14	114 386	0
4	89 992	0	15	14 863	1
5	174 051	1	16	133 015	1
6	80 649	1	17	106 065	1
7	45 663	1	18	45 870	0
8	69 442	0	19	137 171	1
9	186 894	0	20	48 060	0
10	177 046	0			

BBS 的安全性基于大整数分解的困难性，它是密码上安全的伪随机比特产生器。如

果伪随机比特产生器能通过下一比特检验,则称为密码上安全的伪随机比特产生器,具体定义为:以伪随机比特产生器的输出序列的前 k 个比特作为输入,如果不存在多项式时间算法,能以大于 $\frac{1}{2}$ 的概率预测第 $k+1$ 个比特。换句话说,已知一个序列的前 k 个比特,不存在实际可行的算法能以大于 $\frac{1}{2}$ 的概率预测下一比特是 0 还是 1。

2. Rabin 产生器

设 $k \geqslant 2$ 是一个整数,在 $[2^k, 2^{k+1}]$ 均匀选择两个奇素数 p、q,满足 $p \equiv q \equiv 3 \pmod 4$(这个条件保证 -1 是模 p 和模 q 的非平方剩余),令 $n = p \times q$。迭代公式为

$$X_i = \begin{cases} (X_{i-1})^2 \bmod n, & \text{如果}(X_{i-1})^2 \bmod n < n/2 \\ n - (X_{i-1})^2 \bmod n, & \text{如果}(X_{i-1})^2 \bmod n \geqslant n/2 \end{cases}$$

取

$$B_i = X_i \bmod 2, \quad i = 1, 2, \cdots$$

则 $\{B_i: i = 1, 2, \cdots\}$ 就是产生的随机比特序列。

3. 离散指数比特产生器

设 $k \geqslant 2, m \geqslant 1$ 是两个整数,在 $[2^k, 2^{k+1}]$ 均匀选择一个奇素数 p,设 g 是 p 的一个本原根。迭代公式为

$$X_i = g^{X_{i-1}} \bmod p, \quad i = 1, 2, \cdots$$

取 B_i 为 X_i 的最高有效位,

$$B_i \equiv \left\lceil \frac{X_i}{2^k} \right\rceil \pmod 2$$

其中,$\lceil \ \rceil$ 为取上整数函数,则 $\{B_i: i = 1, 2, \cdots, k^m + m\}$ 就是产生的随机比特序列。

5.4 秘密分割

5.4.1 秘密分割门限方案

在诸如导弹控制发射、重要场所的通行等情况都必须由两人或多人同时参与才能生效,这时都需要将秘密分给多人掌管,并且必须有一定数目的掌管秘密的人同时到场才能恢复这一秘密。

由此,引入门限方案(Threshold Schemes)的一般概念。

定义 5-1 设秘密 s 被分成 n 个部分信息,每一部分信息称为一个子密钥或影子,由一个参与者持有,使得:

(1) 由 k 个或多于 k 个参与者所持有的部分信息可重构 s。

(2) 由少于 k 个参与者所持有的部分信息则无法重构 s。

称这种方案为 (k, n)-秘密分割门限方案,k 称为方案的门限值。

如果一个参与者或一组未经授权的参与者在猜测秘密 s 时,并不比局外人猜秘密时

有优势,则称这个方案是完善的,即(k,n)-秘密分割门限方案是完善的,如果:

(3) 由少于 k 个参与者所持有的部分信息得不到秘密 s 的任何信息。

下面介绍最具代表性的两个秘密分割门限方案。

5.4.2　Shamir 门限方案

Shamir 门限方案是基于多项式的 Lagrange 插值公式的。插值是古典数值分析中的一个基本问题,问题如下:已知一个函数 $\varphi(x)$ 在 k 个互不相同的点的函数值为 $\varphi(x_i)$ $(i=1,\cdots,k)$,寻求一个满足 $f(x_i)=\varphi(x_i)(i=1,\cdots,k)$ 的函数 $f(x)$,用来逼近 $\varphi(x)$。$f(x)$ 称为 $\varphi(x)$ 的插值函数,$f(x)$ 可取自不同的函数类,既可为代数多项式,也可为三角多项式或有理分式。若取 $f(x)$ 为代数多项式,则称插值问题为代数插值,$f(x)$ 称为 $\varphi(x)$ 的插值多项式。常用的代数插值有 Lagrange 插值、Newton 插值、Hermite 插值。

Lagrange 插值:已知 $\varphi(x)$ 在 k 个互不相同的点的函数值 $\varphi(x_i)(i=1,\cdots,k)$,可构造 $k-1$ 次插值多项式为

$$f(x) = \sum_{j=1}^{k} \varphi(x_j) \prod_{\substack{l=1 \\ l \neq j}}^{k} \frac{(x-x_l)}{(x_j-x_l)}$$

这个公式称为 Lagrange 插值公式。

上述问题也可认为是已知 $k-1$ 次多项式 $f(x)$ 的 k 个互不相同的点的函数值 $f(x_i)$ $(i=1,\cdots,k)$,构造多项式 $f(x)$。若把密钥 s 取作 $f(0)$,n 个子密钥取作 $f(x_i)(i=1,2,\cdots,n)$,那么利用其中的任意 k 个子密钥可重构 $f(x)$,从而可得密钥 s,这种 (k,n)-秘密分割门限方案就是 Shamir 门限方案。

这种方案也可按如下更一般的方式来构造。设 $GF(q)$ 是一有限域,其中,q 是一个大素数,满足 $q \geqslant n+1$,秘密 s 是在 $GF(q)\backslash\{0\}$ 上均匀选取的一个随机数,表示为 $s \leftarrow_R GF(q)\backslash\{0\}$。$k-1$ 个系数 $a_1,a_2,\cdots,a_{k-1}$ 的选取也满足 $a_i \leftarrow_R GF(q)\backslash\{0\}(i=1,2,\cdots,k-1)$。在 $GF(q)$ 上构造一个 $k-1$ 次多项式 $f(x)=a_0+a_1x+\cdots+a_{k-1}x^{k-1}$。

n 个参与者记为 $P_1,P_2,\cdots,P_n$,P_i 分配到的子密钥为 $f(i)$。如果任意 k 个参与者 $P_{i_1},\cdots,P_{i_k}(1 \leqslant i_1 < i_2 < \cdots < i_k \leqslant n)$ 想得到秘密 s,可使用 $\{(i_j,f(i_j))|j=1,\cdots,k\}$ 构造以下线性方程组:

$$\begin{cases} a_0 + a_1(i_1) + \cdots + a_{k-1}(i_1)^{k-1} = f(i_1) \\ a_0 + a_1(i_2) + \cdots + a_{k-1}(i_2)^{k-1} = f(i_2) \\ \vdots \\ a_0 + a_1(i_k) + \cdots + a_{k-1}(i_k)^{k-1} = f(i_k) \end{cases} \tag{5-1}$$

因为 $i_l(1 \leqslant l \leqslant k)$ 均不相同,所以可由 Lagrange 插值公式构造以下多项式:

$$f(x) = \sum_{j=1}^{k} f(i_j) \prod_{\substack{l=1 \\ l \neq j}}^{k} \frac{(x-i_l)}{(i_j-i_l)} (\bmod q)$$

从而可得秘密 $s=f(0)$。

然而参与者仅需知道 $f(x)$ 的常数项 $f(0)$,而无须知道整个多项式 $f(x)$,所以仅需以下表达式就可求出 s:

$$s = (-1)^{k-1} \sum_{j=1}^{k} f(i_j) \prod_{\substack{l=1 \\ l \neq j}}^{k} \frac{i_l}{(i_j - i_l)} (\bmod q)$$

如果 $k-1$ 个参与者想获得秘密 s,他们可构造出由 $k-1$ 个方程构成的线性方程组,其中有 k 个未知量。对 $\mathrm{GF}(q)$ 中的任一值 s_0,可设 $f(0) = s_0$,这样可得第 k 个方程,并由 Lagrange 插值公式得出 $f(x)$。因此对每一 $s_0 \in \mathrm{GF}(q)$ 都有一个唯一的多项式满足式(5-1),所以已知 $k-1$ 个子密钥得不到关于秘密 s 的任何信息,因此这个方案是完善的。

【例 5-4】 设 $k=3, n=5, q=19, s=11$,随机选取 $a_1 = 2, a_2 = 7$,得多项式为
$$f(x) = (7x^2 + 2x + 11) \bmod 19$$
分别计算
$$f(1) = (7 + 2 + 11) \bmod 19 = 20 \bmod 19 = 1$$
$$f(2) = (28 + 4 + 11) \bmod 19 = 43 \bmod 19 = 5$$
$$f(3) = (63 + 6 + 11) \bmod 19 = 80 \bmod 19 = 4$$
$$f(4) = (112 + 8 + 11) \bmod 19 = 131 \bmod 19 = 17$$
$$f(5) = (175 + 10 + 11) \bmod 19 = 196 \bmod 19 = 6$$
得 5 个子密钥。

如果知道其中的 3 个子密钥 $f(2) = 5, f(3) = 4, f(5) = 6$,就可按以下方式重构 $f(x)$:
$$5 \frac{(x-3)(x-5)}{(2-3)(2-5)} = 5 \frac{(x-3)(x-5)}{(-1)(-3)} = 5 \frac{(x-3)(x-5)}{3}$$
$$= 5 \cdot (3^{-1} \bmod 19) \cdot (x-3)(x-5)$$
$$= 5 \cdot 13 \cdot (x-3)(x-5) = 65(x-3)(x-5)$$
$$4 \frac{(x-2)(x-5)}{(3-2)(3-5)} = 4 \frac{(x-2)(x-5)}{(1)(-2)} = 4 \frac{(x-2)(x-5)}{-2}$$
$$= 4 \cdot ((-2)^{-1} \bmod 19) \cdot (x-2)(x-5)$$
$$= 4 \cdot 9 \cdot (x-2)(x-5) = 36(x-2)(x-5)$$
$$6 \frac{(x-2)(x-3)}{(5-2)(5-3)} = 6 \frac{(x-2)(x-3)}{(3)(2)} = 6 \frac{(x-2)(x-3)}{6}$$
$$= 6 \cdot (6^{-1} \bmod 19) \cdot (x-2)(x-3)$$
$$= 6 \cdot 16 \cdot (x-2)(x-3) = 96(x-2)(x-3)$$
所以
$$f(x) = [65(x-3)(x-5) + 36(x-2)(x-5) + 96(x-2)(x-3)] \bmod 19$$
$$= [8(x-3)(x-5) + 17(x-2)(x-5) + (x-2)(x-3)] \bmod 19$$
$$= (26x^2 - 188x + 296) \bmod 19$$
$$= 7x^2 + 2x + 11$$
从而得秘密为 $s = 11$。

5.4.3 基于中国剩余定理的门限方案

设 $m_1, m_2, \cdots, m_n$ 是 n 个大于 1 的整数,满足
$$m_1 \leqslant m_2 \leqslant \cdots \leqslant m_n, \quad \gcd(m_i, m_j) = 1 (\forall i, j, i \neq j),$$

$$m_1 m_2 \cdots m_k > m_n m_{n-1} \cdots m_{n-k+2}$$

又设 s 是秘密数据，满足 $m_n m_{n-1} \cdots m_{n-k+2} < s < m_1 m_2 \cdots m_k$。

计算 $M = m_1 m_2 \cdots m_n$，$s_i \equiv s \pmod{m_i}$ $(i=1, \cdots, n)$。以 (s_i, m_i, M) 作为一个子密钥，集合 $\{(s_i, m_i, M)\}_{i=1}^{n}$ 即构成了一个 (k, n) 门限方案。

这是因为，在 k 个参与者(记为 $i_1, i_2, \cdots, i_k$)中，每个 i_j 计算

$$\begin{cases} M_{i_j} = \dfrac{M}{m_{i_j}} \\ N_{i_j} \equiv M_{i_j}^{-1} \pmod{m_{i_j}} \\ y_{i_j} = s_{i_j} M_{i_j} N_{i_j} \end{cases}$$

结合起来，根据中国剩余定理可求得方程组

$$\begin{cases} s \equiv s_{i_1} \pmod{m_{i_1}} \\ \vdots \\ s \equiv s_{i_k} \pmod{m_{i_k}} \end{cases} \tag{5-2}$$

的解

$$s = \sum_{j=1}^{k} y_{i_j} \left(\bmod \prod_{j=1}^{k} m_{i_j} \right) \tag{5-3}$$

下面证明在方案给出的条件下，式(5-3)得到的 s 的确是方案中被分割的秘密数据，即 s 也是方程组(5-4)的解。

$$\begin{cases} s \equiv s_1 \pmod{m_1} \\ \vdots \\ s \equiv s_n \pmod{m_n} \end{cases} \tag{5-4}$$

设方程组(5-4)的解为 s'，显然 s' 也满足方程组(5-2)，有 $s' - s \equiv 0 \pmod{m_{i_1}}, \cdots, s' - s \equiv 0 \pmod{m_{i_k}}$，所以 $m_{i_1} \mid s' - s, \cdots, m_{i_k} \mid s' - s$，$\text{lcm}(m_{i_1}, \cdots, m_{i_k}) = m_{i_1} \cdots m_{i_k} \mid s' - s$，得 $s' \equiv s \pmod{m_{i_1} \cdots m_{i_k}}$。又因 $s', s < m_1 m_2 \cdots m_k \leqslant m_{i_1} \cdots m_{i_k}$，所以 $s' = s$。

若参与者少于 k 个，不妨设为 $k-1$，则建立的方程组为

$$\begin{cases} s \equiv s_{i_1} \pmod{m_{i_1}} \\ \vdots \\ s \equiv s_{i_{k-1}} \pmod{m_{i_{k-1}}} \end{cases}$$

方程组的解为 $s' = \sum_{j=1}^{k-1} y_{i_j} \left(\bmod \prod_{j=1}^{k-1} m_{i_j} \right)$，满足 $s' < \prod_{j=1}^{k-1} m_{i_j} < m_n m_{n-1} \cdots m_{n-k+2} < s$，得到不正确的结果。

【例 5-5】 设 $k=3, n=5, m_1=97, m_2=98, m_3=99, m_4=101, m_5=103$，秘密数据 $s=671\,875$，满足 $10\,403 = m_4 m_5 < s < m_1 m_2 m_3 = 941\,094$。

计算 $M = m_1 m_2 m_3 m_4 m_5 = 9\,790\,200\,882$，$s_i \equiv s \pmod{m_i}$ $(i=1, \cdots, 5)$ 得 $s_1 = 53$，$s_2 = 85, s_3 = 61, s_4 = 23, s_5 = 6$。5 个子密钥为 $(53, 97, 9\,790\,200\,882)$，$(85, 98, 9\,790\,200\,882)$，$(61, 99, 9\,790\,200\,882)$，$(23, 101, 9\,790\,200\,882)$，$(6, 103, 9\,790\,200\,882)$。

现在假定 i_1、i_2、i_3 联合起来计算 s，分别计算：

$$\begin{cases} M_1 = \dfrac{M}{m_1} = 100\ 929\ 906 \\ N_1 \equiv M_1^{-1} (\bmod\ m_1) \equiv 95 \end{cases} \quad \begin{cases} M_2 = \dfrac{M}{m_2} = 99\ 900\ 009 \\ N_2 \equiv M_2^{-1} (\bmod\ m_2) \equiv 13 \end{cases} \quad \begin{cases} M_3 = \dfrac{M}{m_3} = 98\ 890\ 918 \\ N_3 \equiv M_3^{-1} (\bmod\ m_1) \equiv 31 \end{cases}$$

得到

$$\begin{aligned} s &\equiv s_1 M_1 N_1 + s_2 M_2 N_2 + s_3 M_3 N_3 (\bmod\ m_1 m_2 m_3) \\ &\equiv 53 \cdot 100\ 929\ 906 \cdot 95 + 85 \cdot 99\ 900\ 009 \cdot 13 + \\ &\quad 61 \cdot 98\ 890\ 918 \cdot 31 (\bmod\ 97 \cdot 98 \cdot 99) \\ &\equiv 805\ 574\ 312\ 593 (\bmod\ 941\ 094) \\ &\equiv 671\ 875 \end{aligned}$$

假定 i_1、i_4、i_5 联合起来计算 s,分别计算:

$$\begin{cases} M_1 = \dfrac{M}{m_1} = 100\ 929\ 906 \\ N_1 \equiv M_1^{-1} (\bmod\ m_1) \equiv 95 \end{cases} \quad \begin{cases} M_4 = \dfrac{M}{m_4} = 96\ 932\ 682 \\ N_4 \equiv M_4^{-1} (\bmod\ m_4) \equiv 61 \end{cases} \quad \begin{cases} M_5 = \dfrac{M}{m_5} = 95\ 050\ 494 \\ N_5 \equiv M_5^{-1} (\bmod\ m_5) \equiv 100 \end{cases}$$

得到

$$\begin{aligned} s &\equiv s_1 M_1 N_1 + s_4 M_4 N_4 + s_5 M_5 N_5 (\bmod\ m_1 m_4 m_5) \\ &\equiv 53 \cdot 100\ 929\ 906 \cdot 95 + 23 \cdot 96\ 932\ 682 \cdot 61 + \\ &\quad 6 \cdot 95\ 050\ 494 \cdot 100 (\bmod\ 97 \cdot 101 \cdot 103) \\ &\equiv 701\ 208\ 925\ 956 (\bmod\ 1\ 009\ 091) \\ &\equiv 671\ 875 \end{aligned}$$

假定 i_1、i_4 联合起来计算 s,则

$$\begin{aligned} s &\equiv s_1 M_1 N_1 + s_4 M_4 N_4 (\bmod\ m_1 m_4) \\ &\equiv 53 \cdot 100\ 929\ 906 \cdot 95 + 23 \cdot 96\ 932\ 682 \cdot 61 (\bmod\ 97 \cdot 101) \\ &\equiv 644\ 178\ 629\ 556 (\bmod\ 9791) \\ &\equiv 5679 \end{aligned}$$

得到一个不正确的结果。

习　　题

1. 在公钥体制中,每一用户 U 都有自己的公开钥 PK_U 和秘密钥 SK_U。如果任意两个用户 A、B 按以下方式通信,A 发给 B 消息($E_{PK_B}(m)$,A),B 收到后,自动向 A 返回消息($E_{PK_A}(m)$,B)以通知 A,B 确实收到报文 m,

(1) 用户 C 怎样通过攻击手段获取报文 m?

(2) 若通信格式变为

　　　A 发给 B 消息:$E_{PK_B}(E_{SK_A}(m),m,A)$

　　　B 向 A 返回消息 $E_{PK_A}(E_{SK_B}(m),m,B)$

这时的安全性如何? 分析 A、B 这时如何相互认证并传递消息 m。

2. Diffie-Hellman 密钥交换协议易受中间人攻击,即攻击者截获通信双方通信的内容后可分别冒充通信双方,以获得通信双方协商的密钥。详细分析攻击者如何实施攻击。

3. 在 Diffie-Hellman 密钥交换过程中,设大素数 $p=11$,$a=2$ 是 p 的本原根。

（1）用户 A 的公开钥 $Y_A = 9$，求其秘密钥 X_A。

（2）设用户 B 的公开钥 $Y_B = 3$，求 A 和 B 的共享密钥 K。

4. 线性同余算法 $X_{n+1} = (aX_n) \bmod 2^4$，问：

（1）该算法产生的数列的最大周期是多少？

（2）a 的值是多少？

（3）对种子有何限制？

5. 在 Shamir 秘密分割门限方案中，设 $k = 3$，$n = 5$，$q = 17$，5 个子密钥分别是 8、7、10、0、11，从中任选 3 个，构造插值多项式并求秘密数据 s。

6. 在基于中国剩余定理的秘密分割门限方案中，设 $k = 2$，$n = 3$，$m_1 = 7$，$m_2 = 9$，$m_3 = 11$，3 个子密钥分别是 6、3、4，求秘密数据 s。

第 6 章

消息认证和哈希函数

第 1 章曾介绍过信息安全所面临的基本攻击类型，包括被动攻击（获取消息的内容、业务流分析）和主动攻击（假冒、重放、消息的篡改、业务拒绝）。抗击被动攻击的方法是前面已介绍过的加密，本章介绍的消息认证则是用来抗击主动攻击的。消息认证是一个过程，用于验证接收消息的真实性（的确是由它所声称的实体发来的）和完整性（未被篡改、插入、删除），同时还用于验证消息的顺序性和时间性（未重排、重放、延迟）。除此之外，在考虑网络安全时还需考虑业务的不可否认性，即防止通信双方中的某一方对所传输消息的否认。实现消息的不可否认性可通过数字签字，数字签字也是一种认证技术，也可用于抗击主动攻击。

消息认证机制和数字签字机制都有一产生认证符的基本功能，这一基本功能又作为认证协议的一个组成部分。认证符是用于认证消息的数值，它的产生方法又分为消息认证码（Message Authentication Code，MAC）、哈希函数（Hash Function）两大类，下面分别介绍。

6.1　消息认证码

6.1.1　消息认证码的定义及使用方式

消息认证码是指消息被一个密钥控制的公开函数作用后产生的、用作认证符的、固定长度的数值，也称为密码校验和。此时需要通信双方 A 和 B 共享一密钥 K。设 A 欲发送给 B 的消息是 M，A 首先计算 $MAC=C_K(M)$，其中，$C_K(\cdot)$ 是密钥控制的公开函数，然后向 B 发送 $M \parallel MAC$，B 收到后做与 A 相同的计算，求得一个新 MAC，并与收到的 MAC 做比较，如图 6-1(a) 所示。

如果仅收发双方知道 K，且 B 计算得到的 MAC 与接收到的 MAC 一致，则这一系统就实现了以下功能：

（1）接收方相信发方发来的消息未被篡改，这是因为攻击者不知道密钥，所以不能够在篡改消息后相应地篡改 MAC，而如果仅篡改消息，则接收方计算的新 MAC 将与收到的 MAC 不同。

（2）接收方相信发方不是冒充的，这是因为除收发双方外再无其他人知道密钥，因此其他人不可能对自己发送的消息计算出正确的 MAC。

MAC 函数与加密算法类似，不同之处为 MAC 函数不必是可逆的，因此与加密算法相比更不易被攻破。

上述过程中，由于消息本身在发送过程中是明文形式，所以这一过程只提供认证性而未提供保密性。为提供保密性可在 MAC 函数以后（如图 6-1(b) 所示）或以前（如图 6-1(c) 所示）进行一次加密，而且加密密钥也需被收发双方共享。在图 6-1(b) 中，M 与 MAC 链接

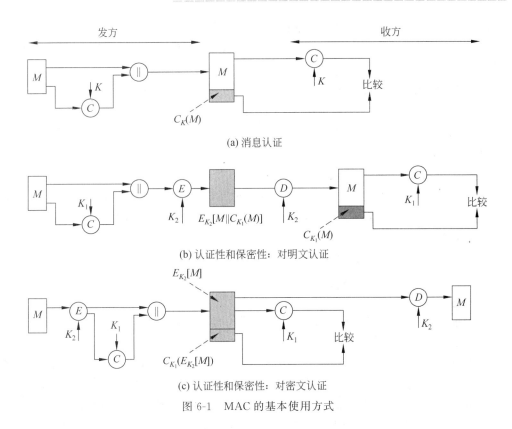

图 6-1　MAC 的基本使用方式

后再被整体加密,在图 6-1(c)中,M 先被加密再与 MAC 链接后发送。通常希望直接对明文进行认证,因此图 6-1(b)所示的使用方式更为常用。

6.1.2　产生 MAC 的函数应满足的要求

使用加密算法(单钥算法或公钥算法)加密消息时,其安全性一般取决于密钥的长度。如果加密算法没有弱点,则敌手只能使用穷搜索攻击以测试所有可能的密钥。如果密钥长为 k 比特,则穷搜索攻击平均将进行 2^{k-1} 个测试。特别地,对唯密文攻击来说,敌手如果知道密文 C,则将对所有可能的密钥值 K_i 执行解密运算 $P_i = D_{K_i}(C)$,直到得到有意义的明文。

对 MAC 来说,由于产生 MAC 的函数一般都为多到一映射,如果产生 n 比特长的MAC,则函数的取值范围即为 2^n 个可能的 MAC,函数输入的可能的消息个数 $N \gg 2^n$,而且如果函数所用的密钥为 k 比特,则可能的密钥个数为 2^k。如果系统不考虑保密性,即敌手能获取明文消息和相应的 MAC,在这种情况下考虑敌手使用穷搜索攻击以获取产生 MAC 的函数所使用的密钥。假定 $k > n$,且敌手已得到 M_1 和 MAC_1,其中,$\text{MAC}_1 = C_{K_1}(M_1)$,敌手对所有可能的密钥值 K_i 求 $\text{MAC}_i = C_{K_i}(M_1)$,直到找到某个 K_i 使得 $\text{MAC}_i = \text{MAC}_1$。由于不同的密钥个数为 2^k,因此将产生 2^k 个 MAC,但其中仅有 2^n 个不同,由于 $2^k > 2^n$,所以有很多密钥(平均有 $2^k/2^n = 2^{k-n}$ 个)都可产生出正确的 MAC_1,而敌手无法知道进行通信的两个用户用的是哪一个密钥,还必须按以下方式重复上述攻击。

第 1 轮:已知 M_1、MAC_1,其中 $\text{MAC}_1 = C_K(M_1)$。对所有 2^k 个可能的密钥计算

$\text{MAC}_i = C_{K_i}(M_1)$，得 2^{k-n} 个可能的密钥。

第 2 轮：已知 M_2、MAC_2，其中 $\text{MAC}_2 = C_K(M_2)$。对上一轮得到的 2^{k-n} 个可能的密钥计算 $\text{MAC}_i = C_{K_i}(M_2)$，得 $2^{k-2\times n}$ 个可能的密钥。

如此下去，如果 $k = \alpha n$，则上述攻击方式平均需要 α 轮。例如，密钥长为 80 比特，MAC 长为 32 比特，则第 1 轮将产生大约 2^{48} 个可能密钥，第 2 轮将产生 2^{16} 个可能的密钥，第 3 轮即可找出正确的密钥。

如果密钥长度小于 MAC 的长度，则第 1 轮就有可能找出正确的密钥，也有可能找出多个可能的密钥，如果是后者，则仍需执行第 2 轮搜索。

所以对消息认证码的穷搜索攻击比对使用相同长度密钥的加密算法的穷搜索攻击的代价还要大。然而有些攻击法却不需要寻找产生 MAC 所使用的密钥。

例如，设 $M = (X_1 \| X_2 \| \cdots \| X_m)$ 是由 64 比特长的分组 $X_i (i = 1, \cdots, m)$ 链接得到的，其消息认证码由以下方式得到：

$$\Delta(M) = X_1 \oplus X_2 \oplus \cdots \oplus X_m$$
$$C_K(M) = E_K[\Delta(M)]$$

其中，$\oplus$ 表示异或运算，加密算法是电码本模式的 DES。因此，密钥长为 56 比特，MAC 长为 64 比特，如果敌手得到 $M \| C_K(M)$，则以穷搜索攻击寻找 K 将需做 2^{56} 次加密。然而敌手可用以下方式攻击系统，将 X_1 到 X_{m-1} 分别用自己选取的 Y_1 到 Y_{m-1} 替换，求出 $Y_m = Y_1 \oplus Y_2 \oplus \cdots \oplus Y_{m-1} \oplus \Delta(M)$（敌手由 M 易得 $\Delta(M)$），并用 Y_m 替换 X_m。因此，敌手可成功伪造一个新消息 $M' = Y_1 \oplus \cdots \oplus Y_m$，且 M' 的 MAC 与原消息 M 的 MAC 相同。

考虑到 MAC 所存在的以上攻击类型，可得它应满足的以下要求，其中，假定敌手知道函数 C 但不知道密钥 K：

（1）如果敌手得到 M 和 $C_K(M)$，则构造一满足 $C_K(M') = C_K(M)$ 的新消息 M' 在计算上是不可行的；

（2）$C_K(M)$ 在以下意义下是均匀分布的：随机选取两个消息 M、M'，$P[C_K(M) = C_K(M')] = 2^{-n}$，其中，$n$ 为 MAC 的长。

（3）若 M' 是 M 的某个变换，即 $M' = f(M)$，例如 f 为插入一个或多个比特，那么 $P[C_K(M) = C_K(M')] = 2^{-n}$。

第一个要求是针对上例中的攻击类型的，即敌手不需要找出密钥 K 而伪造一个与截获的 MAC 相匹配的新消息在计算上是不可行的。第二个要求是说敌手如果截获一个 MAC，则伪造一个相匹配的消息的概率为最小。第三个要求是说函数 C 不应在消息的某个部分或某些比特弱于其他部分或其他比特。否则敌手获得 M 和 MAC 后就有可能修改 M 中弱的部分，从而伪造出一个与原 MAC 相匹配的新消息。

6.1.3　数据认证算法

数据认证算法是最为广泛使用的消息认证码中的一个，已作为 FIPS Publication（FIPS PUB 113），并被 ANSI 作为 X9.17 标准。

算法基于 CBC 模式的 DES 算法，其初始向量取为零向量。需被认证的数据（消息、记录、文件或程序）被分为 64 比特长的分组 $D_1, D_2, \cdots, D_N$，其中，如果最后一个分组不

够 64 比特,可在其右边填充一些 0,然后按以下过程计算数据认证码(见图 6-2):

$$O_1 = E_K(D_1)$$
$$O_2 = E_K(D_2 \oplus O_1)$$
$$O_3 = E_K(D_3 \oplus O_2)$$
$$\vdots$$
$$O_N = E_K(D_N \oplus O_{N-1})$$

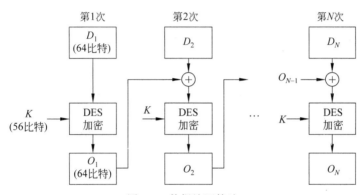

图 6-2　数据认证算法

其中,E 为 DES 加密算法,K 为密钥。

数据认证码或者取为 O_N 或者取为 O_N 的最左 M 个比特,其中,$16 \leqslant M \leqslant 64$。

6.1.4　基于祖冲之密码的完整性算法 128-EIA3

基于祖冲之密码(见 3.8 节)的完整性算法 128-EIA3 是消息认证码(MAC)函数,用于为输入的消息使用完整性密钥 IK 产生消息认证码(MAC)。

1. 算法的输入与输出

算法的输入参数见表 6-1,输出参数见表 6-2。

表 6-1　输入参数表

输 入 参 数	比 特 长 度	备　　注
COUNT	32	计数器
BEARER	5	承载层标识
DIRECTION	1	传输方向标识
IK	128	完整性密钥
LENGTH	32	输入消息的比特长度
M	LENGTH	输入消息

表 6-2　输出参数表

输 出 参 数	比 特 长 度	备　　注
MAC	32	消息认证码

2. 算法工作流程

算法工作流程如图 6-3 所示。

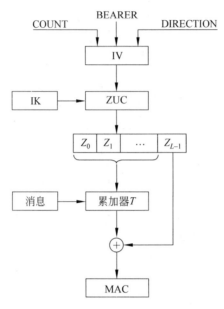

图 6-3　完整性算法 128-EIA3 计算消息认证码(MAC)的原理框图

算法原理如下：根据参数 COUNT、BEARER、DIRECTION 按照一定规则产生出初始向量 IV，以完整性密钥 IK 作为 ZUC 算法的密钥，执行 ZUC 算法产生出长度为 L 的 32 位密钥字流 $Z_0, Z_1, \cdots, Z_{L-1}$。把 $Z_0, Z_1, \cdots, Z_{L-1}$ 看成二进制比特流，从 Z_0 首位开始逐比特向后形成一系列新的 32 位密钥字，并在消息比特流的控制下进行累加，最后再加上 Z_{L-1} 便产生出消息认证码(MAC)。

1) 初始化

初始化是根据完整性密钥 IK 和其他输入参数(见表 6-1)构造 ZUC 算法的初始密钥 k 和初始向量 IV。

把 IK(128 比特长)和 k(128 比特长)分别表示为 16 个字节：

$$IK = IK[0] \| IK[1] \| IK[2] \| \cdots \| IK[15]$$
$$k = k[0] \| k[1] \| k[2] \| \cdots \| k[15]$$

令

$$k[i] = IK[i], i = 0, 1, 2, \cdots, 15$$

把 COUNT(32 比特长)表示为 4 个字节：

$$COUNT = COUNT[0] \| COUNT[1] \| COUNT[2] \| COUNT[3]$$

把 IV(128 比特长)表示为 16 个字节：

$$IV = IV[0] \| IV[1] \| IV[2] \| \cdots \| IV[15]$$

按如下方式产生 IV：

$$\begin{cases} IV[0] = COUNT[0], IV[1] = COUNT[1] \\ IV[2] = COUNT[2], IV[3] = COUNT[3] \\ IV[4] = BEARER \parallel 000_2, IV[5] = 00000000_2 \\ IV[6] = 00000000_2, IV[7] = 00000000_2 \\ IV[8] = IV[0] \oplus (DIRECTION \ll 7), IV[9] = IV[1] \\ IV[10] = IV[2], IV[11] = IV[3] \\ IV[12] = IV[4], IV[13] = IV[5] \\ IV[14] = IV[6] \oplus (DIRECTION \ll 7), IV[15] = IV[7] \end{cases}$$

其中,符号 $A \ll n$ 表示把 A 左移 n 位。

2) 产生完整性密钥字流

利用初始密钥 k 和初始向量 IV,执行 ZUC 密码算法产生 L 个 32 位的完整性密钥字流,其中,$L = \lceil LENGTH/32 \rceil + 2$。将生成的密钥字流表示为比特串 $z[0], z[1], \cdots,$ $z[32 \times (L-1)]$,$z[0]$ 为 ZUC 算法生成的第一个 32 位密钥字的最高位比特,$k[31]$ 为最低位比特,其他以此类推。

为了计算消息认证码(MAC),需要把比特串 $z[0], z[1], \cdots, z[32 \times (L-1)]$ 重新组合成新的 $32 \times (L-1) + 1$ 个 32 位密钥字 z_i,方法是把 $z[0], z[1], \cdots, z[31]$ 表示为 z_0,把 $z[1], z[2], \cdots, z[32]$ 表示为 z_1,以此类推,把 $z[32 \times (L-1)], z[32 \times (L-1)+1],$ $\cdots, z[32 \times (L-1)+31]$ 表示为 $K_{32 \times (L-1)}$。即

$$\begin{cases} z_i = z[i] \parallel z[i+1] \parallel \cdots \parallel z[i+31] \\ i = 0,1,2,\cdots,32 \times (L-1) \end{cases}$$

3) 计算 MAC

设需要计算消息验证码的消息比特序列为 $M = m[0], m[1], \cdots, m[LENGTH-1]$。

设 T 为一个 32 比特的字变量,于是可如下计算消息验证码(MAC)。

```
MACComputation( )
{
    (1) 置 T = 0;
    (2) For(I = 0; I < LENGTH; I++)
            If m[I] = 1 Then T = T ⊕ zi;
    (3) END For
    (4) T = T ⊕ zLENGTH;
    (5) MAC = T ⊕ z32×(L-1);
}
```

6.2　哈希函数

6.2.1　哈希函数的定义及使用方式

哈希函数 H 是一个公开函数,用于将任意长的消息 M 映射为较短的、固定长度的一个值 $H(M)$,作为认证符,称函数值 $H(M)$ 为哈希值或哈希码或消息摘要。哈希码是消

息中所有比特的函数,因此提供了一种错误检测能力,即改变消息中任何一个比特或几个比特都会使哈希码发生改变。

图 6-4 表示哈希函数用来提供消息认证的基本使用方式,共有以下 6 种:

(1) 消息与哈希码链接后用单钥加密算法加密。由于所用密钥仅为收发双方 A、B 共享,因此可保证消息的确来自 A 并且未被篡改。同时由于消息和哈希码都被加密,这种方式还提供了保密性,见图 6-4(a)。

(2) 用单钥加密算法仅对哈希码加密。这种方式用于不要求保密性的情况,可减少处理负担。注意这种方式和图 6-1(a) 的 MAC 结果完全一样,即将 $E_K[H(M)]$ 看作一个函数,函数的输入为消息 M 和密钥 K,输出为固定长度,见图 6-4(b)。

(3) 用公钥加密算法和发方的秘密钥仅加密哈希码。和(2)一样,这种方式提供认证性,又由于只有发方能产生加密的哈希码,因此这种方式还对发方发送的消息提供了数字签字,事实上这种方式就是数字签字,见图 6-4(c)。

(4) 消息的哈希值用公钥加密算法和发方的秘密钥加密后与消息链接,再对链接后的结果用单钥加密算法加密,这种方式提供了保密性和数字签字,见图 6-4(d)。

(5) 使用这种方式时要求通信双方共享一个秘密值 S,A 计算消息 M 和秘密值 S 链接在一起的哈希值,并将此哈希值附加到 M 后发往 B。因 B 也有 S,所以可重新计算哈希值以对消息进行认证。由于秘密值 S 本身未被发送,故手无法对截获的消息加以篡改,也无法产生假消息。这种方式仅提供认证,见图 6-4(e)。

(6) 这种方式是在(5)中消息与哈希值链接以后再增加单钥加密运算,从而又可提供保密性,见图 6-4(f)。

由于加密运算的速度较慢,代价较高,而且很多加密算法还受到专利保护,因此在不要求保密性的情况下,方式(2)和(3)将比其他方式更具优势。

6.2.2　哈希函数应满足的条件

哈希函数的目的是为需认证的数据产生一个“指纹”。为了能够实现对数据的认证,哈希函数应满足以下性质:

(1) 函数的输入可以是任意长。

(2) 函数的输出是固定长。

(3) 已知 x,求 $H(x)$ 较为容易,可用硬件或软件实现。

(4) 已知 h,求使得 $H(x)=h$ 的 x 在计算上是不可行的,这一性质称为函数的单向性,称 $H(x)$ 为单向哈希函数。

(5) 已知 x,找出 $y(y \neq x)$ 使得 $H(y)=H(x)$ 在计算上是不可行的。

如果单向哈希函数满足这一性质,则称其为弱单向哈希函数。

(6) 找出任意两个不同的输入 x、y,使得 $H(y)=H(x)$ 在计算上是不可行的。

如果单向哈希函数满足这一性质,则称其为强单向哈希函数。

性质(5)、(6)给出了哈希函数无碰撞性的概念,如果哈希函数对不同的输入可产生相同的输出,则称该函数具有碰撞性。

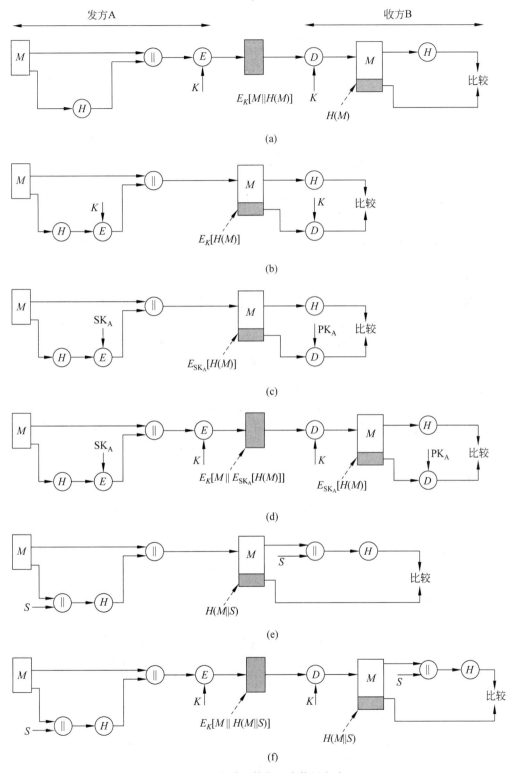

图 6-4　哈希函数的基本使用方式

以上 6 个性质中,前 3 个是哈希函数能用于消息认证的基本要求。第 4 个性质(即单向性)则对使用秘密值的认证技术(见图 6-4(e))极为重要。假如哈希函数不具有单向性,则攻击者截获 M 和 $C=H(S\|M)$ 后,求 C 的逆 $S\|M$,就可求出秘密值 S。第 5 个性质使得敌手无法在已知某消息时,找到与该消息具有相同哈希值的另一消息。这一性质用于哈希值被加密时(见图 6-4(b)和图 6-4(c))防止敌手的伪造,由于在这种情况下,敌手可读取传送的明文消息 M,因此能产生该消息的哈希值 $H(M)$。但由于敌手不知道用于加密哈希值的密钥,他就不可能既伪造一个消息 M,又伪造这个消息的哈希值加密后的密文 $E_K[H(M)]$。然而,如果第 5 个性质不成立,敌手在截获明文消息及其加密的哈希值后,就可按以下方式伪造消息:首先求出截获的消息的哈希值,然后产生一个具有相同哈希值的伪造消息,最后再将伪造的消息和截获的加密的哈希值发往通信的接收一方。第 6 个性质用于抵抗生日攻击。

6.2.3　生日攻击

1. 相关问题

已知一个哈希函数 H 有 n 个可能的输出,$H(x)$ 是一个特定的输出,如果对 H 随机取 k 个输入,则至少有一个输入 y 使得 $H(y)=H(x)$ 的概率为 0.5 时,k 有多大?

以后为叙述方便,称对哈希函数 H 寻找上述 y 的攻击为第 I 类生日攻击。

因为 H 有 n 个可能的输出,所以输入 y 产生的输出 $H(y)$ 等于特定输出 $H(x)$ 的概率是 $1/n$,反过来说,$H(y)\neq H(x)$ 的概率是 $1-1/n$。y 取 k 个随机值而函数的 k 个输出中没有一个等于 $H(x)$,其概率等于每个输出都不等于 $H(x)$ 的概率之积,为 $[1-1/n]^k$,所以 y 取 k 个随机值得到函数的 k 个输出中至少有一个等于 $H(x)$ 的概率为 $1-[1-1/n]^k$。

由 $(1+x)^k\approx 1+kx,|x|\ll 1$;得

$$1-\left[1-\frac{1}{n}\right]^k \approx 1-\left[1-\frac{k}{n}\right]=k/n$$

若使上述概率等于 0.5,则 $k=n/2$。特别地,如果 H 的输出为 m 比特长,即可能的输出个数 $n=2^m$,则 $k=2^{m-1}$。

2. 生日悖论

生日悖论是考虑这样一个问题:在 k 个人中至少有两个人的生日相同的概率大于 0.5 时,k 至少多大?

为了回答这一问题,首先定义下述概率:设有 k 个整数项,每一项都在 $1\sim n$ 等可能地取值,则 k 个整数项中至少有两个取值相同的概率为 $P(n,k)$。因而生日悖论就是求使得 $P(365,k)\geqslant 0.5$ 的最小 k,为此首先考虑 k 个数据项中任意两个取值都不同的概率,记为 $Q(365,k)$。如果 $k>365$,则不可能使得任意两个数据都不相同,因此假定 $k\leqslant 365$。k 个数据项中任意两个都不相同的所有取值方式数为

$$365\times 364\times\cdots\times(365-k+1)=\frac{365!}{(365-k)!}$$

即第 1 个数据项可从 365 个中任取一个,第 2 个数据项可在剩余的 364 个中任取一个,以此类推,最后一个数据项可从 $365-k+1$ 个值中任取一个。如果去掉任意两个都不相同

这一限制条件,可得 k 个数据项中所有取值方式数为 365^k。所以可得

$$Q(365,k)=\frac{365!}{(365-k)!\ 365^k}$$

$$P(365,k)=1-Q(365,k)=1-\frac{365!}{(365-k)!\ 365^k}$$

当 $k=23$ 时,$P(365,23)=0.5073$,即上述问题只需 23 人,人数如此之少。若 k 取 100,则 $P(365,100)=0.999\ 999\ 7$,即获得如此大的概率。之所以称这一问题是悖论,是因为当人数 k 给定时,得到的至少有两个人的生日相同的概率比我们想象的要大得多。这是因为在 k 个人中考虑的是任意两个人的生日是否相同,在 23 个人中可能的情况数为 $C_{23}^2=253$。

将生日悖论推广为下述问题:已知一个在 $1\sim n$ 均匀分布的整数型随机变量,若该变量的 k 个取值中至少有两个取值相同的概率大于 0.5,则 k 至少多大?

与上类似,$P(n,k)=1-\dfrac{n!}{(n-k)!\ n^k}$,令 $P(n,k)>0.5$,可得 $k=1.18\sqrt{n}\approx\sqrt{n}$。

若取 $n=365$,则 $k=1.18\sqrt{365}=22.54$。

3. 生日攻击

生日攻击基于下述结论:设哈希函数 H 有 2^m 个可能的输出(即输出长 m 比特),如果 H 的 k 个随机输入中至少有两个产生相同输出的概率大于 0.5,则 $k\approx\sqrt{2^m}=2^{m/2}$。

称寻找函数 H 的具有相同输出的两个任意输入的攻击方式为第 Ⅱ 类生日攻击。

第 Ⅱ 类生日攻击可按以下方式进行:

(1) 设用户将用图 6-4(c)所示的方式发送消息,即 A 用自己的秘密钥对消息的哈希值加密,加密结果作为对消息的签字,连同明文消息一起发往接收者。

(2) 敌手对 A 发送的消息 M 产生出 $2^{m/2}$ 个变形的消息,每个变形的消息本质上的含义与原消息相同,同时敌手还准备一个假冒的消息 M',并对假冒的消息产生出 $2^{m/2}$ 个变形的消息。

(3) 敌手在产生的两个消息集合中,找出哈希值相同的一对消息 $\widetilde{M}$ 和 $\widetilde{\widetilde{M}}$,由上述讨论可知敌手成功的概率大于 0.5。如果不成功,则重新产生一个假冒的消息,并产生 $2^{m/2}$ 个变形,直到找到哈希值相同的一对消息为止。

(4) 敌手将 $\widetilde{M}$ 提交给 A 请求签字,由于 $\widetilde{M}$ 与 $\widetilde{\widetilde{M}}$ 的哈希值相同,所以可将 A 对 $\widetilde{M}$ 的签字当作对 $\widetilde{\widetilde{M}}$ 的签字,将此签字连同 $\widetilde{\widetilde{M}}$ 一起发给意欲的接收者。

上述攻击中如果哈希值的长为 64 比特,则敌手攻击成功所需的时间复杂度为 $O(2^{32})$。

将一个消息变形为具有相同含义的另一消息的方法有很多,例如对文件,敌手可在文件的单词之间插入很多 space-space-backspace 字符对,然后将其中的某些字符对替换为 space-backspace-space 就得到一个变形的消息。

6.2.4　迭代型哈希函数的一般结构

目前使用的大多数哈希函数(如 MD5、SHA)的结构都是迭代型的,如图 6-5 所示。其

中,函数的输入 M 被分为 L 个分组 $Y_0,Y_1,\cdots,Y_{L-1}$,每一个分组的长度为 b 比特,若最后一个分组的长度不够,需对其做填充。最后一个分组中还包括整个函数输入的长度值,这样一来,将使得敌手的攻击更为困难,即敌手若想成功地产生假冒的消息,就必须保证假冒消息的哈希值与原消息的哈希值相同,而且假冒消息的长度也要与原消息的长度相等。

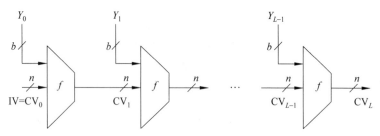

图 6-5　迭代型哈希函数的一般结构

算法中重复使用一个压缩函数 f(注意,有些书将哈希函数也称为压缩函数,在此用压缩函数表示哈希函数中的一个特定部分),f 的输入有两项,一项是上一轮(第 $i-1$ 轮)输出的 n 比特值 CV_{i-1},称为链接变量,另一项是算法在本轮(第 i 轮)的 b 比特输入分组 Y_i。f 的输出为 n 比特值 CV_i,CV_i 又作为下一轮的输入。算法开始时还需对链接变量指定一个初值 IV,最后一轮输出的链接变量 CV_L 即为最终产生的哈希值。通常有 $b>n$,因此称函数 f 为压缩函数。算法可表达如下:

$CV_0=IV=n$ 比特长的初值;

$CV_i=f(CV_{i-1},Y_{i-1}),\quad 1\leqslant i\leqslant L$;

$H(M)=CV_L$

算法的核心技术是设计无碰撞的压缩函数 f,而敌手对算法的攻击重点是 f 的内部结构,由于 f 和分组密码一样是由若干轮处理过程组成,所以对 f 的攻击需通过对各轮之间的位模式的分析来进行,分析过程常常需要先找出 f 的碰撞。由于 f 是压缩函数,其碰撞是不可避免的,因此在设计 f 时就应保证找出其碰撞在计算上是不可行的。

下面介绍几个重要的迭代型哈希函数。

6.3　MD5 哈希算法

MD5 哈希算法的前身 MD4 是由 Ron Rivest 于 1990 年 10 月作为 RFC 提出的,1992 年 4 月公布的 MD4 的改进(RFC 1320,1321)称为 MD5。

6.3.1　算法描述

MD5 算法采用图 6-5 描述的迭代型哈希函数的一般结构如图 6-6 所示。算法的输入为任意长的消息(图中为 K 比特),分为 512 比特长的分组,输出为 128 比特的消息摘要。

处理过程有以下几步:

(1) 对消息填充。对消息填充,使得其比特长在模 512 下为 448,即填充后消息的长

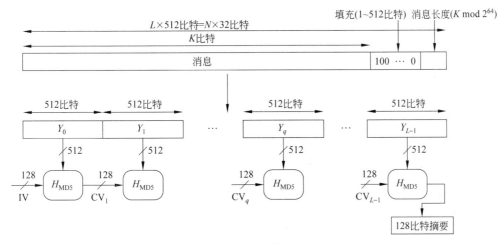

图 6-6　MD5 的算法框图

度为 512 的某一倍数减 64,留出的 64 比特备第(2)步使用。步骤(1)是必需的,即使消息长度已满足要求,仍需填充。例如,消息长为 448 比特,则需填充 512 比特,使其长度变为 960,因此填充的比特数大于等于 1 而小于等于 512。

填充方式是固定的:第 1 位为 1,其后各位皆为 0。

(2) 附加消息的长度。用步骤(1)留出的 64 比特以小端(little-endian)方式来表示消息被填充前的长度。如果消息长大于 2^{64},则以 2^{64} 为模数取模。

小端方式是指按数据的最低有效字节(byte)(或最低有效位)优先的顺序存储数据,即将最低有效字节(或最低有效位)存于低地址字节(或位)。相反的存储方式称为大端(big-endian)方式。

前两步执行完后,消息的长度为 512 的倍数(设为 L 倍),则可将消息表示为分组长为 512 的一系列分组 $Y_0, Y_1, \cdots, Y_{L-1}$。而每一分组又可表示为 16 个 32 比特长的字,则消息中的总字数为 $N = L \times 16$,因此消息又可按字表示为 $M[0, \cdots, N-1]$。

(3) 对 MD 缓冲区初始化。算法使用 128 比特长的缓冲区以存储中间结果和最终哈希值,缓冲区可表示为 4 个 32 比特长的寄存器 (A, B, C, D),每个寄存器都以小端方式存储数据,其初值取为(以存储方式)$A = 01234567, B = 89ABCDEF, C = FEDCBA98, D = 76543210$,实际上为 67452301,EFCDAB89,98BADCFE,10325476。

(4) 以分组为单位对消息进行处理。每一分组 $Y_q (q = 0, \cdots, L-1)$ 都经一压缩函数 H_{MD5} 处理。H_{MD5} 是算法的核心,其中又有 4 轮处理过程,如图 6-7 所示。

H_{MD5} 的 4 轮处理过程结构一样,但所用的逻辑函数不同,分别表示为 F、G、H、I。每轮的输入为当前处理的消息分组 Y_q 和缓冲区的当前值 A、B、C、D,输出仍放在缓冲区中以产生新的 A、B、C、D。每轮处理过程还需加上常数表 T 中四分之一个元素,分别为 $T[1..16]$,$T[17..32]$,$T[33..48]$,$T[49..64]$。表 T 有 64 个元素,见表 6-3,第 i 个元素 $T[i]$ 为 $2^{32} \times \text{abs}(\sin(i))$ 的整数部分,其中,sin 为正弦函数,i 以弧度为单位。由于 $\text{abs}(\sin(i))$ 大于 0 小于 1,所以 $T[i]$ 可由 32 比特的字表示。第 4 轮的输出再与第 1 轮的输入 CV_q 相加,相加时将 CV_q 看作 4 个 32 比特的字,每个字与第 4 轮输出的对应的字

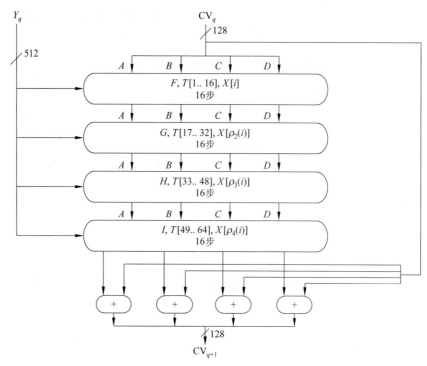

图 6-7 MD5 的分组处理框图

按模 2^{32} 相加,相加的结果即为压缩函数 H_{MD5} 的输出。

表 6-3 常数表 T

$T[1]=$D76AA478	$T[17]=$F61E2562	$T[33]=$FFFA3942	$T[49]=$F4292244
$T[2]=$E8C7B756	$T[18]=$C040B340	$T[34]=$8771F681	$T[50]=$432AFF97
$T[3]=$242070DB	$T[19]=$265E5A51	$T[35]=$699D6122	$T[51]=$AB9423A7
$T[4]=$C1BDCEEE	$T[20]=$E9B6C7AA	$T[36]=$FDE5380C	$T[52]=$FC93A039
$T[5]=$F57C0FAF	$T[21]=$D62F105D	$T[37]=$A4BEEA44	$T[53]=$655B59C3
$T[6]=$4787C62A	$T[22]=$02441453	$T[38]=$4BDECFA9	$T[54]=$8F0CCC92
$T[7]=$A8304613	$T[23]=$D8A1E681	$T[39]=$F6BB4B60	$T[55]=$FFEFF47D
$T[8]=$FD469501	$T[24]=$E7D3FBC8	$T[40]=$BEBFBC70	$T[56]=$85845DD1
$T[9]=$698098D8	$T[25]=$21E1CDE6	$T[41]=$289B7EC6	$T[57]=$6FA87E4F
$T[10]=$8B44F7AF	$T[26]=$C33707D6	$T[42]=$EAA127FA	$T[58]=$FE2CE6E0
$T[11]=$FFFF5BB1	$T[27]=$F4D50D87	$T[43]=$D4EF3085	$T[59]=$A3014314
$T[12]=$895CD7BE	$T[28]=$455A14ED	$T[44]=$04881D05	$T[60]=$4E0811A1
$T[13]=$6B901122	$T[29]=$A9E3E905	$T[45]=$D9D4D039	$T[61]=$F7537E82
$T[14]=$FD987193	$T[30]=$FCEFA3F8	$T[46]=$E6DB99E5	$T[62]=$BD3AF235
$T[15]=$A679438E	$T[31]=$676F02D9	$T[47]=$1FA27CF8	$T[63]=$2AD7D2BB
$T[16]=$49B40821	$T[32]=$8D2A4C8A	$T[48]=$C4AC5665	$T[64]=$EB86D391

（5）输出。消息的 L 个分组都被处理完后，最后一个 H_{MD5} 的输出即为产生的消息摘要。

步骤（3）～（5）的处理过程可总结如下：

$$CV_0 = IV;$$
$$CV_{q+1} = CV_q + RF_I[Y_q, RF_H[Y_q, RF_G[Y_q, RF_F[Y_q, CV_q]]]];$$
$$MD = CV_L$$

其中，IV 是步骤（3）所取的缓冲区 $ABCD$ 的初值，Y_q 是消息的第 q 个 512 比特长的分组，L 是消息经过步骤（1）和步骤（2）处理后的分组数，CV_q 为处理消息的第 q 个分组时输入的链接变量（即前一个压缩函数的输出），RF_x 为使用基本逻辑函数 x 的轮函数，$+$ 为对应字的模 2^{32} 加法，MD 为最终的哈希值。

6.3.2　MD5 的压缩函数

压缩函数 H_{MD5} 中有 4 轮处理过程，每轮又对缓冲区 $ABCD$ 进行 16 步迭代运算，每一步的运算形式为（见图 6-8）

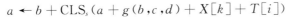

$$a \leftarrow b + CLS_s(a + g(b, c, d) + X[k] + T[i])$$

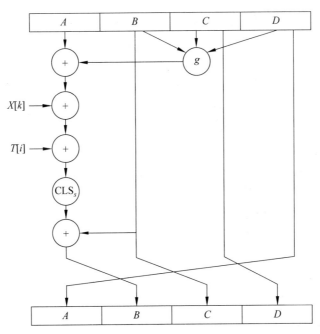

图 6-8　压缩函数中的一步迭代示意图

其中，a、b、c、d 为缓冲区的 4 个字，运算完成后再右循环一个字，即得这一步迭代的输出。g 是基本逻辑函数 F、G、H、I 之一。CLS_s 是 32 位存数左循环移 s 位，s 的取值由表 6-4 给出。$T[i]$ 为表 T 中的第 i 个字，$+$ 为模 2^{32} 加法。$X[k] = M[q \times 16 + k]$，即消息第 q 个分组中的第 k 个字（$k = 1, \cdots, 16$）。在 4 轮处理过程中，每轮以不同的次序使用 16 个字，在第一轮以字的初始次序使用。第二轮到第四轮，分别对字的次序 i 做置换后得到一

个新次序，然后以新次序使用 16 个字。3 个置换分别为

$$\rho_2(i) = (1 + 5i) \bmod 16$$
$$\rho_3(i) = (5 + 3i) \bmod 16$$
$$\rho_4(i) = 7i \bmod 16$$

表 6-4　压缩函数每步左循环移位的位数

轮数	步　　数															
	1	2	3	4	5	6	7	8	9	10	11	12	13	14	15	16
1	7	12	17	22	7	12	17	22	7	12	17	22	7	12	17	22
2	5	9	14	20	5	9	14	20	5	9	14	20	5	9	14	20
3	4	11	16	23	4	11	16	23	4	11	16	23	4	11	16	23
4	6	10	15	21	6	10	15	21	6	10	15	21	6	10	15	21

4 轮处理过程分别使用不同的基本逻辑函数 F、G、H、I，每个逻辑函数的输入为 3 个 32 比特的字，输出是一个 32 比特的字，其中的运算为逐比特的逻辑运算，即输出的第 n 个比特是 3 个输入的第 n 个比特的函数，函数的定义由表 6-5 给出，其中，$\wedge$、$\vee$、$-$、$\oplus$ 分别是逻辑与、逻辑或、逻辑非和异或运算，表 6-6 是 4 个函数的真值表。

表 6-5　基本逻辑函数的定义

轮　　数	基本逻辑函数	$g(b, c, d)$
1	$F(b, c, d)$	$(b \wedge c) \vee (\bar{b} \wedge d)$
2	$G(b, c, d)$	$(b \wedge d) \vee (c \wedge \bar{d})$
3	$H(b, c, d)$	$b \oplus c \oplus d$
4	$I(b, c, d)$	$c \oplus (b \vee \bar{d})$

表 6-6　基本逻辑函数的真值表

b	c	d	F	G	H	I	b	c	d	F	G	H	I
0	0	0	0	0	0	1	1	0	0	0	0	1	1
0	0	1	1	0	1	0	1	0	1	0	1	0	1
0	1	0	0	1	1	0	1	1	0	1	1	0	0
0	1	1	1	0	0	1	1	1	1	1	1	1	0

6.3.3　MD5 的安全性

Rivest 猜想作为 128 比特长的哈希值来说，MD5 的强度达到了最大，例如，找出具有相同哈希值的两个消息需执行 $O(2^{64})$ 次运算，而寻找具有给定哈希值的一个消息需要执行 $O(2^{128})$ 次运算。然而，2004 年，山东大学王小云等成功找出了 MD5 的碰撞，发生碰撞的消息是由两个 1024 比特长的串 M、N_i 构成的，设消息 $M \| N_i$ 的碰撞是 $M' \| N_i'$，在

IBM P690 上找 M 和 M' 花费时间大约一小时,找出 M 和 M' 后,则只需 15 秒至 5 分钟就可找出 N_i 和 N_i'。

6.4　安全哈希算法

安全哈希算法(Secure Hash Algorithm,SHA)由美国 NIST 设计,于 1993 年作为联邦信息处理标准(FIPS PUB 180)公布。SHA-0 是 SHA 的早期版本,SHA-0 被公布后,NIST 很快就发现了它的缺陷,修改后的版本称为 SHA-1,简称为 SHA。SHA 是基于 MD4 算法的,其结构与 MD4 非常类似。

6.4.1　算法描述

算法的输入为小于 2^{64} 比特长的任意消息,分为 512 比特长的分组,输出为 160 比特长的消息摘要。算法的框图与图 6-6 一样,但哈希值的长度和链接变量的长度为 160 比特。

算法的处理过程有以下几步:

(1) 对消息填充。与 MD5 的步骤(1)完全相同。

(2) 附加消息的长度。与 MD5 的步骤(2)类似,不同之处在于以大端方式表示填充前消息的长度。即步骤(1)留出的 64 比特当作 64 比特的无符号整数。

(3) 对 MD 缓冲区初始化。算法使用 160 比特长的缓冲区存储中间结果和最终哈希值,缓冲区可表示为 5 个 32 比特长的寄存器(A,B,C,D,E),每个寄存器都以大端方式存储数据,其初始值分别为 $A=67452301,B=\text{EFCDAB89},C=98\text{BADCFB},D=10325476,E=\text{C3D2E1F0}$。

(4) 以分组为单位对消息进行处理。每一分组 Y_q 都经一压缩函数处理,压缩函数由 4 轮处理过程(如图 6-9 所示)构成,每一轮又由 20 步迭代组成。4 轮处理过程结构一样,但所用的基本逻辑函数不同,分别表示为 f_1、f_2、f_3、f_4。每轮的输入为当前处理的消息分组 Y_q 和缓冲区的当前值 A、B、C、D、E,输出仍放在缓冲区以替代 A、B、C、D、E 的旧值,每轮处理过程还需加上一个加法常量 K_t,$0 \leqslant t \leqslant 79$ 表示迭代的步数。80 个常量中实际上只有 4 个不同取值,如表 6-7 所示,其中,$\lfloor x \rfloor$ 为 x 的整数部分。

表 6-7　SHA 的加法常量

迭代步数 t	常量 K_t(十六进制)	K_t(十进制)	迭代步数 t	常量 K_t(十六进制)	K_t(十进制)
$0 \leqslant t \leqslant 19$	5A827999	$\lfloor 2^{30} \times \sqrt{2} \rfloor$	$40 \leqslant t \leqslant 59$	8F1BBCDC	$\lfloor 2^{30} \times \sqrt{5} \rfloor$
$20 \leqslant t \leqslant 39$	6ED9EBA1	$\lfloor 2^{30} \times \sqrt{3} \rfloor$	$60 \leqslant t \leqslant 79$	CA62C1D6	$\lfloor 2^{30} \times \sqrt{10} \rfloor$

第 4 轮的输出(即第 80 步迭代的输出)再与第 1 轮的输入 CV_q 相加,以产生 CV_{q+1},其中,加法是缓冲区中 5 个字中的每一个字与 CV_q 中相应的字模 2^{32} 相加。

(5) 输出。消息的 L 个分组都被处理完后,最后一个分组的输出即为 160 比特的消息摘要。

步骤(3)~(5)的处理过程可总结如下:

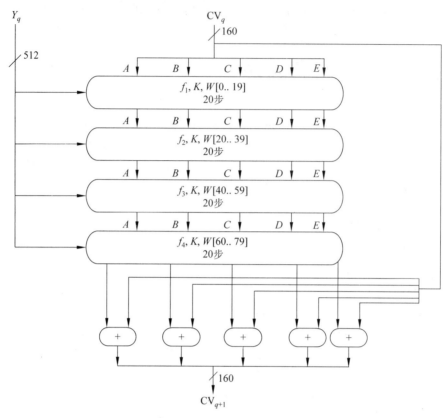

图 6-9　SHA 的分组处理框图

$$CV_0 = IV;$$
$$CV_{q+1} = SUM_{32}(CV_q, ABCDE_q);$$
$$MD = CV_L$$

其中，IV 是第(3)步定义的缓冲区 $ABCDE$ 的初值，$ABCDE_q$ 是第 q 个消息分组经最后一轮处理过程处理后的输出，L 是消息(包括填充位和长度字段)的分组数，SUM_{32} 是对应字的模 2^{32} 加法，MD 为最终的摘要值。

6.4.2　SHA 的压缩函数

如上所述，SHA 的压缩函数由 4 轮处理过程组成，每轮处理过程又由对缓冲区 $ABCDE$ 的 20 步迭代运算组成(见图 6-10)，每一步迭代运算的形式为

$$A, B, C, D, E \leftarrow (E + f_t(B, C, D) + CLS_5(A) + W_t + K_t), \quad A, CLS_{30}(B), C, D$$

其中，A、B、C、D、E 为缓冲区的 5 个字，t 是迭代的步数($0 \leqslant t \leqslant 79$)，$f_t(B, C, D)$ 是第 t 步迭代使用的基本逻辑函数，CLS_s 为左循环移 s 位，W_t 是由当前 512 比特长的分组导出的一个 32 比特长的字(导出方式见下面)，K_t 是加法常量，$+$ 是模 2^{32} 加法。

基本逻辑函数的输入为 3 个 32 比特的字，输出是一个 32 比特的字，其中的运算为逐比特逻辑运算，即输出的第 n 个比特是 3 个输入的相应比特的函数。函数的定义如表 6-8 所示。

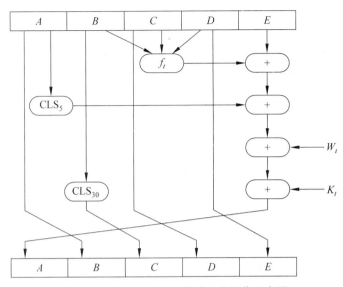

图 6-10　SHA 的压缩函数中一步迭代示意图

表 6-8　SHA 中基本逻辑函数的定义

迭代的步数	函 数 名	定 义
$0 \leqslant t \leqslant 19$	$f_1 = f_t(B, C, D)$	$(B \wedge C) \vee (\bar{B} \wedge D)$
$20 \leqslant t \leqslant 39$	$f_2 = f_t(B, C, D)$	$B \oplus C \oplus D$
$40 \leqslant t \leqslant 59$	$f_3 = f_t(B, C, D)$	$(B \wedge C) \vee (B \wedge D) \vee (C \wedge D)$
$60 \leqslant t \leqslant 79$	$f_4 = f_t(B, C, D)$	$B \oplus C \oplus D$

其中，$\wedge$、$\vee$、$-$、$\oplus$ 分别是与、或、非、异或 4 个逻辑运算，函数的真值表如表 6-9 所示。

表 6-9　SHA 的基本逻辑函数的真值表

B C D	f_1 f_2 f_3 f_4	B C D	f_1 f_2 f_3 f_4
0　0　0	0　0　0　0	1　0　0	0　1　0　1
0　0　1	1　1　0　1	1　0　1	0　0　1　0
0　1　0	0　1　0　1	1　1　0	1　0　1　0
0　1　1	1　0　1　0	1　1　1	1　1　1　1

下面说明如何由当前的输入分组（512 比特长）导出 W_t（32 比特长）。前 16 个值（即 $W_0, W_1, \cdots, W_{15}$）直接取为输入分组的 16 个相应的字，其余值（即 $W_{16}, W_{17}, \cdots, W_{79}$）取为

$$W_t = \mathrm{CLS}_1(W_{t-16} \oplus W_{t-14} \oplus W_{t-8} \oplus W_{t-3})$$

见图 6-11。与 MD5 比较，MD5 直接用一个消息分组的 16 个字作为每步迭代的输入，而 SHA 则将输入分组的 16 个字扩展成 80 个字以供压缩函数使用，从而使得寻找具有相同

压缩值的不同的消息分组更为困难。

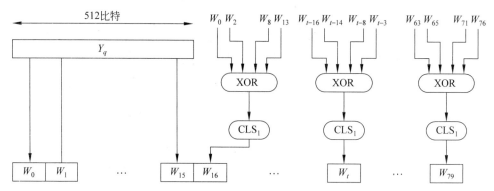

图 6-11 SHA 分组处理所需的 80 个字的产生过程

6.4.3 SHA 与 MD5 的比较

由于 SHA 与 MD5 都是由 MD4 演化而来的,所以两个算法极为相似。

(1) 抗穷搜索攻击的强度:由于 SHA 和 MD5 的消息摘要长度分别为 160 和 128,所以用穷搜索攻击寻找具有给定消息摘要的消息分别需做 $O(2^{160})$ 和 $O(2^{128})$ 次运算,而用穷搜索攻击找出具有相同消息摘要的两个不同消息分别需做 $O(2^{80})$ 和 $O(2^{64})$ 次运算。因此 SHA 抗击穷搜索攻击的强度高于 MD5 抗击穷搜索攻击的强度。

(2) 抗击密码分析攻击的强度:由于 SHA 的设计准则未被公开,所以它抗击密码分析攻击的强度较难判断,似乎高于 MD5 的强度。

(3) 速度:由于两个算法的主要运算都是模 2^{32} 加法,因此都易于在 32 位结构上实现。但比较起来,SHA 的迭代步数(80 步)多于 MD5 的迭代步数(64 步),所用的缓冲区(160 比特)大于 MD5 使用的缓冲区(128 比特),因此在相同硬件上实现时,SHA 的速度慢于 MD5 的速度。

(4) 简洁与紧致性:两个算法描述起来都较为简单,实现起来也较为简单,都不需要大的程序和代换表。

(5) 数据的存储方式:MD5 使用小端方式,SHA 使用大端方式。两种方式相比看不出哪种更具优势,之所以使用两种不同的存储方式是因为设计者最初实现各自的算法时,使用的机器的存储方式不同。

6.4.4 对 SHA 的攻击现状

2004 年,Joux 找出了 SHA-0 的碰撞,他的攻击方法需要 2^{51} 次运算。同年 Biham 等找出了 40 步的 SHA-1 的碰撞。2005 年,山东大学王小云等提出了对 SHA-1 的碰撞搜索攻击,该方法用于攻击完全版的 SHA-0 时,所需的运算次数少于 2^{39};攻击 58 步的 SHA-1 时,所需的运算次数少于 2^{33}。他们还分析指出,用他们的方法攻击 70 步的 SHA-1 时,所需的运算次数少于 2^{50};而攻击 80 步的 SHA-1 时,所需的运算次数少于 2^{69}。

HMAC

6.1.3 节中曾介绍过一个 MAC 的例子——数据认证算法,该算法反映了传统上构造 MAC 最为普遍使用的方法,即基于分组密码的构造方法。但近年来研究构造 MAC 的兴趣已转移到基于密码哈希函数的构造方法,原因如下:

(1) 密码哈希函数(如 MD5、SHA)的软件实现快于分组密码(如 DES)的软件实现。

(2) 密码哈希函数的库代码来源广泛。

(3) 密码哈希函数没有出口限制,而分组密码即使用于 MAC 也有出口限制。

哈希函数并不是为用于 MAC 而设计的,由于哈希函数不使用密钥,因此不能直接用于 MAC。目前已提出了很多将哈希函数用于构造 MAC 的方法,HMAC 就是其中之一,已作为 RFC2104 被公布,并在 IPSec 和其他网络协议(如 SSL)中得以应用。

6.5.1　HMAC 的设计目标

RFC2104 列举了 HMAC 的以下设计目标:

(1) 可不经修改而使用现有的哈希函数,特别是那些易于软件实现的、源代码可方便获取且免费使用的哈希函数。

(2) 其中镶嵌的哈希函数可易于替换为更快或更安全的哈希函数。

(3) 保持镶嵌的哈希函数的最初性能,不因用于 HMAC 而使其性能降低。

(4) 以简单方式使用和处理密钥。

(5) 在对镶嵌的哈希函数合理假设的基础上,易于分析 HMAC 用于认证时的密码强度。

以上前两个目标是 HMAC 被公众普遍接受的主要原因,这两个目标是将哈希函数当作一个黑盒使用,这种方式有两个优点:一是哈希函数的实现可作为实现 HMAC 的一个模块,这样一来,HMAC 代码中很大一块就可事先准备好,无须修改就可使用;第二个优点是如果 HMAC 要求使用更快或更安全的哈希函数,则只须用新模块代替旧模块,例如用实现 SHA 的模块代替 MD5 的模块。

最后一条设计目标则是 HMAC 优于其他基于哈希函数的 MAC 的一个主要方面,HMAC 在其镶嵌的哈希函数具有合理密码强度的假设下,可证明是安全的,这一问题将在 HMAC 的安全性一节介绍。

6.5.2　算法描述

图 6-12 是 HMAC 算法的运行框图,其中,H 为嵌入的哈希函数(如 MD5、SHA),M 为 HMAC 的输入消息(包括哈希函数所要求的填充位),$Y_i(0 \leqslant i \leqslant L-1)$ 是 M 的第 i 个分组,L 是 M 的分组数,b 是一个分组中的比特数,n 为由嵌入的哈希函数所产生的哈希值的长度,K 为密钥,如果密钥长度大于 b,则将密钥输入哈希函数中产生一个 n 比特长的密钥,K^+ 是左边经填充 0 后的 K,K^+ 的长度为 b 比特,ipad 为 $\dfrac{b}{8}$ 个 00110110,opad 为

$\dfrac{b}{8}$ 个 01011010。

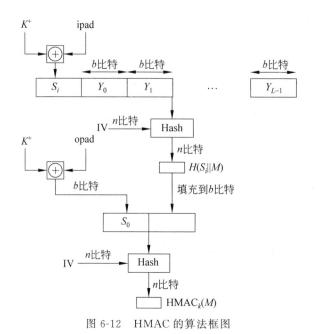

图 6-12　HMAC 的算法框图

算法的输出可表达如下:

$$\mathrm{HMAC}_k = H\big[(K^+ \oplus \mathrm{opad}) \parallel H\big[(K^+ \oplus \mathrm{ipad}) \parallel M\big]\big]$$

算法的运行过程可描述如下:

(1) K 的左边填充 0 以产生一个 b 比特长的 K^+(例如,K 的长为 160 比特,$b = 512$,则需填充 44 个零字节 $0x00$);

(2) K^+ 与 ipad 逐比特异或以产生 b 比特的分组 S_i;

(3) 将 M 链接到 S_i 后;

(4) 将 H 作用于第(3)步产生的数据流;

(5) K^+ 与 opad 逐比特异或以产生 b 比特长的分组 S_0;

(6) 将第(4)步得到的哈希值链接在 S_0 后;

(7) 将 H 作用于第(6)步产生的数据流并输出最终结果。

注意,K^+ 与 ipad 逐比特异或和与 opad 逐比特异或其结果是将 K 中的一半比特取反,但两次取反的比特的位置不同。而 S_i 和 S_0 通过哈希函数中压缩函数的处理,则相当于以伪随机方式从 K 产生两个密钥。

在实现 HMAC 时,可预先求出下面两个量(见图 6-13,虚线以左为预计算):

$$f(\mathrm{IV}, (K^+ \oplus \mathrm{ipad}))$$
$$f(\mathrm{IV}, (K^+ \oplus \mathrm{opad}))$$

其中,$f(\mathrm{cv}, \mathrm{block})$ 是哈希函数中的压缩函数,其输入是 n 比特的链接变量和 b 比特的分组,输出是 n 比特的链接变量。这两个量的预先计算只须在每次更改密钥时被进行。事实上这两个预先计算的量用于作为哈希函数的初值 IV。

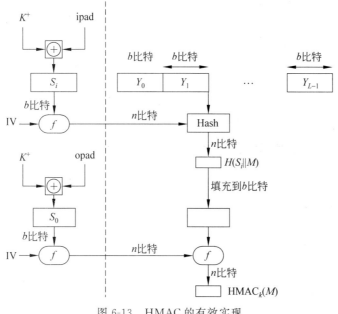

图 6-13　HMAC 的有效实现

6.5.3　HMAC 的安全性

基于密码哈希函数构造的 MAC 的安全性取决于镶嵌的哈希函数的安全性,而 HMAC 最具吸引人的地方是它的设计者已经证明了算法的强度和嵌入的哈希函数的强度之间的确切关系,证明了对 HMAC 的攻击等价于对内嵌哈希函数的下述两种攻击之一:

(1) 攻击者能够计算压缩函数的一个输出,即使 IV 是随机的和秘密的。

(2) 攻击者能够找出哈希函数的碰撞,即使 IV 是随机的和秘密的。

在第一种攻击中,我们可将压缩函数视为与哈希函数等价,而哈希函数的 n 比特长 IV 可视为 HMAC 的密钥。对这一哈希函数的攻击或者可通过对密钥的穷搜索来进行或者可通过第 Ⅱ 类生日攻击来实施,通过对密钥的穷搜索攻击的复杂度为 $O(2^n)$,通过第 Ⅱ 类生日攻击又可归结为上述第二种攻击。

第二种攻击指攻击者寻找具有相同哈希值的两个消息,因此就是第 Ⅱ 类生日攻击。对哈希值长度为 n 的哈希函数来说,攻击的复杂度为 $O(2^{n/2})$。因此第二种攻击对 MD5 的攻击复杂度为 $O(2^{64})$,就现在的技术来说,这种攻击是可行的。但这是否意味着 MD5 不适合用于 HMAC? 回答是否定的,原因如下:攻击者在攻击 MD5 时,可选择任何消息集合后脱线寻找碰撞。由于攻击者知道哈希算法和缺省的 IV,因此能为自己产生的每个消息求出哈希值。然而,在攻击 HMAC 时,由于攻击者不知道密钥 K,从而不能脱线产生消息和认证码对。所以攻击者必须得到 HMAC 在同一密钥下产生的一系列消息,并对得到的消息序列进行攻击。对长 128 比特的哈希值来说,需要得到用同一密钥产生的 2^{64} 个分组(2^{73} 比特)。在 1Gbps 的链路上,需 250 000 年,因此 MD5 完全适合于 HMAC,

而且就速度而言,快于 SHA 作为内嵌哈希函数的 HMAC。

6.6　SM3 哈希算法

SM3 哈希算法是中国国家密码管理局颁布的一种密码哈希函数,它也采用了如图 6-5 所示的迭代型哈希算法的一般结构。

6.6.1　SM3 哈希算法的描述

算法的输入数据长度为 l 比特,$1 \leq l \leq 2^{64}-1$,输出哈希值长度为 256 比特。

1. 常量与函数

算法中使用以下常数与函数。

1）常量

初始值

$\quad$ IV = 7380166F 4914B2B9 172442D7 DA8A0600 A96F30BC 163138AA
$\qquad$ E38DEE4D B0FB0E4E

常量

$$T_j = \begin{cases} 79CC4519, & 0 \leq j \leq 15 \\ 7A879D8A, & 16 \leq j \leq 63 \end{cases}$$

2）函数

布尔函数:

$$FF_j(X,Y,Z) = \begin{cases} X \oplus Y \oplus Z, & 0 \leq j \leq 15 \\ (X \wedge Y) \vee (X \wedge Z) \vee (Y \wedge Z), & 16 \leq j \leq 63 \end{cases}$$

$$GG_j(X,Y,Z) = \begin{cases} X \oplus Y \oplus Z, & 0 \leq j \leq 15 \\ (X \wedge Y) \vee (\bar{X} \wedge Z), & 16 \leq j \leq 63 \end{cases}$$

式中 X、Y、Z 为 32 位字,$\wedge$、$\vee$、$-$、$\oplus$ 分别是逻辑与、逻辑或、逻辑非和逐比特异或运算。

$\quad$ 置换函数:

$$P_0(X) = X \oplus (X <<< 9) \oplus (X <<< 17)$$
$$P_1(X) = X \oplus (X <<< 15) \oplus (X <<< 23)$$

式中 X 为 32 位字,符号 $a <<< n$ 表示把 a 循环左移 n 位。

2. 算法描述

算法对数据首先进行填充,再进行迭代压缩后生成哈希值。

1）填充并附加消息的长度

设消息 m 的长度为 l 比特,这一步与 6.3.1 节介绍的 MD5 算法相同。

2）迭代压缩

将填充后的消息 m' 按 512 比特进行分组得 $m' = B^{(0)} B^{(1)} \cdots B^{(L-1)}$,对 m' 按下列方式迭代压缩:

$$\text{FOR } i = 0 \text{ to } L-1 \quad V^{(i+1)} = \text{CF}(V^{(i)}, B^{(i)})$$

其中，CF 是压缩函数，$V^{(0)}$ 为 256 比特初始值 IV，$B^{(i)}$ 为填充后的消息分组，迭代压缩的结果为 $V^{(L)}$，$V^{(L)}$ 即为消息 m 的哈希值。

3）消息扩展

在对消息分组 $B^{(i)}$ 进行迭代压缩之前，首先对其进行消息扩展，步骤如下：

（1）消息分组 $B^{(i)}$ 划分为 16 个字 $W_0, W_1, \cdots, W_{15}$。

（2）FOR $j = 16$ to 67

$$W_j = P_1(W_{j-16} \oplus W_{j-9} \oplus (W_{j-3} <<< 15)) \oplus (W_{j-13} <<< 7) \oplus W_{j-6}$$

（3）FOR $j = 0$ to 63

$$W'_j = W_j \oplus W_{j+4}$$

$B^{(i)}$ 经消息扩展后得到 $W_0, W_1, \cdots, W_{67}, W'_0, W'_1, \cdots, W'_{63}$。

4）压缩函数

设 A、B、C、D、E、F、G、H 为字寄存器，SS_1、SS_2、TT_1、TT_2 为中间变量，压缩函数 $V^{(i+1)} = \text{CF}(V^{(i)}, B^{(i)})(0 \leqslant i \leqslant n-1)$ 的计算过程如下：

$$ABCDEFGH = V^{(i)};$$
$$\text{FOR } j = 0 \text{ to } 63$$
$$\text{SS}_1 \leftarrow ((A <<< 12) + E + (T_j <<< j)) <<< 7;$$
$$\text{SS}_2 = \text{SS}_1 \oplus (A <<< 12);$$
$$\text{TT}_1 = \text{FF}_j(A, B, C) + D + \text{SS}_2 + W'_j;$$
$$\text{TT}_2 = \text{GG}_j(E, F, G) + H + \text{SS}_1 + W_j;$$
$$D = C;$$
$$C = B <<< 9;$$
$$B = A;$$
$$A = \text{TT}_1;$$
$$H = G;$$
$$G = F <<< 19;$$
$$F = E;$$
$$E = P_0(\text{TT}_2);$$
$$\text{ENDFOR}$$
$$V^{(i+1)} = ABCDEFGH \oplus V^{(i)}$$

其中，$+$ 为模 2^{32} 加运算，字的存储为大端格式。图 6-14 是压缩函数中一步迭代示意图。

5）输出哈希值

$$ABCDEFGH = V^{(L)}$$

输出 256 比特的哈希值 $y = ABCDEFGH$。

图 6-15 是 SM3 的整体处理过程。

6.6.2　SM3 哈希算法的安全性

压缩函数是哈希函数安全的关键，SM3 的压缩函数 CF 中的布尔函数 $\text{FF}_j(X, Y, Z)$

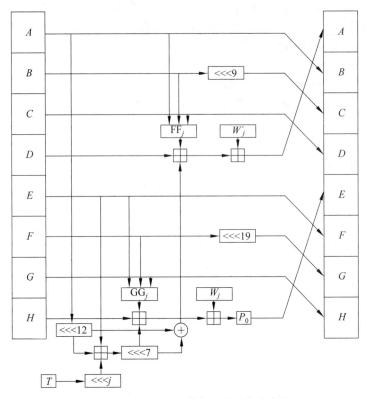

图 6-14 SM3 压缩函数中一步迭代示意图

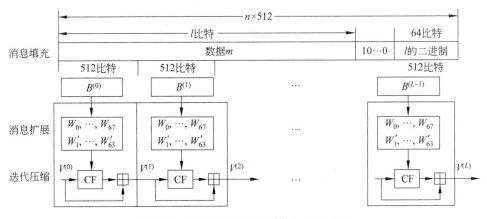

图 6-15 SM3 产生消息哈希值的处理过程

和 $GG_j(X,Y,Z)$ 是非线性函数,经过循环迭代后提供混淆作用。置换函数 $P_0(X)$ 和 $P_1(X)$ 是线性函数,经过循环迭代后提供扩散作用。再加上 CF 中的其他运算的共同作用,压缩函数 CF 具有很高的安全性,从而确保 SM3 具有很高的安全性。

习　　题

1. 6.1.3 节介绍的数据认证算法是由 CBC 模式的 DES 定义的,其中的初始向量取为 0,试说明使用 CFB 模式也可获得相同结果。

2. 有很多哈希函数是由 CBC 模式的分组加密技术构造的,其中的密钥取为消息分组。例如,将消息 M 分成分组 $M_1, M_2, \cdots, M_N$, H_0 = 初值,迭代关系为 $H_i = E_{M_i}(H_{i-1}) \oplus H_{i-1} (i = 1, 2, \cdots, N)$,哈希值取为 H_N,E 是分组加密算法。

(1) 设 E 为 DES,第 3 章的习题已证明如果对明文分组和加密密钥都逐比特取补,那么得到的密文也是原密文的逐比特取补,即如果 $Y = \mathrm{DES}_K(X)$,那么 $Y' = \mathrm{DES}_{K'}(X')$。利用这一结论证明在上述哈希函数中可对消息进行修改但却保持哈希值不变。

(2) 若迭代关系改为 $H_i = E_{H_{i-1}}(M_i) \oplus M_i$,证明仍可对其进行上述攻击。

3. 考虑用公钥加密算法构造哈希函数,设算法是 RSA,将消息分组后用公开钥加密第一个分组,加密结果与第二个分组异或后,再对其加密,一直下去。设一个消息被分成两个分组 B_1 和 B_2,其哈希值为 $H(B_1, B_2) = \mathrm{RSA}(\mathrm{RSA}(B_1) \oplus B_2)$。证明对任一分组 C_1 可选 C_2,使得 $H(C_1, C_2) = H(B_1, B_2)$。证明用这种攻击法,可攻击上述用公钥加密算法构造的哈希函数。

4. 在图 6-11 中,假定有 80 个 32 比特长的字用于存储每一个 W_t,因此在处理消息分组前,可预先计算出这 80 个值。为节省存储空间,考虑用 16 个字的循环移位寄存器,其初值存储前 16 个值(即 $W_0, W_1, \cdots, W_{15}$),设计一个算法计算以后的每一 W_t。

5. 对 SHA,计算 $W_{16}, W_{17}, W_{18}, W_{19}$。

6. 设 $a_1 a_2 a_3 a_4$ 是 32 比特长的字中的 4 个字节,每一 a_i 可看作由二进制表示的 0～255 的整数,在大端方式中,该字表示整数 $a_1 2^{24} + a_2 2^{16} + a_3 2^8 + a_4$,在小端结构中,该字表示整数 $a_4 2^{24} + a_3 2^{16} + a_2 2^8 + a_1$。

(1) MD5 使用小端结构,因消息的摘要值不应依赖于算法所用的结构,因此在 MD5 中为了对以大端方式存储的两个字 $X = x_1 x_2 x_3 x_4$ 和 $Y = y_1 y_2 y_3 y_4$ 进行模 2 加法运算,必须对这两个字进行调整,应如何进行?

(2) SHA 使用大端方式,问如何对以小端结构存储的两个字 X 和 Y 进行模 2 加法运算。

第 7 章

数字签名和认证协议

数字签名由公钥密码发展而来，它在网络安全（包括身份认证、数据完整性、不可否认性以及匿名性等）方面有着重要应用。本章首先介绍数字签名的基本概念和一些常用的数字签名算法，然后介绍认证协议。

7.1 数字签名的基本概念

7.1.1 数字签名应满足的要求

第 6 章介绍的消息认证的作用是保护通信双方以防第三方的攻击，然而却不能保护通信双方中的一方防止另一方的欺骗或伪造。通信双方之间也可能有多种形式的欺骗，例如，通信双方 A 和 B（设 A 为发方，B 为收方）使用图 6-1 所示的消息认证码的基本方式通信，则可能发生以下欺骗：

（1）B 伪造一个消息并使用与 A 共享的密钥产生该消息的认证码，然后声称该消息来自于 A。

（2）由于 B 有可能伪造 A 发来的消息，所以 A 就可以对自己发过的消息予以否认。

这两种欺骗在实际的网络安全应用中都有可能发生，例如，在电子资金传输中，收方增加收到的资金数，并声称这一数目来自发方。又如，用户通过电子邮件向其证券经纪人发送对某笔业务的指令，以后这笔业务赔钱了，用户就可否认曾发送过相应的指令。

因此在收发双方未建立起完全的信任关系且存在利害冲突的情况下，单纯的消息认证就显得不够。数字签名技术则可有效解决这一问题。类似于手书签名，数字签名应具有以下性质：

（1）能够验证签名产生者的身份，以及产生签名的日期和时间。

（2）能用于证实被签消息的内容。

（3）数字签名可由第三方验证，从而能够解决通信双方的争议。

由此可见，数字签名具有认证功能。为实现上述 3 条性质，数字签名应满足以下要求：

（1）签名的产生必须使用发方独有的一些信息以防伪造和否认。

（2）签名的产生应较为容易。

（3）签名的识别和验证应较为容易。

（4）对已知的数字签名构造一个新的消息或对已知的消息构造一个假冒的数字签名在计算上都是不可行的。

7.1.2　数字签名的产生方式

数字签名的产生可用加密算法或特定的签名算法。

1. 由加密算法产生数字签名

利用加密算法产生数字签名是指将消息或消息的摘要加密后的密文作为对该消息的数字签名,其用法又根据单钥加密还是公钥加密有所不同。

1) 单钥加密

如图 7-1(a)所示,发送方 A 根据单钥加密算法以与接收方 B 共享的密钥 K 对消息 M 加密后的密文作为对 M 的数字签名发往 B。该系统能向 B 保证所收到的消息的确来自 A,因为只有 A 知道密钥 K。再者 B 恢复出 M 后,可相信 M 未被篡改,因为敌手不知道 K 就不知如何通过修改密文而修改明文。具体来说,就是 B 执行解密运算 $Y = D_K(X)$,如果 X 是合法消息 M 加密后的密文,则 B 得到的 Y 就是明文消息 M,否则 Y 将是无意义的比特序列。

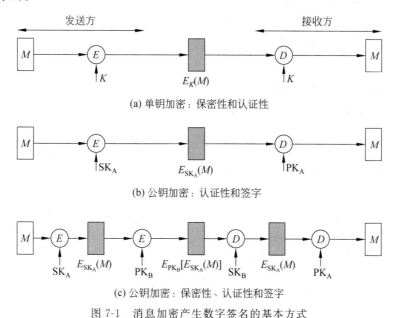

(a) 单钥加密:保密性和认证性

(b) 公钥加密:认证性和签字

(c) 公钥加密:保密性、认证性和签字

图 7-1　消息加密产生数字签名的基本方式

2) 公钥加密

如图 7-1(b)所示,发方 A 使用自己的秘密钥 SK_A 对消息 M 加密后的密文作为对 M 的数字签名,B 使用 A 的公开钥 PK_A 对消息解密,由于只有 A 才拥有加密密钥 SK_A,因此可使 B 相信自己收到的消息的确来自 A。然而由于任何人都可使用 A 的公开钥解密密文,所以这种方案不提供保密性。为提供保密性,A 可用 B 的公开钥再一次加密,如图 7-1(c)所示。

下面以 RSA 签名体制为例说明数字签名的产生过程。

(1) 体制参数。

选两个保密的大素数 p 和 q,计算 $n = p \times q$,$\varphi(n) = (p-1)(q-1)$;选一个整数 e,

满足 $1 < e < \varphi(n)$，且 $\gcd(\varphi(n), e) = 1$；计算 d，满足 $d \cdot e \equiv 1 \bmod \varphi(n)$；以 pk $= \{n, e\}$ 为公开钥，sk $= \{d, n\}$ 为秘密钥。

（2）签名过程。

设消息为 M，对其签名为

$$\sigma \equiv M^d \bmod n$$

（3）验证过程。

收方在收到消息 M 和签名 σ 后，验证 $M \overset{?}{\equiv} \sigma^e \bmod n$ 是否成立，若成立，则发方的签名有效。

实际应用时，数字签名是对消息摘要加密产生，而不是直接对消息加密产生，如图 6-3(a)、(b)、(c)、(d) 所示。

由加密算法产生数字签名又分为外部保密方式和内部保密方式，外部保密方式是指数字签名是直接对需要签名的消息生成而不是对已加密的消息生成，否则称为内部保密方式。外部保密方式便于解决争议，因为第三方在处理争议时，需得到明文消息及其签名。但如果采用内部保密方式，第三方必须得到消息的解密密钥后才能得到明文消息。如果采用外部保密方式，接收方就可将明文消息及其数字签名存储下来以备以后万一出现争议时使用。

2. 由签名算法产生数字签名

签名算法（在某一消息空间 $\mathcal{M}$）可用多项式时间算法的三元组（SigGen, Sig, Ver）表示。

（1）密钥生成（SigGen）：是一个随机化算法，输入为安全参数 κ，输出密钥对（vk, sk），其中，sk 是签名密钥，vk 是验证密钥。

（2）签名（Sig）：是一个随机化算法，输入签名密钥 sk 和要签名的消息 $M \in \mathcal{M}$，输出一个签名 σ（表示为 $\sigma = \mathrm{Sig}_{sk}(M)$）。

（3）验证（Ver）：是一个确定性算法，输入验证密钥 vk、签名的消息 $M \in \mathcal{M}$ 和签名 σ，输出 True 或 False（True 表示签名有效，False 表示无效）。表示为

$$\mathrm{Ver}_{vk}(\sigma, M) = \begin{cases} \text{True}, & \sigma = \mathrm{Sig}_{sk}(M) \\ \text{False}, & \sigma \neq \mathrm{Sig}_{sk}(M) \end{cases}$$

算法的安全性在于从 M 和 σ 难以推出密钥 x 或伪造一个消息 M' 使 (σ, M') 可被验证为真。

7.1.3 数字签名的执行方式

数字签名的执行方式有两类：直接方式和具有仲裁的方式。

1. 直接方式

直接方式是指数字签名的执行过程只有通信双方参与，并假定双方有共享的秘密钥或接收一方知道发送方的公开钥。

直接方式的数字签名有一个公共弱点，即方案的有效性取决于发送方秘密钥的安全性。如果发送方想对已发出的消息予以否认，就可声称自己的秘密钥已丢失或被盗，因此

自己的签名是他人伪造的。可采取某些行政手段,虽然不能完全消除但可在某种程度上减弱这种威胁。例如,要求每一被签的消息都包含有一个时间戳(日期和时间)并要求密钥丢失后立即向管理机构报告。这种方式的数字签名还存在发送方的秘密钥真的被偷的危险,例如,敌手在时刻 T 偷得发送方的秘密钥,然后可伪造一个消息,用偷得的秘密钥为其签名并加上 T 以前的时刻作为时间戳。

2. 具有仲裁的方式

上述直接方式的数字签名所具有的威胁都可通过使用仲裁者得以解决。和直接方式的数字签名一样,具有仲裁方式的数字签名也有很多实现方案,这些方案都按以下方式运行:发方 X 对发往收方 Y 的消息签名后,将消息及其签名先发给仲裁者 A,A 对消息及其签名验证完后,再连同一个表示已通过验证的指令一起发往接收方 Y。此时由于 A 的存在,X 无法对自己发出的消息予以否认。在这种方式中,仲裁者起着重要的作用并应取得所有用户的信任。

以下是具有仲裁方式数字签名的几个实例,其中,X 表示发送方,Y 表示接收方,A 是仲裁者,M 是消息,X→Y:M 表示 X 给 Y 发送一个消息 M。

【例 7-1】 签名过程如下:

(1) X→A:$M \parallel E_{K_{XA}}[\mathrm{ID_X} \parallel H(M)]$

(2) A→Y:$E_{K_{AY}}[\mathrm{ID_X} \parallel M \parallel E_{K_{XA}}[\mathrm{ID_X} \parallel H(M)] \parallel T]$

其中,E 是单钥加密算法,K_{XA} 和 K_{AY} 分别是 X 与 A 共享的密钥和 A 与 Y 共享的密钥,$H(M)$ 是 M 的哈希值,T 是时间戳,$\mathrm{ID_X}$ 是 X 的身份。

在(1)中,X 以 $E_{K_{XA}}[\mathrm{ID_X} \parallel H(M)]$ 作为自己对 M 的签名,将 M 及签名发往 A。在(2)中,A 将从 X 收到的内容和 $\mathrm{ID_X}$、T 一起加密后发往 Y,其中的 T 用于向 Y 表示所发的消息不是旧消息的重放。Y 对收到的内容解密后。将解密结果存储起来以备出现争议时使用。

如果出现争议,Y 可声称自己收到的 M 的确来自 X,并将

$$E_{K_{AY}}[\mathrm{ID_X} \parallel M \parallel E_{K_{XA}}[\mathrm{ID_X} \parallel H(M)]]$$

发给 A,由 A 仲裁,A 由 K_{AY} 解密后,再用 K_{XA} 对 $E_{K_{XA}}[\mathrm{ID_X} \parallel H(M)]$ 解密,并对 $H(M)$ 加以验证,从而验证了 X 的签名。

在以上过程中,由于 Y 不知 K_{XA},因此不能直接检查 X 的签名,但 Y 认为消息来自于 A 因而是可信的。所以整个过程中,A 必须取得 X 和 Y 的高度信任:

- X 相信 A 不会泄露 K_{XA},并且不会伪造 X 的签名。
- Y 相信 A 只有在对 $E_{K_{AY}}[\mathrm{ID_X} \parallel M \parallel E_{K_{XA}}[\mathrm{ID_X} \parallel H(M)] \parallel T]$ 中的哈希值及 X 的签名验证无误后才将之发给 Y。
- X、Y 都相信 A 可公正地解决争议。

如果 A 已取得各方的信任,则 X 就能相信没有人能伪造自己的签名,Y 就可相信 X 不能对自己的签名予以否认。

本例中消息 M 是以明文形式发送的,因此未提供保密性,下面两个例子可提供保密性。

【例 7-2】 签名过程如下：

(1) X→A：$ID_X \| E_{K_{XY}}[M] \| E_{K_{XA}}[ID_X \| H(E_{K_{XY}}[M])]$

(2) A→Y：$E_{K_{AY}}[ID_X \| E_{K_{XY}}[M] \| E_{K_{XA}}[ID_X \| H(E_{K_{XY}}[M])] \| T]$

其中，K_{XY} 是 X、Y 共享的密钥，其他符号与例 7-1 相同。X 以 $E_{K_{XA}}[ID_X \| H(E_{K_{XY}}[M])]$ 作为对 M 的签名，与由 K_{XY} 加密的消息 M 一起发给 A。A 对 $E_{K_{XA}}[ID_X \| H(E_{K_{XY}}[M])]$ 解密后通过验证哈希值以验证 X 的签名，但始终未能读取明文 M。A 验证完 X 的签名后，对 X 发来的消息加一个时间戳，再用 K_{AY} 加密后发往 Y。解决争议的方法与例 7-1 一样。

本例虽然提供了保密性，但还存在与例 7-1 相同的一个问题，即仲裁者可和发送方共谋以否认发送方曾发过的消息，也可和接收方共谋以伪造发送方的签名。这一问题可通过下例所示的采用公钥加密技术得以解决。

【例 7-3】 签名过程如下：

(1) X→A：$ID_X \| E_{SK_X}[ID_X \| E_{PK_Y}[E_{SK_X}[M]]]$

(2) A→Y：$E_{SK_A}[ID_X \| E_{PK_Y}[E_{SK_X}[M]] \| T]$

其中，SK_A 和 SK_X 分别是 A 和 X 的秘密钥，PK_Y 是 Y 的公开钥，其他符号与前两例相同。第(1)步中，X 用自己的秘密钥 SK_X 和 Y 的公开钥 PK_Y 对消息加密后作为对 M 的签名，以这种方式使得任何第三方(包括 A)都不能得到 M 的明文消息。A 收到 X 发来的内容后，用 X 的公开钥可对 $E_{SK_X}[ID_X \| E_{PK_Y}[E_{SK_X}[M]]]$ 解密，并将解密得到的 ID_X 与收到的 ID_X 加以比较，从而可确信这一消息是来于 X 的(因只有 X 有 SK_X)。第(2)步，A 将 X 的身份 ID_X 和 X 对 M 的签名加上一个时间戳后，再用自己的秘密钥加密发往 Y。

与前两种方案相比，第三种方案有很多优点。首先，在协议执行以前，各方都不必有共享的信息，从而可防止共谋。其次，只要仲裁者的秘密钥不被泄露，任何人包括发方就不能发送重放的消息。最后，对任何第三方(包括 A)来说，X 发往 Y 的消息都是保密的。

7.2　数字签名标准

数字签名标准(Digital Signature Standard，DSS)是由美国 NIST 公布的联邦信息处理标准 FIPS PUB 186，其中采用了第 6 章介绍的 SHA 和一种新的签名技术，称为 DSA (Digital Signature Algorithm)。DSS 最初于 1991 年公布，在考虑了公众对其安全性的反馈意见后，于 1993 年公布了其修改版。

7.2.1　DSS 的基本方式

首先将 DSS 与 RSA 的签名方式做一个比较。RSA 算法既能用于加密和签名，又能用于密钥交换。与此不同，DSS 使用的算法只能提供数字签名功能。图 7-2 用于比较 RSA 签名和 DSS 签名的不同方式：

采用 RSA 签名时，将消息输入一个哈希函数以产生一个固定长度的安全哈希值，再用

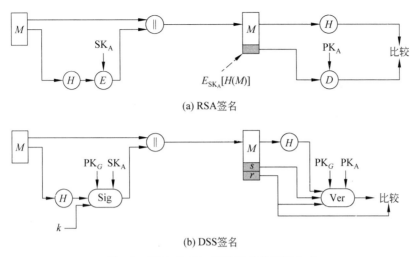

(a) RSA签名

(b) DSS签名

图 7-2　RSA 签名与 DSS 签名的不同方式

发送方的秘密钥加密哈希值就形成了对消息的签名。消息及其签名被一起发给接收方,接收方得到消息后再产生出消息的哈希值,且使用发送方的公开钥对收到的签名解密。这样接收方就得了两个哈希值,如果两个哈希值是一样的,则认为收到的签名是有效的。

　　DSS 签名也利用一个哈希函数产生消息的一个哈希值,哈希值连同一随机数 k 一起作为签名函数的输入,签名函数还需使用发方的秘密钥 SK_A 和供所有用户使用的一组参数,这一组参数称为全局公开钥 PK_G。签名函数的两个输出 s 和 r 就构成了消息的签名 (s,r)。接收方收到消息后再产生出消息的哈希值,将哈希值与收到的签名一起输入验证函数,验证函数还需输入全局公开钥 PK_G 和发送方的公开钥 PK_A。验证函数的输出如果与收到的签名成分 r 相等,则验证了签名是有效的。

7.2.2　数字签名算法 DSA

　　DSA 是在 ElGamal 和 Schnorr 两个签名方案(见 7.2.3 节)的基础上设计的,其安全性基于求离散对数的困难性。

算法描述如下:

(1) 全局公开钥。

p:满足 $2^{L-1}<p<2^L$ 的大素数,其中,$512 \leqslant L \leqslant 1024$ 且 L 是 64 的倍数。

q:$p-1$ 的素因子,满足 $2^{159}<q<2^{160}$,即 q 长为 160 比特。

g:$g \equiv h^{(p-1)/q} \bmod p$,其中,$h$ 是满足 $1<h<p-1$ 且使得 $h^{(p-1)/q} \bmod p>1$ 的任一整数。

(2) 用户秘密钥 x。

x 是满足 $0<x<q$ 的随机数或伪随机数。

(3) 用户的公开钥 y。

$$y \equiv g^x \bmod p。$$

(4) 用户为待签消息选取的秘密数 k。

k 是满足 $0<k<q$ 的随机数或伪随机数。

（5）签名过程。

用户对消息 M 的签名为 (r,s)，其中，$r\equiv(g^k\bmod p)\bmod q$，$s\equiv[k^{-1}(H(M)+xr)]$ $\bmod q$，$H(M)$ 是由 SHA 求出的哈希值。

（6）验证过程。

设接收方收到的消息为 M'，签名为 (r',s')。计算

$$w\equiv(s')^{-1}\bmod q, \quad u_1\equiv[H(M')w]\bmod q,$$
$$u_2\equiv r'w\bmod q, \quad v\equiv[(g^{u_1}y^{u_2})\bmod p]\bmod q.$$

检查 $v\overset{?}{=}r'$，若相等，则认为签名有效。这是因为若 $(M',r',s')=(M,r,s)$，则

$$v\equiv[(g^{H(M)w}g^{xrw})\bmod p]\bmod q\equiv[g^{(H(M)+xr)s^{-1}}\bmod p]\bmod q$$
$$\equiv(g^k\bmod p)\bmod q\equiv r$$

算法的框图如图 7-3 所示，其中的 4 个函数分别为

$$s\equiv f_1[H(M),k,x,r,q]\equiv[k^{-1}(H(M)+xr)]\bmod q;$$
$$r=f_2(k,p,q,g)\equiv(g^k\bmod p)\bmod q;$$
$$w=f_3(s',q)\equiv(s')^{-1}\bmod q;$$
$$v=f_4(y,q,g,H(M'),w,r')\equiv[(g^{(H(M')w)\bmod q}y^{r'w\bmod q})\bmod p]\bmod q$$

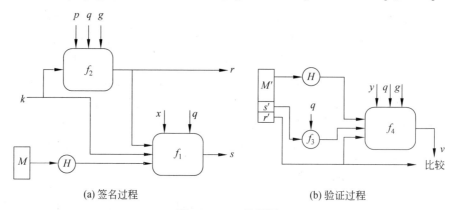

(a) 签名过程　　　　　　　　　　　(b) 验证过程

图 7-3　DSA 的框图

由于离散对数的困难性，敌手从 r 恢复 k 或从 s 恢复 x 都是不可行的。

还有一个问题值得注意，即签名产生过程中的运算主要是求 r 的模指数运算 $r=(g^k\bmod p)\bmod q$，而这一运算与待签的消息无关，因此能被预先计算。事实上，用户可以预先计算出很多 r 和 k^{-1} 以备以后的签名使用，从而可大大加快产生签名的速度。

7.3　其他签名方案

7.3.1　基于离散对数问题的数字签名体制

基于离散对数问题的数字签名体制是数字签名体制中最为常用的一类，其中包括 ElGamal 签名体制、DSA 签名体制、Okamoto 签名体制等。

1. 离散对数签名体制

ElGamal、DSA、Okamoto 等签名体制都可归结为离散对数签名体制的特例。

1）体制参数

p：大素数；

q：$p-1$ 或 $p-1$ 的大素因子；

g：$g \leftarrow_R \mathbb{Z}_p^*$，且 $g^q \equiv 1 \pmod{p}$，其中，$\mathbb{Z}_p^* = \mathbb{Z}_p - \{0\}$；

x：用户 A 的秘密钥，$1 < x < q$；

y：用户 A 的公开钥，$y \equiv g^x \pmod{p}$。

2）签名的产生过程

对于待签名的消息 m，A 执行以下步骤：

（1）计算 m 的哈希值 $H(m)$。

（2）选择随机数 k：$1 < k < q$，计算 $r \equiv g^k \pmod{p}$。

（3）从签名方程 $ak \equiv b + cx \pmod{q}$ 中解出 s。方程的系数 a、b、c 有许多种不同的选择方法，表 7-1 给出了这些可能选择中的一小部分。以 (r, s) 作为产生的数字签名。

表 7-1　参数 a、b、c 可能的置换取值表

$\pm r'$	$\pm s$	$H(m)$
$\pm r'H(m)$	$\pm s$	1
$\pm r'H(m)$	$\pm H(m)s$	1
$\pm H(m)r'$	$\pm r's$	1
$\pm H(m)s$	$\pm r's$	1

3）签名的验证过程

接收方在收到消息 m 和签名 (r, s) 后，可以按照以下验证方程检验：
$$\text{Ver}(y, (r, s), m) = \text{True} \Leftrightarrow r^a \equiv g^b y^c \pmod{p}$$

2. ElGamal 签名体制

1）体制参数

p：大素数；

g：$\mathbb{Z}_p^*$ 的一个生成元；

x：用户 A 的秘密钥，$x \leftarrow_R \mathbb{Z}_p^*$；

y：用户 A 的公开钥，$y \equiv g^x \pmod{p}$。

2）签名的产生过程

对于待签名的消息 m，A 执行以下步骤：

（1）计算 m 的哈希值 $H(m)$。

（2）选择随机数 k：$k \leftarrow_R \mathbb{Z}_{p-1}^*$，计算 $r \equiv g^k \pmod{p}$。

（3）计算 $s \equiv (H(m) - xr)k^{-1} \pmod{p-1}$。

以 (r, s) 作为产生的数字签名。

3）签名验证过程

接收方在收到消息 m 和数字签名 (r, s) 后，先计算 $H(m)$，并按下式验证：

$$\text{Ver}(y, (r, s), H(m)) = \text{True} \Leftrightarrow y^r r^s \equiv g^{H(m)} \pmod{p}$$

正确性可由下式证明：

$$y^r r^s \equiv g^{rx} g^{ks} \equiv g^{rx + H(m) - rx} \equiv g^{H(m)} \pmod{p}$$

3. Schnorr 签名体制

1）体制参数

p：大素数，$p \geqslant 2^{512}$；

q：大素数，$q \mid (p-1)$，$q \geqslant 2^{160}$；

g：$g \xleftarrow{R} \mathbb{Z}_p^*$，且 $g^q \equiv 1 \pmod{p}$；

x：用户 A 的秘密钥，$1 < x < q$；

y：用户 A 的公开钥，$y \equiv g^x \pmod{p}$。

2）签名的产生过程

对于待签名的消息 m，A 执行以下步骤：

① 选择随机数 k：$1 < k < q$，计算 $r \equiv g^k \pmod{p}$。

② 计算 $e = H(r, m)$。

③ 计算 $s \equiv xe + k \pmod{q}$。

以 (e, s) 作为产生的数字签名。

3）签名验证过程

接收方在收到消息 m 和数字签名 (e, s) 后，先计算 $r' \equiv g^s y^{-e} \pmod{p}$，然后计算 $H(r', m)$，并按下式验证

$$\text{Ver}(y, (e, s), m) = \text{True} \Leftrightarrow H(r', m) = e$$

其正确性可由下式证明：

$$r' = g^s y^{-e} \equiv g^{xe + k - xe} \equiv g^k \equiv r \pmod{p}$$

4. Neberg-Rueppel 签名体制

该体制是一个消息恢复式签名体制，即验证人可从签名中恢复出原始消息，因此签名人不需要将被签消息发送给验证人。

1）体制参数

p：大素数；

q：大素数，$q \mid (p-1)$；

g：$g \xleftarrow{R} \mathbb{Z}_p^*$，且 $g^q \equiv 1 \pmod{p}$；

x：用户 A 的秘密钥，$x \xleftarrow{R} \mathbb{Z}_p^*$；

y：用户 A 的公开钥，$y \equiv g^x \pmod{p}$。

2）签名的产生过程

对于待签名的消息 m，A 执行以下步骤：

（1）计算出 $\tilde{m} = R(m)$，其中，R 是一个单一映射，并且容易求逆，称为冗余函数。

（2）选择一个随机数 $k(0<k<q)$，计算 $r\equiv g^{-k}\bmod p$。

（3）计算 $e\equiv\widetilde{m}r(\bmod p)$。

（4）计算 $s\equiv xe+k(\bmod q)$。

以 (e,s) 作为对 m 的数字签名。

3）签名的验证过程

接收方收到数字签名 (r,s) 后，通过以下步骤来验证签名的有效性：

（1）验证是否 $0<e<p$。

（2）验证是否 $0\leqslant s<q$。

（3）计算 $v\equiv g^{s}y^{-e}(\bmod p)$。

（4）计算 $m'\equiv ve(\bmod p)$。

（5）验证是否 $m'\in\mathcal{R}(m)$，其中，$\mathcal{R}(m)$ 表示 R 的值域。

（6）恢复出 $m=R^{-1}(m')$。

这个签名体制的正确性可以由以下等式证明：

$$m'=ve(\bmod p)\equiv g^{s}y^{-e}e(\bmod p)\equiv g^{xe+k-xe}e(\bmod p)\equiv g^{k}e(\bmod p)=\widetilde{m}$$

5. Okamoto 签名体制

1）体制参数

p：大素数，且 $p\geqslant 2^{512}$；

q：大素数，$q\mid(p-1)$，且 $q\geqslant 2^{140}$；

g_{1}、g_{2}：两个与 q 同长的随机数；

x_{1}、x_{2}：用户 A 的秘密钥，两个小于 q 的随机数；

y：用户 A 的公开钥，$y\equiv g_{1}^{-x_{1}}g_{2}^{-x_{2}}(\bmod p)$。

2）签名的产生过程

对于待签名的消息 m，A 执行以下步骤：

（1）选择两个小于 q 的随机数 $k_{1},k_{2}\xleftarrow{R}\mathbb{Z}_{q}^{*}$。

（2）计算哈希值：$e\equiv H(g_{1}^{k_{1}}g_{2}^{k_{2}}(\bmod p),m)$。

（3）计算：$s_{1}\equiv(k_{1}+ex_{1})(\bmod q)$。

（4）计算：$s_{2}\equiv(k_{2}+ex_{2})(\bmod q)$。

以 (e,s_{1},s_{2}) 作为对 m 的数字签名。

3）签名的验证过程

接收方在收到消息 m 和数字签名 (e,s_{1},s_{2}) 后，通过以下步骤来验证签名的有效性：

（1）计算 $v\equiv g_{1}^{s_{1}}g_{2}^{s_{2}}y^{e}(\bmod p)$。

（2）计算 $e'=H(v,m)$。

（3）验证：$\mathrm{Ver}(y,(e,s_{1},s_{2}),m)=\mathrm{True}\Leftrightarrow e'=e$。

其正确性可通过下式证明：

$$v\equiv g_{1}^{s_{1}}g_{2}^{s_{2}}y^{e}(\bmod p)\equiv g_{1}^{k_{1}+ex_{1}}g_{2}^{k_{2}+ex_{2}}g_{1}^{-x_{1}e}g_{2}^{-x_{2}e}(\bmod p)\equiv g_{1}^{k_{1}}g_{2}^{k_{2}}(\bmod p)$$

7.3.2 基于大数分解问题的数字签名体制

设 n 是一个大合数,找出 n 的所有素因子是一个困难问题,这称为大数分解问题。下面介绍的两个数字签名体制都基于这个问题的困难性。

1. Fiat-Shamir 签名体制

1)体制参数

n:$n=pq$,其中 p 和 q 是两个保密的大素数;

k:固定的正整数。

$y_1,y_2,\cdots,y_k$:用户 A 的公开钥,对任何 $i(1\leqslant i\leqslant k)$,$y_i$ 都是模 n 的平方剩余;

$x_1,x_2,\cdots,x_k$:用户 A 的秘密钥,对任何 $i(1\leqslant i\leqslant k)$,$x_i\equiv\sqrt{y_i^{-1}}\pmod n$。

2)签名的产生过程

对于待签名的消息 m,A 执行以下步骤:

(1)随机选取一个正整数 t。

(2)随机选取 t 个 $1\sim n$ 的数 $r_1,r_2,\cdots,r_t$,并对任何 $j(1\leqslant j\leqslant t)$,计算 $R_j\equiv r_j^2\pmod n$。

(3)计算哈希值 $H(m,R_1,R_2,\cdots,R_t)$,并依次取出 $H(m,R_1,R_2,\cdots,R_t)$ 的前 kt 个比特值 $b_{11},\cdots,b_{1t},b_{21},\cdots,b_{2t},\cdots,b_{k1},\cdots,b_{kt}$。

(4)对任何 $j(1\leqslant j\leqslant t)$,计算 $s_j\equiv r_j\prod_{i=1}^k x_i^{b_{ij}}\pmod n$。

以 $((b_{11},\cdots,b_{1t},b_{21},\cdots,b_{2t},\cdots,b_{k1},\cdots,b_{kt}),(s_1,\cdots,s_t))$ 作为对 m 的数字签名。

3)签名的验证过程

接收方在收到消息 m 和签名 $((b_{11},\cdots,b_{1t},b_{21},\cdots,b_{2t},\cdots,b_{k1},\cdots,b_{kt}),(s_1,\cdots,s_t))$ 后,用以下步骤来验证:

(1)对任何 $j(1\leqslant j\leqslant t)$,计算 $R_j'\equiv s_j^2\cdot\prod_{i=1}^k y_i^{b_{ij}}\pmod n$。

(2)计算 $H(m,R_1',R_2',\cdots,R_t')$。

(3)验证 $b_{11},\cdots,b_{1t},b_{21},\cdots,b_{2t},\cdots,b_{k1},\cdots,b_{kt}$ 是否依次是 $H(m,R_1',R_2',\cdots,R_t')$ 的前 kt 个比特。如果是,则以上数字签名是有效的。

正确性可以由以下算式证明:

$$R_j'\equiv s_j^2\cdot\prod_{i=1}^k y_i^{b_{ij}}\pmod n\equiv\left(r_j\prod_{i=1}^k x_i^{b_{ij}}\right)^2\cdot\prod_{i=1}^k y_i^{b_{ij}}$$

$$\equiv r_j^2\cdot\prod_{i=1}^k(x_i^2 y_i)^{b_{ij}}\equiv r_j^2\equiv R\pmod n$$

2. Guillou-Quisquater 签名体制

1)体制参数

n:$n=pq$,p 和 q 是两个保密的大素数;

v:$\gcd(v,(p-1)(q-1))=1$;

x：用户 A 的秘密钥，$x \leftarrow_R \mathbb{Z}_n^*$；

y：用户 A 的公开钥，$y \in \mathbb{Z}_n^*$，且 $x^v y \equiv 1 \pmod n$。

2）签名的产生过程

对于待签消息 m，A 进行以下步骤：

（1）随机选择一个数 $k \leftarrow_R \mathbb{Z}_n^*$，计算 $T \equiv k^v \pmod n$。

（2）计算哈希值：$e = H(m, T)$，且使 $1 \leqslant e < v$；否则返回步骤（1）。

（3）计算 $s \equiv k x^e \bmod n$。

以 (e, s) 作为对 m 的签名。

3）签名的验证过程

接收方在收到消息 m 和数字签名 (e, s) 后，用以下步骤来验证：

（1）计算出 $T' \equiv s^v y^e \pmod n$。

（2）计算出 $e' = H(m, T')$。

（3）验证：$\mathrm{Ver}(y, (e, s), m) = \mathrm{True} \Leftrightarrow e' = e$。

正确性可由以下算式证明：

$$T' \equiv s^v y^e \pmod n \equiv (k x^e)^v y^e \pmod n \equiv k^v (x^v y)^e \pmod n$$
$$\equiv k^v \pmod n = T$$

7.3.3 基于身份的数字签名体制

1. ElGamal 签名体制

1）体制参数

设 q 是大素数，$\mathbb{G}_1$、$\mathbb{G}_2$ 分别是阶为 q 的加法群和乘法群，$\hat{e}: \mathbb{G}_1 \times \mathbb{G}_1 \to \mathbb{G}_2$ 是一个双线性映射，$H_1: \{0, 1\}^* \to \mathbb{G}_1^*$ 和 $H_2: \mathbb{G}_2 \to \{0, 1\}^n$ 是两个哈希函数，$s \leftarrow_R \mathbb{Z}_q^*$ 是系统的主密钥，P 是 $\mathbb{G}_1$ 的一个生成元。用户 ID 的公开钥和秘密钥分别是 $Q_{\mathrm{ID}} = H_1(\mathrm{ID}) \in \mathbb{G}_1^*$ 和 $d_{\mathrm{ID}} = s Q_{\mathrm{ID}}$。

2）签名的产生过程

对于待签名的消息 m，A 执行以下步骤：

（1）选择随机数 k：$k \leftarrow_R \mathbb{Z}_q^*$。

（2）计算 $R = kP \overset{令}{=} (x_R, y_R)$。

（3）计算 $S \equiv (H_2(m)P + x_R d_{\mathrm{ID}}) k^{-1}$。

以 (R, S) 作为产生的数字签名。

3）签名验证过程

接收方在收到消息 m 和数字签名 (R, S) 后，先计算 $H_2(m)$，并按下式验证：

$$\mathrm{Ver}(Q_{\mathrm{ID}}, (R, S), H_2(m)) = \mathrm{True} \Leftrightarrow \hat{e}(R, S) = \hat{e}(P, P)^{H_2(m)} \hat{e}(P_{\mathrm{pub}}, Q_{\mathrm{ID}})^{x_R}$$

正确性可由下式证明：

$$\hat{e}(R, S) = \hat{e}(kP, (H_2(m)P + x_R d_{\mathrm{ID}}) k^{-1}) = \hat{e}(P, P)^{H_2(m)} \hat{e}(P, Q_{\mathrm{ID}})^{x_R s}$$
$$= \hat{e}(P, P)^{H_2(m)} \hat{e}(P_{\mathrm{pub}}, Q_{\mathrm{ID}})^{x_R}$$

2. Schnorr 签名体制

1）体制参数

体制参数与上述 ElGamal 签名体制的参数相同。

2）签名的产生过程

对于待签名的消息 m，A 执行以下步骤：

（1）选择随机数 k：$k \xleftarrow{R} \mathbb{Z}_q^*$，计算 $r = \hat{e}(Q_{\mathrm{ID}}, kP) = \hat{e}(Q_{\mathrm{ID}}, P)^k$。

（2）计算 $c = H_2(r, m)$。

（3）计算 $S = cd_{\mathrm{ID}} + kQ_{\mathrm{ID}} = (cs + k)Q_{\mathrm{ID}}$。

以 (c, S) 作为产生的数字签名。

3）签名验证过程

接收方在收到消息 m 和数字签名 (c, S) 后，先计算 $r' = \hat{e}(S, P)e(Q_{\mathrm{ID}}, -cP_{\mathrm{pub}})$，然后计算 $H_2(r', m)$，并按下式验证

$$\mathrm{Ver}(Q_{\mathrm{ID}}, (c, S), H_2(r, m)) = \mathrm{True} \Leftrightarrow H(r', m) = c$$

其正确性可由下式证明：

$$r' = \hat{e}(S, P)\hat{e}(Q_{\mathrm{ID}}, -cP_{\mathrm{pub}}) = \hat{e}((cs + k)Q_{\mathrm{ID}}, P)\hat{e}(Q_{\mathrm{ID}}, -csP)$$
$$= \hat{e}(Q_{\mathrm{ID}}, P)^{cs+k-cs} = \hat{e}(Q_{\mathrm{ID}}, P)^k$$

7.4　SM2 椭圆曲线公钥密码签名算法

SM2 椭圆曲线公钥密码加密算法见 4.8 节，本节介绍 SM2 椭圆曲线公钥密码的数字签名算法。

1. 基本参数

与 4.8 节 SM2 椭圆曲线公钥密码加密算法的参数设置相同。

2. 密钥产生

设签名方是 A，A 的秘密钥/公开钥的产生方式与 4.8 节 SM2 椭圆曲线公钥密码加密算法接收方 B 的产生方式相同，分别记为 d_{A} 和 $P_{\mathrm{A}} = (x_{\mathrm{A}}, y_{\mathrm{A}})$。

设 ID_{A} 是 A 的长度为 $\mathrm{entlen}_{\mathrm{A}}$ 比特的标识，$\mathrm{ENTL}_{\mathrm{A}}$ 是由 $\mathrm{entlen}_{\mathrm{A}}$ 转换而成的两个字节，A 计算 $Z_{\mathrm{A}} = H_{256}(\mathrm{ENTL}_{\mathrm{A}} \| \mathrm{ID}_{\mathrm{A}} \| a \| b \| x_G \| y_G \| x_{\mathrm{A}} \| y_{\mathrm{A}})$，其中，$a$、$b$ 是椭圆曲线方程的参数、(x_G, y_G) 是基点 G 的坐标，x_{A}、y_{A} 是 P_{A} 的坐标。这些值转换为比特串后，再用 H_{256}。验证方 B 验证签名时，也需计算 Z_{A}。

3. 签名算法

设待签名的消息为 M，A 做以下运算：

（1）取 $\bar{M} = Z_{\mathrm{A}} \| M$。

（2）计算 $e = H_v(\bar{M})$，将 e 转换为整数，H_v 是输出为 v 比特长的哈希函数。

（3）用随机数发生器产生随机数 $k \xleftarrow{R} \{1, 2, \cdots, n-1\}$。

（4）计算椭圆曲线点 $C_1 = kG = (x_1, y_1)$。

（5）计算 $r = (e + x_1) \bmod n$，若 $r = 0$ 或 $r + k = n$，则返回（3）。

（6）计算 $s = ((1 + d_A)^{-1} \cdot (k - r \cdot d_A)) \bmod n$，若 $s = 0$，则返回（3）。

（7）消息 M 的签名为 (r, s)。

图 7-4 是 SM2 签名算法的流程图。

4. 验证算法

B 收到消息 M' 及其签名 (r', s') 后，执行以下验证运算：

（1）检验 $r' \in [1, n-1]$ 是否成立，若不成立，则验证不通过。

（2）检验 $s' \in [1, n-1]$ 是否成立，若不成立，则验证不通过。

（3）置 $\overline{M}' = Z_A \parallel M'$。

（4）计算 $e' = H_v(\overline{M}')$，将 e' 转换为整数。

（5）计算 $t = (r' + s') \bmod n$，若 $t = 0$，则验证不通过。

（6）计算椭圆曲线点 $(x_1', y_1') = s'G + tP_A$。

（7）计算 $R = (e' + x_1') \bmod n$，检验 $R = r'$ 是否成立，若成立，则验证通过；否则验证不通过。

图 7-5 是 SM2 签名验证算法流程图。

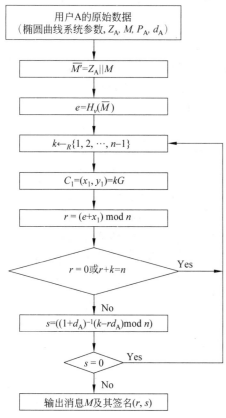

图 7-4 SM2 签名算法流程图

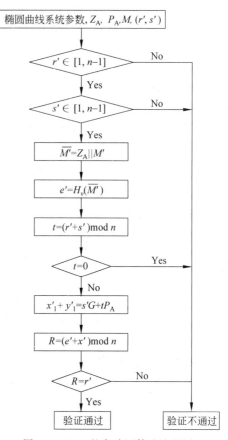

图 7-5 SM2 签名验证算法流程图

正确性：如果 $\overline{M}' = \overline{M}$，$(r', s') = (r, s)$，则 $e' = e$，要证 $R = r' = r$，只需证 $x_1' = x_1$。

$$x_1' = s'x_G + tx_A = sx_G + (r + s)x_A = sx_G + (r + s)d_Ax_G$$
$$= (s + rd_A + sd_A)x_G = (s(1 + d_A) + rd_A)x_G$$
$$= (k - rd_A + rd_A)x_G = kx_G = x_1$$

7.5 认证协议

6.1 节介绍过消息认证的基本概念,事实上安全可靠的通信除需进行消息的认证外,还需建立一些规范的协议对数据来源的可靠性、通信实体的真实性加以认证,以防止欺骗、伪装等攻击。本节就网络通信的一个基本问题的解决介绍认证协议的基本含义,这一基本问题陈述如下：A 和 B 是网络的两个用户,他们想通过网络先建立安全的共享密钥再进行保密通信。那么 A(B)如何确信自己正在和 B(A)通信而不是和 C 通信呢? 这种通信方式为双向通信,因此此时的认证称为相互认证。类似地,对于单向通信来说,认证称为单向认证。

7.5.1 相互认证

A、B 两个用户在建立共享密钥时需要考虑的核心问题是保密性和实时性。为了防止会话密钥的伪造或泄露,会话密钥在通信双方之间交换时应以密文形式,所以通信双方事先就应有密钥或公开钥。实时性则对防止消息的重放攻击极为重要,实现实时性的一种方法是对交换的每一条消息都加上一个序列号,一个新消息仅当它有正确的序列号时才被接收。但这种方法的困难性在于要求每个用户分别记录与其他每一用户交换的消息的序列号,从而增加了用户的负担,所以序列号方法一般不用于认证和密钥交换。保证消息的实时性常用以下两种方法：

(1) 时间戳。如果 A 收到的消息包括一个时间戳,且在 A 看来这一时间戳充分接近自己的当前时刻,A 才认为收到的消息是新的并接受之。这种方案要求所有各方的时钟是同步的。

(2) 询问-应答：用户 A 向 B 发出一个一次性随机数作为询问,如果收到 B 发来的消息(应答)也包含一个正确的一次性随机数,A 就认为 B 发来的消息是新的并接收之。

时间戳法不能用于面向连接的应用过程,这是由于时间戳法在实现时固有的困难性。首先是需要在不同的处理器时钟之间保持同步,那么所用的协议必须是容错的,以处理网络错误;并且是安全的,以对付恶意攻击。第二,如果协议中任一方的时钟出现错误而暂时地失去了同步,则将使敌手攻击成功的可能性增加。最后还由于网络本身存在着延迟,因此不能期望协议的各方能保持精确的同步。所以任何基于时间戳的处理过程、协议等都必须允许同步有一个误差范围。考虑到网络本身的延迟,误差范围应足够大,考虑到可能存在的攻击,误差范围又应足够小。

而询问-应答方式则不适合于无连接的应用过程,这是因为在无连接传输以前需经询问-应答这一额外的握手过程,与无连接应用过程的本质特性不符。对无连接的应用程序来说,利用某种安全的时间服务器保持各方时钟同步是防止重放攻击最好的方法。

通信双方建立共享密钥时可采用单钥加密体制和公钥加密体制。

1. 单钥加密体制

正如 5.1 节所介绍的,采用单钥加密体制为通信双方建立共享的密钥时,需要有一个可信的密钥分配中心 KDC,网络中每一用户都与 KDC 有一个共享的密钥,称为主密钥。KDC 为通信双方建立一个短期内使用的密钥,称为会话密钥,并用主密钥加密会话密钥后分配给两个用户。这种分配密钥的方式在实际应用中较为普遍采用,如第 10 章介绍的 Kerberos 系统采用的就是这种方式。

5.1 节中图 5-1 所示的采用 KDC 的密钥分配过程,可用以下协议(称为 Needham-Schroeder 协议)来描述:

(1) A→KDC: $\text{ID}_A \parallel \text{ID}_B \parallel N_1$

(2) KDC→A: $E_{K_A}[K_S \parallel \text{ID}_B \parallel N_1 \parallel E_{K_B}[K_S \parallel \text{ID}_A]]$

(3) A→B: $E_{K_B}[K_S \parallel \text{ID}_A]$

(4) B→A: $E_{K_S}[N_2]$

(5) A→B: $E_{K_S}[f(N_2)]$

其中,K_A、K_B 分别是 A、B 与 KDC 共享的主密钥。协议的目的是由 KDC 为 A、B 安全地分配会话密钥 K_S,A 在第(2)步安全地获得了 K_S,而第(3)步的消息仅能被 B 解读,因此 B 在第(3)步安全地获得了 K_S,第(4)步中 B 向 A 示意自己已掌握 K_S,N_2 用于向 A 询问自己在第(3)步收到的 K_S 是否为一个新会话密钥,第(5)步 A 对 B 的询问作出应答,一方面表示自己已掌握 K_S,另一方面由 $f(N_2)$ 回答了 K_S 的新鲜性。可见第(4)、(5)两步用于防止一种类型的重放攻击,比如敌手在前一次执行协议时截获第(3)步的消息,然后在这次执行协议时重放,如果双方没有第(4)、(5)两步的握手过程,B 就无法检查出自己得到的 K_S 是重放的旧密钥。

然而以上协议却易遭受另一种重放攻击,假定敌手能获取旧会话密钥,则冒充 A 向 B 重放第(3)步的消息后,就可欺骗 B 使用旧会话密钥。敌手进一步截获第(4)步 B 发出的询问后,可假冒 A 作出第(5)步的应答。进而,敌手就可冒充 A 使用经认证过的会话密钥向 B 发送假消息。

为克服以上弱点,可在第(2)步和第(3)步加上一个时间戳,协议如下:

(1) A→KDC: $\text{ID}_A \parallel \text{ID}_B$

(2) KDC→A: $E_{K_A}[K_S \parallel \text{ID}_B \parallel T \parallel E_{K_B}[K_S \parallel \text{ID}_A \parallel T]]$

(3) A→B: $E_{K_B}[K_S \parallel \text{ID}_A \parallel T]$

(4) B→A: $E_{K_S}[N_1]$

(5) A→B: $E_{K_S}[f(N_1)]$

其中,T 是时间戳,用于向 A、B 双方保证 K_S 的新鲜性。A 和 B 可通过下式检查 T 的实时性:

$$|\text{Clock} - T| < \Delta t_1 + \Delta t_2$$

其中,Clock 为用户(A 或 B)本地的时钟,Δt_1 是用户本地时钟和 KDC 时钟误差的估计值, Δt_2 是网络的延迟时间。

以上协议中由于 T 是经主密钥加密, 所以敌手即使知道旧会话密钥, 并在协议过去执行期间截获第(3)步的结果, 也无法成功地重放给 B, 因 B 对收到的消息可通过时间戳检查其是否为新的。

以上改进还存在以下问题: 方案主要依赖网络中各方时钟的同步, 这种同步可能会由于系统故障或计时误差而被破坏。如果发送方的时钟超前于接收方的时钟, 敌手就可截获发送方发出的消息, 等待消息中时间戳接近于接收方的时钟时, 再重发这个消息。这种攻击称为等待重放攻击。

抗击等待重放攻击的一种方法是要求网络中各方以 KDC 的时钟为基准定期检查并调整自己的时钟, 另一种方法是使用一次性随机数的握手协议, 因为收方向发送方发出询问的随机数是他人无法事先预测的, 所以敌手即使实施等待重放攻击, 也可被下面的握手协议检查出。

下面的协议可解决 Needham-Schroeder 协议以及改进的协议可能遭受的攻击:

(1) A→B:　　　 $\mathrm{ID_A} \parallel N_A$

(2) B→KDC:　 $\mathrm{ID_B} \parallel N_B \parallel E_{K_B}[\mathrm{ID_A} \parallel N_A \parallel T_B]$

(3) KDC→A:　 $E_{K_A}[\mathrm{ID_B} \parallel N_A \parallel K_S \parallel T_B] \parallel E_{K_B}[\mathrm{ID_A} \parallel K_S \parallel T_B] \parallel N_B$

(4) A→B:　　　 $E_{K_B}[\mathrm{ID_A} \parallel K_S \parallel T_B] \parallel E_{K_S}[N_B]$

协议的具体含义如下:

(1) A 将新产生的一次性随机数 N_A 与自己的身份 $\mathrm{ID_A}$ 一起以明文形式发往 B, N_A 以后将与会话密钥 K_S 一起以加密形式返回给 A, 以保证 A 收到的会话密钥的新鲜性。

(2) B 向 KDC 发出与 A 建立会话密钥的请求, 表示请求的消息包括 B 的身份、一次性随机数 N_B 以及由 B 与 KDC 共享的主密钥加密的数据项。其中, N_B 以后将与会话密钥一起以加密形式返回给 B, 以向 B 保证会话密钥的新鲜性, 请求中由主密钥加密的数据项用于指示 KDC 向 A 发出一个证书, 其中的数据项有证书接收者 A 的身份、B 建议的证书截止时间 T_B、B 从 A 收到的一次性随机数。

(3) KDC 将 B 产生的 N_B 连同由 KDC 与 B 共享的密钥 K_B 加密的 $\mathrm{ID_A} \parallel K_S \parallel T_B$ 一起发给 A, 其中, K_S 是 KDC 分配的会话密钥, $E_{K_B}[\mathrm{ID_A} \parallel K_S \parallel T_B]$ 由 A 当作票据用于以后的认证。KDC 向 A 发出的消息还包括由 KDC 与 A 共享的主密钥加密的 $\mathrm{ID_B} \parallel N_A \parallel K_S \parallel T_B$, A 用这一消息可验证 B 已收到第(1)步发出的消息(通过 $\mathrm{ID_B}$), A 还能验证这一步收到的消息是新的(通过 N_A), 这一消息中还包括 KDC 分配的会话密钥 K_S 以及会话密钥的截止时间 T_B。

(4) A 将票据 $E_{K_B}[\mathrm{ID_A} \parallel K_S \parallel T_B]$ 连同由会话密钥加密的一次性随机数 N_B 发往 B, B 由票据得到会话密钥 K_S, 并由 K_S 得 N_B。N_B 由会话密钥加密的目的是 B 认证了自己收到的消息不是一个重放而的确是来自于 A。

以上协议为 A、B 双方建立共享的会话密钥提供了一个安全有效的手段。再者, 如果 A 保留由协议得到的票据, 就可在有效时间范围内不再求助于认证服务器而由以下方式实现双方的新认证:

(1) A→B: $E_{K_B}[\mathrm{ID_A} \parallel K_S \parallel T_B], N_A'$

(2) B→A：$N'_B, E_{K_S}[N'_A]$

(3) A→B：$E_{K_S}[N'_B]$

B 在第(1)步收到票据后,可通过 T_B 检验票据是否过时,而新产生的一次性随机数 N'_A、N'_B 则向双方保证了没有重放攻击。

以上协议中时间期限 T_B 是 B 根据自己的时钟定的,因此不要求各方之间的同步。

2. 公钥加密体制

第 5 章曾介绍过使用公钥加密体制分配会话密钥的方法,下面的协议也用于这个目的。

(1) A→AS：$ID_A \parallel ID_B$

(2) AS→A：$E_{SK_{AS}}[ID_A \parallel PK_A \parallel T] \parallel E_{SK_{AS}}[ID_B \parallel PK_B \parallel T]$

(3) A→B：　$E_{SK_{AS}}[ID_A \parallel PK_A \parallel T] \parallel E_{SK_{AS}}[ID_B \parallel PK_B \parallel T]$
$$\parallel E_{PK_B}[E_{SK_A}[K_S \parallel T]]$$

其中。SK_{AS}、SK_A 分别是 AS 和 A 的秘密钥,PK_A、PK_B 分别是 A 和 B 的公开钥,E 为公钥加密算法,AS 是认证服务器(Authentication Server)。第(1)步,A 将自己的身份及欲通信的对方的身份发送给 AS。第(2)步,AS 发给 A 的两个链接的数据项都是由自己的秘密钥加密(即由 AS 签名),分别作为发放给通信双方的公钥证书。第(3)步,A 选取会话密钥并经自己的秘密钥和 B 的公开钥加密后连同两个公钥证书一起发往 B。因会话密钥是由 A 选取,并以密文形式发送给 B,因此包括 AS 在内的任何第三者都无法得到会话密钥。时间戳 T 用于防止重放攻击,所以需要各方的时钟是同步的。

下一协议使用一次性随机数,因此不需要时钟的同步:

(1) A→KDC：$ID_A \parallel ID_B$

(2) KDC→A：$E_{SK_{AU}}[ID_B \parallel PK_B]$

(3) A→B：$E_{PK_B}[N_A \parallel ID_A]$

(4) B→KDC：$ID_B \parallel ID_A \parallel E_{PK_{AU}}[N_A]$

(5) KDC→B：$E_{SK_{AU}}[ID_A \parallel PK_A] \parallel E_{PK_B}[E_{SK_{AU}}[N_A \parallel K_S \parallel ID_B]]$

(6) B→A：$E_{PK_A}[E_{SK_{AU}}[N_A \parallel K_S \parallel ID_B] \parallel N_B]$

(7) A→B：$E_{K_S}[N_B]$

其中,SK_{AU} 和 PK_{AU} 分别是 KDC 的秘密钥和公开钥,第(1)步,A 通知 KDC 他想和 B 建立安全连接;第(2)步,KDC 将 B 的公钥证书发给 A,公钥证书包括经 KDC 签名的 B 的身份和公钥;第(3)步,A 告诉 B 想与他通信,并将自己选择的一次性随机数 N_A 发给 B;第(4)步,B 向 KDC 发出得到 A 的公钥证书和会话密钥的请求,请求中由 KDC 的公开钥加密的 N_A 用于让 KDC 将建立的会话密钥与 N_A 联系起来,以保证会话密钥的新鲜性;第(5)步,KDC 向 B 发出 A 的公钥证书以及由自己的秘密钥和 B 的公开钥加密的三元组 $\{N_A, K_S, ID_B\}$,三元组由 KDC 的秘密钥加密,可使 B 验证三元组的确是由 KDC 发来的,由 B 的公开钥加密是防止他人得到三元组后假冒 B 建立与 A 的连接;第(6)步,B 新产生一个一次性随机数 N_B 连同上一步收到的由 KDC 的秘密钥加密的三元组一起经 A 的公开钥加密后发往 A;第(7)步,A 取出会话密钥,再由会话密钥加密 N_B 后发往 B,以使 B 知道 A 已掌握会话密钥。

以上协议可进一步改进：在第(5)、(6)两步出现 N_A 的地方加上 ID_A 以说明 N_A 的确是由 A 产生的而不是其他人产生的,这时 $\{ID_A, N_A\}$ 就可唯一地识别 A 发出的连接请求。

7.5.2 单向认证

电子邮件等网络应用有一个最大的优点就是不要求收发双方同时在线,发送方将邮件发往接收方的信箱,邮件在信箱中存着,直到接收方阅读时才打开。邮件消息的报头必须是明文形式以使 SMTP(Simple Mail Transfer Protocol,简单邮件传输协议)或 X.400 等存储-转发协议能够处理。然而通常都不希望邮件处理协议要求邮件的消息本身是明文形式,否则就要求用户对邮件处理机制的信任。所以用户在进行保密通信时,需对邮件消息进行加密以使包括邮件处理系统在内的任何第三者都不能读取邮件的内容。再者邮件接收者还希望对邮件的来源即发送方的身份进行认证,以防他人的假冒。与双向认证一样,下面仍分为单钥加密和公钥加密两种情况来考虑。

1. 单钥加密

对诸如电子邮件等单向通信来说,图 5-2 所示的无中心的密钥分配情况不适用。因为该方案要求发送方给接收方发送一请求,并等到接收方发回一个包含会话密钥的应答后,才向接收方发送消息,所以本方案与接收方和发送方不必同时在线的要求不符。在图 5-1 所示的情况中去掉第(4)步和第(5)步就可满足单向通信的两个要求。协议如下：

(1) A→KDC: $ID_A \parallel ID_B \parallel N_1$

(2) KDC→A: $E_{K_A}[K_S \parallel ID_B \parallel N_1 \parallel E_{K_B}[K_S \parallel ID_A]]$

(3) A→B: $E_{K_B}[K_S \parallel ID_A] \parallel E_{K_S}[M]$

本协议不要求 B 同时在线,但保证了只有 B 能解读消息,同时还提供了对消息的发方 A 的认证。然而本协议不能防止重放攻击,为此需在消息中加上时间戳,但由于电子邮件处理中的延迟,时间戳的作用极为有限。

2. 公钥加密

公钥加密算法可对发送的消息提供保密性、认证性或既提供保密性又提供认证性,为此要求发送方知道接收方的公开钥(保密性),或要求接收方知道发送方的公开钥(认证性),或要求每一方都知道另一方的公开钥。

如果主要关心保密性,则可使用以下方式：

A→B: $E_{PK_B}[K_S] \parallel E_{K_S}[M]$

其中,A 用 B 的公开钥加密一次性会话密钥,用一次性会话密钥加密消息。只有 B 能够使用相应的秘密钥得到一次性会话密钥,再用一次性会话密钥得到消息。这种方案比简单地用 B 的公开钥加密整个消息要有效得多。

如果主要关心认证性,则可使用以下方式：

A→B: $M \parallel E_{SK_A}[H(M)]$

这种方式可实现对 A 的认证,但不提供对 M 的保密性。如果既要提供保密性又要提供认证性,可使用以下方式：

A→B：$E_{\mathrm{PK_B}}[M \parallel E_{\mathrm{SK_A}}[H(M)]]$

后两种情况要求 B 知道 A 的公开钥并确信公开钥的真实性。为此 A 还需同时向 B 发送自己的公钥证书，表示为

A→B：$M \parallel E_{\mathrm{SK_A}}[H(M)] \parallel E_{\mathrm{SK_{AS}}}[T \parallel \mathrm{ID_A} \parallel \mathrm{PK_A}]$

或

A→B：$E_{\mathrm{PK_B}}[M \parallel E_{\mathrm{SK_A}}[H(M)]] \parallel E_{\mathrm{SK_{AS}}}[T \parallel \mathrm{ID_A} \parallel \mathrm{PK_A}]$

其中，$E_{\mathrm{SK_{AS}}}[T \parallel \mathrm{ID_A} \parallel \mathrm{PK_A}]$ 是认证服务器 AS 为 A 签署的公钥证书。

习　　题

1. 在 DSS 数字签名标准中，取 $p=83=2\times41+1,q=41,h=2$，于是 $g\equiv 2^2\equiv 4 \bmod 83$，若取 $x=57$，则 $y\equiv g^x\equiv 4^{57}=77 \bmod 83$。在对消息 $M=56$ 签名时，选择 $k=23$，计算签名并进行验证。

2. 在 DSA 签名算法中，参数 k 泄露会产生什么后果？

第 8 章 密码协议

密码协议是指利用密码工具实现与安全相关的协议或函数的计算。本章介绍的密码协议包括数字承诺、不经意传输、零知识证明、安全多方计算。

8.1 一些基本协议

8.1.1 智力扑克

假设两个人 A 和 B 通过计算机网络进行智力扑克比赛,比赛中不用第三方做裁判。发牌者可由任一方担任,发牌过程应满足以下要求:

(1) 任一副牌(即发给参赛人员手中的牌)是等可能的。

(2) 发到 A、B 手中的牌是没有重复的。

(3) 每人都知道自己手中的牌,但不知对方手中的牌。

(4) 比赛结束后,每一方都能发现对方的欺骗行为(如果有)。

为满足这些要求,A、B 之间必须以加密形式交换一些信息。在下面的协议中,加密体制可以是单钥密码,也可以是公钥密码。设 E_A 和 E_B、D_A 和 D_B 分别表示 A 和 B 的加密变换和解密变换,在比赛结束之前,这些变换都是保密的,比赛结束后予以公布以证明比赛的公正性。要求加密变换满足交换律,即对任意消息 M 有:

$$E_A(E_B(M)) = E_B(E_A(M))$$

比赛开始前,A、B 协商好用消息 $w_1, w_2, \cdots, w_{52}$ 表示 52 张牌,协议中设 A 为发牌人,并设给每人发 5 张牌。协议如下:

(1) B 先洗牌,然后用 E_B 对 52 个消息分别加密,将加密结果 $E_B(w_i)$ 发送给 A。

(2) A 从收到的 52 个加密的消息中随机选 5 个 $E_B(w_i)$,并发送给 B,B 用自己的解密变换 D_B 对这 5 个值解密,解密后的值作为发给自己的一副牌。因为 B 的加密变换 E_B 和解密变换 D_B 都是保密的,所以 A 无法知道 B 手中的牌。

(3) A 另选 5 个 $E_B(w_i)$,用 E_A 加密后发送给 B。

(4) B 用 D_B 对收到的值解密后再发送给 A,A 用 D_A 对收到的值解密后作为发给自己的一副牌,这是因为 B 发送给 A 的值是

$$D_B(E_A(E_B(w_i))) = D_B(E_B(E_A(w_i))) = E_A(w_i)$$

其中用到加密变换的交换律。

下面考虑该协议是否满足发牌过程的 4 个要求。

对第(2)个要求,B 可在协议的第(3)步检查 A 发来的 5 个值是否和第(2)步发来的

5 个值有重复。为满足第(4)个要求,可在比赛结束后公开所有的加密变换和解密变换,双方都可检查对方的牌看是否有欺诈。对第(1)个和第(3)个要求来说,关键在于加密变换 E_B 的强度,由 $E_B(w_i)$ 可能得不出 w_i,但有可能得出 w_i 的部分信息。例如,w_i 是一个比特串,则有可能从 $E_B(w_i)$ 得出 w_i 的最后一个比特,因此 A 可将 52 个值 $E_B(w_1)$,$E_B(w_2)$,$\cdots$,$E_B(w_{52})$ 分成两个子集,A 在发牌时可将发给 B 的牌集中在某一子集中,因此使得第(1)个和第(3)个要求无法满足。

8.1.2　掷硬币协议

在某些密码协议中,要求通信双方在无第三方协助的情况下产生一个随机序列。因为 A、B 之间可能存在不信任关系,因此随机序列不能由一方产生再通过电话或网络告诉另一方。这一问题可通过掷硬币协议来实现。掷硬币协议有多种实现方式,下面介绍其中的 3 种。

1. 采用平方根掷硬币

协议如下:

(1) A 选择两个大素数 p 和 q 将乘积 $n=pq$ 发送给 B。

(2) B 在 1 和 $n/2$ 之间,随机选择一个整数 u,计算 $z\equiv u^2 \bmod n$,并将 z 发送给 A。

(3) A 计算模 n 下 z 的 4 个平方根 $\pm x$ 和 $\pm y$(因 A 知道 n 的分解,所以可做到)。设 x' 是 $x \bmod n$ 和 $-x \bmod n$ 中的较小者,y' 是 $y \bmod n$ 和 $-y \bmod n$ 中的较小者,则由于 $1<u<\dfrac{n}{2}$,所以 u 为 x' 和 y' 之一。

(4) A 猜测 $u=x'$ 或 $u=y'$,或者 A 找出最小的 i 使得 x' 的第 i 个比特与 y' 的第 i 个比特不同,A 猜测 u 的第 i 个比特是 0 还是 1。A 将猜测发送给 B。

(5) B 告诉 A 猜测正确或不正确,并将 u 的值发送给 A。

(6) A 公开 n 的因子。

因 u 是 B 随机选取的,A 不知道 u,所以要猜测 u 只能是计算模 n 下 z 的 4 个平方根,猜中的概率是 $\dfrac{1}{2}$。再考虑 B 如何能欺骗 A,如果 B 在 A 猜测完后能够改变 u 的值,则 A 的猜测必不正确,A 可通过 $z\overset{?}{\equiv}u^2 \bmod n$ 检查出 B 是否改变了 u 的值,所以 B 要想改变 u 的值,就只能在 x' 和 y' 之间进行。而 B 若掌握 x' 和 y',就可通过 $\gcd(x'-y',n)$ 或 $\gcd(x'+y',n)$ 求出 p 和 q,说明 B 的欺骗与分解 n 是等价的。

【例 8-1】　采用平方根掷硬币。

本例是采用平方根掷硬币的一个具体实现过程:

(1) A 取 $p=3$,$q=7$,将 $n=21$ 发送给 B。

(2) B 在 1 和 $\dfrac{21}{2}$ 之间,随机选择一个整数 $u=2$,计算 $z\equiv 2^2 \bmod n\equiv 4$ 并将 $z=4$ 发送给 A。

(3) A 计算模 21 下 $z=4$ 的 4 个平方根为 $x=2$,$-x=19$,$y=5$,$-y=16$,取 $x'=2$,$y'=5$。

（4）A 猜测 $u=5$ 并将猜测发送给 B。

（5）B 告诉 A 猜测不正确，并将 $u=2$ 发送给 A，A 检验 $u=2$ 在 1 和 $\frac{21}{2}$ 之间且满足 $4\equiv 2^2 \bmod 21$，A 知道自己输了。

（6）A 公开 $n=21$ 的因子 $p=3$，$q=7$，B 检验 $n=pq$，知道自己赢了。

2. 利用单向函数掷硬币

设 A、B 都知道某一单向函数 $f(x)$，但都不知道该函数的逆函数。协议如下：

（1）B 选择一个随机数 x，求 $y=f(x)$ 并发送给 A。

（2）A 对 x 的奇偶性进行猜测，并将结果告诉 B。

（3）B 告诉 A 猜测正确或不正确，并将 x 发送给 A。

由于 A 不知道 $f(x)$ 的逆函数，因此无法通过 B 发过来的 y 得出 x，即只能猜测 x 的奇偶性。而 B 若在 A 做出猜测以后改变 x，A 可通过 $y \overset{?}{=} f(x)$ 检查出来。

3. 利用二次剩余掷硬币

设 n 是两个大素数 p 和 q 的乘积，即 $n=pq$。在 $\mathbb{Z}_n^* = \{a \mid 0 < a < n, \gcd(a,n)=1\}$ 中，有一半的 a，其 Jacobi 符号 $\left(\dfrac{a}{n}\right)=1$，而在满足 $\left(\dfrac{a}{n}\right)=1$ 的所有 a 中，只有一半是模 n 的二次剩余，而判断 a 是否为模 n 的二次剩余与分解 n 是等价的。协议如下：

（1）B 选择 p 和 q，计算 $n=pq$；再选取满足 $\left(\dfrac{a}{n}\right)=1$ 的随机数 a，将 n 和 a 发送给 A。

（2）A 猜测 a 是模 n 的二次剩余或非二次剩余，并将结果告诉 B。

（3）B 告诉 A 猜测正确或不正确，并将 p 和 q 发送给 A。

（4）A 检查 p 和 q 都是素数且 $n=pq$。

显然，A 猜中的概率是 $\dfrac{1}{2}$。协议执行完毕，A 根据 p 和 q 可求出 $a \bmod n$ 的 4 个平方根（如果 a 是模 n 的二次剩余），以检查 B 是否在 A 猜测完后将结果做了修改。

8.1.3 数字承诺协议

数字承诺协议是指发送方暂时以隐藏的方式向接收方承诺一个值，承诺后不能再对该值进行任何修改。数字承诺协议通常由两步组成：

第 1 步：承诺，发送方将一个消息锁进一盒中，再将该盒发送给接收方。

第 2 步：展示，发送方打开盒，以向接收方展示盒中内容。

数字承诺协议必须满足以下两个性质：

（1）隐藏性。上述第 1 步完成后，接收者无法获得发送者所承诺的值。如果接收者是概率多项式时间的，则称方案是计算上隐藏的。如果接收者有无穷的计算能力，则称方案是完备隐藏的。

（2）捆绑性。上述第 2 步完成后，发送者只能向接收者展示一个值。类似于隐藏性，捆绑性也分为计算上的和完备的。

1. 基于二次剩余的数字承诺协议

公开参数 n 与 8.1.2 节中利用二次剩余掷硬币协议的选取相同,此外还有一个 x,满足 $x \in \mathbb{Z}_n^*$,$\left(\dfrac{x}{n}\right) = 1$,且 x 是模 n 的非二次剩余。

第 1 步:发送者随机选取 $r \leftarrow_R \mathbb{Z}_n^*$,计算 $c \equiv r^2 x^b \bmod n$ 作为对 $b \in \{0, 1\}$ 的承诺。

第 2 步:为了展示承诺,发送者将 (b, r) 发送给接收者;接收者验证 $r^2 x^b \bmod n \equiv c$ 是否成立,如果成立,则接收。

隐藏性:接收者若能从 c 中得出 $b = 0$,则可知 c 是二次剩余;若能得出 $b = 1$,则可知 c 是非二次剩余。与判断 c 是二次剩余还是非二次剩余的困难性矛盾。因此,方案是完备隐藏的。

捆绑性:如果发送者能将某一 c 打开到两组不同值 $(b_1, r_1) \neq (b_2, r_2)$,必有 $b_1 \neq b_2$,$r_1 \neq r_2$。因此 $r_1^2 x^{b_1} \equiv r_2^2 x^{b_2} \bmod n$,$\left(\dfrac{r_1}{r_2}\right)^2 \equiv x^{b_2 - b_1} \equiv x\,(\text{或 } x^{-1}) \bmod n$,与 x 是非二次剩余矛盾。

2. Pedersen 数字承诺协议

Pedersen 数字承诺协议是基于离散对数困难性假设的。

设 p 和 q 是两个大素数,$q \mid p - 1$,G_q 是 $\mathbb{Z}_p^*$ 的阶为 q 的子群,g 和 h 是 G_q 的生成元,但收发双方都不知道 $\log_g(h)$。

第 1 步:发送者为做对 $x \in \mathbb{Z}_q$ 的承诺,随机选择 $r \leftarrow_R \mathbb{Z}_q$,计算 $c \equiv g^x h^r \bmod p$ 并发送给接收者。

第 2 步:为了展示承诺,发送者将 (x, r) 发送给接收者,接收者验证 $g^x h^r \bmod p \equiv c$ 是否成立。若成立,则接收。

隐藏性:已知承诺 c,每个 $x' \in \mathbb{Z}_q$ 都可能是所承诺的值。也就是说,如果 $c \equiv g^x h^r \bmod p$,对任一 $x' \in \mathbb{Z}_q$,由 $g^x h^r \equiv g^{x'} h^{r'} \bmod p$,得 $g^{x - x'} \equiv h^{r' - r} \bmod p$,$x - x' \equiv (r' - r) \log_g(h) \bmod q$,$r' \equiv r + \dfrac{x - x'}{\log_g(h)} \pmod q$,即存在 r'(虽然因不知道 $\log_g(h)$ 而不能计算),满足 $c \equiv g^{x'} h^{r'} \bmod p$,即 x' 也是 c 所承诺的值。所以由 c 不能确定是对哪个 $x \in \mathbb{Z}_q$ 的承诺。

捆绑性:如果发送者能对两组不同的 (x, r) 和 (x', r') 承诺到同一值,则由 $g^x h^r \equiv g^{x'} h^{r'} \bmod p$,得 $\log_g(h) \equiv \dfrac{x - x'}{r' - r} \bmod q$,即发送者能计算 $\log_g(h)$,矛盾。

8.1.4 不经意传输协议

设 A 有一个秘密,想以 $\dfrac{1}{2}$ 的概率传递给 B,即 B 有 50% 的机会收到这个秘密,另外 50% 的机会什么也没有收到,协议执行完毕,B 知道自己是否收到了这个秘密,但 A 却不知 B 是否收到了这个秘密。这种协议就称为不经意传输协议。

例如,A 是机密的出售者,A 列举了很多问题,意欲出售各个问题的答案,B 想买其中一个问题的答案,但又不想让 A 知道自己买的是哪个问题的答案。

1. 基于大数分解问题的不经意传输协议

设 A 想通过不经意传输协议传递给 B 的秘密是整数 n(为两个大素数之积)的因数分解。这个问题具有普遍意义,因为任何秘密都可通过 RSA 加密,得到 n 的因数分解就可得到这个秘密。

协议基于如下事实:已知某数在模 n 下两个不同的平方根,就可分解 n。

协议如下:

(1) B 随机选取一个数 x,将 $x^2 \bmod n$ 发送给 A。

(2) A(掌握 $n = pq$ 的分解)计算 $x^2 \bmod n$ 的 4 个平方根 $\pm x$ 和 $\pm y$,并将其中之一发送给 B。由于 A 只知道 $x^2 \bmod n$,并不知道 4 个平方根中哪一个是 B 选的 x。

(3) B 检查第(2)步收到的数是否与 $\pm x$ 在模 n 下同余,如果是,则 B 没有得到任何新信息;否则,B 就掌握了 $x^2 \bmod n$ 的两个不同的平方根,从而能够分解 n。而 A 却不知究竟是哪种情况。

显然,B 得到 n 的分解的概率是 $\dfrac{1}{2}$。

2. 基于离散对数问题的不经意传输协议

下面一个不经意传输协议是非交互的,其中,B 不向 A 发送任何消息。

设系统中所有用户都知道一个大素数 p、$GF(p) - \{0\}$ 的生成元 g 和另一大素数 c,但无人知道 c 的离散对数。假定计算离散对数是不可行的,因此从 $g^x \bmod p$ 和 $g^y \bmod p$ 无法计算 $g^{xy} \bmod p$。协议中所有运算都在 $GF(p)$ 中进行。

B 按如下方式产生公开的加密密钥和秘密的解密密钥:随机选取一个比特 i 和一个数 $x (0 \leqslant x \leqslant p-2)$,计算 $y_i = g^x$,$y_{1-i} = c(g^x)^{-1}$,以 (y_0, y_1) 作为公开的加密密钥,以 (i, x) 作为秘密的解密密钥。由于 B 不知道 c 的离散对数,所以他知道 y_0 和 y_1 中一个的离散对数,而 A 无法知道 y_0 和 y_1 中哪个离散对数是 B 已知的。A 可通过方程 $y_0 y_1 = c$ 来检查 B 的公开的加密密钥是否正确。

协议中设 A 的两个秘密 s_0 和 s_1 是二进制数,$\oplus$ 是异或运算,若进行异或运算的两个数不等长,可在较短数前面补 0。

协议如下:

(1) A 在 $0 \sim p-2$ 随机取两个整数 k_0 和 k_1,对 $j = 0, 1$ 计算 $c_j = g^{k_j}$,$d_j = y_j^{k_j}$,$m_j = s_j \oplus d_j$,将 c_0、c_1、m_0、m_1 发送给 B。

(2) B 用自己的秘密的解密密钥计算 $c_i^x = g^{xk_i} = y_i^{k_i} = d_i$,$s_i = m_i \oplus d_i$。由于 B 不知道 y_{1-i} 的离散对数,所以无法得到 d_{1-i} 和 s_{1-i}。

3. "多传一"的不经意传输协议

设 A 有多个秘密,想将其中一个传递给 B,使得只有 B 知道 A 传递的是哪个秘密。设 A 的秘密是 $s_1, s_2, \cdots, s_k$,每一秘密是一比特序列。协议如下:

(1) A 告诉 B 一个单向函数 f,但对 f^{-1} 保密。

(2) 设 B 想得到秘密 s_i,他在 f 的定义域内随机选取 k 个值 $x_1, x_2, \cdots, x_k$,将 k 元组

$(y_1,y_2,\cdots,y_k)$发送给 A，其中

$$y_j=\begin{cases}x_j, & j\neq i\\ f(x_j), & j=i\end{cases}$$

(3) A 计算 $z_j=f^{-1}(y_j)(j=1,2,\cdots,k)$，并将 $z_j\oplus s_j(j=1,2,\cdots,k)$发送给 B。

(4) 由于 $z_i=f^{-1}(y_i)=f^{-1}(f(x_i))=x_i$，所以 B 知道 z_i，因此可从 $z_i\oplus s_i$ 获得 s_i。

由于 B 没有 $z_j(j\neq i)$ 的信息，因此无法得到 $s_j(j\neq i)$，而 A 不知 k 元组$(y_1,y_2,\cdots,y_k)$中哪个是 $f(x_i)$，因此无法确定 B 得到的是哪个秘密。

然而，如果 B 不遵守协议，他用 f 对多个 x_j 求得 $f(x_j)$，就可获得多个秘密。B 的欺骗可分为被动欺骗和主动欺骗。被动欺骗是指 B 遵守协议，但却意欲获得比诚实用户更多的信息；主动欺骗是指 B 根本就不遵守协议。显然，这种"多传一"协议中若存在主动欺骗，协议的安全性就很差。因此，总假定这种"多传一"协议中的所有用户都遵守协议。协议的安全性主要考虑防止被动欺骗。

4. 基于大数分解问题的"多传一"不经意传输协议

设 A 有多个秘密，并对自己的每个秘密都使用一个不同的 RSA 体制加密，A 要想向 B 传递其中的一个秘密，就可告诉 B 加密该密钥的 RSA 体制的模数。协议如下：

(1) A 构造 k 个 RSA 加密体制，使得在每个体制中的两个素数 p_j 和 q_j 满足 $p_j\equiv q_j\equiv 3\bmod 4$（因此可保证同一数 a 在模 $n_j=p_jq_j$ 下的两个平方根有相反的 Jacobi 符号），将加密密钥(e_j,n_j)及加密后的秘密 $s_j^{e_j}\bmod n_j(j=1,2,\cdots,k)$发送给 B。

(2) B 选 k 个数 $x_1,x_2,\cdots,x_k$，分别计算 Jacobi 符号 $\left(\dfrac{x_j}{n_j}\right)$ 和 $x_j^2\bmod n_j(j=1,2,\cdots,k)$。B 如果想获得秘密 s_i，则将 $x_i^2\bmod n_i$ 和 $-\left(\dfrac{x_i}{n_i}\right)$ 发送给 A，而对所有 $j\neq i$，将 $x_j^2\bmod n_j$ 和 $\left(\dfrac{x_j}{n_j}\right)$ 发送给 A。

(3) 对每一 j，A 计算 $x_j^2\bmod n_j$ 的平方根和平方根的 Jacobi 符号，比较每一平方根的 Jacobi 符号是否与第(2)步收到的 Jacobi 符号相同，将 Jacobi 符号相同的那一平方根发送给 B。

(4) B 现在获得 $x_i^2\bmod n_i$ 的两个不同的平方根，因此能够分解 n_i，求出解密密钥 d_i，进一步求出 s_i；而对 $j\neq i$，B 在第(3)步收到的平方根是自己已知的，因此无法求出 n_j 和 s_j。

因为 A 不知道 B 选择的是哪个 i，因此不知道 B 获得的是哪个秘密。协议中仍假定 A、B 都遵守协议；否则，如果 B 在第(2)步进行主动欺骗，则 A 仍无法识别。

【例 8-2】 在上述协议中，设 A 用于加密某个秘密 s 的 RSA 体制的模数 $n=2773=47\times 59$，满足 $47\equiv 59\equiv 3\bmod 4$。B 在第(2)步选择的相应 $x=2001$，计算 $x^2\bmod n=2001^2\bmod 2773=2562$ 及

$$\left(\frac{2001}{2773}\right)=\left(\frac{2773}{2001}\right)=\left(\frac{772}{2001}\right)=\left(\frac{193}{2001}\right)=\left(\frac{2001}{193}\right)=\left(\frac{71}{193}\right)$$
$$=\left(\frac{193}{71}\right)=\left(\frac{51}{71}\right)=-\left(\frac{71}{51}\right)=-\left(\frac{20}{51}\right)=-\left(\frac{5}{51}\right)$$

$$= -\left(\frac{51}{5}\right) = -\left(\frac{1}{5}\right) = -1$$

如果 B 想获得 s，则将 $(2562,1)$ 发送给 A。

第（3）步，A 如下计算 2562 mod 2773 的平方根：

求 2562 mod 47＝24，2562 mod 59＝25，求出 24 在 mod 47 时的平方根为 ±27，25 在 mod 59 时的平方根为 ±5（求模下的平方根存在有多项式时间的算法，读者可参考相关文献），用推广的 Euclid 算法求出 59^{-1} mod $47 \equiv 4, 47^{-1}$ mod $59 \equiv 54$，由中国剩余定理求出平方根为 $\pm 27 \cdot 59 \cdot 4 \pm 5 \cdot 47 \cdot 54$，即 349、772、2001、2424。

因 $\left(\frac{349}{2773}\right) = \left(\frac{2424}{2773}\right) = 1, \left(\frac{772}{2773}\right) = \left(\frac{2001}{2773}\right) = -1$，A 将 349 或 2424 发送给 B。

第（4）步，B 由 $\gcd(2773, 349+2001) = 47$ 或 $\gcd(2773, 2424-2001) = 47$ 得 n 的一个因子，从而得到 n 的分解式 47×59。若 B 不想获得 s，则将 $(2562, -1)$ 发送给 A，A 将 772 或 2001 发送给 B，因 $772 \equiv 2001$ mod 2773，所以 B 未收到任何新信息。

8.2 零知识证明

8.2.1 交互式证明系统

交互式证明系统由两方参与，分别称为证明者（Prover，简记为 P）和验证者（Verifier，简记为 V），其中，P 知道某一秘密（如公钥密码体制的秘密钥或一个二次剩余 x 的平方根），P 希望使 V 相信自己的确掌握这一秘密。交互式证明由若干轮组成，在每一轮，P 和 V 可能需根据从对方收到的消息和自己计算的某个结果决定向对方发送的消息。比较典型的方式是在每轮 V 都向 P 发出一询问，P 向 V 做出一应答。所有轮执行完后，V 根据 P 是否在每一轮对自己发出的询问都能正确应答，以决定是否接受 P 的证明。

交互式证明和数学证明的区别是，数学证明的证明者可自己独立地完成证明，相当于笔试；而交互式证明是由 P 一步一步地产生证明、V 一步一步地验证证明的有效性来实现的，相当于口试，因此双方之间通过某种信道的通信是必需的。

交互式证明系统需满足以下要求：

（1）完备性：如果 P 知道某一秘密，V 将接受 P 的证明。

（2）可靠性：如果 P 能以一定的概率使 V 相信 P 的证明，则 P 知道相应的秘密。

下面两个例子分别是非交互式证明系统和交互式证明系统，用来考虑图之间的同构关系。两个图 G_1 和 G_2 是同构的是指从 G_1 的顶点集合到 G_2 的顶点集合之间存在一个一一映射 π，当且仅当若 x 和 y 是 G_1 上的相邻点，$\pi(x)$ 和 $\pi(y)$ 是 G_2 上的相邻点，表示为 $G_1 \cong G_2$。同构关系表示为 ISO＝$\{(G_1, G_2): G_1 \cong G_2\}$，非同构关系表示为 NISO＝$\{(G_1, G_2): G_1 \ncong G_2\}$。

【例 8-3】 证明者 P 有两个同构的图 G、H，向验证者证明 $G \cong H$，即从 G 的顶点集合到 H 的顶点集合存在一个一一映射，P 只须向 V 出示这个映射。例如，图 8-1 是两个同构的图，G 的顶点集合到 H 的顶点集合的映射为

$$\pi = \{(1,5),(2,2),(3,1),(4,4),(5,3)\}$$

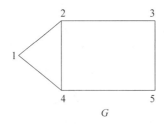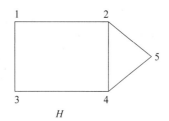

图 8-1　两个同构的图

【例 8-4】　P 有两个图 G_1 和 G_2，$(G_1,G_2) \in$ NISO，向验证者证明。

协议如下：

（1）V 随机选取 $\sigma \xleftarrow{}_R \{1,2\}$，再随机选取 G_σ 顶点上的一个置换 π，得 $C = \pi(G_\sigma)$。将 C 发送给 P。

（2）P 收到 C 后，找出 $\tau \in \{1,2\}$，使得 $G_\tau \cong C$，将 τ 发送给 V。

（3）V 判断 $\tau \overset{?}{=\!=} \sigma$，若相等，则 V 接受 P 的证明。

如果 $G_1 \not\cong G_2$，则 P 总能正确地区分 $\pi(G_1)$ 和 $\pi(G_2)$，因此能正确地执行步骤（2）；如果 $G_1 \cong G_2$，则 P 不能区分 $\pi(G_1)$ 和 $\pi(G_2)$，因此只能随机猜测 τ，能正确执行步骤（2）的概率为 $\frac{1}{2}$。

8.2.2　交互式证明系统的定义

定义 8-1　称 $(P,V)\big($或记为 $\sum = (P,V)\big)$ 是关于语言 L、安全参数 κ 的交互式证明系统，如果满足

（1）完备性，即 $\forall x \in L, \Pr[(P,V)[x]=1] \geqslant 1 - \varepsilon(\kappa)$；

（2）可靠性，即 $\forall x \notin L, \forall P^*, \Pr[(P^*,V)[x]=1] \leqslant \varepsilon(\kappa)$。

其中，$(P,V)[x]$ 表示当系统的输入是 x 时系统的输出，输出为 1 表示 V 接受 P 的证明；$\varepsilon(\kappa)$ 是可忽略的。

在假设检验中（设 H_0 为假设），有两类错误：第一类错误（也称为"弃真"）是当 H_0 为真而拒绝 H_0，其概率（也称为弃真率）记为 $\Pr[$拒绝 $H_0 | H_0$ 为真$]$；第二类错误（也称为"取伪"）是当 H_0 不真而接受 H_0，其概率（也称为取伪率）记为 $\Pr[$接受 $H_0 | H_0$ 不真$]$。在交互式证明系统中，完备性意味着弃真率 $\leqslant \varepsilon(\kappa)$，而可靠性则意味着取伪率 $\leqslant \varepsilon(\kappa)$。

在例 8-3 中，H_0 为事件 $(G,H) \in$ ISO，则弃真率为 $\Pr[$拒绝 $H_0 | H_0$ 为真$] = 0$，取伪率为 $\Pr[$接受 $H_0 | H_0$ 不真$] = 0$，完备性和可靠性都满足。在例 8-4 中，H_0 为事件 $(G_1, G_2) \in$ NISO，则弃真率为 $\Pr[$拒绝 $H_0 | H_0$ 为真$] = 0$，取伪率为 $\Pr[$接受 $H_0 | H_0$ 不真$] \leqslant \frac{1}{2}$。为了减少取伪率，可将协议重复执行多次，设为 k 次，则取伪率小于 $\left(\frac{1}{2}\right)^k$。

8.2.3　交互式证明系统的零知识性

零知识证明起源于最小泄露证明。在交互式证明系统中，设 P 知道某一秘密，并向

V 证明自己掌握这一秘密,但又不向 V 泄露这一秘密,这就是最小泄露证明。进一步地,如果 V 除了知道 P 能证明某一事实外,不能得到其他任何信息,则称 P 实现了零知识证明,相应的协议称为零知识证明协议。

【例 8-5】 图 8-2 表示一个简单的迷宫,位置 C 与 D 之间有一道门,需要知道秘密口令才能将其打开。P 向 V 证明自己能打开这道门,但又不愿向 V 泄露秘密口令,可采用如下协议:

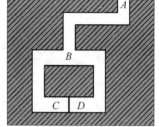

图 8-2　零知识证明协议示例

(1) V 在协议开始时停留在位置 A;

(2) P 一直走到迷宫深处,随机选择位置 C 或位置 D;

(3) P 消失后,V 走到位置 B,然后命令 P 从某个出口返回位置 B;

(4) P 服从 V 的命令,必要时利用秘密口令打开 C 与 D 之间的门;

(5) P 和 V 重复以上过程 n 次。

协议中,如果 P 不知道秘密口令,就只能从来路返回 B,而不能走另外一条路。此外,P 每次猜对 V 要求走哪一条路的概率是 $\frac{1}{2}$,因此每一轮中 P 能够欺骗 V 的概率是 $\frac{1}{2}$。

假定 n 取 16,则执行 16 轮后,P 成功欺骗 V 的概率是 $\frac{1}{2^{16}} = \frac{1}{65\ 536}$。于是,如果 16 次 P 都能按 V 的要求返回,V 即能证明 P 确实知道秘密口令。还可看出,V 无法从上述证明过程中获取丝毫关于 P 的秘密口令的信息,所以这是一个零知识证明协议。

如何刻画交互式证明系统的零知识性,设交互式证明系统 $\Sigma = (P, V)$ 用于证明 $x \in L$。如果 V 通过和 P 交互得到的所有信息都能仅通过 x 计算得到,这就说明 V 通过交互没有得到多余的信息。下面给出它的数学描述。

设 $\mathrm{VIEW}_{P,V^*}(x)$ 是 V^* 通过和 P 交互(输入 x)后得到的所有信息,包括从 P 得到的消息和 V^* 自己在协议执行期间选用的随机数,称为 V^* 的视图。如果 $\mathrm{VIEW}_{P,V^*}(x)$ 能在仅知道 x 的情况下,不通过交互而被模拟产生,则说明 V^* 通过交互没有得到多余信息。

用 $\{\mathrm{VIEW}_{P,V^*}(x)\}_{x \in L}$ 表示 $x \in L$ 时 $\mathrm{VIEW}_{P,V^*}(x)$ 的概率分布。

定义 8-2 设 $\Sigma = (P, V)$ 是一个交互式证明系统,如果对任一 PPT 的 V^*,存在 PPT 的机器 S,使得对 $\forall x \in L$,$\{\mathrm{VIEW}_{P,V^*}(x)\}_{x \in L}$ 和 $\{S(x)\}_{x \in L}$ 服从相同的概率分布,记为 $\{\mathrm{VIEW}_{P,V^*}(x)\}_{x \in L} \equiv \{S(x)\}_{x \in L}$,则称 Σ 是完备零知识的;如果 $\{\mathrm{VIEW}_{P,V^*}(x)\}_{x \in L} \overset{c}{\equiv} \{S(x)\}_{x \in L}$,则称 Σ 是计算上零知识的。

其中,机器 S 称为模拟器;$S(x)$ 表示输入为 x 时 S 的输出;$\{S(x)\}_{x \in L}$ 表示 S 输出的概率分布。

图 8-3 是交互式证明系统的零知识性描述,其中,r_2 表示 V^* 在协议执行期间选用的随机数,$m_2^1, \cdots, m_2^t$ 表示 V^* 从 P 得到的消息。

【例 8-6】 设 $(G, H) \in \mathrm{ISO}$,P 已知 G 和 H 之间的一个一一映射 ϕ,满足 $\phi(G) = H$,P 向 V 证明这一事实。协议如下:

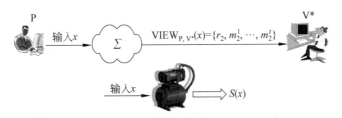

图 8-3　交互式证明系统的零知识性

（1）P 取一随机置换 π，计算 $C=\pi(G)$，将 C 发送给 V。

（2）V 随机取 $F \leftarrow_R \{G, H\}$，将 F 发送给 P。

（3）如果 $F=G$，P 取置换 $\alpha=\pi$；如果 $F=H$，P 取置换 $\alpha=\pi \circ \phi^{-1}$，将 α 发送给 V（$\pi_1 \circ \pi_2$ 是置换 π_1 和 π_2 的复合，定义为 $\pi_1 \circ \pi_2(x)=\pi_1(\pi_2(x))$）。

（4）V 验证 $\alpha(F)=C$ 是否成立，若成立，则接受证明；否则，拒绝证明。

显然，P 和 V 都可在多项式时间内完成，即都是 PPT 的。

完备性：如果 $F=G$，则 $\alpha=\pi$，$\alpha(F)=\alpha(G)=\pi(G)=C$，即 $\alpha(F)=C$ 成立；如果 $F=H$，则 $\alpha=\pi \circ \phi^{-1}$，$\alpha(F)=\pi \circ \phi^{-1}(H)$；如果 $\phi(G)=H$（即 $(G, H) \in$ ISO），则 $\alpha(F)=\pi \circ \phi^{-1}(\phi(G))=\pi(G)=C$，即 $\alpha(F)=C$ 成立。所以，当 $\alpha(F)=C$ 时，V 接受 P 的证明。

可靠性：如果 G、H 不同构，

（1）当 $F=G$ 时，$\alpha(F)=\pi(F)=\pi(G)=C$；

（2）当 $F=H$ 时，$\alpha(F)=C$ 不成立；否则，由 $\alpha(F)=C$ 得 $\alpha(H)=\pi(G)$，$H=\alpha^{-1} \circ \pi(G)$，即存在 G 到 H 之间的置换 $\alpha^{-1} \circ \pi$，与 G、H 不同构矛盾。

因此，V 将以 $\dfrac{1}{2}$ 的概率接受一个错误的证明（上述（1）时）。如果协议重复执行 k 次，则取伪率将减少到 $\left(\dfrac{1}{2}\right)^k$。

零知识性：在上述协议中，当输入为 x（定义为 $(G, H) \in$ ISO 时），任一 V^* 的视图为 $\mathrm{VIEW}_{P, V^*}(x)=\{G, H, C, \alpha\}$。下面构造模拟器 S。为了模拟 $\mathrm{VIEW}_{P, V^*}(x)$，$S$ 扮演 P 的角色和 V^* 交互，过程如下：

（1）S 取一随机置换 β，计算 $D=\beta(G)$，将 D 发送给 V^*。

（2）S 若从 V^* 收到 G，则输出 $S(x)=\{G, H, D, \beta\}$ 并结束；如果从 V^* 收到 H，因它不知 ϕ，不能像 P 构造 $\alpha=\pi \circ \phi^{-1}$ 那样来构造 β，因此中断，重新从步骤（1）开始。

显然，S 每执行一轮（从（1）到（2））是多项式时间，以 $\dfrac{1}{2}$ 的概率产生输出。S 结束模拟的轮数期望值是 2，所以 S 是 PPT 的。

若 G 有 n 个顶点，则其上的置换有 $n!$ 个。因 α、β 都是随机选取的，概率分布都是 $\dfrac{1}{n!}$，而 C、D 都与 G 同构，概率分布也都是 $\dfrac{1}{n!}$，所以对每一输入 x（$(G, H) \in$ ISO），$\{\mathrm{VIEW}_{P, V^*}(x)\}_{x \in L}$ 与 $\{S(x)\}_{x \in L}$ 是同分布的，以上协议是完备零知识的。

以上模拟器的构造是一种假想的实验，称为思维实验（thought experiment）。思维实

验是用来考查某种假设、理论或原理的结果而假设的一种实验,这种实验可能在现实中无法做到,也可能在现实中没有必要去做。思维实验和科学实验一样,都是从现实系统出发,建立系统的模型,然后通过模型来模拟现实系统,其过程如图 8-4 所示。

(a) 科学实验　　　　　　　　　　　　　　　(b) 思维实验

图 8-4　科学实验与思维实验

两者的区别主要有两方面:首先所用模型不同,在科学实验中建立的是实物模型,而在思维实验中建立的是假想模型;其次实验手段不同,科学实验通常借助于仪器、设备等具体的物质手段,而思维实验是在思维中实现的。

例如,为了证明空间弯曲,爱因斯坦曾进行了有名的升降机实验。在实验中,他假设升降机处于加速运动,于是垂直于加速度方向的一束光的轨迹在升降机内将是一条抛物线。所以,如果把加速度与引力等效原理推广到电磁现象中,那么光线在引力场中必定是弯曲的。

思维实验的另一个著名例子是薛定谔的猫。薛定谔(E.Schrodinger)是奥地利著名

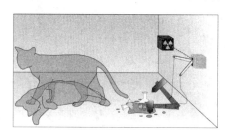

图 8-5　薛定谔的猫

物理学家、量子力学的创始人之一,曾获 1933 年诺贝尔物理学奖。他在研究原子核的衰变时,设想把一只猫放进一个不透明的盒子里,盒子中有一个原子核和一瓶毒气。如果原子核发生衰变,它将会发射出一个粒子,而发射出的这个粒子将会触发实验装置,打开毒气瓶,从而杀死这只猫,如图 8-5 所示。实验完成后根据猫的死活就可判断原子核是否发生了衰变,因此这个实验就把

一个微观问题转化为一个宏观问题。然而,这个实验仅仅是假想的,因为实验装置必须是真空的、无光的;否则,因为空气中的粒子或光子的能量要大于原子核粒子的能量,原子核粒子可能无法触发这个实验装置。

在这类实验中,实验者根本无法建立实物模型,只能借助于思维的能动性和逻辑规则建立假想模型。

思维实验在后面的可证明安全性理论中有广泛应用。

8.2.4　零知识证明协议的组合

1. 顺序组合

零知识证明协议的顺序组合是指将零知识证明协议顺序执行多次。如此一来,它还是零知识的吗?

例如,在图的同构证明中,一个欺骗的证明者能有一半机会欺骗验证者,如果协议连

续执行(如 30 次),则验证者被欺骗的机会大约是十亿分之一,因此协议的正确性满足。但零知识性还满足吗? 如果验证者是恶意的,那么它能够将本轮获得的信息传递给下一轮。如果模拟器不能得到这种先验知识,就不能模拟验证者。因此,必须允许模拟器有能力获得这种先验知识(称为辅助输入)。

协议的零知识性可重新定义如下(其中,$\alpha \in \{0,1\}^{\text{poly}(|x|)}$ 是辅助输入):

$$\forall V^*_{\text{PPT}} \exists S_{\text{PPT}} \forall x \in L \forall \alpha \in \{0,1\}^{\text{poly}(|x|)}, \quad \{\text{VIEW}_{P,V^*(\alpha)}(x)\}_{x \in L} \text{ 和} \{S(x,\alpha)\}_{x \in L}$$

是同分布的(统计上不可区分的,计算上不可区分的)。

若零知识证明协议在组合后仍是零知识的,则称零知识证明协议关于组合是封闭的。

2. 并行组合

零知识证明协议如图 8-6(a)所示,经过并行组合后如图 8-6(b)所示。例如,将图同构的零知识证明协议(例 8-6)$(G_1, H_1), (G_2, H_2), \cdots, (G_n, H_n) \in \text{ISO}$ 经并行组合后,显然它的完备性、正确性$\left(\text{取伪率} \left(\dfrac{1}{2}\right)^n\right)$仍成立。为了考虑它的零知识性,模拟器的构造如下

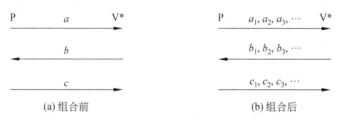

图 8-6   零知识证明协议的并行组合

(1) S 取随机置换 $\beta_1, \cdots, \beta_n$,计算 $D_i = \beta(G_i)$,将 D_i 发送给 V^*($i = 1, \cdots, n$)。

(2) S 若从 V^* 收到 $G_1, \cdots, G_n$,则输出 $S_i(x) = \{G_i, H_i, D_i, \beta_i\}$ 并结束;否则,重新从步骤(1)开始。

模拟器成功的概率是 $\left(\dfrac{1}{2}\right)^n$,若 n 稍大,这一概率就太小了,因此并行组合的零知识性不成立。

8.2.5   图的三色问题的零知识证明

图的三色问题是指对任意简单(即没有平行边也无自回路)有限图,可用 3 种颜色为其着色,使得任意两个相邻顶点为不同的颜色。正式地,对于图 $G = (N, E)$,如果存在一个映射 $\phi: N \to \{1,2,3\}$,使得对 $\forall (u,v) \in E, \phi(u) \neq \phi(v)$,则称该图是三色图。在现实中,P 很容易地向 V 证明他掌握一个三色图,首先 P 请 V 离开房间,然后对图着色,并将图的每个顶点盖起来,然后请 V 进来。V 随机选图的一边,P 将这条边两个顶点的遮盖物去掉,V 检查两个顶点的确为不同的颜色。这一过程重复很多次,V 最终将相信这个图是三色的。

完备性显然。

可靠性:如果 G 不是三色的,则至少一边其两个端点为相同颜色,V 检查出的概率

至少为 $\frac{1}{|E|}$，因此取伪率至多为 $1-\frac{1}{|E|}$。如果 $|E|$ 很大，则取伪率很大，但协议如果重复 $|E|^2$ 次(即所有边都取到)，则取伪率将减少到 $\left(1-\frac{1}{|E|}\right)^{|E|^2}$。因为 $\left(1-\frac{1}{|E|}\right)^{|E|} \leqslant e^{-1} \approx 0.36$，所以取伪率 $\leqslant 0.36^{|E|}$。

零知识性：模拟器 S 的构造有两种方法。

第一种方法：S 先不对图着色，盖住顶点后请 V 进来，V 看见盖住顶点的图，但不知是否已着色。V 选择一边，S 对其顶点用不同的颜色着色，重复下去。

第二种方法：

(1) S 随机地对图着色。

(2) 如果 V 选择的两个顶点不同色，则继续协议；否则，S 对这两点重新着色，再继续协议。

下面是该协议的数字实现，这里分别用 1、2、3 表示"红""蓝""绿"，而顶点的遮盖和打开可用数字承诺方法实现。设 $C_s(\sigma)$ 是使用随机数 s 对顶点 σ 的承诺。P 拥有图 $G=(N,E)$，其中 $|N|=n,N=\{1,\cdots,n\}$，P 已知 G 的三色图表示为 $\psi(G)$，其中，顶点 $i \in N$ 的着色为 $\psi(i) \in \{1,2,3\}$，P 向 V 证明这一事实，协议如下：

(1) P 随机选择 $\{1,2,3\}$ 上的一个置换 π，对 $\forall i \in N$，设 $\phi(i)=\pi(\psi(i))$，随机选取 $s_i \in \{0,1\}^\kappa$(κ 是承诺方案的安全参数)，计算 $c_i=C_{s_i}(\phi(i))(i=\{1,\cdots,n\})$，将 $c_1,\cdots,c_n$ 发送给 V(π 的作用是在下面第(3)步 P 向 V 展示时，不暴露着色后的实际颜色)。

(2) V 随机选取 $(u,v) \in E$，并将它发送给 P。

(3) P 发送 $(s_u,\phi(u)),(s_v,\phi(v))$ 给 V。

(4) 设 V 收到 (s,σ) 和 (s',τ)，V 检查是否 $\sigma \neq \tau$ 且 $c_u=C_s(\sigma),c_v=C_{s'}(\tau)$(其中，$\sigma,\tau \in \{1,2,3\}$)，如果检查通过，V 接受 P 的证明；否则拒绝证明。

显然，P 和 V 都是 PPT 的。

完备性显然。

可靠性：如果 G 不是三色图，至少有一边 $(u,v) \in E$ 无法用不同的颜色着色，即 $\phi(u)=\phi(v)$，P 在步骤(1)虽然可选择 $s_u \neq s_v$，使得 $c_u \neq c_v$，在步骤(4)，V 收到 $(s_u,\phi(u))$ 和 $(s_v,\phi(v))$，若 $\phi(u) \neq \phi(v)$，则由承诺方案的捆绑性 $C_{s_u}(\phi(u))=c_u$ 和 $C_{s_v}(\phi(v))=c_v$ 中至少有一个不成立，即 V 的取伪率至多为 $1-\frac{1}{|E|}$。

零知识性：模拟器 S 的构造选上述物理实现的第二种方法。

(1) S 随机选 n 个值 $e_1,\cdots,e_n \in \{1,2,3\}$ 作为 n 个顶点的着色(即 S 先对 G 随机地着色)，选 n 个随机数 $t_1,\cdots,t_n \in \{0,1\}^\kappa$，计算 $d_i=C_{t_i}(e_i)(i=1,\cdots,n)$。

(2) 设 S 从 V 收到 (u,v)，若 $e_u \neq e_v$，那么协议继续；否则 S 中断。显然，S 也是 PPT 的。由承诺方案的隐藏性，对 V 来说，$c_i=C_{s_i}(\phi(i))$ 与 $d_i=C_{t_i}(e_i)(i=1,\cdots,n)$ 是不可区分的，方案是统计上零知识的。

8.2.6　知识证明

知识证明指证明者 P 向验证者 V 证明自己掌握一知识，但又不出示这个知识。例如,P 向 V 证明自己掌握一口令,但不向 V 出示这个口令。又如,已知一公开钥 PK,P 向 V 证明自己知道与 PK 对应的秘密钥 SK。在知识的证明过程中,如果 P 没有再泄露其他额外的信息,则称该知识证明是零知识的。

在例 8-6 证明 $(G,H)\in$ ISO 的例子中,协议连续执行两次,但在两次执行中,保持 P 的置换 ϕ 不变,而 V 在两次执行时分别选择 G 和 H。这样一来 V 就得到两个置换 ϕ 和 $\phi\circ\pi^{-1}$,从而可得置换 $\pi=(\phi\circ\pi^{-1})^{-1}\circ\phi$。由此可证明 P 的确知道 π。

在这种思维实验中引入一个新的概念,叫做"提取器"。提取器和 P 交互以提取 P 所声称的值。如果提取器成功,则证明 P 的确掌握自己所声称的知识。

知识证明可用诸如 $PK\{(\alpha):A=g^{\alpha}\}$ 的形式表示,其中,PK 表示 Proof of Knowledge,圆括号内 (α) 表示秘密信息,花括号内的内容是要论证的内容。

【例 8-7】 Schnorr 协议。

设 G 是阶为素数 q 的有限循环群,g 是生成元,q 是满足 $q/p-1$ 的素数。$x\in\mathbb{Z}_q$,$y=g^x\pmod p\in G$ 是公开的。P 向 V 证明它知道 x,协议如下:

(1) P 随机选 $r\leftarrow_R\mathbb{Z}_q^*$,计算 $t=g^r\pmod p\in G$,将 t 发送给 V。

(2) V 随机选 $c\leftarrow_R\mathbb{Z}_q$,将 c 发送给 P。

(3) P 计算 $s\equiv xc+r\pmod q$,将 s 发送给 V。

(4) V 检查 $g^s=y^c t\pmod p$ 是否成立,若成立,则接受 P 的证明;否则拒绝。

这种协议称为三步协议,也形象地称为 $\sum$ 协议,因为它有以下 3 步:

第 1 步,承诺,P 向 V 通过 $t=g^r\pmod p$ 做出对 r 的承诺。

第 2 步,询问,V 向 P 发出询问 c。

第 3 步,应答,P 以 s 作为对询问 c 的应答。

协议的完备性和可靠性显然。

为了提取 x,提取器和 P 交互两次,两次 P 选择的随机数 r 及由 r 得到的 t 保持不变,提取器的两次应答分别取为 $c,c'(c\neq c')$,因此提取器得到两个方程 $s\equiv xc+r\pmod q$,$s'\equiv xc'+r\pmod q$,进一步得到 $x\equiv\dfrac{s-s'}{(c-c')^{-1}}\bmod q$。比较一下提取器和模拟器的构造:在模拟器的构造中,模拟器扮演 P 的角色和 V 交互;而在提取器的构造中,提取器扮演 V 的角色和 P 交互。

协议的零知识性:为了证明零知识性,如下构造模拟器 S,

(1) S 随机取 $t\leftarrow_R G$,将 t 发送给 V。

(2) S 从 V 收到 c 后,随机选 $s\leftarrow_R\mathbb{Z}_q$,计算 $t=g^s/y^c\pmod p$。

(3) S 重新与 V 交互,将新计算的 t 发送给 V。

(4) S 从 V 收到 c,将上述 s 发送给 V。

这里假定 V 是诚实的,在相同的运行环境下,它选择的随机数 c 是相同的。$\text{VIEW}_{P,V^*}(x)=\{t,c,s\}$,其中,$t$、$c$、$s$ 分别在 G、$\mathbb{Z}_q$、$\mathbb{Z}_q$ 上均匀分布,且满足 $g^s=y^c t\pmod p$。而 $S(x)$ 的输出记为 $\{t',c',s'\}$,也是均匀随机的。协议是完备零知识的。

第 (2) 步中,S 从 V 收到 c 后,因其不知道 x,不能像原协议那样求出 s 后回答 V。因此 S 取随机的 s 做好了应答 V 的准备,为了保证 s 的正确,t 应取为 $t=g^s/y^c\pmod p$,然后回到协议的第 (1) 步重新开始,这样就绕过了用 x 计算 s 的过程,这个过程称为重绕,是

$\sum$ 协议的零知识性证明中的常用技术。如果验证者是不诚实的,它可根据收到的不同的 t,选择不同的询问 c,则上述模拟过程中的第(4)步,S 发送给 V 的 s 将不满足验证等式。称以上协议是诚实验证者的零知识证明。

以下 3 例都是诚实验证者的零知识证明。

【例 8-8】 PK$\{(\alpha,\beta): A=g^\alpha h^\beta\}$。

已知循环群$\mathbb{G}=\langle g\rangle=\langle h\rangle$,$A=g^x h^y$,P 向 V 证明知道 $x,y\in\mathbb{Z}_q$,协议如下:

(1) P 随机选 $r_1,r_2\leftarrow_R\mathbb{Z}_q$,计算 $t\equiv g^{r_1}h^{r_2}\bmod p$,将 t 发送给 V。

(2) V 随机选 $c\leftarrow_R\mathbb{Z}_q$,将 c 发送给 P。

(3) P 计算 $s_1\equiv xc+r_1(\bmod q)$,$s_2\equiv yc+r_2(\bmod q)$,将$(s_1,s_2)$发送给 V。

(4) V 检查 $g^{s_1}h^{s_2}=A^c t(\bmod p)$是否成立,若成立则接受 P 的证明;否则拒绝。

提取器的构造类似于例 8-7,略。

【例 8-9】 PK$\{(\alpha): A=g^\alpha$ 且 $B=h^\alpha\}$。

已知循环群$\mathbb{G}=\langle g\rangle=\langle h\rangle$,$A=g^x$,$B=h^x$,P 向 V 证明知道 $x\in\mathbb{Z}_q$ 且(g,h,A,B)形成 DDH 元组(即 A 和 B 有相同指数 x)。

协议如下:

(1) P 随机选 $r\leftarrow_R\mathbb{Z}_q$,计算 $t_1\equiv g^r(\bmod p)$,$t_2\equiv h^r(\bmod p)$,将 t_1,t_2 发送给 V。

(2) V 随机选 $c\leftarrow_R\mathbb{Z}_q$,将 c 发送给 P。

(3) P 计算 $s\equiv xc+r(\bmod q)$,将 s 发送给 V。

(4) V 检查 $g^s=A^c t_1(\bmod p)$,$h^s=B^c t_2(\bmod p)$是否成立,若成立则接受 P 的证明;否则拒绝。

与前几例相似,协议证明了 P 知道 x,是否也证明了(g,h,A,B)形成 DDH 元组?若 $A=g^x$,$B=h^{x'}$,$x\neq x'(\bmod q)$,P 选择 $r_1,r_2\leftarrow_R\mathbb{Z}_q$,$r_1\neq r_2$(若 $r_1=r_2$,则由 $g^s=A^c t_1(\bmod p)$和 $h^s=B^c t_2(\bmod p)$,得 $s\equiv xc+r_1(\bmod q)$,$s\equiv x'c+r_2(\bmod q)$,所以 $x=x'(\bmod q)$矛盾),计算 $t_1\equiv g^{r_1}\bmod q$,$t_2\equiv h^{r_2}\bmod q$,协议其他部分保持不变。$g^s=A^c t_1(\bmod p)$和 $h^s=B^c t_2(\bmod p)$成立,仅当 $xc+r_1\equiv x'c+r_2(\bmod q)\Leftrightarrow c=\dfrac{r_1-r_2}{x'-x}(\bmod q)$,所以仅当 V 选择 $c=\dfrac{r_1-r_2}{x'-x}(\bmod q)$时,验证方程成立。而 V 选到这个特定值的概率是可忽略的,所以 P 欺骗成功的概率是可忽略的。

【例 8-10】 PK$\{(\alpha,\beta): A=g^\alpha$ 或 $B=h^\beta\}$。

已知循环群$\mathbb{G}=\langle g\rangle=\langle h\rangle$及 A、B,P 向 V 证明自己知道 $x\in\mathbb{Z}_q$ 使得 $A=g^x$ 或者知道 $y\in\mathbb{Z}_q$,使得 $B=h^y$,但 V 不知道具体是哪种情况。

协议如下,其中不失一般性假定 $A=g^x$,P 知道 x。

(1) P 随机选 $r_1,c_2,s_2\leftarrow_R\mathbb{Z}_q$,计算 $t_1\equiv g^{r_1}\bmod p$,$t_2\equiv h^{s_2}/B^{c_2}\bmod p$,P 将 t_1,t_2 发送给 V。

(2) V 随机选 $c\leftarrow_R\mathbb{Z}_q$,并发送给 P。

(3) P 计算 $c_1=c\oplus c_2$,$s_1\equiv xc_1+r_1(\bmod q)$,将 c_1、s_1、c_2、s_2 发送给 V。

(4) V 检查 $g^{s_1}=A^{c_1}t_1(\bmod p)$,$h^{s_2}=B^{c_2}t_2(\bmod p)$及 $c=c_1\oplus c_2$ 是否成立,若成立则接受 P 的证明;否则拒绝。

在以上证明中，(t_2, c_2, s_2) 是对 $B = h^y$ 的模拟证明（即使 P 不知道 y）；但因各元素的随机性，V 无法区分 (t_1, c_1, s_1) 和 (t_2, c_2, s_2)，即无法区分 $A = g^x$ 与 $B = h^y$ 哪种情况为真。但 $A = g^x$ 与 $B = h^y$ 至少有一个为真，因为 c_1 由 c 和 c_2 决定，在固定 c 和 c_2 后，P 无法伪造 c_1。由 Schnorr 协议的正确性，若 $g^{s_1} = A^{c_1} t_1 \pmod{p}$ 成立，则 $A = g^x$。

8.2.7 简化的 Fiat-Shamir 身份识别方案

在很多情况下，用户都需证明自己的身份，如登录计算机系统、存取电子银行中的账目数据库、从自动取款机（Automatic Teller Machine，ATM）取款等。传统的方法是使用密码或个人身份识别号（Personal Identification Number，PIN）来证明自己的身份，这些方法的缺点是检验用户密码或 PIN 的人或系统可使用用户的通行字或 PIN 冒充用户。

下面介绍的简化的 Fiat-Shamir 身份识别方案及 Fiat-Shamir 身份识别方案是身份的零知识证明，可使用户在不泄露自己的密码或 PIN 的情况下向他人证实自己的身份。

1. 协议及原理

设 $n = pq$，其中，p 和 q 是两个不同的大素数，x 是模 n 的二次剩余，y 是 x 的平方根。又设 n 和 x 是公开的，而 p、q 和 y 是保密的。证明者 P 以 y 作为自己的秘密。4.1.10 节已证明，求解方程 $y^2 \equiv x \bmod n$ 与分解 n 是等价的。因此，他人不知 n 的两个素因子 p 和 q 而计算 y 是困难的。P 和验证者 V 通过交互式证明协议，P 向 V 证明自己掌握秘密 y，从而证明了自己的身份。

协议如下：

（1）P 随机选择 $r(0 < r < n)$，计算 $a \equiv r^2 \bmod n$，将 a 发送给 V。

（2）V 随机选择 $e \leftarrow_R \{0, 1\}$，将 e 发送给 P。

（3）P 计算 $b \equiv ry^e \bmod n$，即 $e = 0$ 时，$b = r$；$e = 1$ 时，$b = ry \bmod n$。将 b 发送给 V。

（4）若 $b^2 \equiv ax^e \bmod n$，V 接受 P 的证明。

在协议的前 3 步，P 和 V 之间共交换了 3 个消息，这 3 个消息的作用分别是：第一个消息 a 是 P 用来声称自己知道 a 的平方根；第二个消息 e 是 V 的询问，如果 $e = 0$，P 必须展示 a 的平方根，即 r，如果 $e = 1$，P 必须展示被加密的秘密，即 $ry \bmod n$；第三个消息 b 是 P 对 V 询问的应答。

2. 协议的完备性、可靠性和安全性

1）完备性

如果 P 和 V 遵守协议，且 P 知道 y，则应答 $b \equiv ry^e \bmod n$ 应是模 n 下 ax^e 的平方根，在协议的第（4）步 V 接受 P 的证明，所以协议是完备的。

2）可靠性

假冒的证明者 F 可按以下方式以 $\frac{1}{2}$ 的概率骗得 V 接受自己的证明：

（1）F 随机选择 $r(0 < r < n)$ 和 $\tilde{e} \leftarrow_R \{0, 1\}$，计算 $a \equiv r^2 x^{-\tilde{e}} \bmod n$，将 a 发送给 V。

（2）V 随机选择 $e \leftarrow_R \{0, 1\}$，将 e 发送给 E。

（3）F 将 r 发送给 V。

根据协议的第（4）步，V 的验证方程是 $r^2 \equiv ax^e \bmod n \equiv r^2 x^{-\tilde{e}} x^e \bmod n$，当 $\tilde{e} = e$

时,验证方程成立,V 接受 F 的证明,即 F 欺骗成功。因 $\tilde{e}=e$ 的概率是 $\frac{1}{2}$,所以 F 欺骗成功的概率是 $\frac{1}{2}$。另一方面,$\frac{1}{2}$ 是 F 能成功欺骗的最好概率,否则假设 F 以大于 $\frac{1}{2}$ 的概率使 V 相信自己的证明,那么 F 知道一个 a,对这个 a 他可正确地应答 V 的两个询问 $e=0$ 和 $e=1$,这意味着 F 知道 b_1 和 b_2,满足 $b_1^2 \equiv a \bmod n$ 和 $b_2^2 \equiv ax \bmod n$,即 $\frac{b_2^2}{b_1^2} \equiv x \bmod n$,因此 F 由 $\frac{b_2}{b_1} \bmod n$ 即可求得 x 的平方根 y,矛盾。

假冒的证明者 F 欺骗 V 成功的概率是 $\frac{1}{2}$,对 V 来说,这个概率太大了。为减小这个概率,可将协议重复执行多次,设执行 t 次,则欺骗者欺骗成功的概率将减小到 2^{-t}。

3) 零知识性

模拟器的构造如下:

(1) S 随机选择 a,将 a 发送给 V。

(2) S 在收到 V 发来的 e 后,随机选择 $b \leftarrow_R \mathbb{Z}_n$,计算 $a \equiv \dfrac{b^2}{x^e} \bmod n$。

(3) S 重新和 V 交互,将第(2)步计算的 a 发送给 V。

(4) S 收到 e 后(如果 V 是诚实的,则两次 e 是相同的),将第(2)步选择的 b 发送给 V。显然 S 的输出和 V 的输出是同分布的。

4) 知识证明性

为了证明 P 的确掌握 y,提取器的构造如下:提取器和 P 交互两次,两次 P 选择的随机数 r 及由 r 得到的 a 保持不变,提取器的两次应答分别取为 b 和 $b'(b \neq b')$,因此提取器得到两个方程 $b=ry^e, b'=ry^{e'}$,显然 $e \neq e'$,不妨设 $e=1, e'=0$,则提取器得到 $y = \dfrac{b}{b'}$。

8.2.8 Fiat-Shamir 身份识别方案

1. 协议及原理

在简化的 Fiat-Shamir 身份识别方案中,验证者 V 接受假冒的证明者证明的概率是 $\frac{1}{2}$,为减小这个概率,将证明者的秘密改为由随机选择的 t 个平方根构成的一个向量 $\boldsymbol{y}=(y_1, y_2, \cdots, y_t)$,模数 n 和向量 $\boldsymbol{x}=(x_1, x_2, \cdots, x_t)=(y_1^2, y_2^2, \cdots, y_t^2)$ 是公开的,其中,n 仍是两个不相同的大素数的乘积。

协议如下:

(1) P 随机选择 $r(0<r<n)$,计算 $a \equiv r^2 \bmod n$,将 a 发送给 V。

(2) V 随机选择 $e=(e_1, e_2, \cdots, e_t)$,其中,$e_i \leftarrow_R \{0,1\}(i=1,2,\cdots,t)$,将 e 发送给 P。

(3) P 计算 $b \equiv r \displaystyle\prod_{i=1}^{t} y_i^{e_i} \bmod n$,将 b 发送给 V。

(4) 若 $b^2 \not\equiv a \displaystyle\prod_{i=1}^{t} x_i^{e_i} \bmod n$,V 拒绝 P 的证明,协议停止。

（5）P 和 V 重复以上过程 k 次。

2. 协议的完备性、可靠性和安全性

1）完备性

若 P 和 V 遵守协议，则 V 接受 P 的证明。

2）可靠性

如果假冒者 F 欺骗 V 成功的概率大于 2^{-kt}，则意味着 F 知道一个向量 $\boldsymbol{A} = (a^1, a^2, \cdots, a^k)$，其中，$a^j$ 是第 j 次执行协议时产生的，对这个 $\boldsymbol{A}$，F 能正确地回答 V 的两个不同的询问 $\boldsymbol{E} = (e^1, e^2, \cdots, e^k)$、$\boldsymbol{F} = (f^1, f^2, \cdots, f^k)$（每一元素是一个向量），$\boldsymbol{E} \neq \boldsymbol{F}$。由 $\boldsymbol{E} \neq \boldsymbol{F}$ 可设 $e^j \neq f^j$，e^j 和 f^j 是第 j 次执行协议时 V 的两个不同的询问（为向量），简记为 $e = e^j$ 和 $f = f^j$，这一轮对应的 a^j 简记为 a。所以 F 能计算两个不同的应答 b_1 和 b_2，满足 $b_1^2 \equiv a \prod_{i=1}^{t} x_i^{e_i} \bmod n$，$b_2^2 \equiv a \prod_{i=1}^{t} x_i^{f_i} \bmod n$，即 $\dfrac{b_2^2}{b_1^2} \equiv \prod_{i=1}^{t} x_i^{f_i - e_i} \bmod n$，所以 F 可由 $\dfrac{b_2}{b_1} \bmod n$ 求得 $x \equiv \prod_{i=1}^{t} x_i^{f_i - e_i} \bmod n$ 的平方根，矛盾。

Fiat-Shamir 身份识别方案是对简化的 Fiat-Shamir 身份识别方案的推广，首先将 V 的询问由一比特推广到由 t 比特构成的向量，再者基本协议被执行 k 次。假冒的证明者只有能正确猜测 V 的每次询问，才可使 V 相信自己的证明，成功的概率是 2^{-kt}。

3）零知识性

模拟器的构造与简化 Fiat-Shamir 身份识别方案类似。也就是说，协议在执行一次时是完备的零知识证明，由零知识证明协议的顺序组合知道协议重复执行 k 次也是零知识的。

4）知识证明性

提取器的构造也与简化 Fiat-Shamir 身份识别方案类似。

8.3　非交互式证明系统

8.2 节介绍的是交互式证明系统。如果 P 和 V 不进行交互，证明由 P 产生后直接给 V，V 对证明直接进行验证，这种证明系统称为非交互式证明系统，简称为 NIZK（Non-Interactive Zero-Knowledge）。

非交互式证明系统由三部分组成，分别是密钥生成算法 K、证明者 P、验证者 V。K 产生公开的全程参数 σ 称为公共参考串，简称 CRS（Common Reference String）。P 输入 σ、x 以及 $x \in L$ 的论据 w，产生一个证明或者一个论证 π。称 $x \in L$ 为论题（以后直接称 x 为论题），w 为论据，二元组 (x, w) 构成的集合 R 为关系。V 输入 (σ, x, π)，如果它验证了 P 产生的 π 是正确的，则输出 1；否则输出 0。

8.3.1　非适应性安全的非交互式零知识证明

定义 8-3　一组多项式时间算法 (K, P, V) 是关于关系 R 的非适应性安全的非交互

式零知识论证(证明)系统,如果以下性质成立:

(1) 完备性:对任意 $x(|x|=\kappa)$ 及 w,有:

$$\Pr[\sigma \leftarrow K(1^\kappa); \pi \leftarrow P(\sigma,x,w): (x,w) \in R \rightarrow V(\sigma,x,\pi)=1] \geqslant 1-\varepsilon(\kappa)。$$

其中,$\varepsilon(\kappa)$ 是可忽略的(下同),$(x,w) \in R \rightarrow V(\sigma,x,\pi)=1$ 是蕴含式,表示如果 $(x,w) \in R$,则 $V(\sigma,x,\pi)=1$。

(2) 可靠性:对于任意 $x(|x|=\kappa)$ 及任意的 P^*,有:

$$\Pr[\sigma \leftarrow K(1^\kappa); \pi \leftarrow P^*(\sigma): x \notin L \rightarrow V(\sigma,x,\pi)=1] \leqslant \varepsilon(\kappa)。$$

等价地有:

$$\Pr[\sigma \leftarrow K(1^\kappa); \pi \leftarrow P^*(\sigma): x \notin L \rightarrow V(\sigma,x,\pi)=0] =$$
$$\Pr[\sigma \leftarrow K(1^\kappa); \pi \leftarrow P^*(\sigma): V(\sigma,x,\pi)=1 \rightarrow x \in L] \geqslant 1-\varepsilon(\kappa)$$

如果可靠性对于多项式时间的 P^* 成立,则称 (K,P,V) 是论证系统。而如果是对计算上无界的 P^* 成立,则称 (K,P,V) 是证明系统。

(3) 零知识性:已知 $(x,w) \in R$,存在模拟器 $E=(E_1,E_2)$,使得对任一多项式时间(计算上无界)的敌手 A,

$$| \Pr[\mathrm{Exp}_{\mathrm{ZK\text{-}real}}(\kappa)=1] - \Pr[\mathrm{Exp}_{\mathrm{ZK\text{-}sim}}(\kappa)=1] | \tag{8-1}$$

是可忽略的。

实验 $\mathrm{Exp}_{\mathrm{ZK\text{-}real}}$ 和 $\mathrm{Exp}_{\mathrm{ZK\text{-}sim}}$ 分别为

$\mathrm{Exp}_{\mathrm{ZK\text{-}real}}(\kappa):$	$\mathrm{Exp}_{\mathrm{ZK\text{-}sim}}(\kappa):$
$\sigma \leftarrow K(\kappa);$	$(\sigma,\tau) \leftarrow E_1(k);$
$\pi \leftarrow P(\sigma,x,w);$	$\pi \leftarrow E_2(\sigma,x,\tau);$
$b \leftarrow A(\sigma,x,\pi);$	$b \leftarrow A(\sigma,x,\pi);$
返回 b.	返回 b.

其中,τ 表示 E_1 为 E_2 产生的额外的输入。零知识性说明 K 能被 E_1 模拟,P 能被 E_2 模拟,敌手 A 不能区分真实的情况与模拟的情况,即敌手从和证明者交互中得到的信息,都可以用多项式时间的模拟器得到。

8.3.2 适应性安全的非交互式零知识证明

在定义 8-3 中论题 x 是事先给定的,本小节加强这个定义,其中,敌手在看到公共参考串 σ 并与证明者多次(至多多项式次)交互后,适应性地选择论题 x(完备性除外)。

定义 8-4 一组多项式时间算法 (K,P,V) 是关于关系 R 的适应性安全的非交互式零知识论证(证明)系统,如果以下性质成立:

(1) 完备性:与定义 8-3 相同。

(2) 可靠性:对于任意的 P^*,有:

$$\Pr[\sigma \leftarrow K(1^\kappa); (x,\pi) \leftarrow P^*(\sigma): x \notin L \rightarrow V(\sigma,x,\pi)=1] \leqslant \varepsilon(\kappa)。$$

等价地有:

$$\Pr[\sigma \leftarrow K(1^\kappa); (x,\pi) \leftarrow P^*(\sigma): x \notin L \rightarrow V(\sigma,x,\pi)=0] =$$
$$\Pr[\sigma \leftarrow K(1^\kappa); (x,\pi) \leftarrow P^*(\sigma): V(\sigma,x,\pi)=1 \rightarrow x \in L] \geqslant 1-\varepsilon(\kappa)$$

(3) 零知识性:存在模拟器 $E=(E_1,E_2)$,使得对任一多项式时间(计算上无界)的敌

手 A，$|\Pr[\mathrm{Exp}_{\mathrm{ZK\text{-}real}}(\kappa)=1]-\Pr[\mathrm{Exp}_{\mathrm{ZK\text{-}sim}}(\kappa)=1]|$ 是可忽略的。

实验 $\mathrm{Exp}_{\mathrm{ZK\text{-}real}}$ 和 $\mathrm{Exp}_{\mathrm{ZK\text{-}sim}}$ 分别为

$$
\begin{array}{l|l}
\underline{\mathrm{Exp}_{\mathrm{ZK\text{-}real}}(\kappa):} & \underline{\mathrm{Exp}_{\mathrm{ZK\text{-}sim}}(\kappa):} \\
\quad \sigma \leftarrow K(\kappa); & \quad (\sigma,\tau) \leftarrow E_1(\kappa); \\
\quad b \leftarrow A^{P(\sigma,\cdots)}(\sigma); & \quad b \leftarrow A^{E_2'(\tau,\cdot)}(\sigma); \\
\quad 返回\, b. & \quad 返回\, b.
\end{array}
$$

其中，τ 表示 E_1 为 E_2 产生的额外的输入，E_2' 满足：$E_2'(\tau,x,w)=E_2(\tau,x)$，表示 E_2' 已知 w 时模拟 P 的结果与 E_2 未知 w 时模拟 P 的结果一样。零知识性说明 K 能被 E_1 模拟，P 能被 E_2 模拟，敌手 A 不能区分真实的情况与模拟的情况，即敌手从和证明者交互中得到的信息，都可以用多项式时间的模拟器得到。

8.3.3　BGN 密码系统

BGN(Boneh-Goh-Nissim)密码系统是一个具有同态性质的密码系统。它的安全性基于子群判定问题。

子群判定问题。设 $n=pq$，p 和 q 是两个大素数，G 和 G_1 是两个阶为 n 的循环群，$\hat{e}$：$G \times G \rightarrow G_1$ 是 G 到 G_1 的双线性映射。又设 G_{gen} 是群 G 的生成元集合，G_q 是 G 的一个 q 阶子群，$g \leftarrow_R G_{\mathrm{gen}}$。取 $h \leftarrow_R G_{\mathrm{gen}}$，得多元组 $D=(n,G,G_1,\hat{e},g,h)$。取 $h \leftarrow_R G_q \backslash\{1\}$，得多元组 $R=(n,G,G_1,\hat{e},g,h)$。

子群判定问题是指多元组 D 和 R 是不可区分的。具体地说，对任一敌手 A，A 区分 D 和 R 的优势 $\mathrm{Adv}_A^{\mathrm{SD}}(\kappa)=|\Pr[A(D)=1]-\Pr[A(R)=1]|$ 是可忽略的。

下面令 GroupGen 是一个多项式时间算法，其输入为安全参数 κ，输出为 $(p,q,G,G_1,\hat{e})$。BGN 密码系统如下。

密钥产生过程：

$$
\begin{array}{l}
\underline{\mathrm{KeyGen}(\kappa):} \\
\quad (p,q,G,G_1,\hat{e}) \leftarrow \mathrm{GroupGen}(\kappa); \\
\quad n=pq; \\
\quad g \leftarrow_R G_{\mathrm{gen}}, h \leftarrow_R G_q \backslash\{1\}; \\
\quad \mathrm{pk}=(n,G,G_1,\hat{e},g,h),\ \mathrm{sk}=(p,q).
\end{array}
$$

加密过程（其中，$m \in G$）：

$$
\begin{array}{l}
\underline{E_{\mathrm{pk}}(m):} \\
\quad r \leftarrow_R \mathbb{Z}_n^*; \\
\quad 输出\, c=g^m h^r.
\end{array}
$$

解密过程：

$$
\begin{array}{l}
\underline{D_{sk}(c):} \\
\quad c^q=g^{mq} h^{rq}=(g^q)^m; \\
\quad 按照\, c^q\, 对\, m\, 穷搜索.
\end{array}
$$

如果将 h 选为 G 的生成元，则 $h^q \neq 1$，$c^q=g^{mq} h^{rq}$，得到一个完美隐藏的承诺方案而不是加密系统。按照子群判定性假设,承诺方案和加密系统是不可区分的。

8.3.4　BGN 密码系统的非交互式零知识证明

下面是 BGN 加密方案密文被正确形成(对应的明文为 0 或者 1)的非交互式的零知识证明。

证明的思路如下:如果密文 c 是对 0 或者 1 的加密,那么 $c \in G_q$ 或者 $cg^{-1} \in G_q$,因此 $\hat{e}(c, cg^{-1})$ 的阶是 q。记 $c = g^y$,则有 $\hat{e}(c, cg^{-1}) = \hat{e}(g, g)^{y(y-1)}$。而如果 $\hat{e}(c, cg^{-1})$ 的阶是 q,即 $\hat{e}(g, g)^{y(y-1)q} = 1$,那么 $n \mid y(y-1)q$,$p \mid y(y-1)$,所以 $y = 0 \bmod p$ 或者 $y = 1 \bmod p$。所以只须证明 $\hat{e}(c, cg^{-1})$ 的阶是 q。

如果 (m, r) 满足 $c = g^m h^r$,则当 $m = 0$ 时,
$$\hat{e}(c, cg^{-1}) = \hat{e}(h^r, g^{-1} h^r) = \hat{e}(h, (g^{-1} h^r)^r);$$

当 $m = 1$ 时,$\hat{e}(c, cg^{-1}) = \hat{e}(gh^r, h^r) = \hat{e}(h, (gh^r)^r)$。将两种情况统一写为:$\hat{e}(c, cg^{-1}) = \hat{e}(h, (g^{2m-1} h^r)^r)$。直接将 h 和 $(g^{2m-1} h^r)^r$ 给验证者,就可以使它相信 $\hat{e}(c, cg^{-1})$ 的阶的确是 q。然而这不是零知识的(验证者得到了 m 和 r 满足的某个关系)。

证明 $\hat{e}(c, cg^{-1})$ 的阶是 q 的非交互式零知识证明的思路如下:选择一个随机的 β,计算 $\hat{e}(c, cg^{-1}) = \hat{e}(h^\beta, (g^{2m-1} h^r)^{r\beta^{-1}})$,将 $\pi_1 = h^\beta$ 和 $\pi_2 = (g^{2m-1} h^r)^{r\beta^{-1}}$ 给验证者(m 和 r 的关系被 β 隐藏),并且向他证明第一个元素 $\pi_1 = h^\beta$ 的阶是 q。验证者通过 $\hat{e}(c, cg^{-1}) = \hat{e}(\pi_1, \pi_2)$ 就可知道 π_1 的阶是 q。然而证明者还需做出对 β 的承诺,为此,需告诉验证者 $\pi_3 = g^\beta$(即对 β 的承诺)。因为 $\hat{e}(\pi_1, g) = \hat{e}(h^\beta, g) = \hat{e}(h, g^\beta)$,所以验证者通过 $\hat{e}(\pi_1, g) = \hat{e}(h, \pi_3)$ 就可以知道 π_1 的指数与 π_3 的指数相同。

协议具体过程如下:

公共参考串产生过程:

$$\text{CRSGen}(\kappa):$$
$$(p, q, G, G_1, \hat{e}) \leftarrow \text{GroupGen}(\kappa);$$
$$n = pq;$$
$$g \leftarrow_R G_{\text{gen}}, h \leftarrow_R G_q \setminus \{1\};$$
$$\sigma = (n, G, G_1, \hat{e}, g, h).$$

论题:

对于 $c \in G$,存在 $w = (m, r) \in \mathbb{Z}^2$,满足 $m \in \{0, 1\}$ 且 $c = g^m h^r$,即 $(c, w) \in R = \{(c, w) = (c, (m, r)) \mid c = g^m h^r\}$。

证明　输入 $(\sigma, c, (m, r))$

$\qquad \text{Proof}(\sigma, c, (m, r)):$

$\qquad\qquad$ 检查是否 $c \in G, m \in \{0, 1\}, c = g^m h^r$。如果检查失败,返回 failure;

$\qquad\qquad \beta \leftarrow_R \mathbb{Z}_n^*;$

$\qquad\qquad \pi_1 = h^\beta, \pi_2 = (g^{2m-1} h^r)^{r\beta^{-1}}, \pi_3 = g^\beta;$

$\qquad\qquad$ 返回 $\pi = (\pi_1, \pi_2, \pi_3)$.

验证:输入 $(\sigma, c, \pi = (\pi_1, \pi_2, \pi_3))$

$\underline{\text{Verification}(\sigma,c,\pi=(\pi_1,\pi_2,\pi_3))}:$

检查 $c\in G,\pi\in G^3$；

检查 $\hat{e}(c,cg^{-1})=\hat{e}(\pi_1,\pi_2),\hat{e}(\pi_1,g)=\hat{e}(h,\pi_3)$；

如果以上检查都通过,返回 1.

下面证明协议的完备性、可靠性及零知识性。

完备性：设 $h=g^x$。如果证明者的论题是正确的,即对于 $c\in G$,存在 $(m,r)\in\mathbb{Z}^2$,使得 $m\in\{0,1\},c=g^m h^r$。则有

$\hat{e}(c,cg^{-1})=\hat{e}(g^{m+xr},g^{m-1+xr})=\hat{e}(g,g)^{m(m-1)+xr(2m-1+xr)}=\hat{e}(g,g)^{\beta x(2m-1+xr)r\beta^{-1}}=$
$\hat{e}(h^\beta,(g^{2m-1}h^r)^{r\beta^{-1}})=\hat{e}(\pi_1,\pi_2)$。　再者

$\hat{e}(\pi_1,g)=\hat{e}(h^\beta,g)=\hat{e}(h,g^\beta)=\hat{e}(h,\pi_3)$。

所以 V 接受 P 的证明。

可靠性：首先证明对于任一 $c\in G$,存在 $0\leqslant m<p$ 和 $r\in\mathbb{Z}$,使得 $c=g^m h^r$。

对于 $c\in G$,存在 $0\leqslant m'<n$,使得 $c=g^{m'}=g^{m+kp}=g^m(g^p)^k$,其中,第 2 个等号由 p 除 m' 得。易知 g^p 是 G_q 的生成元,所以存在 $0\leqslant x'<q$,使得 $g^p=h^{x'}$,所以 $c=g^m(g^p)^k=g^m h^{x'k}=g^m h^r$,其中,最后一个等号中记 $x'k=r$。

下面证明当验证过程输出为 1 时,满足 $c=g^m h^r$ 的 m 一定为 0 或 1。

由 $\hat{e}(\pi_1^q,g)=\hat{e}(\pi_1,g)^q=\hat{e}(h,\pi_3)^q=\hat{e}(h^q,\pi_3)=\hat{e}(1,\pi_3)=1$ 知 π_1 的阶是 1 或者 q,这意味着存在 β,使得 $\pi_1=h^\beta$。因此 $\hat{e}(c,cg^{-1})=\hat{e}(\pi_1,\pi_2)=\hat{e}(h^\beta,\pi_2),\hat{e}(c,cg^{-1})^q=\hat{e}(h^{\beta q},\pi_2)=\hat{e}(1,\pi_2)=1$。又知 $\hat{e}(c,cg^{-1})=\hat{e}(g,g)^{m(m-1)+xr((2m-1)+xr)}$,$\hat{e}(c,cg^{-1})^q=\hat{e}(g,g)^{q[m(m-1)+xr((2m-1)+xr)]}=1$,所以 $n|q[m(m-1)+xr((2m-1)+xr)]$,$p|[m(m-1)+xr((2m-1)+xr)]$。又由 $h^q=1$ 得 $g^{xq}=1$,$n|xq$,$p|x$,所以 $p|m(m-1)$。而由 $0\leqslant m<p$ 可知 $m=0$ 或 1。

零知识性：证明方案的零知识性,即对任一多项式时间(计算上无界)的敌手 A,构造模拟器 $E=(E_1,E_2)$,使得式(8-1)是可忽略的。

为了达到目标,我们需要构造两个中间游戏 Exp_1 和 Exp_2 来过渡,其中每两个相邻的游戏之间区别很小,一个多项式时间敌手区分相邻两个游戏之间的变化的概率是可忽略的。

- Exp_1：将 $\text{Exp}_{\text{ZK-real}}$ 中的公共参考串产生部分改为由模拟器 E_1 产生,产生的模拟的公共参考串为 (σ,τ),其中,τ 是 E_1 为 E_2 产生的额外的输入,其余部分与 $\text{Exp}_{\text{ZK-real}}$ 相同。

  E_1 的构造如下：选择 $h\leftarrow_R G_{\text{gen}}$ 并且令 $g=h^\gamma$,其中,$\gamma\leftarrow_R\mathbb{Z}_n^*$。输出 $(\sigma,\tau)=((n,G,G_1,g,h),\gamma)$。

  Exp_1 与 $\text{Exp}_{\text{ZK-real}}$ 的不同之处在于 h 的选择,在 $\text{Exp}_{\text{ZK-real}}$ 中,h 是群 G_q 一个随机的生成元,而在 Exp_1 中,h 是群 G 的一个生成元。由子群判定问题得

$$|\Pr[\text{Exp}_{\text{ZK-real}}(\kappa)=1]-\Pr[\text{Exp}_{\text{EXP}_1}(\kappa)=1]| \tag{8-2}$$

是可忽略的。

- Exp_2：将 Exp_1 中的 $\pi\leftarrow P(\sigma,c,w)$ 换成 $\pi\leftarrow E_2(\gamma,c)$,其余部分与 Exp_1 相同。可

见 $\mathrm{Exp}_{\mathrm{ZK\text{-}sim}}$ 就是 Exp_2。

E_2 输入 (g,c)，模拟证明者如下：选择 $r \leftarrow_R \mathbb{Z}_n^*$。因为 c 和 cg^{-1} 中有一个(或两个)是群 G 的生成元，如果 c 是生成元，则令 $\pi_1 = c^r$，$\pi_2 = (cg^{-1})^{r^{-1}}$，$\pi_3 = \pi_1^\gamma$。如果 c 不是生成元，则令 $\pi_1 = (cg^{-1})^r$，$\pi_2 = c^{r^{-1}}$，$\pi_3 = \pi_1^\gamma$。输出 $\pi = (\pi_1, \pi_2, \pi_3)$。

这样构造的 $\pi = (\pi_1, \pi_2, \pi_3)$ 满足验证方程：

当 c 是生成元时，$\hat{e}(\pi_1, \pi_2) = \hat{e}(c^r, (cg^{-1})^{r^{-1}}) = \hat{e}(c, cg^{-1})$，

$$\hat{e}(h, \pi_3) = \hat{e}(h, \pi_1^\gamma) = \hat{e}(h^\gamma, \pi_1) = \hat{e}(g, \pi_1)。$$

当 c 不是生成元时，$\hat{e}(\pi_1, \pi_2) = \hat{e}((cg^{-1})^r, c^{r^{-1}}) = \hat{e}(cg^{-1}, c)$，

$$\hat{e}(h, \pi_3) = \hat{e}(h, \pi_1^\gamma) = \hat{e}(h^\gamma, \pi_1) = \hat{e}(g, \pi_1)。$$

当 c 是群 G 的生成元时，E_2 产生的 $\pi_1 = c^r$ 也是 G 的一个随机生成元。而当 h(由 Exp_1 产生)的阶为 n 时，P 产生的 $\pi_1 = h^\beta$ 也是 G 的随机生成元。又因 π_2 和 π_3 由 π_1 唯一地确定。所以 E_2 产生的 π 和 P 产生的 π 是不可区分的。即

$$| \Pr[\mathrm{Exp}_{\mathrm{EXP}_1}(\kappa) = 1] - \Pr[\mathrm{Exp}_{\mathrm{EXP}_2}(\kappa) = 1] | \tag{8-3}$$

是可忽略的。

类似地证明 cg^{-1} 是 G 的生成元的情况。

由式(8-2)和式(8-3)，得式(8-1)是可忽略的。

8.4 zk-SNARK

很多问题的论证能够容易地表达为高级程序语言(如 C 程序)，高级语言能被有效地转化为电路表达，如算术电路或布尔电路，而电路又可转化为张成方案，其中算术电路转化为二次算术张成方案(Quadratic Arithmetic Program，QAP)，布尔电路转化为平方张成方案(Square Span Program，SSP)。因此问题的证明可转化为证明电路的满足性，而证明电路的满足性又可转化为证明 QAP 或 SSP 的满足性，这可由密码算法实现。zk-SNARK(zero-knowledge Succinct Non-interactive ARguments of Knowledge)意指知识的零知识简洁的非交互论证，用于证明 QAP 或 SSP 的满足性。zk-SNARK 除满足定义 8-3 中的完备性、可靠性、零知识性，还满足简洁性，意指证明长度 $|\pi| = \mathrm{poly}(\kappa)$，即安全参数的多项式。

8.4.1 高级语言转化为电路举例

证明存在 x 满足方程 $x^3 + x + 5 = y$，转化过程及电路如图 8-7(a)和图 8-7(b)所示。

8.4.2 算术电路

算术电路是由取值在域 F 的连线及由连线连接的加法门和乘法门构成。布尔电路是算术电路，其中，$F = \{0,1\}$，加法门和乘法门是逻辑门。

用映射 $C: F^n \rightarrow F^{n'}$ 表示输入为 n 个值，输出为 n' 个值的电路，C 的一个有效指派是一个多元组 $(c_1, c_2, \cdots, c_N) \in F^N$，使得 $C(c_1, \cdots, c_n) = (c_{n+1}, \cdots, c_N)$，其中，$N = n + n'$。

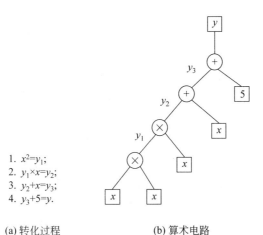

1. $x^2 = y_1$;
2. $y_1 \times x = y_2$;
3. $y_2 + x = y_3$;
4. $y_3 + 5 = y$.

(a) 转化过程　　　　(b) 算术电路

图 8-7　转化过程及算术电路

例如,图 8-8 是电路 C:$F_2^4 \rightarrow F_2^1$,$C(c_1, c_2, c_3, c_4) = (c_1 + c_2) \cdot (c_3 \cdot c_4)$,$(0, 1, 1, 1, 1) \in F_2^5$ 是一个有效指派。

图 8-9 是电路 C:$F_{11}^4 \rightarrow F_{11}^2$,其中,$F_{11} = \mathbb{Z}/11\mathbb{Z}$,$c_2$ 输入线上的常量 7 称为标量值。$C(c_1, c_2, c_3, c_4) = ((c_1 + 7c_2)(c_2 - c_3), (c_2 - c_3)(c_4 + 1))$,$(0, 1, 1, 1, 0, 0) \in F_{11}^6$ 是一个有效指派。

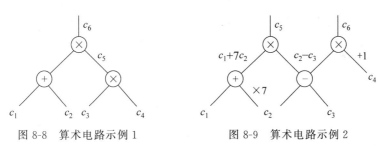

图 8-8　算术电路示例 1　　　　图 8-9　算术电路示例 2

8.4.3　QAP

二次算术张成方案 QAP 是张成方案(Span Program,SP)的推广,SP 是计算布尔函数的一种线性代数模型,其定义如下。

定义 8-5　设 F 是一有限域,T 是 F 上的一个向量(称为目标向量),$\mathcal{V} = \{V_1, \cdots, V_m\}$ 是 F 上的向量集合(称为基向量),f 是布尔函数,其输入 $c \in \{0, 1\}^m$(称为指派)。如果 T 是 $\mathcal{V}$ 中对应于 c 的向量的线性组合(称为张成),即 $T = c_1 V_1 + \cdots + c_m V_m$,其中,$c_i (i \in [m])$ 是 c 的第 i 位,则 $f(c) = 1$。

QAP 的定义如下。

定义 8-6　有限域 F 上的 QAP Q 是由 F 上的 3 组 $m+1$ 个多项式集合 $\mathcal{V} = \{v_i(x)\}$,$\mathcal{W} = \{w_i(x)\}$,$\mathcal{Y} = \{y_i(x)\}(i = 0, \cdots, m)$ 和一个目标多项式 $t(x)$ 组成。设电路 C:$F^n \rightarrow F^{n'}$,$c = (c_1, \cdots, c_N) \in F^N$(其中,$N = n + n'$)是 C 的一组有效指派(称为电路的 I/O 元

素),当且仅当存在$(c_{N+1}, \cdots, c_m)$使得$t(x)$整除$p(x)$,其中,

$$p(x) = \left(v_0(x) + \sum_{i=1}^{m} c_i v_i(x)\right)\left(w_0(x) + \sum_{i=1}^{m} c_i w_i(x)\right) - \left(y_0(x) + \sum_{i=1}^{m} c_i y_i(x)\right)$$

$$(8\text{-}4)$$

称 m 是 Q 的大小,$t(x)$的次数是 Q 的次数,记为 d。

将电路的满足性改为布尔函数 $F: \mathrm{F}^N \to \{0, 1\}$,当且仅当 c 是 C 的一组有效指派时,$F(c) = 1$。

QAP 的定义是将 SP 的定义进行了推广,其中将目标向量改成了多项式,基向量改为三组多项式,目标向量在基向量的张成改为目标多项式的倍式在基多项式的张成。张成中因为有两次张成的乘积,所以称为二次张成方案。

将 QAP 用于证明关系$(x, w) \in R$,就是在上述定义中取 $x = c = (c_1, \cdots, c_N) \in \mathrm{F}^N$,$w = (c_{N+1}, \cdots, c_m)$。如果证明了 x 是 C 的一组有效指派,就有$(x, w) \in R$。

若算术电路有 d 个乘法门(包括中间乘法门和输出乘法门),n 个输入元素,则可按以下方式构造一个大小为 $m = d + n$,次数为 d 的 QAP Q,其中,加法门和常数乘法门(即乘法门的输入为常数)对 Q 的大小和次数无贡献。

- 对乘法门的所有输入线和输出线指定一个指标 $i \in [m]$。
- 对每个乘法门 g(g 是它的输出线的指标,$g \in [m]$),取任意的 $r_g \in \mathrm{F}$ 作为目标多项式 $t(x)$ 的根,定义 $t(x) = \prod_g (x - r_g)$。又设 $I_{g,L}, I_{g,R}$ 分别是 g 的左输入线和右输入线的指标集。
- 定义$\mathcal{V}, \mathcal{W}$如下:
  对 $i \in [m]$,定义:

$$v_i(r_g) = \begin{cases} a_{g,L,i}, & i \in I_{g,L} \\ 0, & \text{其他} \end{cases}$$

其中,$a_{g,L,i}$是门 g 的第 i 条左输入线上的标量值。再利用 $v_i(x)$ 在各个乘法门 g 的定义值,通过插值法(例如 Lagrange 插值)构造多项式 $v_i(x)$。

$w_i(x)$的构造类似,其中在右输入集 $I_{g,R}$ 中取右输入线上的标量值 $a_{g,R,i}$。

- 定义$\mathcal{Y}$如下:
  对 $i \in [m]$,定义:

$$y_i(r_g) = \begin{cases} 1, & i = g \\ 0, & \text{其他} \end{cases}$$

同样利用插值法构造多项式 $y_i(x)$。

下面证明以上构造的 QAP 满足定义 8-6。

因为对任一乘法门 g,其输出为

$$c_g = \left(\sum_{i \in I_{g,L}} c_i \cdot a_{g,L,i}\right) \cdot \left(\sum_{i \in I_{g,R}} c_i \cdot a_{g,R,i}\right)$$

$$(8\text{-}5)$$

其中,左括号中的 c_i 是 g 的左输入线的输入值,可能是指派,也可能是下一级乘法门的输出。右括号中的 c_i 是 g 的右输入线的输入值。

而按照上面定义的$\mathcal{V}, \mathcal{W}, \mathcal{Y}$有:

$$v_c(r_g) = \left(v_0(r_g) + \sum_{i=1}^{m} c_i v_i(r_g)\right) = \left(\sum_{i \in I_{g,L}} c_i \cdot a_{g,L,i}\right),$$

$$w_c(r_g) = \left(w_0(r_g) + \sum_{i=1}^{m} c_i w_i(r_g)\right) = \left(\sum_{i \in I_{g,R}} c_i \cdot a_{g,R,i}\right),$$

$$y_c(r_g) = \left(y_0(r_g) + \sum_{i=1}^{m} c_i y_i(r_g)\right) = c_g。$$

所以由式(8-5)得：

$$p(r_g) = \left(v_0(r_g) + \sum_{i=1}^{m} c_i v_i(r_g)\right)\left(w_0(r_g) + \sum_{i=1}^{m} c_i w_i(r_g)\right) - \left(y_0(r_g) + \sum_{i=1}^{m} c_i y_i(r_g)\right)$$

$$= \left(\sum_{i \in I_{g,L}} c_i \cdot a_{g,L,i}\right) \cdot \left(\sum_{i \in I_{g,R}} c_i \cdot a_{g,R,i}\right) - c_g = 0$$

这就证明了对乘法门 g，当且仅当 $c=(c_1, \cdots, c_N)$ 是 C 的一组有效指派时，$t(x)$ 的根也是 $p(x)$ 的根，即 $t(x)$ 整除 $p(x)$。

注意：(1)定义及构造中，保证了 $t(x)$ 的根是 $p(x)$ 的根，不保证 $p(x)$ 的根是 $t(x)$ 的根。(2)由于 $m=d+n$，论据的长为 $m-N=m-(n+n')=d-n'$，为内部乘法门的个数。

【例 8-11】　构造图 8-8 所示算术电路的 QAP。

解：$d=2, n=4, m=d+n=6$.

对指标为 5 的乘法门，随机选取 $r_5 \in F$，定义 $v_3(r_5)=1, v_i(r_5)=0$（当 $i \neq 3$ 时）。

对指标为 6 的乘法门，随机选取 $r_6 \in F, r_6 \neq r_5$，定义 $v_1(r_6)=v_2(r_6)=1, v_i(r_6)=0$（当 $i \neq 1,2$ 时）。

即 $v_0(x)$ 通过 2 个点 $(r_5,0),(r_6,0)$，由 Lagrange 插值得 $v_0(x)=0$；

$v_1(x)$ 通过 2 个点 $(r_5,0),(r_6,1)$，由 Lagrange 插值得

$$v_1(x) = \frac{x-r_6}{r_5-r_6} \cdot 0 + \frac{x-r_5}{r_6-r_5} \cdot 1 = \frac{x-r_5}{r_6-r_5};$$

同理 $v_2(x)$ 通过 2 个点 $(r_5,0),(r_6,1)$，得 $v_2(x)=v_1(x)=\dfrac{x-r_5}{r_6-r_5}$；

$v_3(x)$ 通过 2 个点 $(r_5,1),(r_6,0)$，得 $v_3(x)=\dfrac{x-r_6}{r_5-r_6} \cdot 1 + \dfrac{x-r_5}{r_6-r_5} \cdot 0 = \dfrac{x-r_6}{r_5-r_6}$；

$v_4(x)$ 通过 2 个点 $(r_5,0),(r_6,0)$，得 $v_4(x)=0$；

$v_5(x)$ 通过 2 个点 $(r_5,0),(r_6,0)$，得 $v_5(x)=0$；

$v_6(x)$ 通过 2 个点 $(r_5,0),(r_6,0)$，得 $v_6(x)=0$。

类似地，由 $\begin{cases} w_i(r_5)=1, & i=4 \\ w_i(r_5)=0, & i \neq 4 \end{cases}$　$\begin{cases} w_i(r_6)=1, & i=5 \\ w_i(r_6)=0, & i \neq 5 \end{cases}$

得 $w_0(x)=w_1(x)=w_2(x)=w_3(x)=w_6(x)=0, w_4(x)=\dfrac{x-r_6}{r_5-r_6}, w_5(x)=\dfrac{x-r_5}{r_6-r_5}$。

由 $\begin{cases} y_i(r_5)=1, & i=5 \\ y_i(r_5)=0, & i \neq 5 \end{cases}$　$\begin{cases} y_i(r_6)=1, & i=6 \\ y_i(r_6)=0, & i \neq 6 \end{cases}$

得 $y_0(x)=y_1(x)=y_2(x)=y_3(x)=y_4(x)=0, y_5(x)=\dfrac{x-r_6}{r_5-r_6}, y_6(x)=\dfrac{x-r_5}{r_6-r_5}$。

$$p(x) = \left(c_1 \frac{x-r_5}{r_6-r_5} + c_2 \frac{x-r_5}{r_6-r_5} + c_3 \frac{x-r_6}{r_5-r_6} \right) \left(c_4 \frac{x-r_6}{r_5-r_6} + c_5 \frac{x-r_5}{r_6-r_5} \right) -$$

$$\left(c_5 \frac{x-r_6}{r_5-r_6} + c_6 \frac{x-r_5}{r_6-r_5} \right)$$

而目标多项式为 $t(x) = (x-r_5)(x-r_6)$。

$x = r_5$ 时，$p(r_5) = c_3 \cdot c_4 - c_5$，$x = r_6$ 时，$p(r_6) = (c_1+c_2)c_5 - c_6$。

$t(x)$ 整除 $p(x)$ 当且仅当 $t(x)$ 的 2 个根 r_5、r_6 也是 $p(x)$ 的 2 个根，即 $p(r_5) = 0$，$p(r_6) = 0$。所以一组指派 $(c_0, c_1, c_2, c_3, c_4, c_6)$ 是有效的，当且仅当这一组指派满足 $p(r_5) = p(r_6) = 0$。

由 $p(r_5) = 0$ 得 $c_3 \cdot c_4 = c_5$，为第 1 个乘法门的编码。由 $p(r_6) = 0$ 得 $(c_1+c_2)c_5 = (c_1+c_2) \cdot (c_3 \cdot c_4) = c_6$，为第 2 个乘法门的编码。

论据长为 $m - N = d - n' = 1$，c_5 即为论据。

8.4.4 从 QAP 到 zk-SNARK

证明者根据电路求出 QAP Q，即 3 组 $m+1$ 个 $d-1$ 次多项式集合 $\mathcal{V} = \{v_i(x)\}$，$\mathcal{W} = \{w_i(x)\}$，$\Upsilon = \{y_i(x)\}$（$i = 0, \cdots, m$），然后根据自己掌握的论题 $x = (c_1, \cdots, c_N)$ 及论据 $w = (c_{N+1}, \cdots, c_m)$，计算 $v_c(x) = v_0(x) + \sum_{i=1}^{m} c_i v_i(x)$（为 $d-1$ 次多项式）（类似地计算 $w_c(x)$ 和 $y_c(x)$，都是 $d-1$ 次多项式），$p(x) = v_c(x)w_c(x) - y_c(x)$（为 $2d-2$ 次）以及满足 $t(x)h(x) = p(x)$ 的 $h(x)$（为 $d-2$ 次），将 $v_c(x)$，$w_c(x)$，$y_c(x)$ 及 $h(x)$ 发送给验证者，验证者验证 $t(x)h(x) = v_c(x)w_c(x) - y_c(x)$，其中，$t(x)$ 是公开的。

然而，由于这些多项式次数都很高，发送时效率很低，且验证者验证时效率也很低，所以将多项式发送及整除性的验证改在一个点 s 上进行。但为了防止证明者的伪造，s 应由可信第三方秘密选取，并将其编码值公开，编码方式应具有同构性，以使证明者和验证者能在编码值上进行运算和验证。

例如，g 是 F 的生成元，定义编码为 $E(s) = g^s$，具有同构性：$E(s_1) \cdot E(s_2) = g^{s_1+s_2}$。

若第三方对 s 及其幂的编码为 $g^s, g^{s^2}, \cdots, g^{s^{d-1}}$，证明者的多项式为 $v_c(x) = v_0 + v_1 x + \cdots + v_{d-1} x^{d-1}$，则可利用 $\prod_{i=0}^{d-1} (g^{s^i})^{v_i}$ 得 $g^{v_c(s)}$。

协议如下：

(1) 公开参考串 crs 产生算法：$\mathrm{Gen}(\kappa, C) \to \mathrm{crs}$。

设 κ 为安全参数，C 为输入、输出数为 N 的电路。算法首先产生 QAP $Q = (\mathcal{V}, \mathcal{W}, \Upsilon, t(x))$，设 Q 的大小为 m，次数为 d。定义 $\mathrm{I}_{\mathrm{mid}} = \{N+1, \cdots, m\}$（为与论据对应的指标），在 F 上随机选取 $\alpha, \beta_v, \beta_w, \beta_y, s$，满足 $t(s) \neq 0$，定义公开参考串 crs 为

$$\mathrm{crs} = \left(Q, \left\{ g^{s^i}, g^{as^i} \right\}_{i=0}^{d}, g^{\beta_v}, \{ g^{\beta_v v_i(s)} \}_{i \in \mathrm{I}_{\mathrm{mid}}}, g^{\beta_w}, \{ g^{\beta_w w_i(s)} \}_{i \in [m]}, g^{\beta_y}, \{ g^{\beta_y y_i(s)} \}_{i \in [m]} \right)$$

(2) 证明 $\mathrm{Prove}(\mathrm{crs}, u, w) \to \pi$。

证明者由论题 $u = (c_1, \cdots, c_N)$ 及论据 $w = (c_{N+1}, \cdots, c_m)$，计算 $v_{\mathrm{mid}}(x) = \sum_{i \in \mathrm{I}_{\mathrm{mid}}} c_i v_i(x)$，$v_c(x) = \sum_{i \in [m]} c_i v_i(x)$，$w_c(x) = \sum_{i \in [m]} c_i w_i(x)$，$y_c(x) = \sum_{i \in [m]} c_i y_i(x)$，

$p(x)=v_c(x)w_c(x)-y_c(x)$。再求商多项式 $h(x)=\dfrac{p(x)}{t(x)}$。

因为 $v_i(x),w_i(x),y_i(x)(i\in[m])$ 都是 $d-1$ 次多项式,证明者可由 $\{g,g^\alpha\}\{g^{s^i},g^{as^i}\}_{i=1}^{d-1}$ 求出 $(g^{v_i(s)},g^{w_i(s)},g^{y_i(s)})$ 和 $(g^{av_i(s)},g^{aw_i(s)},g^{ay_i(s)})(i\in[m])$。又由于 $v_c(x),w_c(x),y_c(x)$ 都是 $d-1$ 次多项式,$h(x)$ 是 $d-2$ 次多项式,证明者可继续计算:

$$(Y=g^{y_c(s)},\hat{Y}=g^{ay_c(s)}),\quad (H=g^{h(s)},\hat{H}=g^{ah(s)}),\quad B=g^{\beta_v v_c(s)+\beta_w w_c(s)+\beta_y y_c(s)}。$$

令:$\pi=(V_{\mathrm{mid}},\hat{V}_{\mathrm{mid}},W,\hat{W},Y,\hat{Y},H,\hat{H},B)$ 为证明者产生的证明。

(3)验证 $\mathrm{Ver}(crs,u,\pi)\to 0/1$。

验证者做以下三步检验:

① 整除性检验:

$\hat{e}(H,g^{t(s)})=\hat{e}(V,W)/\hat{e}(Y,g)$;其中,$V=g^{v_c(s)}$,因为验证者知道 $u=(c_1,\cdots,c_N)$ 和 V_{mid},可求 V。

② 各分量张成的正确性检验:

$$\hat{e}(V_{\mathrm{mid}},g^\alpha)=\hat{e}(g,\hat{V}_{\mathrm{mid}}),\hat{e}(W,g^\alpha)=\hat{e}(g,\hat{W}),\hat{e}(Y,g^\alpha)=\hat{e}(g,\hat{Y}),\hat{e}(H,g^\alpha)=\hat{e}(g,\hat{H})$$

③ 各分量张成的一致性检验:

$$\hat{e}(B,g)=\hat{e}(V,g^{\beta_v})\cdot\hat{e}(W,g^{\beta_w})\cdot\hat{e}(Y,g^{\beta_y})$$

其中,$\hat{e}$ 是 $(\mathrm{F},\cdot)\to(\mathrm{F},\cdot)$ 上的双线性映射,$\cdot$ 是 F 上的乘法。

方案的简洁性:证明 π 仅由 F 上的 9 个元素组成。

方案的可靠性基于双线性群上的 q 次幂 DH 假定(简记为 q-PDH)和 q 次幂指数知识假定(简记为 q-PKE)。

双线性群记为 $(p,\mathrm{G},\mathrm{G}_T,\hat{e})$,其中,G 和 G_T 是阶为 p 的乘法循环群,$\hat{e}$ 是 $\mathrm{G}\times\mathrm{G}$ 到 G_T 的双线性映射,满足对 $\forall a,b\in\mathrm{Z}_p$,有 $\hat{e}(g^a,g^b)=\hat{e}(g,g)^{ab}$。

已知双线性群 $(p,\mathrm{G},\mathrm{G}_T,\hat{e})$,其上的 q-PDH 和 q-PKE 如下:

假定 1　如果对任一非均匀的概率多项式时间的敌手 A,有 $\Pr[\mathrm{Exp}_{q\text{-PDH}}(\kappa)=1]\leqslant\varepsilon(\kappa)$（其中,$\kappa$ 是安全参数),则称 $(p,\mathrm{G},\mathrm{G}_T,\hat{e})$ 上的 q-PDH 假定成立,其中实验 $\mathrm{Exp}_{q\text{-PDH}}(\kappa)$ 如下:

$$
\begin{aligned}
&\underline{\mathrm{Exp}_{q\text{-PDH}}(\kappa):}\\
&\quad g\leftarrow_R\mathrm{G},s\leftarrow_R\mathrm{Z}_p;\\
&\quad \sigma\leftarrow(g,g^s,\cdots,g^{s^q},g^{s^{q+2}},\cdots,g^{s^{2q}});\\
&\quad y\leftarrow A(\sigma);\\
&\quad 返回\ y=g^{s^{q+1}}
\end{aligned}
$$

假定 1 说敌手已知 $(g,g^s,\cdots,g^{s^q},g^{s^{q+2}},\cdots,g^{s^{2q}})$,计算 $g^{s^{q+1}}$ 是困难的。

q 次幂指数知识假定说敌手已知一系列幂 $\{g,g^s,g^{s^2},\cdots,g^{s^q},g^\alpha,g^{as},\cdots,g^{as^q}\}$,产生满足 $\hat{c}=c^\alpha$ 的 $(c,\hat{c})$ 是不可行的,除非已知满足 $c=\prod_{i=0}^q(g^{s^i})^{a_i}$ 的 $(a_0,\cdots,a_q)$。

假定 2　如果对任一非均匀的概率多项式时间的敌手 A,有 $\Pr[\mathrm{Exp}_{q\text{-PKE}}(\kappa)=1]\leqslant\varepsilon(\kappa)$,则称 $(p,\mathrm{G},\mathrm{G}_T,\hat{e})$ 上的 q-PKE 假定成立,实验 $\mathrm{Exp}_{q\text{-PKE}}(\kappa)$ 如下:

$$\underline{\mathrm{Exp}_{q\text{-PKE}}(\kappa):}$$

$$g \leftarrow_R G, s \leftarrow_R Z_p;$$

$$\sigma \leftarrow (g, g^s, \cdots, g^{s^q}, g^a, g^{as}, \cdots, g^{as^q});$$

$$(c, \hat{c}; \{a_i\}_{i=0}^q) \leftarrow (\mathscr{A} \parallel \mathscr{E}_{\mathscr{A}})(\sigma, z);$$

$$\text{返回}\,(\hat{c} = c^a) \wedge \left(c \neq \prod_{i=0}^q (g^{s^i})^{a_i}\right)$$

其中,z 表示独立于 σ 的任何辅助信息。$(c, \hat{c}; \{a_i\}_{i=0}^q) \leftarrow (\mathscr{A} \parallel \mathscr{E}_{\mathscr{A}})$ 表示如果敌手 A 输出 $(c, \hat{c})$,则存在提取器 $\mathscr{E}_{\mathscr{A}}$,提取出 $\{a_i\}_{i=0}^q$。

$$\Pr\left[(\hat{c} = c^a) \wedge \left(c \neq \prod_{i=0}^q (g^{s^i})^{a_i}\right)\right] \leqslant \varepsilon(\kappa)\ \text{等价于}$$

$$\Pr\left[(\hat{c} = c^a) \rightarrow c = \prod_{i=0}^q (g^{s^i})^{a_i}\right] \geqslant 1 - \varepsilon(\kappa)$$

因此上述实验说如果敌手 A 能产生满足 $\hat{c} = c^a$ 的 $(c, \hat{c})$,则存在提取器,以 $1 - \varepsilon(\kappa)$ 的概率可提取出满足 $c = \prod_{i=0}^q (g^{s^i})^{a_i}$ 的 $(a_0, \cdots, a_q)$。

假定 2 即为已知 $(a_0, \cdots, a_q)$,使得 $c = \prod_{i=0}^q (g^{s^i})^{a_i}$ 的知识证明,证明成功的概率为 $1 - \varepsilon(\kappa)$。

整除性验证验证了 $v_c(s)w_c(s) - y_c(s)$ 能被 $t(s)$ 整除,即可靠性。

各分量张成的正确性检验中的 $(V_{mid}, \hat{V}_{mid})$ 证明了对证明者而言,如果他不知道 α,输出 $(V_{mid}, \hat{V}_{mid})$ 是困难的,除非他知道 v_{mid} 的系数 $\{c_i\}_{i \in I_{mid}}$(即论据),使得 $v_{mid}(s) = \sum_{i \in I_{mid}} c_i s^i$。

各分量张成的正确性检验即为证明者已知 $w = (c_{N+1}, \cdots, c_m)$ 的知识证明。

$(W, \hat{W})$,$(Y, \hat{Y})$ 和 $(H, \hat{H})$ 类似。

各分量张成的正确性检验仅保证 $v_c(x)$ 是由 $v_i(x)(i \in [m])$、$w_c(x)$ 是由 $w_i(x)(i \in [m])$、$y_c(x)$ 是由 $y_i(x)(i \in [m])$ 张成得到的,并没有保证张成的系数相同。各分量张成的一致性检验保证了三者的张成系数相同。如果验证通过,但张成系数不同,就能解决 d-PDH(假定 1 中取 $q = d$),证明过程略。

以上协议是计算上零知识的,为了得到完备零知识性,在 $\mathbb{F}$ 上随机选取 $\delta_v, \delta_w, \delta_y$,构造

$$v'_{mid}(x) = v_{mid}(x) + \delta_v t(x)$$
$$w'_c(x) = w_c(x) + \delta_w t(x)$$
$$y'_c(x) = y_c(x) + \delta_y t(x)$$
$$h'(x) = h(x) + \delta_v w_c(x) + \delta_w v_c(x) + \delta_v \delta_w t(x) - \delta_y$$

代替方案中的 $v_{mid}(x), w_c(x), y_c(x), h(x)$,并在 crs 中增加 $\delta_v, \delta_w, \delta_y$ 的编码值,即可实现完备零知识性。

　安全多方计算协议

8.5.1　安全多方计算问题

假设一组人想确定他们中谁的薪水最高,最简单直接的方法是每人直接说出自己的薪水。但如果大家都不想让他人知道自己的薪水,该如何做出比较? 如果存在一个可信的第三方,每个人都可将自己的薪水告诉这个第三方,由第三方比较出结果再告诉大家。这就要求这个第三方首先要被系统中的所有用户所信任,即它能公正地进行比较且不会泄露用户的薪水。现实中可能不存在这种可信第三方,如何在不存在这种可信第三方的情况下解决上述问题,这就是安全多方计算问题,最早由姚期智提出,称为百万富翁问题,即在没有第三方参与的情况下,两个百万富翁比较谁更富有。

上述问题的形式化描述如下:设一组参与者为 $P_1,\cdots,P_n$,各自有秘密输入 $x_1,\cdots,x_n$,想联合计算某个多项式时间的函数 $f(x_1,\cdots,x_n,R)=(y_1,\cdots,y_n)$,但不泄露各自的秘密输入。其中,$R$ 是计算中所有的随机数,$y_1,\cdots,y_n$ 是各参与者得到的秘密输出值。

为了进行上述计算,各参与者之间可能要交换信息,如图 8-10(a)所示,我们称这种计算环境为"真实世界",而称有可信第三方(记为 T)的环境为"理想环境",如图 8-10(b)所示。

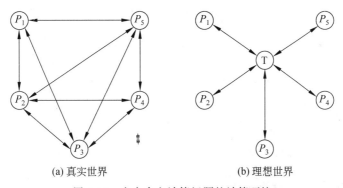

(a) 真实世界　　　　　　　(b) 理想世界

图 8-10　安全多方计算问题的计算环境

8.5.2　半诚实敌手模型

一个参与者称为半诚实的,如果它正确地遵守协议的指令,但记录协议执行期间能得到的所有中间结果,并企图根据中间结果得到额外信息。

下面以两方计算协议为例,给出半诚实模型下协议的安全性定义。如上所述,协议的安全性是指各参与方不泄露自己的输入,因此安全性就是保密性。

定义 8-7　设 $f:\{0,1\}^* \times \{0,1\}^* \rightarrow \{0,1\}^* \times \{0,1\}^*$ 是一个函数,$f_1(x,y)$ 和 $f_2(x,y)$ 分别表示 $f(x,y)$ 的第一个元素和第二个元素,π 表示计算 f 的两方协议,$\text{VIEW}_1^\pi(x,y)=\{x,r_1,m_1^1,\cdots,m_1^t\}$ 表示第一方的视图,其中,r_1 表示第一方在协议执行

期间产生的随机数，$m_1^i(i=1,\cdots,t)$ 表示它收到的第 i 个消息；类似地，$\mathrm{VIEW}_2^\pi(x,y)=\{y,r_2,m_2^1,\cdots,m_2^t\}$ 表示第二方的视图。又设 $\mathrm{OUTPUT}_1^\pi(x,y)$ 和 $\mathrm{OUTPUT}_2^\pi(x,y)$ 分别表示两个参与方的输出。

确定性情况：若 f 是确定性函数，则说 π 安全地计算 f，如果存在两个多项式时间的算法 S_1 和 S_2，使得

$$\{S_1(x,f_1(x,y))\}_{x,y\in\{0,1\}^*}\overset{c}{\equiv}\{\mathrm{VIEW}_1^\pi(x,y)\}_{x,y\in\{0,1\}^*} \tag{8-6}$$

$$\{S_2(y,f_2(x,y))\}_{x,y\in\{0,1\}^*}\overset{c}{\equiv}\{\mathrm{VIEW}_2^\pi(x,y)\}_{x,y\in\{0,1\}^*} \tag{8-7}$$

其中，$|x|=|y|$（$|x|$ 表示 x 的长度）。

一般情况：若 f 是一般函数，则说 π 安全地计算 f，如果存在两个多项式时间的安全算法 S_1 和 S_2，使得

$$\{(S_1(x,f_1(x,y)),f_2(x,y))\}_{x,y\in\{0,1\}^*}\overset{c}{\equiv}\{\mathrm{VIEW}_1^\pi(x,y),\mathrm{OUTPUT}_2^\pi(x,y)\}_{x,y\in\{0,1\}^*}$$
$$\tag{8-8}$$

$$\{(f_1(x,y),S_2(y,f_2(x,y)))\}_{x,y\in\{0,1\}^*}\overset{c}{\equiv}\{\mathrm{OUTPUT}_1^\pi(x,y),\mathrm{VIEW}_2^\pi(x,y)\}_{x,y\in\{0,1\}^*}$$
$$\tag{8-9}$$

其中，$|x|=|y|$；S_1 和 S_2 称为模拟器。

在确定性情况下，式(8-6)表示存在一个模拟器 S_1，S_1 仅知道 x 和 $f_1(x,y)$ 时，能模拟第一方的视图，因此第一方除了 x（自己的输入）和 $f_1(x,y)$（应得的输出）外，没有得到其他多余的信息，所以第二方是安全的，见图 8-11。这种定义与零知识证明中的零知识性类似。

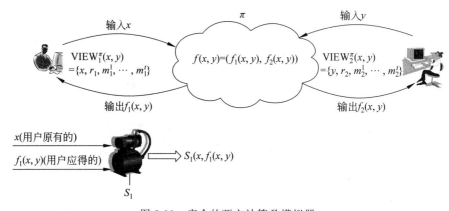

图 8-11 安全的两方计算及模拟器

类似地，式(8-7)表达了第一方的安全性。对确定性函数，$f_i(x,y)=\mathrm{OUTPUT}_i^\pi(x,y)$ $(i=1,2)$，由式(8-8)和式(8-9)分别得到式(8-6)和式(8-7)。而对一般函数，即概率性函数，因为 $f_i(x,y)$ 和 $\mathrm{OUTPUT}_i^\pi(x,y)$ 都是随机变量，虽然服从相同分布，但不一定相等。

【例 8-12】 OT_1^k 协议。

OT_1^k 协议是"多传一"的不经意传输协议。设发送方 A 持有 $b_1,\cdots,b_k\in\{0,1\}$，接收

方 B 持有 $i \in \{1, \cdots, k\}$，OT_1^k 用符号表示如下：

$$\text{OT}_1^k((b_1, \cdots, b_k), i) = (\lambda, b_i)$$

其中，λ 表示 A 没有任何输出。

协议中将用到如下两个概念：

- 陷门置换。置换 $f: D \to D$ 称为陷门置换，如果求它的逆 f^{-1} 是困难的，但如果知道一个陷门，则 f^{-1} 的计算是容易的。
- 陷门置换的核。对置换 f，$X \in D$，f 关于 X 的核是 X 的一个比特，满足：

  (1) 已知 X，存在一个多项式时间的算法 $b(\cdot)$，输出这个比特，记为 $b(X)$；

  (2) 已知 X 的置换 $f(X)$，则计算 $b(X)$ 是困难的，即不存在 PPT 算法，以大于 $\dfrac{1}{2}$ 的概率输出 $b(X)$。

  称函数 $b(\cdot)$ 为核谓词。

协议如下：

(1) A 随机选取一个陷门置换 $f: D \to D$，将 f 发送给 B，但对 f 的陷门保密。

(2) B 随机选取 $e_1, \cdots, e_k \leftarrow_R D$，设 $y_i = f(e_i)$，$y_j = e_j (j \neq i)$，将 $(y_1, \cdots, y_k)$ 发送给 A。

(3) 在收到 $(y_1, \cdots, y_k)$ 后，A 利用 f 的陷门计算 $x_j = f^{-1}(y_j) (j = 1, \cdots, k)$，并将 $(b_1 \oplus b(x_1), b_2 \oplus b(x_2), \cdots, b_k \oplus b(x_k))$ 发送给 B。其中，$b(\cdot)$ 是核谓词；$b(x_j)$ 是 f 关于 x_j 的核。

(4) B 收到 $(c_1, \cdots, c_k)$ 后计算 $c_i \oplus b(e_i)$。

因为

$$\begin{aligned}
c_i \oplus b(e_i) &= (b_i \oplus b(x_i)) \oplus b(e_i) = (b_i \oplus b(f^{-1}(f(e_i)))) \oplus b(e_i) \\
&= (b_i \oplus b(e_i)) \oplus b(e_i) = b_i
\end{aligned}$$

B 的确收到 b_i。

而对于 $j \neq i$，B 无法计算 $b(f^{-1}(y_j)) = b(f^{-1}(e_j))$，所以得不到 b_j。

下面证明协议的安全性，因双方的输出为确定性的，所以只须分别构造发送者 A 的模拟器 Sim_A 和接收者 B 的模拟器 Sim_B，满足式(8-1)和式(8-2)。

A 的视图 $\text{VIEW}_1^\pi = \{(b_1, \cdots, b_k), \lambda, (y_1, \cdots, y_k)\}$，其中，$(y_1, \cdots, y_k)$ 是 D^k 上均匀分布的(因 $(e_1, \cdots, e_k)$ 是 D^k 上随机选取的，f 是随机置换，$y_i = f(e_i)$，$y_j = e_j (j \neq i)$)。Sim_A 的输入为 $((b_1, \cdots, b_k), \lambda)$，它只须在 D^k 上均匀选取 $(y_1', \cdots, y_k')$，输出 $((b_1, \cdots, b_k), \lambda, (y_1', \cdots, y_k'))$，则满足式(8-6)。

B 的视图 $\text{VIEW}_2^\pi = (i, b_i, (c_1, \cdots, c_k))$，在 Sim_B 的构造中，Sim_B 扮演 A 的角色和 B 交互。

(1) Sim_B 随机选一个陷门置换 $f': D \to D$，将 f' 发送给 B。

(2) Sim_B 从 B 收到 $(y_1, \cdots, y_k)$ 后，计算 $x_i = (f')^{-1}(y_i)$ 及 $c_i' = b_i \oplus b(x_i)$，随机选取 $c' \leftarrow_R \{0, 1\} (j = 1, \cdots, k, j \neq i)$。

(3) Sim_B 输出 $(i, b_i, (c_1', \cdots, c_k'))$。

因为 $c_i = b_i \oplus b(e_i)$，$c_i' = b_i \oplus b(x_i)$，对任一区分器 D，即使知道 e_i 的置换 $y_i =$

$f(e_i)$, x_i 的置换 $f'(x_i)$, 由函数 $b(\cdot)$ 的性质知, D 不能区分 $b(e_i)$ 和 $b(x_i)$, 所以不能区分 c_i 和 c_i'。而当 $j \neq i$ 时, $c_j = b_j \oplus b(f^{-1}(y_j)) = b_j \oplus b(f^{-1}(e_j))$, D 无法计算 $f^{-1}(e_j)$, 不能区分 $b(f^{-1}(e_j))$ 和随机比特, 因此不能区分 c_j 和 c_j', 所以式(8-7)成立。

【例 8-13】 逻辑门计算协议。

这里只考虑异或门和与门的计算, 并假定每个门只有两个输入端。因此仅考虑这两种门的两方计算协议, 其中任一值 v 以一种自然的方式被两个参与方分割(即两个参与者掌握的秘密信息相加等于 v)。

设第一方 P_1 持有秘密输入 a, 它将 a 自然地分割为 a_1, a_2, 即 $a = a_1 + a_2$, 将 a_2 发送给第二方 P_2, 自己保留 a_1。又设第二方 P_2 持有秘密输入 b, 它将 b 自然地分割为 b_1、b_2, 即 $b = b_1 + b_2$, 将 b_1 发送给 P_1, 自己保留 b_2。

异或门 $c = a + b$ 的实现如下:

因为 $c = a + b = (a_1 + a_2) + (b_1 + b_2) = (a_1 + b_1) + (a_2 + b_2) = c_1 + c_2$, 所以 P_1、P_2 根据自己掌握的秘密分量分别计算 $a_1 + b_1$ 和 $a_2 + b_2$, 即为输出 $a + b$ 的两个分量 c_1 和 c_2, 其中的运算在 GF(2) 上进行。

与门 $c = ab$ 的实现:

设协议的双方 P_1 和 P_2 各自的输出为 c_1 和 c_2, 满足

$$c_1 + c_2 = ab = (a_1 + a_2)(b_1 + b_2) = a_1 b_1 + a_1 b_2 + a_2 b_1 + a_2 b_2$$

其中, c_1 可由 P_1 随机选取; c_2 等于 $c_2 = c_1 + a_1 b_1 + a_1 b_2 + a_2 b_1 + a_2 b_2$, 可分为 4 种情况:

- 当 $a_2 = 0, b_2 = 0$ 时, $c_2 = c_1 + a_1 b_1$;
- 当 $a_2 = 0, b_2 = 1$ 时, $c_2 = c_1 + a_1 b_1 + a_1 = c_1 + a_1(b_1 + 1)$;
- 当 $a_2 = 1, b_2 = 0$ 时, $c_2 = c_1 + a_1 b_1 + b_1 = c_1 + (a_1 + 1)b_1$;
- 当 $a_2 = 1, b_2 = 1$ 时, $c_2 = c_1 + a_1 b_1 + a_1 + b_1 = c_1 + (a_1 + 1)(b_1 + 1)$。

c_2 的 4 个值由 P_1 为 P_2 准备, P_2 根据自己掌握的 a_2 和 b_2, 计算 $1 + 2a_2 + b_2 \in \{1, 2, 3, 4\}$, 并由计算的结果选取 4 个值中的一个。因此, 协议可使用 OT_1^4 来实现。协议如下(其中的运算在 GF(2) 上进行):

(1) 第一方 P_1 随机选择 $c_1 \in \{0, 1\}$。

(2) 双方调用 OT_1^4 协议, 其中 P_1 作为发送者, 其输入为 $(c_1 + a_1 b_1, c_1 + a_1(b_1 + 1), c_1 + (a_1 + 1)b_1, c_1 + (a_1 + 1)(b_1 + 1))$, P_2 作为接收者, 其输入为 $1 + 2a_2 + b_2 \in \{1, 2, 3, 4\}$。

(3) P_1 输出 c_1, P_2 输出 OT_1^4 的输出 c_2。

P_1 的模拟器 S_{AND} 的输入 $((a_1, b_1), c_1)$, 输出 $((a_1, b_1), c_1, \text{Sim}_{\text{OT}})$, 其中, Sim_{OT} 是 OT_1^4 协议中 P_1 的模拟器的输出。由 OT_1^4 的安全性知 Sim_{OT} 和 P_1 在 OT_1^4 中的视图是不可区分的, 因此 S_{AND} 的输出和 P_1 的视图是不可区分的。P_2 的模拟器的构造是类似的。

【例 8-14】 布尔电路计算协议。

任何确定性函数都可用布尔电路实现, 而任何布尔电路可仅使用与门及异或门构造。若函数的运算在 GF(2) 上进行, 则加法运算对应电路中的异或门, 而乘法运算对应与门。

下面考虑任一布尔电路(实现确定性函数)的安全两方计算。

设两方 P_1、P_2 的输入分别为 $(x_1^1, \cdots, x_1^n) \leftarrow_R \{0, 1\}^n$ 和 $(x_2^1, \cdots, x_2^n) \leftarrow_R \{0, 1\}^n$, 对应

电路输入线分别被标记为 $(w_1,\cdots,w_n)$ 和 $(w_{n+1},\cdots,w_{2n})$,协议如下:

(1) $P_i(i=1,2)$ 分割它的每个输入 $x_i^j(j=1,2,\cdots,n)$:随机选取 $r_i^j \leftarrow_R \{0,1\}$,将 r_i^j 发送给另一方作为输入线 $w_{(i-1)n+j}$ 的输入分量,而将自己对该输入线的输入分量设置为 $x_i^j+r_i^j$。

(2) P_1 和 P_2 逐个门地计算门输出比特的分量,记 P_1 持有 a_1 和 b_1,P_2 持有 a_2 和 b_2,其中 a_1 和 a_2 是输入线 w_1 上输入比特的两个分量,b_1 和 b_2 是输入线 w_2 上输入比特的两个分量。

(3) 在所有门计算完后,设 P_1 和 P_2 的输出分别为 $(y_1^1,\cdots,y_1^n) \in \{0,1\}^n$ 和 $(y_2^1,\cdots,y_2^n) \in \{0,1\}^n$,$P_1$ 和 P_2 交换所有的输出,即 P_1 得到 $(y_2^1,\cdots,y_2^n)$,P_2 得到 $(y_1^1,\cdots,y_1^n)$,各自计算 $y_1^1+y_2^1,\cdots,y_1^n+y_2^n$,即为输出的比特串。

方案的安全性:

我们仅考虑 P_1 的模拟器 S_1 的构造,P_2 的模拟器的构造类似。S_1 的输入为 $x_1^1,\cdots,x_1^n$ 和 $(y^1,\cdots,y^n)=(y_1^1+y_2^1,\cdots,y_1^n+y_2^n)$,$S_1$ 扮演 P_2 的角色和 P_1 进行如下交互(为了区分实际协议,模拟实验中的步数用罗马数字表示):

ⅰ S_1 随机选取 $r_1^1,\cdots,r_1^n$ 和 $r_2^1,\cdots,r_2^n$(其中,$r_1^1,\cdots,r_1^n$ 将被用来模拟 P_1 产生的随机比特,$r_2^1,\cdots,r_2^n$ 将被用来模拟 P_1 从 P_2 收到的随机比特),S_1 将输入线 $w_1,\cdots,w_n$ 的输入设置为 $x_1^1+r_1^1,\cdots,x_1^n+r_1^n$,而将输入线 $w_{n+1},\cdots,w_{2n}$ 的输入设置为 $r_2^1,\cdots,r_2^n$。

ⅱ S_1 和 P_1 逐门地计算:
- 对加法门,各自求自己的输出线上的分量,为输入线上的分量之和。
- 对于与门,调用 Sim_{AND}。

ⅲ 对于 P_1 的第 j 个输出线,S_1 求 P_1 的第 j 个输出 m^j,为自己的第 j 个输出与 y^j 的求和。

ⅳ S_1 输出 $((x_1^1,\cdots,x_1^n),(y^1,\cdots,y^n),(r_1^1,\cdots,r_1^n),V^1,Sim_{AND},V^2)$,其中,$V^1=(r_2^1,\cdots,r_2^n)$ 对应 P_1 在第(ⅰ)步从 P_2 收到的输入分量,Sim_{AND} 是第 ⅱ 步中所有与门的输出,$V^2=(m^1,\cdots,m^n)$ 为 S_1 在第 ⅲ 步得到的消息,V^2 模拟的是 P_1 从 P_2 获得的消息。

S_1 输出的前 4 个元素,即输入 $(x_1^1,\cdots,x_1^n)$,输出 $(y^1,\cdots,y^n)$,第 ⅰ 步产生的随机数 $(r_1^1,\cdots,r_1^n)$,第 ⅱ 步从 P_2 收到的随机数 $V^1=(r_2^1,\cdots,r_2^n)$,与 P_1 的视图是同分布的。而由与门的构造知,Sim_{AND} 是均匀分布的。第 ⅲ 步得出的 P_1 的第 j 个分量与从 P_2 收到的第 j 个分量之和为 y^j,与协议实际执行的情况一样,因此 V^2 与实际执行时 P_1 从 P_2 获得的消息是同分布的。综上,S_1 的输出与 P_1 的视图是同分布的,以上模拟是完美的。

由上可知,若存在陷门置换,则可实现 OT_1^k 的安全两方计算,进而实现与门的安全两方计算。由与门的安全两方计算,可实现任意函数的安全两方计算。

8.5.3　恶意敌手模型

恶意敌手是指敌手可能任意违背协议的指令。安全多方计算协议对敌手的某些恶意行为是无法阻止的,比如,敌手拒绝参与协议,可能替换自己的输入,可能中断协议的执行。

恶意敌手模型时协议在"理想环境"下的运行如下:
- 输入:各方获得一个输入,表示为 z。
- 向可信方发送输入:诚实方将 z 发送给可信方。恶意方根据 z,可能中断或发送

某个 $z' \in \{0,1\}^{|z|}$ 给可信方。

- 可信方回答第一方：可信方收到输入对 (x,y) 后，计算 $f(x,y)$，将 $f_1(x,y)$ 发送给第一方；否则，若可信方收到的输入对中只有一个有效，则以"$\perp$"作为对两方的应答。

- 可信方回答第二方：如果第一方是恶意的，它可根据自己的输入与可信方的应答，决定是否阻止可信方。若阻止，则可信方向第二方发送"$\perp$"；否则发送 $f_2(x,y)$。

- 输出：诚实方输出自己从可信方收到的消息，恶意方可能从自己最初的输入及从可信方获得的消息，计算一个任意函数(PPT 的)的函数值。

设 $f: \{0,1\}^* \times \{0,1\}^* \to \{0,1\}^* \times \{0,1\}^*$ 是一个函数，其中，$f = (f_1, f_2)$，$\overline{M} = (M_1, M_2)$ 是一对非均匀概率期望多项式机器(表示理想环境中的参与方)，如果至少有一个 $i \in \{1,2\}$，M_i 是诚实的，则称 $\overline{M}$ 是可接受的，M_1 和 M_2 的联合输出记为 $\text{IDEAL}_{f,\overline{M}}(x,y)$。假设 M_1 是恶意的，如果它总在协议开始时就中断，则以上联合输出为 $(M_1(x,\perp),\perp)$。如果 M_1 不中断协议的执行，则联合输出为 $(M_1(x,f_1(x',y)),f_2(x',y))$，其中，$x' = M_1(x)$ 为 M_1 给可信方的输入。

协议的安全性定义如下：

定义 8-8 设 f、π 如上，如果对于真实环境下任意一对可接受的非均匀概率期望多项式时间的机器 $\overline{A} = (A_1, A_2)$，在理想环境下存在一对可接受的非均匀概率期望多项式时间的机器 $\overline{B} = (B_1, B_2)$，使得 $\{\text{IDEAL}_{f,\overline{B}}(x,y)\}_{x,y} \overset{c}{\equiv} \{\text{REAL}_{\pi,\overline{A}}(x,y)\}_{x,y}$，则称 π 安全地计算 f，其中，$|x| = |y|$。

【例 8-15】 掷币入井协议。该协议用于为两个参与方产生一个随机比特，用函数表示为 $(1^n, 1^n) \to (b,b)$，其中 1^n 是安全参数，$b \leftarrow_R \{0,1\}$ 均匀分布。

协议如下，其中，$C_s(\sigma)$ 是通过随机数 s 对 σ 的数字承诺。

输入：安全参数 1^n。

(1) P_1 随机选择 $\sigma \leftarrow_R \{0,1\}$，$s \leftarrow_R \{0,1\}^n$，发送 $c = C_s(\sigma)$ 给 P_2。

(2) P_2 随机选择 $\sigma' \leftarrow_R \{0,1\}$，将 σ' 发送给 P_1。

(3) P_1 计算 $b = \sigma \oplus \sigma'$，将 (σ,s) 发送给 P_2。

(4) P_2 检查 $c = C_s(\sigma)$ 是否成立，若不成立，则中断；否则计算 $b = \sigma \oplus \sigma'$。

输出：P_1 总输出 b，P_2 的输出或为 b 或为 $\perp$。

安全性证明分两种情况：在第一种情况中，P_1 是诚实的，设表示 P_1、P_2 的机器分别为 A_1、A_2，则理想环境中模拟 A_1 的机器 B_1 是确定的。为了构造 B_2，B_2 扮演 A_1 的角色和 A_2 交互，过程如下：

ⅰ B_2 将 1^n 发送给可信方，从可信方获得 b。

ⅱ B_2 循环执行以下过程至多 n 次：

a. 随机选择 $\sigma \leftarrow_R \{0,1\}$，$s \leftarrow_R \{0,1\}^n$，发送 $c = C_s(\sigma)$ 给 A_2。

b. 在收到 A_2 反馈的 $\sigma' \in \{0,1\}$ 后，检查 $\sigma \oplus \sigma' = b$ 是否成立，若成立，则以 A_2 的输出作为自己的输出；否则进行下一循环。

若 n 次循环都不成功,则输出 $\perp$。

因为 A_2 反馈的 σ' 是 A_2 在 $\{0,1\}$ 上随机选取的, $\sigma' \neq b \oplus \sigma$ 的概率为 $\dfrac{1}{2}$,即一次循环不成功的概率为 $\dfrac{1}{2}$, n 次循环不成功的概率为 $\left(\dfrac{1}{2}\right)^n$,是可忽略的。

下面证明上述模拟过程满足 $\{\mathrm{IDEAL}_{f,\bar{B}}(1^n,1^n)\}_{n\in N} \overset{c}{\equiv} \{\mathrm{REAL}_{\pi,\bar{A}}(1^n,1^n)\}_{n\in N}$。事实上,该式左右两边的随机变量是统计上不可区分的。两个随机变量都为 $(b, A_2(C_s(\sigma)), (\sigma, s))$ 的形式,其中 $b = \sigma \oplus A_2(C_s(\sigma))$,所以两个随机变量都是由 (σ, s) 对决定的。在 $\mathrm{REAL}_{\pi,\bar{A}}(1^n,1^n)$ 中,所有 (σ, s) 是等可能的,概率为 $2^{-(n+1)}$。定义 $S_b = \{(x,y) \in \{0,1\} \times \{0,1\}^n : x \oplus A_2(C_y(x)) = b\}$,其中, b 从第 i 步获得, S_b 中元素对满足步骤 ii 的 b 中的检查。因 b 由可信方在 i 中随机选取, ii 的 b 中 $\sigma \oplus \sigma' = b$ 成立的概率为 $\dfrac{1}{2}$,所以满足 $\sigma \oplus \sigma' = b$ 的 (σ, s) 的概率为 $\dfrac{1}{2|S_{\sigma \oplus A_2(C_s(\sigma))}|}$,又由

$$\Pr_{\sigma,s}[A_2(C_s(\sigma)) = b \oplus \sigma] = \frac{1}{2}\Pr[A_2(C_s(0)) = b] + \frac{1}{2}[A_2(C_s(1)) = b \oplus 1]$$

$$= \frac{1}{2} + \frac{1}{2}(\Pr[A_2(C_s(0)) = b] - \Pr[A_2(C_s(1)) = b])$$

$$= \frac{1}{2} \pm \varepsilon(n)$$

其中,最后一个等式由承诺方案的性质得到, $\varepsilon(n)$ 是可忽略的。又

$$\Pr_{\sigma,s}[A_2(C_s(\sigma)) = b \oplus \sigma] = \frac{|S_b|}{2^{n+1}}$$

所以

$$|S_b| = \left(\frac{1}{2} \pm \varepsilon(n)\right)2^{n+1} = \frac{1}{2}(1 \pm 2\varepsilon(n))2^{n+1}$$

得

$$\frac{1}{2|S_{\sigma \oplus A_2(C_s(\sigma))}|} = \frac{1}{1 \pm 2\varepsilon(n)}2^{-(n+1)} \approx 2^{-(n+1)}$$

即

$$\mathrm{REAL}_{\pi,\bar{A}}(1^n,1^n) \quad \text{和} \quad \mathrm{IDEAL}_{f,\bar{B}}(1^n,1^n)$$

是统计上不可区分的。

第二种情况 P_2 是诚实的,则理想环境中模拟 A_2 的机器 B_2 是确定的,为了构造 B_1, B_1 扮演 A_2 的角色和 A_1 交互,过程如下:

（Ⅰ） B_1 输入 1^n,从 A_1 收到 c, c 可能是 $C(0)$ 或 $C(1)$。

（Ⅱ） B_1 模拟第(2)、(3)步:

a. B_1 给 A_1 发送 0,记录 A_1 的应答。 A_1 的应答可能是 $\perp$ 或 (σ_0, s_0),若 $c \neq C_{s_0}(\sigma_0)$,则中断。

b. B_1 重新和 A_1 交互,给 A_1 发送 1,记录 A_1 的应答, A_1 的应答可能是 $\perp$ 或 (σ_1, s_1),若 $c \neq C_{s_1}(\sigma_1)$,则中断。

若 a 和 b 都中断,则 B_1 输出 $A_1(1^n,\sigma')$(σ' 从 $\{0,1\}$ 中随机选取)且中断。否则 B_1 继续以下过程,其中分两种情况:

情况 1:在(Ⅱ)的(a)、(b)中仅一个得到正确应答(即非 $\bot$,且非中断),对应的 σ_0(或 σ_1)定义为 σ,而 B_1 发送给 A 的 0 或 1 定义为 σ'。

情况 2:在(Ⅱ)的(a)、(b)中两个都得到正确应答(即非 $\bot$,且非中断),此时 $\sigma_0=\sigma_1$。这是因为 $c=C_{s_0}(\sigma_0)=C_{s_1}(\sigma_1)$,由承诺方案的捆绑性得 $\sigma_0=\sigma_1$。定义 $\sigma=\sigma_0=\sigma_1$。

(Ⅲ)B_1 向可信方发送 1^n,并从可信方收到 $b\in\{0,1\}$。此时可信方还没有应答 A_2,B_1 可阻止可信方对 A_2 的应答。

(Ⅳ)在情况 1 下,B_1 判断 $b=\sigma\oplus\sigma'$ 是否成立,若不成立,则阻止可信方向 A_2 发送 b;

在情况 2 下,B_1 取 $\sigma'=b\oplus\sigma$,且允许可信方向 A_2 发送 b。

在两种情况下,B_1 将 σ' 反馈给 A_1。注意在两种情况下,如果可信方向 A_2 发送了 b,则 $\sigma\oplus\sigma'=b$ 一定成立。

(Ⅴ)B_1 输出 A_1 的输出,表示为 $A_1(1^n,\sigma')$。

下面显示 $\mathrm{IDEAL}_{f,\bar{B}}(1^n,1^n)$ 和 $\mathrm{REAL}_{\pi,\bar{A}}(1^n,1^n)$ 是同分布的。

首先,当 A_1 从未中断时(因此 B_1 也从未中断),$\mathrm{IDEAL}_{f,\bar{B}}(1^n,1^n)=(A_1(1^n,\sigma\oplus b),b)$,$\mathrm{REAL}_{\pi,\bar{A}}(1^n,1^n)=(A_1(1^n,\sigma'),\sigma\oplus\sigma')$,其中,$\sigma'$ 和 b 在 $\{0,1\}$ 上均匀分布,而 σ 由 c 决定($\sigma=C^{-1}(c)$),σ 和 σ' 是独立的,所以 $\sigma\oplus\sigma'$ 在 $\{0,1\}$ 上均匀分布,所以 $(A_1(1^n,\sigma\oplus b),b)$ 和 $(A_1(1^n,\sigma'),\sigma\oplus\sigma')$ 是同分布的。

若 B_1 中断,则两个随机变量都为 $(A_1(1^n,\sigma'),\bot)$,其中,σ' 是随机的,因此是同分布的。

若在第(3)步,P_1 只能正确回答一个 σ'(第(2)步收到),则真实执行时,协议不中断的概率是 $\dfrac{1}{2}$。而理想情况对应第(Ⅱ)步的情况下,此时仅当可信方发送的 b 满足 $b=\sigma\oplus\sigma'$ 时(概率为 $\dfrac{1}{2}$),协议不中断。在协议不中断情况下,两个模型的输出都是 $(A_1(1^n,\sigma'),\sigma\oplus\sigma')$,在协议中断的情况下,两个模型的输出都是 $(A_1(1^n,\sigma'\oplus1),\bot)$。

习　　题

1. 假设你知道一个背包问题的解,试设计一个协议,以零知识证明方式证明你的确知道问题的解。

2. 在 8.1.4 节,基于大数分解问题的"多传一"不经意传输协议中为什么要求 $p_j\equiv q_j\equiv 3\bmod 4$?设 $n_j=55=5\times11$,B 选择 $x_j=2$,且想获得 A 的秘密 s_j,分析 B 是否能成功获得。

3. 设 p 是素数,群 $\mathbb{Z}_p^*$ 的元素 g 是群 $\mathbb{Z}_p^*$ 的生成元,当且仅当对每一 $h\in\mathbb{Z}_p^*$,存在一整数 x,使得 $h\equiv g^x\bmod p$。

(1)在 $\mathbb{Z}_p^*$ 中均匀、随机选取一个元素 h,证明:如果 g 不是 $\mathbb{Z}_p^*$ 的生成元,则存在一整

数 x，使得 $h \equiv g^x \bmod p$ 成立的概率至多是 $\dfrac{1}{2}$。

（2）给出 g 是 $\mathbb{Z}_p^*$ 的生成元的零知识证明。

（3）在（2）中的零知识证明中，证明者能否在多项式时间内完成证明，为什么？

4．设 n 是两个未知大素数 p 和 q 的乘积，$x_0, x_1 \in \mathbb{Z}_n^*$ 且其中至少一个是模 n 的二次剩余。又设 x_0、x_1 模 n 的 Jacobi 符号都为 1，考虑下面交互证明系统，其中，x_0、x_1 和 n 作为输入，P 为证明者，V 为验证者：

（1）P 随机选择 $i \leftarrow_R \{0, 1\}$，$v_b, v_{1-b} \leftarrow_R \mathbb{Z}_n^*$，计算 $y_b \equiv v_b^2 \bmod n$ 及 $y_{1-b} \equiv v_{1-b}^2 (x_{1-b}^i)^{-1} \bmod n$，将 y_0、y_1 发送给 V。

（2）V 随机选择 $c \leftarrow_R \{0, 1\}$，将 c 发送给 P。

（3）P 计算 $z_b \equiv u^{i \oplus c} v_b \bmod n$，$z_{1-b} \equiv v_{1-b}$，将 z_0、z_1 发送给 V。

（4）V 检查 $z_0^2 \equiv y_0 \bmod n$ 和 $z_1^2 \equiv x_1^c y_1 \bmod n$ 是否成立，或者 $z_0^2 \equiv x_0 y_0 \bmod n$ 和 $z_1^2 \equiv x_1^{1-c} y_1 \bmod n$ 是否成立。如果不成立，则拒绝并终止。

以上过程重复 $\log_2(v)$ 次。

（1）证明以上协议证明了 x_0、x_1 中至少有一个是模 n 的二次剩余。

（2）证明以上协议是完备的。

5．构造如图 8-9 所示的算术电路的 QAP。

第 9 章 可证明安全

9.1 语义安全的公钥密码体制的定义

若定义公钥加密方案的安全性为：如果敌手已知某个随机明文所对应的密文，不能得出明文的完整信息，那么这种定义是一个很弱的安全概念，因为敌手虽然不能得出明文的完整信息，但有可能得到明文的部分信息。一个安全的加密方案应使敌手通过密文得不到明文的任何部分信息，即使是 1 比特的信息。这就是加密方案语义安全的概念。此概念由 Goldwasser 和 Micali 于 1984 年提出，这一概念的提出开创了可证明安全性领域的先河，奠定了现代密码学理论的数学基础，将密码学从一门艺术变为一门科学。

加密方案语义安全的概念由不可区分性（Indistinguishability）游戏（简称 IND 游戏）来刻画，这种游戏是一种思维实验，其中有两个参与者：一个称为挑战者（challenger），另一个是敌手。挑战者建立系统，敌手对系统发起挑战，挑战者接受敌手的挑战。加密方案语义安全的概念根据敌手的模型具体又分为在选择明文攻击下的不可区分性、在选择密文攻击下的不可区分性、在适应性选择密文攻击下的不可区分性。

9.1.1 选择明文攻击下的不可区分性

1. 选择明文攻击下的不可区分性定义

公钥加密方案在选择明文攻击（Chosen Plaintext Attack，CPA）下的 IND 游戏（称为 IND-CPA 游戏）如下：

(1) 初始化。挑战者产生系统 Π，敌手（表示为 A）获得系统的公开钥。

(2) 敌手产生明文消息，得到系统加密后的密文（可多项式有界次）。

(3) 挑战。敌手输出两个长度相同的消息 M_0 和 M_1。挑战者随机选择 $\beta \xleftarrow{R} \{0,1\}$，将 M_β 加密，并将密文 C^*（称为目标密文）给敌手。

(4) 猜测。敌手输出 β'，如果 $\beta' = \beta$，则敌手攻击成功。

敌手的优势定义为参数 κ 的函数：

$$\mathrm{Adv}_{\Pi,A}^{CPA}(\kappa) = \left| \Pr[\beta' = \beta] - \frac{1}{2} \right| \tag{9-1}$$

其中，κ 是安全参数，用来确定加密方案密钥的长度。因为任一个不作为的敌手 A，都能通过对 β 做随机猜测，而以 $\frac{1}{2}$ 的概率赢得 IND-CPA 游戏。而 $\left| \Pr[\beta' = \beta] - \frac{1}{2} \right|$ 是敌手通过努力得到的，故称为敌手的优势。

因为

$$\left| \Pr[\beta'=\beta] - \frac{1}{2} \right| = \left| \Pr[\beta=0]\Pr[\beta'=\beta|\beta=0] + \Pr[\beta=1]\Pr[\beta'=\beta|\beta=1] - \frac{1}{2} \right|$$

$$= \left| \Pr[\beta=0]\Pr[\beta'=0|\beta=0] + \Pr[\beta=1]\Pr[\beta'=1|\beta=1] - \frac{1}{2} \right|$$

$$= \left| \frac{1}{2}[1 - \Pr[\beta'=1|\beta=0]] + \frac{1}{2}\Pr[\beta'=1|\beta=1] - \frac{1}{2} \right|$$

$$= \frac{1}{2}\left| \Pr[\beta'=1|\beta=1] - \Pr[\beta'=1|\beta=0] \right|$$

敌手的优势也可定义为:

$$\mathrm{Adv}_{\Pi,A}^{\mathrm{CPA}}(\kappa) = \left| \Pr[\beta'=1 \mid \beta=1] - \Pr[\beta'=1 \mid \beta=0] \right| \tag{9-2}$$

只不过这种定义的优势是式(9-1)的 2 倍。

上述 IND-CPA 游戏可形式化地描述如下,其中,公钥加密方案是三元组 $\Pi = (\mathrm{KeyGen}, E, D)$,游戏的主体是挑战者。

$$\underline{\mathrm{Exp}_{\Pi,A}^{\mathrm{CPA}}(\kappa):}$$

　　$(\mathrm{pk}, \mathrm{sk}) \leftarrow \mathrm{KeyGen}(\kappa);$

　　$(M_0, M_1) \leftarrow A(\mathrm{pk})$,其中,$|M_0| = |M_1|;$

　　$\beta \leftarrow_R \{0,1\}, C^* = E_{\mathrm{pk}}(M_\beta);$

　　$\beta' \leftarrow A(\mathrm{pk}, C^*);$

　　如果 $\beta' = \beta$,则返回 1;否则返回 0.

敌手的优势定义为

$$\mathrm{Adv}_{\Pi,A}^{\mathrm{CPA}}(\kappa) = \left| \Pr[\mathrm{Exp}_{\Pi,A}^{\mathrm{CPA}}(\kappa) = 1] - \frac{1}{2} \right|$$

或者,在 $\beta' \leftarrow A(\mathrm{pk}, C^*)$ 后,返回 β',则优势按式(9-2)定义。

定义 9-1　如果对任何多项式时间的敌手 A,存在一个可忽略的函数 $\varepsilon(\kappa)$,使得 $\mathrm{Adv}_{\Pi,A}^{\mathrm{CPA}}(\kappa) \leqslant \varepsilon(\kappa)$,那么就称这个加密算法 Π 是语义安全的,或者称为在选择明文攻击下具有不可区分性,简称为 IND CPA 安全。

如果敌手通过 M_β 的密文能得到 M_β 的一个比特,就有可能区分 M_β 是 M_0 还是 M_1,因此 IND 游戏刻画了语义安全的概念。

定义中需要注意以下几点:

(1) 定义中敌手是多项式时间的,否则因为它有系统的公开钥,可得到 M_0 和 M_1 的任意多个密文,再和目标密文逐一进行比较,即可赢得游戏。

(2) M_0 和 M_1 是等长的,否则由密文,有可能区分 M_β 是 M_0 还是 M_1。

(3) 如果加密方案是确定的,如 RSA 算法、Rabin 密码体制等,每个明文对应的密文只有一个,敌手只须重新对 M_0 和 M_1 加密后,与目标密文进行比较,即赢得游戏。因此语义安全性不适用于确定性的加密方案。

(4) 与确定性加密方案相对的是概率性的加密方案,在每次加密时,首先选择一个随机数,再生成密文。因此同一明文在不同的加密中得到的密文不同,如 ElGamal 加密算法。

2. 群上的离散对数问题

群上的离散对数问题如下:给定群 $\mathbb{G}$ 的生成元 g 和 $\mathbb{G}$ 中的随机元素 h,计算 $\log_g(h)$。这个问题在许多群中都被认为是"困难的",称其为群上的离散对数假设。下面令 GroupGen 是一个多项式时间算法,其输入为安全参数 κ,输出为一个阶等于 q 的循环群 $\mathbb{G}$ 的描述($\mathbb{G}$ 的描述包括它的阶 q,$|q|=\kappa$ 且 q 不一定是素数)以及一个生成元 $g\in\mathbb{G}$。GroupGen 的离散对数假设定义如下:

定义 9-2 GroupGen 的离散对数问题是困难的,如果对于所有的 PPT 算法 A,下式是可忽略的:

$$\Pr[(\mathbb{G},g)\leftarrow\text{GroupGen}(\kappa);h\leftarrow_R\mathbb{G};x\leftarrow A(\mathbb{G},g,h)\text{ 使得 }g^x=h]$$

如果 GroupGen 的离散对数问题是困难的,且 $\mathbb{G}$ 是一个由 GroupGen 输出的群,则称离散对数问题在 $\mathbb{G}$ 中是困难的。

例如,令 GroupGen 输入为 κ,输出一个长度为 κ 的随机素数 q(可通过一个随机化算法有效地实现),令 $\mathbb{G}=\mathbb{Z}_q^*$,则 $\mathbb{G}$ 是一个阶为 $q-1$ 的循环群,其上的离散对数即为 4.1.9 节介绍的离散对数问题,离散对数假设成立。

ElGamal 加密算法是 IND CPA 安全的。算法如下。

密钥产生过程:

$$\underline{\text{KeyGen}(\kappa)\text{:}}$$
$$(\mathbb{G},g)\leftarrow\text{GroupGen}(\kappa);$$
$$x\leftarrow_R\mathbb{Z}_q,y=g^x;$$
$$\text{pk}=(\mathbb{G},g,y),\text{sk}=x.$$

加密过程(其中,$M\in\mathbb{G}$):

$$\underline{E_{\text{pk}}(M)\text{:}}$$
$$r\leftarrow_R\mathbb{Z}_q;$$
$$\text{输出}(g^r,y^rM).$$

解密过程:

$$\underline{D_{\text{sk}}(A,B)\text{:}}$$
$$\text{输出}\frac{B}{A^x}.$$

这是因为 $\dfrac{B}{A^x}=\dfrac{y^rM}{(g^r)^x}=\dfrac{y^rM}{(g^x)^r}=\dfrac{y^rM}{y^r}=M$。

离散对数问题意味着给定公开钥,没有敌手能确定秘密钥。然而,这不足以保证方案是 IND CPA 安全的。实际上,我们能找到一个特殊的群,其上的离散对数假设成立,但建立在其上的 ElGamal 加密方案却不是 IND CPA 安全的。例如群 $\mathbb{Z}_p^*$(p 为素数)上的离散对数假定是成立的,但在多项式时间内可判定 $\mathbb{Z}_p^*$ 中的元素是否为二次剩余。而且,$\mathbb{Z}_p^*$ 中的生成元 g 不可能是二次剩余,否则 $\mathbb{Z}_p^*$ 中的元素都是二次剩余。这会导致针对 ElGamal 方案的一种直接攻击:敌手产生两个等长的消息 (M_0,M_1) 使得 M_0 是二次剩余,M_1 是非二次剩余。给定密文 (A,B),则存在 r,使得 $A=g^r,B=y^rM_\beta$。敌手可以在

多项式时间内判定 y^r 是否为二次剩余,例如 A 是二次剩余,则存在一个 $a \in \mathbb{Z}_p^*$,使得 $a^2 = A$,将 a 写成生成元 g 的幂 g^α,那么 $A = g^{2\alpha}$,所以 $r \equiv 2\alpha \bmod (p-1)$。如果 A 或 y 是二次剩余,则 x、r 至少有一个为偶数,所以 $y^r = g^{xr}$ 也是一个二次剩余。通过观察 B,敌手就能判定 M_β 是否为二次剩余:如果 y^r 是二次非剩余且 B 是二次剩余,则 M_β 必定是一个二次非剩余。进而就可以判断出加密的是哪个消息。

因此,为了证明 ElGamal 加密方案的语义安全性,需要一个更强的假设。

3. 判定性 Diffie-Hellman(DDH)假设

判定性 Diffie-Hellman(Decisional Diffie-Hellman,DDH)假设指的是区分元组 (g, g^x, g^y, g^{xy}) 和 (g, g^x, g^y, g^z) 是困难的,其中,g 是生成元,x、y、z 是随机的。

定义 9-3　设 G 是阶为大素数 q 的群,g 为 G 的生成元,$x, y, z \xleftarrow{}_R \mathbb{Z}_q$。则以下两个分布:

- 随机四元组 $R = (g, g^x, g^y, g^z) \in \mathbb{G}^4$;
- 四元组 $D = (g, g^x, g^y, g^{xy}) \in \mathbb{G}^4$(称为 Diffie-Hellman 四元组)。

是计算上不可区分的,称为 DDH 假设。

具体地说,对任一敌手 A,A 区分 R 和 D 的优势 $\mathrm{Adv}_A^{\mathrm{DDH}}(\kappa) = \left| \Pr[A(R) = 1] - \Pr[A(D) = 1] \right|$ 是可忽略的。

定理 9-1　在 DDH 假设下,ElGamal 加密方案是 IND CPA 安全的。

证明　(这里真正指的是如果 DDH 假设对于 GroupGen 成立,且该算法用于 ElGamal 加密方案的密钥生成阶段,则 ElGamal 加密方案的特定实例是 IND CPA 安全的。)

假设一个 PPT 敌手 A 攻击 ElGamal 加密方案的 IND CPA 安全性。这意味着 A 输出等长消息 M_0 和 M_1,得到 M_β 的密文,输出猜测 β'。若 $\beta' = \beta$,则 A 成功(用 Succ 来表示该事件)。

下面构造一个敌手 B,B 利用 A 来攻击 DDH 假设。设 B 的输入为四元组 $T = (g_1, g_2, g_3, g_4)$,群 G 及其生成元 g 是公开的。B 的构造如下:

$$\underline{B(T):}$$
$$\mathrm{pk} = (g_1, g_2);$$
$$(M_0, M_1) \leftarrow A(\mathrm{pk});$$
$$\beta \xleftarrow{}_R \{0, 1\};$$
$$C^* = (g_3, g_4 M_\beta);$$
$$\beta' \leftarrow A(\mathrm{pk}, C^*);$$

如果 $\beta' = \beta$ 则输出 1;否则输出 0.

当输出为 1 时,B 猜测输入的四元组 $T = (g_1, g_2, g_3, g_4)$ 是 DH 四元组,输出为 0 时,B 猜测输入的四元组 $T = (g_1, g_2, g_3, g_4)$ 是随机四元组。

令 **R** 表示事件:(g_1, g_2, g_3, g_4) 是随机四元组;**D** 表示事件:(g_1, g_2, g_3, g_4) 是 DH 四元组。

首先证明 $\Pr[B(T) = 1 | \mathbf{R}] = \dfrac{1}{2}$。已知 g_4 在 G 中均匀分布,独立于 g_1、g_2、g_3。所以

密文的第二部分在G中均匀分布,独立于被加密的消息(即独立于 β)。因此,A 没有 β 的任何信息,即不能以超过 $1/2$ 的概率来猜测 β。而 B 输出 1 当且仅当 A 成功,所以 $\Pr[\mathrm{B}(T)=1\,|\,\mathbf{R}]=\dfrac{1}{2}$。

再证明 $\Pr[\mathrm{B}(T)=1\,|\,\mathbf{D}]=\Pr[\mathrm{Succ}]$。因为事件 **D** 发生时,$g_2=g_1^x$,$g_3=g_1^r$,$g_4=g_1^{xr}=g_2^r$($x$ 和 r 是随机选取的)。而公开钥和密文的分布与 ElGamal 加密方案在实际执行是一样的,所以 B 输出 1 当且仅当 A 成功。

$$\Pr[\mathrm{B}(T)=1]=\Pr[\mathbf{D}]\Pr[\mathrm{B}(T)=1\,|\,\mathbf{D}]+\Pr[\mathbf{R}]\Pr[\mathrm{B}(T)=1\,|\,\mathbf{R}]=\frac{1}{2}\Pr[\mathrm{Succ}]+$$

$$\frac{1}{2}\cdot\frac{1}{2},\ \Pr[\mathrm{B}(T)=0]=\Pr[\mathbf{D}]\Pr[\mathrm{B}(T)=0\,|\,\mathbf{D}]+\Pr[\mathbf{R}]\Pr[\mathrm{B}(T)=0\,|\,\mathbf{R}]=$$

$$\frac{1}{2}[1-\Pr[\mathrm{Succ}]]+\frac{1}{2}\cdot\frac{1}{2},\ \text{所以}\ |\Pr[\mathrm{B}(T)=1]-\Pr[\mathrm{B}(T)=0]|=\left|\Pr[\mathrm{Succ}]-\frac{1}{2}\right|。\ \text{即}$$

如果 A 能以某个不可忽略的优势 $\varepsilon(\kappa)$ 攻击 ElGamal 加密方案,则 B 可以相同的优势攻击 DDH 假设。

注意两个事件 $\mathrm{B}(T)=0$ 与 $\mathrm{B}(\overline{T})=1$ 一样,所以 $|\Pr[\mathrm{B}(T)=1]-\Pr[\mathrm{B}(T)=0]|$ 与定义 9-3 中优势的定义一致。 （定理 9-1 证毕）

9.1.2　公钥加密方案在选择密文攻击下的不可区分性

IND CPA 安全仅保证敌手是完全被动的情况时(即仅做监听)的安全,不能保证敌手是主动情况时(例如向网络中注入消息)的安全。

例如,在 ElGamal 加密方案中,敌手收到密文为 $\mathrm{CT}=(C_1,C_2)$,构造新的密文 $\mathrm{CT}'=(C_1,C_2')$,其中,$C_2'=C_2M'$,解密询问后得到 $M''=MM'$。或者构造新的密文 $\mathrm{CT}''=(C_1'',C_2'')$,其中,$C_1''=C_1g^{k'}$,$C_2''=C_2y^{k'}M'$,此时

$$C_1''=g^kg^{k'}=g^{k+k'},\quad C_2''=y^kMy^{k'}M'=y^{k+k'}MM'$$

解密询问后仍得到 $M''=MM'$。再由 $\dfrac{M''}{M'}\ \mathrm{mod}\ p$,得到 CT 的明文 M。

可见,ElGamal 加密算法不能抵抗主动攻击。

再看一例,假如在密封递价拍卖中使用 ElGamal 加密方案。密封递价拍卖就是竞价人把自己的竞价加密后公开发给拍卖人,由拍卖人比较所有竞价,价高者获胜。这样的拍卖方式不允许竞价人看到别人的价格之后加价,而是自己给出自己的评估价格,避免恶意竞争。

假设拍卖者的公钥是 $\mathrm{pk}=(g,y=g^x)$,第一个竞价人发送的竞价为 M,使用 ElGamal 加密方案加密后公开发送给拍卖者,那么只要第二个竞价人看到第一个竞价人的密文,他可以提交如下的密文来竞价:

竞价人 1　$C\leftarrow(g^r,y^r\cdot M)$	$\xrightarrow{\ C=(C_1,C_2)\ }$	拍卖人解密得到 M
竞价人 2　$C'=(C_1,C_2\cdot\alpha)$	$\xrightarrow{\ C'\ }$	拍卖人解密得到 $M'=M\cdot\alpha$

这样的话,即使第二个竞价人不知道第一个竞价人的价格,只要 $\alpha > 1$,他就能保证自己的竞价大于第一个竞价人的竞价。

再比如使用 ElGamal 加密方案的信用卡验证系统,设用户的信用卡号为 $C_1, C_2, \cdots,$ C_{48}(每个 C_i 表示一个比特),用商家的公开钥 pk 逐比特加密:

$$E_{pk}(C_1), E_{pk}(C_2), E_{pk}(C_3), \cdots, E_{pk}(C_{48})$$

将密文发送给商家,然后商家回复接受或者拒绝,表示这个信用卡是否有效。敌手要获得信用卡号,只需要把第一个密文换成 $E_{pk}(0)$,然后提交给商家,商家如果接受,就说明第一位就是 0;如果拒绝,就说明第一位是 1。如此继续,就可以得到整个卡号。

为了描述敌手的主动攻击,1990 年 Naor 和 Yung 提出了(非适应性)选择密文攻击(Chosen Ciphertext Attack,CCA)的概念,其中敌手在获得目标密文以前,可以访问解密谕言机(Oracle)。敌手获得目标密文后,希望获得目标密文对应的明文的部分信息。

IND 游戏(称为 IND-CCA 游戏)如下:

(1) 初始化。挑战者产生系统 Π,敌手获得系统的公开钥。

(2) 训练。敌手向挑战者(或解密谕言机)做解密询问(可为多项式有界次),即取密文 CT 给挑战者,挑战者解密后,将明文给敌手。

(3) 挑战。敌手输出两个长度相同的消息 M_0 和 M_1,再从挑战者接收 M_β 的密文,其中随机值 $\beta \leftarrow_R \{0,1\}$。

(4) 猜测。敌手输出 β',如果 $\beta' = \beta$,则敌手攻击成功。

以上攻击过程也称为"午餐时间攻击"或"午夜攻击",相当于有一个执行解密运算的黑盒,掌握黑盒的人在午餐时间离开后,敌手能使用黑盒对自己选择的密文解密。午餐过后,给敌手一个目标密文,敌手试图对目标密文解密,但不能再使用黑盒了。

第(2)步可以形象地看作敌手发起攻击前对自己的训练(自学),这种训练可通过挑战者,也可通过解密谕言机进行。谕言机也称为神谕、神使或传神谕者,神谕是古代希腊的一种迷信活动,由女祭祀代神传谕,解答疑难者的叩问,她们被认为是在传达神的旨意。因为在 IND-CCA 游戏中,除了要求敌手是多项式时间的,不能对敌手的能力做任何限制,敌手除了自己有攻击 IND-CCA 游戏的能力外,可能还会借助外力,这个外力是谁?是他人还是神,我们不知道,所以统称为谕言机。

敌手的优势定义为安全参数 κ 的函数:

$$\mathrm{Adv}_{\Pi,A}^{CCA}(\kappa) = \left| \Pr[\beta' = \beta] - \frac{1}{2} \right|$$

上述 IND-CCA 游戏可形式化地描述如下,其中,公钥加密方案是三元组 $\Pi = $ (KeyGen, E, D)。

$$\underline{\mathrm{Exp}_{\Pi,A}^{CCA}(\kappa):}$$
$(pk, sk) \leftarrow \mathrm{KeyGen}(\kappa)$;
$(M_0, M_1) \leftarrow A^{D_{sk}(\cdot)}(pk)$,其中,$|M_0| = |M_1|$;
$\beta \leftarrow_R \{0,1\}$,$C^* = E_{pk}(M_\beta)$;
$\beta' \leftarrow A(pk, C^*)$;
如果 $\beta' = \beta$,则返回 1;否则返回 0.

敌手的优势定义为

$$\mathrm{Adv}_{\Pi,\mathrm{A}}^{\mathrm{CCA}}(\kappa) = \left| \Pr[\mathrm{Exp}_{\Pi,\mathrm{A}}^{\mathrm{CCA}}(\kappa) = 1] - \frac{1}{2} \right|$$

游戏中$(M_0, M_1) \leftarrow \mathrm{A}^{D_{sk}(\cdot)}(\mathrm{pk})$表示敌手的输入是 pk,在访问解密谕言机 $D_{sk}(\cdot)$ 后,输出(M_0, M_1)。

定义 9-4 如果对任何多项式时间的敌手 A,存在一个可忽略的函数 $\varepsilon(\kappa)$,使得 $\mathrm{Adv}_{\Pi,\mathrm{A}}^{\mathrm{CCA}}(\kappa) \leqslant \varepsilon(\kappa)$,那么就称这个加密算法 Π 在选择密文攻击下具有不可区分性,或者称为 IND-CCA 安全的。

9.1.3 公钥加密方案在适应性选择密文攻击下的不可区分性

1991 年,Dolev、Dwork、Naor 以及 Sahai 提出了适应性选择密文攻击(Adaptive Chosen Ciphertext Attack,CCA2)的概念,敌手获得目标密文后,可以向网络中注入消息(可以和目标密文相关),然后通过和网络中的用户交互,获得与目标密文相应的明文的部分信息。

IND 游戏(称为 IND-CCA2 游戏)如下:

(1) 初始化。挑战者产生系统 Π,敌手获得系统的公开钥。

(2) 训练阶段 1。敌手向挑战者(或解密谕言机)做解密询问(可为多项式有界次),即取密文 CT 给挑战者,挑战者解密后,将明文给敌手。

(3) 挑战。敌手输出两个长度相同的消息 M_0 和 M_1,再从挑战者接收 M_β 的密文 C^*,其中,随机值 $\beta \leftarrow_R \{0,1\}$。

(4) 训练阶段 2。敌手继续向挑战者(或解密谕言机)做解密询问(可为多项式有界次),即取密文 CT 给挑战者($\mathrm{CT} \neq C^*$),挑战者解密后将明文给敌手。

(5) 猜测。敌手输出 β',如果 $\beta' = \beta$,则敌手攻击成功。

敌手的优势定义为安全参数 κ 的函数:

$$\mathrm{Adv}_{\Pi,\mathrm{A}}^{\mathrm{CCA2}}(\kappa) = \left| \Pr[\beta' = \beta] - \frac{1}{2} \right|$$

上述 IND-CCA2 游戏可形式化地描述如下,其中,公钥加密方案是三元组 $\Pi = (\mathrm{KeyGen}, E, D)$。

$$\underline{\mathrm{Exp}_{\Pi,\mathrm{A}}^{\mathrm{CCA2}}(\kappa):}$$
$$(\mathrm{pk}, \mathrm{sk}) \leftarrow \mathrm{KeyGen}(\kappa);$$
$$(M_0, M_1) \leftarrow \mathrm{A}^{D_{sk}(\cdot)}(\mathrm{pk}), \text{其中}, |M_0| = |M_1|;$$
$$\beta \leftarrow_R \{0,1\}, C^* = E_{pk}(M_\beta);$$
$$\beta' \leftarrow \mathrm{A}^{D_{sk, \neq C^*}(\cdot)}(\mathrm{pk}, C^*);$$
如果 $\beta' = \beta$,则返回 1;否则返回 0.

其中 $D_{sk, \neq C^*}(\cdot)$ 表示敌手不能向解密谕言机 $D_{sk}(\cdot)$ 询问 C^*。敌手的优势定义为

$$\mathrm{Adv}_{\Pi,\mathrm{A}}^{\mathrm{CCA2}}(\kappa) = \left| \Pr[\mathrm{Exp}_{\Pi,\mathrm{A}}^{\mathrm{CCA2}}(\kappa) = 1] - \frac{1}{2} \right|$$

定义 9-5 如果对任何多项式时间的敌手 A,存在一个可忽略的函数 $\varepsilon(\kappa)$,使得

$\mathrm{Adv}_{\Pi,A}^{\mathrm{CCA2}}(\kappa) \leqslant \varepsilon(\kappa)$，那么就称这个加密算法 Π 在适应性选择密文攻击下具有不可区分性，或者称为 IND-CCA2 安全的。

在设计抗击主动敌手的密码协议时（如数字签名、认证、密钥交换、多方计算等），IND-CCA2 安全的密码系统是有力的密码原语[①]。

9.1.4　归约

归约是复杂性理论中的概念，如果一个问题 P_1 归约到问题 P_2，且已知解决问题 P_1 的算法 M_1，我们能构造另一算法 M_2，M_2 可以用 M_1 作为子程序，用来解决问题 P_2。把归约方法用在密码算法或安全协议的安全性证明，可把敌手对密码算法或安全协议（问题 P_1）的攻击归约到一些已经得到深入研究的困难问题（问题 P_2）。即如果敌手 A 能够对算法或协议发起有效的攻击，就可以利用 A 构造一个算法 B 来攻破困难问题，如图 9-1 所示，从而得出矛盾。根据反证法，敌手能够对算法或协议发起有效攻击的假设不成立。注意和反证法的区别，反证法是确定性的，而归约一般是概率性的。

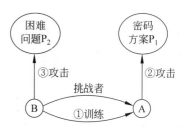

图 9-1　密码方案到困难问题的归约

归约的效率问题：如果问题 P_1 到问题 P_2 有两种归约方法，而归约一的概率大于归约二的概率，则称归约一比归约二紧。"紧"是一个相对的概念。

一般地，为了证明方案 1 的安全性，我们可将方案 1 归约到方案 2，即如果敌手 A 能够攻击方案 1，则敌手 B 能够攻击方案 2，其中方案 2 是已证明安全的，或是一困难问题，或是一密码本原[②]。

证明过程还是通过思维实验来描述，首先由挑战者建立方案 2，方案 2 中的敌手用 B 表示，方案 1 中的敌手用 A 表示。B 为了攻击方案 2，它利用 A 作为子程序来攻击方案 1。B 为了利用 A，它必须模拟 A 的挑战者对 A 加以训练，因此 B 又称为模拟器。过程如图 9-2 所示。

具体步骤如下：

（1）挑战者产生方案 2 的系统。

（2）敌手 B 为了攻击方案 2，接受挑战者的训练。

（3）B 为了利用敌手 A，对 A 进行训练，即作为 A 的挑战者。

（4）A 攻击方案 1 的系统。

（5）B 利用 A 攻击方案 1 的结果，攻击方案 2。

对于加密算法来说，图 9-2 中的方案 1 取为加密算法，如果其安全目标是语义安全，即敌手 A 攻击它的不可区分性，敌手 B 模拟 A 的挑战者，和 A 进行 IND 游戏。称此时 A 对方案 1 的攻击为模拟攻击。在这个过程中，B 为了达到自己的目标，而利用 A，A 也许

---

① 原语是指由若干条指令组成的，用于完成一定功能的一个过程。

② 本原意指根本、事物的最重要部分，密码本原意指密码中最根本的问题。

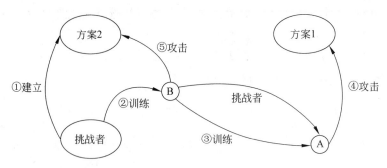

图 9-2　两个方案之间的归约

不愿意被 B 利用。但如果 B 的模拟使得 A 不能判别是和自己的挑战者交互还是和模拟的挑战者交互,则称 B 的模拟是完备的。

对于其他密码算法或密码协议来说,首先要确定它要达到的安全目标,如签名方案的不可伪造性等,然后构造一个形式化的敌手模型及思维实验,再利用概率论和计算复杂性理论,把对密码算法或密码协议的攻击归约到对已知困难问题的攻击。这种方法就是可证明安全性。

可证明安全性是密码学和计算复杂性理论的天作之合。过去几十年,密码学的最大进展是将密码学建立在计算复杂性理论之上,并且正是计算复杂性理论将密码学从一门艺术发展成为一门严格的科学。

9.2　语义安全的 RSA 加密方案

在 RSA 加密方案中,如果消息 M 是 $\mathbb{Z}_n^*$ 中均匀随机的,用公开钥 (n,e) 对 M 加密,则敌手不能恢复 M。然而如果敌手发起选择密文攻击,以上性质不再成立。例如,敌手截获密文 $CT \equiv M^e \bmod n$ 后,选择随机数 $r \leftarrow_R \mathbb{Z}_n^*$,计算密文 $CT' \equiv r^e \cdot CT \bmod n$,将 CT' 给挑战者,获得 CT' 的明文 M' 后,可由 $M \equiv M' r^{-1} \bmod n$ 恢复 M,这是因为

$$M' r^{-1} \equiv (CT')^d r^{-1} \equiv (r^e M^e)^d r^{-1} \equiv r^{ed} M^{ed} r^{-1} \equiv r M r^{-1} \equiv M \bmod n$$

为使 RSA 加密方案可抵抗敌手的选择明文攻击和选择密文攻击,需对其加以修改。

9.2.1　RSA 问题和 RSA 假设

RSA 问题:已知大整数 $n, e, y \leftarrow_R \mathbb{Z}_n^*$,满足 $1 < e < \varphi(n)$ 且 $\gcd(\varphi(n), e) = 1$,计算 $y^{\frac{1}{e}} \bmod n$。

RSA 假定:没有概率多项式时间的算法解决 RSA 问题。

9.2.2　选择明文安全的 RSA 加密

设 GenRSA 是 RSA 加密方案的密钥产生算法,它的输入为 κ,输出为模数 n(为 2 个

κ 比特素数的乘积)、整数 e、d 满足 $ed \equiv 1 \bmod \varphi(n)$。又设 $H:\{0,1\}^{2\kappa} \rightarrow \{0,1\}^{l(\kappa)}$ 是一个哈希函数,其中,$l(\kappa)$ 是一个任意的多项式。

加密方案 Π(称为 RSA-CPA 方案)如下:

密钥产生过程:

$$\underline{\text{KeyGen}(\kappa)}:$$
$$(n,e,d) \leftarrow \text{GenRSA}(\kappa);$$
$$\text{pk} = (n,e), \text{sk} = (n,d).$$

加密过程(其中 $M \in \{0,1\}^{l(\kappa)}$):

$$\underline{E_{\text{pk}}(M)}:$$
$$r \leftarrow_R \mathbb{Z}_n^*;$$
$$\text{输出}(r^e \bmod n, H(r) \oplus M).$$

解密过程:

$$\underline{D_{\text{sk}}(C_1, C_2)}:$$
$$r = C_1^d \bmod n;$$
$$\text{输出 } H(r) \oplus C_2.$$

解密过程的正确性是显然的。

在对方案进行安全性分析时,将其中的哈希函数视为随机谕言机。随机谕言机(Random Oracle)是一个魔盒,对用户(包括敌手)来说,魔盒内部的工作原理及状态都是未知的。用户能够与这个魔盒交互,方式是向魔盒输入一个比特串 x,魔盒输出比特串 y(对用户来说,y 是均匀分布的)。这一过程称为用户向随机谕言机的询问。

因为这种哈希函数工作原理及内部状态是未知的,因此不能用通常的公开哈希函数。在安全性的归约证明中(见图 9-2),敌手 A 需要哈希函数值时,只能由敌手 B 为他产生。之所以以这种方式使用哈希函数,是因为 B 要把欲攻击的困难问题嵌入哈希函数值中。这种安全性称为随机谕言机模型下的。如果不把哈希函数当作随机谕言机,则安全性称为标准模型下的。

定理 9-2 设 H 是一个随机谕言机,如果与 GenRSA 相关的 RSA 问题是困难的,则 RSA-CPA 方案 Π 是 IND-CPA 安全的。

具体来说,假设存在一个 IND-CPA 敌手 A 以 $\varepsilon(\kappa)$ 的优势攻破 RSA-CPA 方案 Π,那么一定存在一个敌手 B 至少以

$$\text{Adv}_{\text{B}}^{\text{RSA}}(\kappa) \geqslant 2\varepsilon(\kappa)$$

的优势解决 RSA 问题。

证明 Π 的 IND-CPA 游戏如下:

$$\underline{\text{Exp}_{\Pi, \text{A}}^{\text{RSA-CPA}}(\kappa)}:$$
$$(n,e,d) \leftarrow \text{GenRSA}(\kappa);$$
$$\text{pk} = (n,e), \text{sk} = (n,d);$$
$$H \leftarrow_R \{H: \{0,1\}^{2\kappa} \rightarrow \{0,1\}^{l(\kappa)}\};$$

$$(M_0, M_1) \leftarrow \mathrm{A}^{H(\cdot)}(\mathrm{pk}), \text{其中}, |M_0| = |M_1| = l(\kappa);$$

$$\beta \leftarrow_R \{0,1\}, r \leftarrow_R \mathbb{Z}_n^*, C^* = (r^e \bmod n, H(r) \oplus M_\beta);$$

$$\beta' \leftarrow \mathrm{A}^{H(\cdot)}(\mathrm{pk}, C^*);$$

如果 $\beta' = \beta$,则返回 1;否则返回 0

其中,$\{H: \{0,1\}^{2\kappa} \rightarrow \{0,1\}^{l(\kappa)}\}$ 表示 $\{0,1\}^{2\kappa}$ 到 $\{0,1\}^{l(\kappa)}$ 的哈希函数族。敌手的优势定义为安全参数 κ 的函数:

$$\mathrm{Adv}_{\Pi,\mathrm{A}}^{\mathrm{RSA\text{-}CPA}}(\kappa) = \left| \Pr[\mathrm{Exp}_{\Pi,\mathrm{A}}^{\mathrm{RSA\text{-}CPA}}(\kappa) = 1] - \frac{1}{2} \right|$$

下面证明 RSA-CPA 方案可归约到 RSA 假设。

敌手 B 已知 $(n, e, \hat{c}_1)$,以 A(攻击 RSA-CPA 方案)作为子程序,进行如下过程(见图 9-3),目标是计算 $\hat{r} \equiv (\hat{c}_1)^{\frac{1}{e}} \bmod n$。

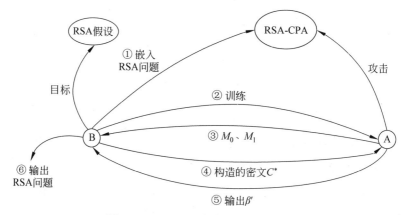

图 9-3　RSA-CPA 方案到 RSA 的归约

(1) 选取一个随机串 $\hat{h} \leftarrow_R \{0,1\}^{l(\kappa)}$,作为对 $H(\hat{r})$ 的猜测值(但是实际上 B 并不知道 $\hat{r}$)。将公开钥 (n, e) 给 A。

(2) H 询问:B 建立一个表 H^{list}(初始为空),元素类型 (x_i, h_i),A 在任何时候都能发出对 H^{list} 的询问,B 做如下应答(设询问为 x):

- 如果 x 已经在 H^{list},则以 (x, h) 中的 h 应答;
- 如果 $x^e \equiv \hat{c}_1 \bmod n$,以 $\hat{h}$ 应答,将 $(x, \hat{h})$ 存入表中,并记下 $\hat{r} = x$;
- 否则随机选择 $h \leftarrow_R \{0,1\}^{l(\kappa)}$,以 h 应答,并将 (x, h) 存入表中。

(3) 挑战:A 输出两个要挑战的消息 M_0 和 M_1,B 随机选择 $\beta \leftarrow_R \{0,1\}$,并令 $\hat{c}_2 = \hat{h} \oplus M_\beta$,将 $(\hat{c}_1, \hat{c}_2)$ 给 A 作为密文。

(4) 在 A 执行结束后(在输出其猜测 β' 之后),B 输出第(2)步记下的 $\hat{r} = x$。

设 $\mathcal{H}$ 表示事件:在模拟中 A 发出 $H(\hat{r})$ 询问,即 $H(\hat{r})$ 出现在 H^{list} 中。

断言 9-1　在以上模拟过程中,B 的模拟是完备的。

证明　在以上模拟中,A 的视图与其在真实攻击中的视图是同分布的。这是因为

（1）A 的 H 询问中的每一个都是用随机值来回答的。而在 A 对 Π 的真实攻击中，A 得到的是 H 的函数值，由于假定 H 是随机谕言机，所以 A 得到的 H 的函数值是均匀的。

（2）$\hat{h} \oplus M_\beta$ 对 A 来说，为 $\hat{h}$ 对 M_β 做一次一密加密。由 $\hat{h}$ 的随机性，$\hat{h} \oplus M_\beta$ 对 A 来说是随机的。

所以两种视图不可区分。 （断言 9-1 证毕）

断言 9-2 在上述模拟攻击中 $\Pr[\mathcal{H}] \geqslant 2\varepsilon$。

证明 显然有 $\Pr[\mathrm{Exp}_{\Pi,\mathrm{A}}^{\mathrm{RSA\text{-}CPA}}(\kappa)=1 \mid \neg\mathcal{H}] = \dfrac{1}{2}$。又由 A 在真实攻击中的定义，可知 A 的优势大于等于 ε，得 A 在模拟攻击中的优势也为 $\left| \Pr[\mathrm{Exp}_{\Pi,\mathrm{A}}^{\mathrm{RSA\text{-}CPA}}(\kappa)=1] - \dfrac{1}{2} \right| \geqslant \varepsilon$。

$$
\begin{aligned}
&\Pr[\mathrm{Exp}_{\Pi,\mathrm{A}}^{\mathrm{RSA\text{-}CPA}}(\kappa)=1] \\
&= \Pr[\mathrm{Exp}_{\Pi,\mathrm{A}}^{\mathrm{RSA\text{-}CPA}}(\kappa)=1 \mid \neg\mathcal{H}]\Pr[\neg\mathcal{H}] + \Pr[\mathrm{Exp}_{\Pi,\mathrm{A}}^{\mathrm{RSA\text{-}CPA}}(\kappa)=1 \mid \mathcal{H}]\Pr[\mathcal{H}] \\
&\leqslant \Pr[\mathrm{Exp}_{\Pi,\mathrm{A}}^{\mathrm{RSA\text{-}CPA}}(\kappa)=1 \mid \neg\mathcal{H}]\Pr[\neg\mathcal{H}] + \Pr[\mathcal{H}] = \frac{1}{2}\Pr[\neg\mathcal{H}] + \Pr[\mathcal{H}] \\
&= \frac{1}{2}(1-\Pr[\mathcal{H}]) + \Pr[\mathcal{H}] \\
&= \frac{1}{2} + \frac{1}{2}\Pr[\mathcal{H}]
\end{aligned}
$$

又知：

$$
\begin{aligned}
\Pr[\mathrm{Exp}_{\Pi,\mathrm{A}}^{\mathrm{RSA\text{-}CPA}}(\kappa)=1] &\geqslant \Pr[\mathrm{Exp}_{\Pi,\mathrm{A}}^{\mathrm{RSA\text{-}CPA}}(\kappa)=1 \mid \neg\mathcal{H}]\Pr[\neg\mathcal{H}] \\
&= \frac{1}{2}(1-\Pr[\mathcal{H}]) = \frac{1}{2} - \frac{1}{2}\Pr[\mathcal{H}]
\end{aligned}
$$

所以 $\varepsilon \leqslant \left| \Pr[\mathrm{Exp}_{\Pi,\mathrm{A}}^{\mathrm{CPA}}(\kappa)=1] - \dfrac{1}{2} \right| \leqslant \dfrac{1}{2}\Pr[\mathcal{H}]$，即模拟攻击中 $\Pr[\mathcal{H}] \geqslant 2\varepsilon$。

（断言 9-2 证毕）

由以上两个断言，在上述模拟过程中 $\hat{r}$ 以至少 2ε 的概率出现在 H^{list}。若 $\mathcal{H}$ 发生，则 B 在第（2）步可找到 x 满足 $x^e \equiv \hat{c}_1 \bmod n$，即 $x \equiv \hat{r} \equiv (\hat{c}_1)^{\frac{1}{e}} \bmod n$。所以 B 成功的概率与 $\mathcal{H}$ 发生的概率相同。 （定理 9-2 证毕）

定理 9-2 已证明 Π 是 IND-CPA 安全的，然而它不是 IND-CCA 安全的。敌手已知密文 $\mathrm{CT} = (C_1, C_2)$，构造 $\mathrm{CT}' = (C_1, C_2 \oplus M')$，给解密谕言机，收到解密结果为 $M'' = M \oplus M'$，再由 $M'' \oplus M'$ 即获得 CT 对应的明文 M。

9.2.3 选择密文安全的 RSA 加密

因为选择密文安全的单钥加密方案的构造较容易，本节利用选择密文安全的单钥加密方案构造选择密文安全的公钥加密方案。

单钥加密方案 $\Pi = (\mathrm{PrivGen}, \mathrm{Enc}, \mathrm{Dec})$ 的选择密文安全性由以下 IND-CCA 游戏来刻画。

$$
\begin{aligned}
&\underline{\mathrm{Exp}_{\Pi,\mathrm{A}}^{\mathrm{Priv\text{-}CCA}}(\kappa):} \\
&\quad k_{\mathrm{priv}} \leftarrow \mathrm{PrivGen}(\kappa);
\end{aligned}
$$

$$(M_0, M_1) \leftarrow \mathrm{A}^{\mathrm{Enc}_{k_{\mathrm{priv}}}(\cdot), \mathrm{Dec}_{k_{\mathrm{priv}}}(\cdot)}, \text{其中}, \mid M_0 \mid = \mid M_1 \mid = l(\kappa);$$

$$\beta \leftarrow_R \{0, 1\}, C^* = \mathrm{Enc}_{k_{\mathrm{priv}}}(M_\beta);$$

$$\beta' \leftarrow \mathrm{A}^{\mathrm{Enc}_{k_{\mathrm{priv}}}(\cdot), \mathrm{Dec}_{k_{\mathrm{priv}}, \neq C^*}(\cdot)}(C^*);$$

如果 $\beta' = \beta$，则返回 1；否则返回 0.

其中，$\mathrm{Dec}_{k_{\mathrm{priv}}, \neq C^*}(\cdot)$ 表示敌手不能对 C^* 访问 $\mathrm{Dec}_{k_{\mathrm{priv}}}(\cdot)$。敌手的优势可定义为安全参数 κ 的函数：

$$\mathrm{Adv}_{\Pi, \mathrm{A}}^{\mathrm{Priv\text{-}CCA}}(\kappa) = \left| \Pr[\mathrm{Exp}_{\Pi, \mathrm{A}}^{\mathrm{Priv\text{-}CCA}}(\kappa) = 1] - \frac{1}{2} \right|$$

单钥加密方案 Π 的安全性定义与定义 9-1、定义 9-4、定义 9-5 类似。

设 GenRSA 及 H 如前，$\Pi = (\mathrm{PrivGen}, \mathrm{Enc}, \mathrm{Dec})$ 是一个密钥长度为 κ，消息长度为 $l(\kappa)$ 的 IND-CCA 安全的单钥加密方案。

选择密文安全的 RSA 加密方案 $\Pi' = (\mathrm{KeyGen}, E, D)$（称为 RSA-CCA 方案）构造如下：

密钥产生过程：

$$\underline{\mathrm{KeyGen}(\kappa):}$$
$$(n, e, d) \leftarrow \mathrm{GenRSA}(\kappa);$$
$$\mathrm{pk} = (n, e), \mathrm{sk} = (n, d).$$

加密过程（其中，$M \in \{0, 1\}^{l(\kappa)}$）：

$$\underline{E_{\mathrm{pk}}(M):}$$
$$r \leftarrow_R \mathbb{Z}_n^*;$$
$$h = H(r);$$
$$\text{输出}(r^e \bmod n, \mathrm{Enc}_h(M)).$$

解密过程：

$$\underline{D_{\mathrm{sk}}(C_1, C_2):}$$
$$r = C_1^d \bmod n;$$
$$h = H(r);$$
$$\text{输出 } \mathrm{Dec}_h(C_2).$$

定理 9-3 设 H 是随机谕言机，如果与 GenRSA 相关的 RSA 问题是困难的，且 Π 是 IND-CCA 安全的，则 RSA-CCA 方案 Π' 是 IND-CCA 安全的。

具体来说，假设存在一个 IND-CCA 敌手 A 以 $\varepsilon(\kappa)$ 的优势攻破 RSA-CCA 方案 Π'，那么一定存在一个敌手 B 至少以

$$\mathrm{Adv}_{\mathrm{B}}^{\mathrm{RSA}}(\kappa) \geqslant 2\varepsilon(\kappa)$$

的优势解决 RSA 问题。

证明 Π' 的 IND-CCA 游戏如下：

$$\underline{\mathrm{Exp}_{\Pi', \mathrm{A}}^{\mathrm{RSA\text{-}CCA}}(\kappa):}$$
$$(n, e, d) \leftarrow \mathrm{GenRSA}(\kappa);$$
$$\mathrm{pk} = (n, e), \mathrm{sk} = (n, d);$$
$$H \leftarrow_R \{H : \{0, 1\}^{2\kappa} \to \{0, 1\}^{l(\kappa)}\};$$

$(M_0, M_1) \leftarrow A^{D_{sk}(\cdot), H(\cdot)}(pk)$，其中 $|M_0| = |M_1| = l(\kappa)$；

$\beta \leftarrow_R \{0,1\}, r \leftarrow_R \mathbb{Z}_n^*, C^* = (r^e \bmod n, Enc'_{H(r)}(M_\beta))$；

$\beta' \leftarrow A^{D_{sk, \neq C^*}(\cdot), H(\cdot)}(pk, C^*)$；

　　如果 $\beta' = \beta$，则返回 1；否则返回 0.

其中，$D_{sk, \neq C^*}(\cdot)$ 表示敌手不能对 C^* 访问 $D_{sk}(\cdot)$。敌手的优势定义为安全参数 κ 的函数：

$$Adv_{\Pi', A}^{RSA\text{-}CCA}(\kappa) = \left| Pr[Exp_{\Pi', A}^{RSA\text{-}CCA}(\kappa) = 1] - \frac{1}{2} \right|$$

下面证明 RSA-CCA 方案可归约到 RSA 问题。

敌手 B 已知 $(n, e, \hat{c}_1)$，以 A（攻击 RSA-CCA 方案 Π'）作为子程序，执行以下过程（在图 9-3 中，将 RSA-CPA 改为 RSA-CCA），目标是计算 $\hat{r} \equiv (\hat{c}_1)^{\frac{1}{e}} \bmod n$。

（1）选取一个随机串 $\hat{h} \leftarrow_R \{0,1\}^{l(\kappa)}$，作为对 $H(\hat{r})$ 的猜测（但实际上 B 并不知道 $\hat{r}$）。将公开钥 $pk = (n, e)$ 给 A。

（2）H 询问：B 建立一个 H^{list}，元素类型为三元组 (r, c_1, h)，初始值为 $(*, \hat{c}_1, \hat{h})$，其中，$*$ 表示该分量的值目前未知。A 在任何时候都能对 H^{list} 发出询问。设 A 的询问是 r，B 计算 $c_1 \equiv r^e \bmod n$ 并做如下应答：

- 如果 H^{list} 中有一项 (r, c_1, h)，则以 h 应答。
- 如果 H^{list} 中有一项 $(*, c_1, h)$，则以 h 应答并在 H^{list} 中以 (r, c_1, h) 替换 $(*, c_1, h)$。
- 否则，选取一个随机数 $h \leftarrow_R \{0,1\}^n$，以 h 应答并在表中存储 (r, c_1, h)。

（3）解密询问：

A 向 B 发起询问 $(\bar{c}_1, \bar{c}_2)$ 时，B 应答如下：

- 如果 H^{list} 中有一项，其第二元素为 $\bar{c}_1$（即该项为 $(\bar{r}, \bar{c}_1, \bar{h})$，其中，$\bar{r}^e \equiv \bar{c}_1 \bmod n$，或者为 $(*, \bar{c}_1, \bar{h})$），则以 $Dec_{\bar{h}}(\bar{c}_2)$ 应答。
- 否则，选取一个随机数 $\bar{h} \leftarrow_R \{0,1\}^n$，以 $Dec_{\bar{h}}(\bar{c}_2)$ 应答，并在 H^{list} 中存储 $(*, \bar{c}_1, \bar{h})$。

（4）挑战：A 输出消息 $M_0, M_1 \in \{0,1\}^{l(k)}$。B 随机选取 $\beta \leftarrow_R \{0,1\}$，计算 $\hat{c}_2 = Enc_{\hat{h}}(M_\beta)$。以 $(\hat{c}_1, \hat{c}_2)$ 应答 A。继续回答 A 的 H 询问和解密询问（A 不能询问 $(\hat{c}_1, \hat{c}_2)$）。

（5）猜测：A 输出猜测 β'。B 检查 H^{list}，如果有项 $(\hat{r}, \hat{c}_1, \hat{h})$，则输出 $\hat{r}$。

设 $\mathcal{H}$ 表示事件：在模拟中 A 发出 $H(\hat{r})$ 询问，即 $H(\hat{r})$ 出现在 H^{list} 中。

断言 9-3　在以上模拟过程中，B 的模拟是完备的。

证明　在以上模拟中，A 的视图与其在真实攻击中的视图是同分布的。这是因为：

（1）A 的 H 询问中的每一个都是用随机值来回答的。

（2）B 对 A 的解密询问的应答是有效的。B 对 $(\bar{c}_1, \bar{c}_2)$ 的应答为 $Dec_{\bar{h}}(\bar{c}_2)$，根据 H^{list} 的构造，$\bar{h}$ 对应的 $\bar{r}$ 满足 $\bar{r}^e \equiv \bar{c}_1 \bmod n$ 及 $\bar{h} = H(\bar{r})$，因而 $Dec_{\bar{h}}(\bar{c}_2)$ 是有效的。

所以两种视图不可区分。　　　　　　　　　　　　　　　　　　　　（断言 9-3 证毕）

断言 9-4 在上述攻击中 $\Pr[\mathcal{H}] \geqslant 2\varepsilon$。

证明 在上述攻击中,如果 $H(\hat{r})$ 不出现在 H^{list} 中,则 A 未能得到 $\hat{h}$,由 $\hat{c}_2 = \text{Enc}_{\hat{h}}(M_\beta)$ 及 Enc 的 IND-CCA 安全性,得 $\Pr[\beta' = \beta \mid \neg \mathcal{H}] = \frac{1}{2}$。其余部分与断言 9-2 的证明相同。

(断言 9-4 证毕)

由以上两个断言,在上述模拟过程中 $\hat{r}$ 以至少 2ε 的概率出现在 H^{list},B 在第(5)步逐一检查 H^{list} 中的元素,所以 B 成功的概率等于 $\mathcal{H}$ 的概率。 (定理 9-3 证毕)

9.3 Paillier 公钥密码系统

9.2 节介绍的方案,其安全性证明是在随机谕言机模型下进行的,即把其中的哈希函数看成随机谕言机。但这种证明不能排除敌手可能不通过攻击方案所基于的困难性问题而攻击方案,或者不通过找出哈希函数的某种缺陷而攻击方案。下面介绍的 Paillier 公钥密码系统和 Cramer-Shoup 公钥密码系统,它们的安全性证明不使用随机谕言机模型,这种证明模型称为标准模型。

Paillier 公钥密码系统基于合数幂剩余类问题,即构造在模数取为 n^2 的剩余类上,其中,$n = pq$,p、q 为两个大素数。

设 CP 是一类问题集合,如果 CP 中的任一实例可在多项式时间内归约到另一实例或另外多个实例,就称 CP 是随机自归约的。CP 中问题的平均复杂度和最坏情况下的复杂度相同(相差多项式因子)。

9.3.1 合数幂剩余类的判定

定义 9-6 设 $n = pq$,p、q 为两个大素数,对 $z \xleftarrow{R} \mathbb{Z}_{n^2}^*$,如果存在 $y \in \mathbb{Z}_{n^2}^*$,使得 $z \equiv y^n \bmod n^2$,则 z 称为模 n^2 的 n 次剩余。

引理 9-1

(1) n 次剩余构成的集合 C 是 $\mathbb{Z}_{n^2}^*$ 的一个阶为 $\varphi(n)$ 的乘法子群;

(2) 每一个 n 次剩余 z 有 n 个根,其中只有一个严格小于 n;

(3) 单位元 1 的 n 次根为 $(1+n)^t \equiv 1+tn \pmod{n^2}$ $(t=0,1,\cdots,n-1)$;

(4) 对任一 $w \in \mathbb{Z}_{n^2}^*$,$w^{n\lambda} \equiv 1 \bmod n^2$,其中,$\lambda$ 是 n 的卡米歇尔函数 $\lambda(n)$ 的简写。

证明 (1) 设 $z_1, z_2 \in C$,则存在 $y_1, y_2 \in \mathbb{Z}_{n^2}^*$,使得 $z_1 \equiv y_1^n \bmod n^2$,$z_2 \equiv y_2^n \bmod n^2$。因为 $y_2^{-1} \in \mathbb{Z}_{n^2}^*$,$y_1 y_2^{-1} \in \mathbb{Z}_{n^2}^*$,所以 $z_1 z_2^{-1} \equiv (y_1 y_2^{-1})^n \bmod n^2 \in C$,所以 C 是 $\mathbb{Z}_{n^2}^*$ 的子群。又设 $y(y<n)$ 是 $z \equiv y^n \bmod n^2$ 的解,那么 $y+tn$ $(t=0,\cdots,n-1)$ 都是 $z \equiv y^n \bmod n^2$ 的解,这是因为

$$(y+tn)^n = y^n + ny^{n-1}tn = y^n + y^{n-1}tn^2 \equiv y^n \bmod n^2 \equiv z$$

所以 C 中每一元素有 n 个根,

$$|C| = \frac{1}{n}|\mathbb{Z}_{n^2}^*| = \frac{1}{n}\varphi(n^2) = \frac{1}{n}n^2\left(1-\frac{1}{p}\right)\left(1-\frac{1}{q}\right) = (p-1)(q-1) = \varphi(n)$$

（2）在（1）的证明中已得。

（3）易证 $(1+tn)^n = 1+tn^2+\cdots \equiv 1 \bmod n^2$。

（4）因为 $w^\lambda \equiv 1 \bmod n$，$w^\lambda = 1+tn$，$t$ 为某个整数。

$$w^{n\lambda} = (1+tn)^n = 1+tn^2+\cdots \equiv 1 \bmod n^2.$$

（引理 9-1 证毕）

合数幂剩余类的判定问题是指区分模 n^2 的 n 次剩余与 n 次非剩余，用 $\mathrm{CR}[n]$ 表示。$\mathrm{CR}[n]$ 是随机自归约的：设 $z_1 \equiv y_1^n \bmod n^2$，$z_2 \equiv y_2^n \bmod n^2$，那么 $z_2 \equiv (y_2 y_1^{-1})^n z_1 \bmod n^2$。所以如果 z_1 是 n 次剩余，则 z_2 也是 n 次剩余，即任意两个实例都是多项式等价的。

与素数剩余类的判定类似，判定合数幂剩余类也是困难的。

猜想　$\mathrm{CR}[n]$ 是困难的。

这个假设称为判定合数幂剩余类假设 DCRA（Decisional Composite Residuosity Assumption）。由于随机自归约性，DCRA 的有效性仅依赖于 n 的选择。

9.3.2　合数幂剩余类的计算

设 $g \in \mathbb{Z}_{n^2}^*$，ψ_g 是如下定义的整型值函数：

$$\begin{cases} \mathbb{Z}_n \times \mathbb{Z}_n^* \mapsto \mathbb{Z}_{n^2}^* \\ (x,y) \mapsto g^x \cdot y^n \bmod n^2 \end{cases}$$

引理 9-2　如果 g 的阶是 n 的非零倍，则 ψ_g 是双射。

证明　因为 $|\mathbb{Z}_n \times \mathbb{Z}_n^*| = |\mathbb{Z}_{n^2}^*| = n\varphi(n)$，所以只须证明 ψ_g 是单射。

假设 $g^{x_1} y_1^n \equiv g^{x_2} y_2^n \bmod n^2$，那么 $g^{x_2-x_1} \cdot \left(\dfrac{y_2}{y_1}\right)^n \equiv 1 \bmod n^2$，两边同时取 λ 次方，由引理 9-1(4)，得 $g^{\lambda(x_2-x_1)} = 1 \bmod n^2$，因此有 $\mathrm{ord}_{n^2} g \mid \lambda(x_2-x_1)$，进而 $n \mid \lambda(x_2-x_1)$，又知当 $n = pq$ 时，$(\lambda,n)=1$，所以 $n \mid (x_2-x_1)$。由 $x_1,x_2 \in \mathbb{Z}_n$，$|x_2-x_1| < n$，所以 $x_1 = x_2$。$g^{x_2-x_1} \cdot \left(\dfrac{y_2}{y_1}\right)^n \equiv 1 \bmod n^2$ 变为 $\left(\dfrac{y_2}{y_1}\right)^n \equiv 1 \bmod n^2$，又由引理 9-1(3)，模 n^2 下单位元 1 的根在 $\mathbb{Z}_n^*$ 上是唯一的，为 1，所以在 $\mathbb{Z}_n^*$ 上，$\dfrac{y_2}{y_1} = 1$，即 $y_1 = y_2$。综上，ψ_g 是双射。

（引理 9-2 证毕）

设 $B_\alpha \subset \mathbb{Z}_{n^2}^*$ 表示阶为 $n\alpha$ 的元素构成的集合，B 表示 B_α 的并集，其中，$\alpha = 1,\cdots,\lambda$。

定义 9-7　设 $g \in B$，对于 $w \in \mathbb{Z}_{n^2}^*$，如果存在 $y \in \mathbb{Z}_n^*$ 使得 $\psi_g(x,y) = w$，则称 $x \in \mathbb{Z}_n$ 为 w 关于 g 的 n 次剩余，记作 $[[w]]_g$。

引理 9-3

（1）$[[w]]_g = 0$ 当且仅当 w 是模 n^2 的 n 次剩余；

（2）对任意 $w_1,w_2 \in \mathbb{Z}_{n^2}^*$，有 $[[w_1 w_2]]_g \equiv [[w_1]]_g + [[w_2]]_g \bmod n$，即对于任意的 $g \in B$，函数 $w \mapsto [[w]]_g$ 是从 $(\mathbb{Z}_{n^2}^*,\times)$ 到 $(\mathbb{Z}_n,+)$ 的同态。

证明　证明很简单，略去。

已知 $w \in \mathbb{Z}_{n^2}^*$，求 $[[w]]_g$，称为基为 g 的 n 次剩余类问题，表示为 $\mathrm{Class}[n,g]$。

引理 9-4　$\mathrm{Class}[n,g]$ 关于 $w \in \mathbb{Z}_{n^2}^*$ 是随机自归约的。

证明 对于 Class$[n,g]$ 的任一实例 $w\in\mathbb{Z}_{n^2}^*$，在 $\mathbb{Z}_n$ 上均匀随机选取 α、β（$\beta\notin\mathbb{Z}_n^*$ 的概率是可忽略的），构造 $w'\equiv wg^\alpha\beta^n \bmod n^2$，则将 $w\in\mathbb{Z}_{n^2}^*$ 转换为另一实例 $w'\in\mathbb{Z}_{n^2}^*$，求出 $[[w']]_g$ 后，可计算出 $[[w]]_g=[[w']]_g-\alpha \bmod n$。 （引理 9-4 证毕）

引理 9-5 Class$[n,g]$ 关于 $g\in B$ 是随机自归约的，即

$$\text{对任意 } g_1,g_2\in B, \text{Class}[n,g_1]\equiv\text{Class}[n,g_2]$$

其中，符号 $P_1\equiv P_2$ 表示问题 P_1 和 P_2 在多项式时间内等价。

证明 已知 $w\in\mathbb{Z}_{n^2}^*$，$g_2\in B$，存在 $y_1\in\mathbb{Z}_n^*$，使得 $w=g_2^{[[w]]_{g_2}}\cdot y_1^n$。同理对于 g_1，$g_2\in B$，存在 $y_2\in\mathbb{Z}_n^*$，$g_2=g_1^{[[g_2]]_{g_1}}\cdot y_2^n$。得 $w=g_1^{[[w]]_{g_2}[[g_2]]_{g_1}}\cdot(y_2^{[[w]]_{g_2}}y_1)^n$，即

$$[[w]]_{g_1}=[[w]]_{g_2}[[g_2]]_{g_1} \bmod n \tag{9-3}$$

即由 $[[w]]_{g_2}$ 可求 $[[w]]_{g_1}$，所以 Class$[n,g_1]\Leftarrow$Class$[n,g_2]$。

再由 $[[g_1]]_{g_1}=1$，将 $w=g_1$ 代入 $[[w]]_{g_2}\equiv[[w]]_{g_2}[[g_2]]_{g_1} \bmod n$，得 $[[g_1]]_{g_2}[[g_2]]_{g_1}\equiv 1 \bmod n$，即 $[[g_1]]_{g_2}=[[g_2]]_{g_1}^{-1}$，$[[w]]_{g_2}\equiv[[w]]_{g_1}[[g_2]]_{g_1}^{-1} \bmod n$。所以 Class$[n,g_2]\Leftarrow$Class$[n,g_1]$。 （引理 9-5 证毕）

引理 9-5 说明 Class$[n,g]$ 的复杂性与 g 无关，因此可将它看成仅依赖于 n 的计算问题。

定义 9-8 称 Class$[n]$ 问题为计算合数幂剩余类问题，即已知 $w\in\mathbb{Z}_{n^2}^*$，$g\in B$，计算 $[[w]]_g$。

设 $S_n=\{u<n^2\,|\,u\equiv 1 \bmod n\}$，在其上定义函数 L 如下：

$$\text{对任一 } u\in S_n, L(u)=\frac{u-1}{n}$$

显然函数 L 是良定的。

引理 9-6 对任一 $w\in\mathbb{Z}_{n^2}^*$，$L(w^\lambda \bmod n^2)\equiv\lambda[[w]]_{1+n} \bmod n$。

证明 因为 $1+n\in B$，所以存在唯一的 $(a,b)\in\mathbb{Z}_n\times\mathbb{Z}_n^*$，使得 $w=(1+n)^a b^n \bmod n^2$，即 $a=[[w]]_{1+n}$。由引理 3-1(4)，$b^{n\lambda}\equiv 1 \bmod n^2$，所以 $w^\lambda=(1+n)^{a\lambda}b^{n\lambda}\equiv 1+a\lambda n \bmod n^2$，$L(w^\lambda \bmod n^2)=\lambda a\equiv\lambda[[w]]_{1+n} \bmod n$。 （引理 9-6 证毕）

定理 9-4 Class$[n]\Leftarrow$Fact$[n]$。

证明 因为 $[[g]]_{1+n}\equiv[[1+n]]_g^{-1} \bmod n$ 是可逆的，由引理 9-6 可知 $L(g^\lambda \bmod n^2)\equiv\lambda[[g]]_{1+n} \bmod n$ 可逆。已知 n 的因子分解可求 λ 的值。因此，对于任意的 $g\in B$ 和 $w\in\mathbb{Z}_{n^2}^*$，可以计算：

$$\frac{L(w^\lambda \bmod n^2)}{L(g^\lambda \bmod n^2)}=\frac{\lambda[[w]]_{1+n}}{\lambda[[g]]_{1+n}}=\frac{[[w]]_{1+n}}{[[g]]_{1+n}}\equiv[[w]]_g \bmod n \tag{9-4}$$

其中，最后一步由式(9-1)得。 （定理 9-4 证毕）

用 RSA$[n,e]$ 表示求模 n 的 e 次根，即已知 $w\equiv y^e \bmod n$，求 y。

定理 9-5 Class$[n]\Leftarrow$RSA$[n,n]$。

证明 由引理 9-5 可知，Class$[n,g]$ 关于 $g\in B$ 是随机自归约的，且 $1+n\in B$，因此，只须证明：Class$[n,1+n]\Leftarrow$RSA$[n,n]$。

假设敌手 A 能解 RSA$[n,n]$ 问题，对于给定的 $w\in\mathbb{Z}_{n^2}^*$，A 的目标是求 $x\in\mathbb{Z}_n$ 使得 $w=(1+n)^x y^n \bmod n^2$。由 $(1+n)^x=1 \bmod n$，得 $w\equiv y^n \bmod n$，A 由此可求出 y，进一

步由下式可求出 x : $\dfrac{w}{y^n}=(1+n)^x\equiv 1+xn \bmod n^2$。 　　　　　　（定理 9-5 证毕）

定理 9-6　设 D-Class[n] 是与 Class[n] 相关的判定问题，即已知 $w\in\mathbb{Z}_{n^2}^*$，$g\in B$ 和 $x\in\mathbb{Z}_n$，判定 x 是否等于 $[[w]]_g$，那么下面关系成立：

$$\text{CR}[n]\equiv\text{D-Class}[n]\Leftarrow\text{Class}[n]$$

证明　因为验证解比计算解容易，D-Class[n]$\Leftarrow$Class[n] 显然。

下面证明 CR[n]$\equiv$D-Class[n]。

"$\Rightarrow$" 已知 $w\in\mathbb{Z}_{n^2}^*$，$g\in B$ 和 $x\in\mathbb{Z}_n$，要判断 x 是否等于 $[[w]]_g$，即判断 x 是否满足 $w\equiv g^x\cdot y^n \bmod n^2$，改为判断 $wg^{-x}\equiv y^n \bmod n^2$，即判断 $wg^{-x} \bmod n^2$ 是否为模 n^2 下的 n 次剩余。所以敌手 A 若能解决 CR[n] 问题，就能解决 D-Class[n] 问题。

"$\Leftarrow$" 即证明若敌手 A 能解 D-Class[n] 问题，则能够判定 w 是否为 n 次剩余。

任取 $g\in B$，将 $(g,w,x=0)$ 给 A，A 能解 D-Class[n] 问题，即能判断是否 $[[w]]_g=x=0$。如果是，A 则得出 w 是 n 次剩余。否则，w 不是 n 次剩余。 　　　（定理 9-6 证毕）

表 9-1 是以上各关系的小结。

表 9-1　与合数幂相关的困难问题

问　　题	描　　述
Fact[n]	分解 n
RSA[n,e]	已知 $w\equiv y^e \bmod n$，求 y
Class[n]	已知 $w\equiv g^x\cdot y^n \bmod n^2$，求 x
D-Class[n]	已知 $w\in\mathbb{Z}_{n^2}^*$，$g\in B$ 和 $x\in\mathbb{Z}_n$，判定 x 是否等于 $[[w]]_g$
CR[n]	对 $w\in\mathbb{Z}_{n^2}^*$，判断是否存在 $y\in\mathbb{Z}_{n^2}^*$，使得 $w\equiv y^n \bmod n^2$

它们之间的归约关系为

$$\text{CR}[n]\equiv\text{D-Class}[n]\Leftarrow\text{Class}[n]\Leftarrow\text{RSA}[n,n]\Leftarrow\text{Fact}[n]$$

其中，除了在 D-Class[n] 和 CR[n] 之间存在等价关系外，其他问题之间是否存在等价关系还存在质疑。

猜想　不存在求解合数幂剩余类问题的概率多项式时间算法，即 Class[n] 是困难问题。

这一猜想称为计算合数剩余类假设（Computational Composite Residuosity Assumption，CCRA）。它的随机自归约性意味着 CCRA 的有效性仅依赖于 n 的选择。显然，假如 DCRA 是正确的，那么 CCRA 也是正确的。但是反过来，仍然是一个公开问题。

9.3.3　基于合数幂剩余类问题的概率加密方案

以下加密方案简称为 Paillier 方案 1。

密钥产生过程：

$$\underline{\text{KeyGen}(\kappa)}:$$
$$n=pq;$$

$$g \leftarrow_R B \text{ 满足}(L(g^\lambda \bmod n^2), n) = 1;$$
$$\text{pk} = (n, g), \text{sk} = (p, q) \text{（或 sk}=\lambda\text{）}.$$

加密过程（其中，$M < n$）：

$$\underline{E_{\text{pk}}(M)}:$$
$$r \leftarrow_R \{1, \cdots, n\};$$
$$\text{输出 } g^M r^n \bmod n^2.$$

解密过程（其中，$\text{CT} < n^2$）：

$$\underline{D_{\text{sk}}(\text{CT})}:$$
$$\frac{L(\text{CT}^\lambda \bmod n^2)}{L(g^\lambda \bmod n^2)} \bmod n \equiv M.$$

Paillier 方案 1 的正确性由定理 9-4 证明过程中的式（9-2）给出。加密函数是用 λ（等价于 n 的因子）作为陷门的陷门函数，其单向性基于 Class$[n]$ 是困难的。

定理 9-7 Paillier 方案 1 是单向的当且仅当 Class$[n]$ 是困难的。

证明 方案中由密文计算明文即是 Class$[n]$ 问题。

定理 9-8 Paillier 方案 1 是语义安全的当且仅当 CR$[n]$ 是困难的。

证明 充分性：反证，假设 M_0、M_1 是两个已知消息，C^* 是其中一个（设为 M_β）的密文，即 $C^* \equiv g^{M_\beta} \cdot r^n \bmod n^2$，因此 $C^* g^{-M_\beta} \equiv r^n \bmod n^2$ 是 n 次剩余，而 $C^* g^{-M_{1-\beta}} \equiv g^{M_\beta - M_{1-\beta}} r^n \bmod n^2$ 是 n 次非剩余。因此敌手能够区分 C^* 对应哪个消息，就能区分 n 次剩余和 n 次非剩余，与 CR$[n]$ 是困难的矛盾。

必要性的证明类似。 （定理 9-8 证毕）

9.3.4 基于合数幂剩余类问题的单向陷门置换

以下方案是 $\mathbb{Z}_{n^2}^* \mapsto \mathbb{Z}_{n^2}^*$ 的单向陷门置换，简称为 Paillier 方案 2。

密钥的产生过程：

同 9.3.3 节的密钥产生过程。

加密过程（其中，$M < n^2$）：

$$\underline{E_{\text{pk}}(M)}:$$
$$M = M_1 + nM_2;$$
$$\text{输出 } g^{M_1} M_2^n \bmod n^2.$$

其中，$M = M_1 + nM_2$ 是将 M 分成两部分 M_1、M_2（例如，可用欧几里得除法）。

解密过程（其中，$\text{CT} < n^2$）：

$$\underline{D_{\text{sk}}(\text{CT})}:$$
$$M_1 \equiv \frac{L(\text{CT}^\lambda \bmod n^2)}{L(g^\lambda \bmod n^2)} \bmod n;$$
$$c' \equiv \text{CT} \cdot g^{-M_1} \bmod n;$$
$$M_2 \equiv (c')^{n^{-1} \bmod \lambda} \bmod n;$$
$$\text{返回 } M = M_1 + nM_2.$$

方案的正确性：解密过程中的第 1 步得到 $M_1 \equiv M \bmod n$，第 2 步恢复出 $M_2^n \bmod n$，

第 3 步是公开钥为 $e=n$ 的 RSA 解密,最后一步重组得到原始 M。

方案 2 为置换是由于 ψ_g 是双射。置换的陷门是 n 的因子。

定理 9-9　Paillier 方案 2 是单向的当且仅当 RSA$[n,n]$ 是困难的。

证明　充分性:充分性的证明是将 RSA$[n,n]$ 归约到 Paillier 方案 2,即若 RSA$[n,n]$ 是可解的,则 Paillier 方案 2 是可求逆的。若敌手 A 可解 RSA$[n,n]$ 问题,则可解 Class$[n]$ 问题,A 由 CT$\equiv g^{M_1}M_2^n \bmod n^2$ 能得出 M_1 及 $\dfrac{\text{CT}}{g^{M_1}}\equiv M_2^n \bmod n^2$。由 RSA$[n,n]$ 可解,A 由 $M_2^n \bmod n^2$ 可得 M_2。

必要性:必要性的证明是将 Paillier 方案 2 归约到 RSA$[n,n]$,即若 Paillier 方案 2 是可求逆的,则 RSA$[n,n]$ 是可解的。设敌手 A 已知 $w\equiv y_0^n \bmod n$,其目标是求 y_0。又设 A 可求 Paillier 方案 2 的逆,即 A 可求出 x、y 及 a、b,使得 $w\equiv g^x \cdot y^n \bmod n^2$ 及 $1+n\equiv g^a \cdot b^n \bmod n^2$。若 x_0 是 n 的倍数,则 $(1+n)^{x_0}=1+x_0n\equiv 1 \bmod n^2$。

$$w=y_0^n=(1+n)^{x_0}y_0^n=(g^ab^n)^{x_0}y_0^n=g^{ax_0}(b^{x_0}y_0)^n\equiv g^{ax_0 \bmod n}(g^{ax_0\,\mathrm{div}\,n}b^{x_0}y_0)^n \bmod n^2$$

其中,第 4 个等式由 $ax_0=(ax_0\,\mathrm{div}\,n)n+ax_0 \bmod n$ 得,div 表示整除。

因 ψ_g 是双射,所以 $ax_0 \bmod n=x$,$g^{ax_0\,\mathrm{div}\,n}b^{x_0}y_0=y$。$x_0=x(a^{-1}\bmod n)$,$y_0=y(g^{ax_0\,\mathrm{div}\,n}b^{x_0})^{-1}$,即 A 已求出 y_0。　　　　　　　　　　(定理 9-9 证毕)

注意:由 ψ_g 的定义,Paillier 方案 2 要求 $M_2\in \mathbb{Z}_n^*$,若 $M_2\notin \mathbb{Z}_n^*$,即 M_2 与 n 不互素,可能会导致 $M_2 \bmod n\equiv 0$,得密文为 0;或者由 M_2 的因子可能会分解 n。因此 Paillier 方案 2 不能用来加密小于 n 的短消息。

数字签名:用 $h:N\mapsto\{0,1\}^\kappa\subset\mathbb{Z}_{n^2}^*$ 表示哈希函数,可以得到如下的数字签名方案:

给定消息 M,签名者计算签名 (s_1,s_2) 为

$$s_1\equiv\frac{L(h(M)^\lambda \bmod n^2)}{L(g^\lambda \bmod n^2)} \bmod n, \quad s_2\equiv(h(M)g^{-s_1})^{1/n \bmod \lambda} \bmod n$$

验证者检查: $h(M)\overset{?}{\equiv}g^{s_1}s_2^n \bmod n^2$。

推论　(定理 9-9 之推论)在随机谕言机模型中,如果 RSA$[n,n]$ 是困难的,那么该签名方案在适应性选择消息攻击下,是存在性不可伪造的。

9.3.5　Paillier 密码系统的性质

Paillier 密码系统除了具有随机自归约性外,还有如下两个性质。

1. 加法同态性

加密函数 $M\mapsto g^Mr^n \bmod n^2$ 在 $\mathbb{Z}_n$ 上具有加同态,即对任意 $M_1,M_2\in\mathbb{Z}_n$,任意 $k\in\mathbf{N}$,以下等式成立:

$$D(E(M_1)E(M_2) \bmod n^2)\equiv M_1+M_2 \bmod n$$
$$D(E(M)^k \bmod n^2)\equiv kM \bmod n$$
$$D(E(M_1)g^{M_2} \bmod n^2)\equiv M_1+M_2 \bmod n$$
$$\left.\begin{array}{l}D(E(M_1)^{M_2} \bmod n^2)\\[4pt]D(E(M_2)^{M_1} \bmod n^2)\end{array}\right\}\equiv M_1M_2 \bmod n$$

这些性质在电子选举、门限加密方案、数字水印、秘密共享方案及安全的多方计算等领域有重要应用。

2. 重加密

已知一个公钥加密方案(E,D)，重加密 RE(re-encryption)是指已知(E,D)的一个密文 CT，在不改变 CT 对应的明文的前提下，将 CT 变为另一密文 CT′，表示为 CT′$=$RE(CT,r,pk)，其中，pk 是公开钥，r 是随机数。

Paillier 密码系统满足这一性质。

对任一 $M \in \mathbb{Z}_n$ 和 $r \in N$，$E(M)=E(M)E(0)\equiv E(M)r^n \bmod n^2$。因此 $D(E(M)r^n \bmod n^2)\equiv M$。

9.4 Cramer-Shoup 密码系统

9.4.1 Cramer-Shoup 密码系统的基本机制

设 $\mathbb{G}$ 是阶为大素数 q 的群，g_1、g_2 为 $\mathbb{G}$ 的生成元，明文消息是群 $\mathbb{G}$ 的元素，使用单向哈希函数将任意长度的字符映射到 $\mathbb{Z}_q$ 中的元素。Cramer-Shoup 密码系统(记为 Π)如下：

密钥产生过程(其中 $\mathcal{H}$ 是哈希函数集合)：

$$\underline{\text{KeyGen}(\kappa)}:$$
$$g_1,g_2 \xleftarrow{R} \mathbb{G};$$
$$x_1,x_2,y_1,y_2,z_1,z_2 \xleftarrow{R} \mathbb{Z}_q;$$
$$c=g_1^{x_1}g_2^{x_2},d=g_1^{y_1}g_2^{y_2},h=g_1^{z_1}g_2^{z_2};$$
$$H \xleftarrow{R} \mathcal{H};$$
$$\text{sk}=(x_1,x_2,y_1,y_2,z_1,z_2),\text{pk}=(g_1,g_2,c,d,h,H).$$

加密过程(其中，$M \in \mathbb{G}$)：

$$\underline{E_{\text{pk}}(M)}:$$
$$r \xleftarrow{R} \mathbb{Z}_q;$$
$$u_1=g_1^r,u_2=g_2^r,e=h^rM,\alpha=H(u_1,u_2,e),v=c^rd^{r\alpha};$$
$$\text{输出}(u_1,u_2,e,v).$$

解密过程：

$$\underline{D_{\text{sk}}(u_1,u_2,e,v)}:$$
$$\alpha=H(u_1,u_2,e);$$

如果 $u_1^{x_1+y_1\alpha}u_2^{x_2+y_2\alpha}\neq v$，返回 $\bot$；否则返回 $\dfrac{e}{u_1^{z_1}u_2^{z_2}}$.

方案的正确性：

由 $u_1=g_1^r,u_2=g_2^r$ 可知 $u_1^{x_1}u_2^{x_2}=g_1^{rx_1}g_2^{rx_2}=c^r,u_1^{y_1}u_2^{y_2}=d^r$。所以

$$u_1^{x_1+y_1\alpha}u_2^{x_2+y_2\alpha}=u_1^{x_1}u_2^{x_2}(u_1^{y_1}u_2^{y_2})^\alpha=c^rd^{r\alpha}=v$$

验证等式成立。又因为 $u_1^{z_1} u_2^{z_2} = h^r$，所以 $\dfrac{e}{u_1^{z_1} u_2^{z_2}} = \dfrac{e}{h^r} = M$。

方案中，明文是群 G 中的元素，限制了方案的应用范围。如果允许明文是任意长的比特串，则方案的应用范围更广。

9.4.2　Cramer-Shoup 密码系统的安全性证明

设 $g_2 = g_1^w$，则 $h = g_1^{z_1 + wz_2} = g_1^{z'}$。解密时 $u_1^{z_1} u_2^{z_2} = g_1^{rz_1} g_2^{rz_2} = g_1^{r(z_1 + wz_2)} = h^r$。所以加密过程中的 (u_1, e) 是以秘密钥 $z' = z_1 + wz_2$、公开钥 $h = g_1^{z'}$ 的 ElGamal 加密算法对消息 m 的加密。由 9.1.1 节知，在 DDH 假设下 ElGamal 加密算法是 IND-CPA 安全的，所以 Cramer-Shoup 密码系统也是 IND-CPA 安全的。密文中的 (u_2, v) 则用于数据的完整性检验，以防止敌手不通过加密算法伪造出有效的密文，因而获得了 IND-CCA2 的安全性。安全性的具体分析如下。

方案的安全性基于 9.1.1 节介绍的 Diffie-Hellman 判定性假设（简称为 DDH 假设）。DDH 假设的另一种描述：没有多项式时间的算法能够区分以下两个分布：

- 随机四元组 $R = (g_1, g_2, u_1, u_2) \in \mathbb{G}^4$ 的分布；
- 四元组 $D = (g_1, g_2, u_1, u_2) \in \mathbb{G}^4$，其中，$u_1 = g_1^r, u_2 = g_2^r, r \xleftarrow{R} \mathbb{Z}_q$。

设 $\mathcal{R}_{\mathrm{DH}}$ 是 R 构成的集合，$\mathcal{P}_{\mathrm{DH}}$ 是 D 构成的集合。

定理 9-10　设哈希函数 H 是防碰撞的，群 G 上的 DDH 假设成立，则 Cramer-Shoup 密码系统 $\varPi$ 是 IND-CCA2 安全的。

具体来说，假设存在一个 IND-CCA2 敌手 A 以 $\varepsilon(\kappa)$ 的优势攻破 Cramer-Shoup 密码系统 $\varPi$，那么一定存在一个敌手 B 以

$$\mathrm{Adv}_{\mathrm{B}}^{\mathrm{DDH}}(\kappa) \approx \frac{1}{2}\varepsilon(\kappa)$$

的优势解决 DDH 假设。

证明　下面证明 Cramer-Shoup 密码系统可归约到 DDH 假设。

设敌手 B 已知四元组 $T = (g_1, g_2, u_1, u_2) \in \mathbb{G}^4$，以 A（攻击 Cramer-Shoup 密码系统）作为子程序，目标是判断 $T \in \mathcal{R}_{\mathrm{DH}}$ 还是 $T \in \mathcal{P}_{\mathrm{DH}}$。过程如下：

$$\underline{\mathrm{Exp}_{\varPi, \mathrm{A}}^{\mathrm{CS\text{-}CCA2}}(T)}:$$

$x_1, x_2, y_1, y_2, z_1, z_2 \xleftarrow{R} \mathbb{Z}_q, H \xleftarrow{R} \mathcal{H};$

$c = g_1^{x_1} g_2^{x_2}, d = g_1^{y_1} g_2^{y_2}, h = g_1^{z_1} g_2^{z_2};$

$\mathrm{sk} = (x_1, x_2, y_1, y_2, z_1, z_2), \mathrm{pk} = (g_1, g_2, c, d, h, H).$

$(M_0, M_1) \leftarrow \mathrm{A}^{D_{\mathrm{sk}}(\cdot)}(\mathrm{pk})$，其中 $|M_0| = |M_1|$；

$\beta \xleftarrow{R} \{0, 1\}, e = u_1^{z_1} u_2^{z_2} M_\beta, \alpha = H(u_1, u_2, e), v = u_1^{x_1 + y_1 \alpha} u_2^{x_2 + y_2 \alpha};$

$C^* = (u_1, u_2, e, v);$

$\beta' \leftarrow \mathrm{A}^{D_{\mathrm{sk}, \neq C^*}(\cdot)}(\mathrm{pk}, C^*);$

如果 $\beta' = \beta$，则返回 1；否则返回 0.

其中，$D_{\mathrm{sk}, \neq C^*}(\cdot)$ 表示敌手不能对 C^* 访问 $D_{\mathrm{sk}}(\cdot)$。如果 $\mathrm{Exp}_{\varPi, \mathrm{A}}^{\mathrm{CS\text{-}CCA2}}(T) = 1$，B 认为 $T \in \mathcal{P}_{\mathrm{DH}}$。如果 $\mathrm{Exp}_{\varPi, \mathrm{A}}^{\mathrm{CS\text{-}CCA2}}(T) = 0$，B 认为 $T \in \mathcal{R}_{\mathrm{DH}}$。

A 的优势定义为安全参数 κ 的函数：

$$\mathrm{Adv}_{\varPi,\mathrm{A}}^{\mathrm{CS\text{-}CCA2}}(\kappa)=\left|\,\mathrm{Pr}[\beta'=\beta]-\frac{1}{2}\,\right|$$

B 的优势定义为 $\mathrm{Adv}_{\mathrm{B}}^{\mathrm{DDH}}(\kappa)=\left|\,\mathrm{Pr}[\mathrm{Exp}_{\varPi,\mathrm{A}}^{\mathrm{CS\text{-}CCA2}}(T)=1]-\frac{1}{2}\,\right|$,显然 $\mathrm{Adv}_{\mathrm{B}}^{\mathrm{DDH}}(\kappa)=$ $\mathrm{Adv}_{\varPi,\mathrm{A}}^{\mathrm{CS\text{-}CCA2}}(\kappa)$。

断言 9-5 如果 $(g_1,g_2,u_1,u_2)\in\mathcal{P}_{\mathrm{DH}}$,则 B 的模拟是完备的。

证明 若 $(g_1,g_2,u_1,u_2)\in\mathcal{P}_{\mathrm{DH}}$,则有 $u_1=g_1^r$ 和 $u_2=g_2^r$。$u_1^{x_1}u_2^{x_2}=c^r$,$u_1^{y_1}u_2^{y_2}=d^r$ 和 $u_1^{z_1}u_2^{z_2}=h^r$,所以 B 对任意消息 M 以 (g_1,g_2,c,d,h,H) 为公开钥加密得到 $e=Mh^r$,$v=c^rd^{ra}$,以 $(x_1,x_2,y_1,y_2,z_1,z_2)$ 为秘密钥可正确解密,B 的模拟是完备的。

(断言 9-5 证毕)

断言 9-6 如果 $(g_1,g_2,u_1,u_2)\in\mathcal{R}_{\mathrm{DH}}$,则 A 在上述模拟中的优势是可忽略的。

证明 该断言由以下两个断言得到。

断言 9-6′ 当 $(g_1,g_2,u_1,u_2)\in\mathcal{R}_{\mathrm{DH}}$ 时,B 以不可忽略的概率拒绝所有的无效密文。

证明 考虑秘密钥 $(x_1,x_2,y_1,y_2)\in\mathbb{Z}_q^4$,假设敌手 A 此时有无限的计算能力,可求 $\log_{g_1}(c)$、$\log_{g_1}(d)$ 以及 $\log_{g_1}(v)$,那么 A 可从公开钥 (g_1,g_2,c,d,h,H) 和挑战密文 (u_1,u_2,e,v) 建立如下方程组:

$$\begin{cases}\log_{g_1}(c)=x_1+wx_2 & (9\text{-}5)\\[4pt] \log_{g_1}(d)=y_1+wy_2 & (9\text{-}6)\\[4pt] \log_{g_1}(v)=r_1x_1+wr_2x_2+\alpha r_1y_1+\alpha wr_2y_2 & (9\text{-}7)\end{cases}$$

其中,$w=\log_{g_1}(g_2)$。

假设敌手提交了一个无效密文 $(u_1',u_2',e',v')\neq(u_1,u_2,e,v)$,这里 $u_1'=g_1^{r_1'}$,$u_2'=g_2^{r_2'}$,$r_1'\neq r_2'$,$\alpha'=H(u_1',u_2',e')$。

下面分 3 种情况来讨论:

情况 1,$(u_1',u_2',e')=(u_1,u_2,e)$。此时 $\alpha'=\alpha$,但 $v'\neq v$,因此 B 将拒绝。

情况 2,$(u_1',u_2',e')\neq(u_1,u_2,e)$,且 $\alpha'=\alpha$。

与哈希函数的抗碰撞性矛盾。

情况 3,$(u_1',u_2',e')\neq(u_1,u_2,e)$,且 $\alpha'\neq\alpha$。

此时 B 将拒绝,否则 A 可建立另一方程

$$\log_{g_1}(v')=r_1'x_1+wr_2'x_2+\alpha r_1'y_1+\alpha wr_2'y_2 \qquad (9\text{-}8)$$

因为

$$\det\begin{pmatrix}1 & w & 0 & 0\\ 0 & 0 & 1 & w\\ r_1 & wr_2 & \alpha r_1 & \alpha wr_2\\ r_1' & wr_2' & \alpha'r_1' & \alpha'wr_2'\end{pmatrix}=w^2(r_2-r_1)(r_2'-r_1')(\alpha-\alpha')\neq 0$$

所以方程组(9-5)、(9-6)、(9-7)、(9-8)有唯一解,即 A 可求出秘密钥 (x_1,x_2,y_1,y_2)。

所以即使 A 有无限的计算能力,他提交无效的密文使得 B 接受的概率是可忽略的。

(断言 9-6′ 证毕)

断言 9-6″ 若在模拟过程中 B 拒绝所有的无效密文,则 A 的优势是可忽略的。

证明　考虑秘密钥$(z_1,z_2)\in\mathbb{Z}_q^2$，A 可从公开钥$(g_1,g_2,c,d,h,H)$建立关于$(z_1,z_2)$的方程（仍然假定 A 有无限的计算能力）

$$\log_{g_1}(h)=z_1+wz_2 \tag{9-9}$$

如果 B 仅解密有效密文(u_1',u_2',e',v')，则由于$(u_1')^{z_1}(u_2')^{z_2}=g_1^{r'z_1}g_2^{r'z_2}=h^{r'}$，A 通过$(u_1',u_2',e',v')$得到的方程$r'\log_{g_1}(h)=r'z_1+r'wz_2$仍是式(9-9)。因此没有得到关于$(z_1,z_2)$的更多信息。

在 B 输出的挑战密文(u_1,u_2,e,v)中，有$e=\gamma M_\beta$，其中，$\gamma=u_1^{z_1}u_2^{z_2}$，由此建立的方程为

$$\log_{g_1}(\gamma)=r(z_1+wz_2) \tag{9-10}$$

显然式(9-9)和式(9-10)是线性无关的，对 A 来说γ是均匀分布的。换句话讲，$e=\gamma M_\beta$是用γ对M_β所做的一次一密，A 猜测β是完全随机的。

（断言 9-6"证毕）（断言 9-6 证毕）

设事件 **D** 和 **R** 分别表示事件$(g_1,g_2,u_1,u_2)\in\mathcal{P}_{DH}$和$(g_1,g_2,u_1,u_2)\in\mathcal{R}_{DH}$。

由 A 的优势及断言 9-5、断言 9-6，得$\left|\Pr[\beta'=\beta\mid\mathbf{D}]-\frac{1}{2}\right|=\varepsilon(k)$，$\left|\Pr[\beta'=\beta\mid\mathbf{R}]-\frac{1}{2}\right|=$ negl(k)。其中 negl(k)是可忽略的。所以

$$\Pr[\beta'=\beta]=\Pr[\mathbf{D}]\Pr[\beta'=\beta\mid\mathbf{D}]+\Pr[\mathbf{R}]\Pr[\beta'=\beta\mid\mathbf{R}]$$
$$=\frac{1}{2}\left(\frac{1}{2}\pm\varepsilon(\kappa)\right)+\frac{1}{2}\left(\frac{1}{2}\pm\text{negl}(\kappa)\right)=\frac{1}{2}\pm\frac{1}{2}\varepsilon(\kappa)\pm\frac{1}{2}\text{negl}(\kappa)$$
$$\text{Adv}_{\Pi,A}^{\text{CS-CCA2}}(\kappa)=\left|\Pr[\beta'=\beta]-\frac{1}{2}\right|=\frac{1}{2}|\varepsilon(\kappa)\pm\text{negl}(\kappa)|\approx\frac{1}{2}\varepsilon(\kappa)$$

得 B 的优势为$\text{Adv}_B^{\text{DDH}}(\kappa)\approx\frac{1}{2}\varepsilon(\kappa)$。

（定理 9-10 证毕）

9.5　RSA-FDH 签名方案

9.5.1　RSA 签名方案

签名方案的基本概念见 7.1 节，其语义安全性见定义 9-9。

定义 9-9　一个签名方案(SigGen,Sig,Ver)称为在适应性选择消息攻击下具有存在性不可伪造性(Existential Unforgeability Against Adaptive Chosen Messages Attacks，EUF-CMA)，简称为 EUF-CMA 安全，如果对任何多项式有界时间的敌手 A 在以下试验中的优势是可忽略的：

$$\underline{\text{Exp}_{\text{Sig,A}}^{\text{EUF}}(\kappa)}:$$

$(\text{vk},\text{sk})\leftarrow\text{SigGen}(\kappa)$;

$(M,\sigma)\leftarrow A^{\text{Sig}_{\text{sk}}(\cdot)}(\text{vk})$;

设 Q 表示 A 访问签名谕言机 Sig$_{\text{sk}}(\cdot)$的消息集合；

如果 Ver$_{\text{vk}}(M,\sigma)=\text{True}$ 且 $M\notin Q$，返回 1；否则返回 0.

其中，A 可多项式有界次访问签名谕言机 Sig$_{\text{sk}}(\cdot)$。

A 的优势定义为：$\mathrm{Adv}_{\mathrm{Sig},A}^{\mathrm{EUF}}(\kappa)=|\mathrm{Pr}[\mathrm{Exp}_{\mathrm{Sig},A}^{\mathrm{EUF}}(\kappa)=1]|$。

RSA 作为加密算法见 4.3 节，RSA 用于签名算法见 7.1.2 节，它的形式化描述如下。

密钥产生过程：

$$\underline{\mathrm{GenRSA}(\kappa):}$$
$$p,q \leftarrow \mathrm{GenPrime}(\kappa);$$
$$n=pq, \varphi(n)=(p-1)(q-1);$$
$$选\ e，满足\ 1<e<\varphi(n)\ 且\ \gcd(\varphi(n),e)=1;$$
$$计算\ d，满足\ d \cdot e \equiv 1\ \mathrm{mod}\ \varphi(n)$$
$$\mathrm{pk}=(n,e), \mathrm{sk}=(n,d).$$

签名：

$$\underline{\mathrm{Sig}_{\mathrm{sk}}(M):}$$
$$\sigma=M^d\ \mathrm{mod}\ n.$$

验证：

$$\underline{\mathrm{Ver}_{\mathrm{pk}}(M,\sigma):}$$
$$如果\ \sigma^e=M\ \mathrm{mod}\ n\ 返回\ \mathrm{True}；否则返回\ \mathrm{False}.$$

但 RSA 签名体制不是 EUF-CMA 安全的，它的 EUF 游戏如下：

（1）初始阶段。挑战者产生系统的密钥对 $\mathrm{pk}=(e,n)$，$\mathrm{sk}=(d,n)$，将 pk 发送给敌手 A 但保密 sk。

（2）阶段 1（签名询问）。A 执行以下的多项式 $q=q(\kappa)$ 有界次适应性询问。

A 提交 M_i，其中某个 $M_l=r^e \cdot M$，挑战者计算 $s_i \equiv M_i^d\ \mathrm{mod}\ n (i=1,\cdots,q)$ 并返回给 A。

（3）输出。A 输出 $(M,\sigma)=(M,\dfrac{s_l}{r})$，因为 $s_l \equiv (r^eM)^d\ \mathrm{mod}\ n \equiv rM^d\ \mathrm{mod}\ n$，所以

$\dfrac{s_l}{r} \equiv M^d\ \mathrm{mod}\ n$，即为 M 的签名。M 不出现在阶段 1 且 $\mathrm{Ver}_{\mathrm{pk}}(M,\sigma)=\mathrm{True}$。

9.5.2　RSA-FDH 签名方案的描述

RSA 签名方案中使用模指数运算，如果哈希函数的输出比特长度和模数的比特长度相等，则称该哈希函数为全域哈希函数（Full Domain Hash，FDH）。使用全域哈希函数的 RSA 签名方案，简称为 RSA-FDH 签名方案，在适应性选择消息攻击下具有存在性不可伪造性，即为 EUF-CMA 安全的。

方案（记为 Π）如下：

设 GenRSA 如前，函数 $H:\{0,1\}^* \to \{0,1\}^{2\kappa}$，$\kappa$ 为安全参数。

密钥产生过程：

$$\underline{\mathrm{SignGen}(\kappa):}$$
$$(n,e,d) \leftarrow \mathrm{GenRSA}(\kappa);$$
$$\mathrm{pk}=(n,e);$$
$$\mathrm{sk}=(n,d).$$

签名过程（其中，$M \in \{0,1\}^*$）：

$$\underline{\mathrm{Sig_{sk}}(M)}:$$
$$h = H(M);$$
$$输入\ \sigma = h^d \bmod n.$$

验证过程：

$$\underline{\mathrm{Ver_{pk}}(M, \sigma)}:$$
$$h = H(M);$$
$$如果\ \sigma^e = h \bmod n\ 返回\ \mathrm{True};否则返回\ \mathrm{False}.$$

定理 9-11　设 H 是一个随机谕言机，如果与 GenRSA 相关的 RSA 问题是困难的（见 9.2.1 节），则 RSA-FDH 方案是 EUF-CMA 安全的。

具体来说，假设存在一个 EUF-CMA 敌手 A 以 $\varepsilon(\kappa)$ 的优势攻破 RSA-FDH 方案，A 最多进行 q_H 次 H 询问，那么一定存在一个敌手 B 至少以

$$\mathrm{Adv_B^{RSA}}(k) \geqslant \frac{\varepsilon(\kappa)}{e q_H}$$

的优势解决 RSA 问题，其中，e 是自然对数的底。

证明　$\varPi$ 的 EUF 游戏如下：

（1）挑战者运行 $\mathrm{GenRSA}(\kappa)$ 得到 (n, e, d)，选取一个随机函数 H。敌手 A 得到公开钥 (n, e)。

（2）敌手 A 可以向挑战者询问 $H(\cdot)$ 和对消息的签名，当 A 请求消息 M 的签名时，挑战者向 A 返回 $\sigma \equiv H(M)^d \bmod n$。

（3）A 输出一个对 (M, σ)，A 之前没有请求过消息 M 的签名。如果 $\sigma^e \equiv H(M) \bmod n$，则敌手攻击成功。

下面证明 RSA-FDH 方案可归约到 RSA 问题。

敌手 B 已知 (n, e, y^*)，其中，y^* 是 $\mathbb{Z}_n^*$ 上均匀随机的。以 A（攻击 RSA-FDH 方案）作为子程序，目标是计算 $(y^*)^{\frac{1}{e}} \bmod n$。

分析：B 若能得到某个 σ，使得 $\sigma^e \equiv y^* \bmod n$，则 $\sigma \equiv (y^*)^{\frac{1}{e}} \bmod n$。由 $\sigma^e \equiv y^* \bmod n$ 知，若 y^* 是某个消息 M 的哈希函数值，则 σ 为这个消息的签名。(M, σ) 由敌手 A 产生，但 $H(M)$ 由 B 产生，B 可设 $H(M) = y^*$。B 在将 y^* 取为某个消息的哈希值时，并不知道 A 对哪个消息产生伪造的签名，所以 B 要做猜测（A 的第 j 次 H 询问对应着 A 最终的伪造结果）。

为了简化，且不失一般性，假设：

（1）A 不会对 $H(M)$ 发起两次相同的询问；

（2）如果 A 请求消息 M 的一个签名，则它之前已经询问过 $H(M)$；

（3）如果 A 输出 (M, σ)，则它之前已经询问过 $H(M)$。

归约过程如下：

（1）B 将公开钥 (n, e) 给 A 且随机选择 $j \xleftarrow{R} \{1, \cdots, q_H\}$。$j$ 是 B 的一个猜测值：A 的第 j 次 H 询问对应着 A 最终的伪造结果。

（2）H 询问（最多进行 q_H 次）。B 建立一个 H^{list}，初始为空，元素类型为三元组 (M_i, σ_i, y_i)，表示 B 已经设置 $H(M_i) = y_i, \sigma_i^e \equiv y_i \bmod n$。当 A 发起第 i 次询问（设询问值为 M_i）时，B 回答如下：

• 如果 $i = j$，返回 y^*。

- 否则,选取一个随机值 $\sigma_i \xleftarrow{R} \mathbb{Z}_n^*$,计算 $y_i \equiv \sigma_i^e \bmod n$,以 y_i 作为对该询问的应答,并在表中存储 (M_i, σ_i, y_i)。

(3) 签名询问(最多进行 q_H 次)。当 A 请求消息 M 的一个签名时,设 i 满足 $M = M_i$,M_i 表示第 i 次 H 询问的询问值。B 如下回答该询问:

- 如果 $i \neq j$,则 H^{list} 中有一个三元组 (M_i, σ_i, y_i),返回 σ_i。
- 如果 $i = j$,则中断。

(4) 输出。A 输出 (M, σ)。如果 $M \neq M_j$,B 中断;否则如果 $M = M_j$ 且 $\sigma^e \equiv y^* \bmod n$,则 B 输出 σ。

断言 9-7 在以上过程中,如果 B 不中断,则 B 的模拟是完备的。

证明 当 B 猜测正确时,A 在上述归约中的视图与其在真实攻击中的视图是同分布的。这是因为

(1) A 的 q_H 次 H 询问中的每一个都是用随机值来回答的:

- 对 M_j 的询问是用 y^* 来应答的,其中,y^* 是 $\mathbb{Z}_n^*$ 中均匀分布的。
- 对 $M_i (i \neq j)$ 的询问是用 $y_i \equiv \sigma_i^e \bmod n$ 来应答的,其中,σ_i 是从 $\mathbb{Z}_n^*$ 中均匀随机选取的,y_i 在 $\mathbb{Z}_n^*$ 中也是均匀分布的。

在真实攻击中,H 被视为随机谕言机。所以 A 的 H 询问的应答和真实攻击中的应答是同分布的。

(2) A 对 $M_i (i \neq j)$ 的签名询问得到的应答 σ_i 满足 $\sigma_i^e \bmod n \equiv y_i \equiv H(M_i) \bmod n$,是有效的。

所以 A 在上述归约中的视图与其在真实攻击中的视图是同分布的,即 B 的模拟是完备的。 (断言 9-7 证毕)

若 B 的猜测是正确的,且 A 输出一个伪造,则 B 就解决了给定的 RSA 实例,这是因为 $\sigma^e \equiv y^* \bmod n$,$\sigma$ 即为 $(y^*)^{\frac{1}{e}} \bmod n$。

B 的成功由以下 3 个事件决定。

E_1:B 在 A 的签名询问中不中断;

E_2:A 产生一个有效的消息-签名对 (M, σ);

E_3:E_2 发生且 M 对应的三元组 (M_i, σ_i, y_i) 中下标 $i = j$。

$$\Pr[E_1] = \left(1 - \frac{1}{q_H}\right)^{q_H}, \Pr[E_2 \mid E_1] = \varepsilon(\kappa), \text{而} \Pr[E_3 \mid E_1 E_2] = \Pr[i = j \mid E_1 E_2] = \frac{1}{q_H}.$$

所以 B 的优势为 $\Pr[E_1 E_3] = \Pr[E_1] \Pr[E_2 \mid E_1] \Pr[E_3 \mid E_1 E_2] = \left(1 - \frac{1}{q_H}\right)^{q_H} \frac{1}{q_H} \varepsilon(\kappa) \approx \frac{1}{e q_H} \varepsilon(\kappa)$。

(定理 9-11 证毕)

9.5.3 RSA-FDH 签名方案的改进

对方案的改进考虑的是归约的效率,定理 9-12 给出了一种更紧的归约。

定理 9-12 设 H 是一个随机谕言机,如果与 GenRSA 相关的 RSA 问题是困难的,

则 RSA-FDH 方案是 EUF-CMA 安全的。

具体来说,假设存在一个 EUF-CMA 敌手 A 以 $\varepsilon(\kappa)$ 的优势攻破 RSA-FDH 方案,A 最多进行 q_H 次 H 询问、q_s 次签名询问,那么一定存在一个敌手 B,至少以

$$\mathrm{Adv}_{\mathrm{B}}^{\mathrm{RSA}}(k) \geqslant \frac{\varepsilon(\kappa)}{\mathrm{e}q_s}$$

的优势解决 RSA 问题。

证明　归约过程修改如下:

(1) B 将公开钥 (n, e) 给 A。

(2) H 询问(最多进行 q_H 次)。B 建立一个 H^{list},初始为空,元素类型为四元组 $(M_i, \sigma_i, y_i, c_i)$,表示 B 已经设置 $H(M_i) = y_i, \sigma_i^e \equiv y_i \bmod n$。当 A 发起一次询问(设询问值为 M 时),B 回答如下:

① 如果 H^{list} 中已有与 M 对应的项 $(M_i, \sigma_i, y_i, c_i)$,则以 y_i 应答。

② 否则,B 随机选择一个 $c_i \leftarrow_R \{0, 1\}$ 并设 $\Pr[c_i = 0] = \delta$(δ 的值待定),

* 如果 $c_i = 0$,返回 y^*。
* 否则,选取一个随机值 $\sigma_i \leftarrow_R \mathbb{Z}_n^*$,计算 $y_i \equiv \sigma_i^e \bmod n$,以 y_i 作为对该询问的应答,并在表中存储 $(M_i, \sigma_i, y_i, c_i)$。

(3) 签名询问(最多进行 q_s 次)。当 A 请求消息 M 的一个签名时,B 在 H^{list} 查找项 $(M_i, \sigma_i, y_i, c_i)$,使得 $M_i = M$,

* 如果 $c_i \neq 0$,则返回 σ_i。
* 如果 $c_i = 0$,则中断。

(4) 输出。A 输出 (M, σ)。B 在 H^{list} 中查找 M 对应的四元组 (M, σ, y, c),如果 $c \neq 0$,B 中断;否则 B 输出 σ。

在上述归约过程中,c_i 就是 B 的猜测:$c_i = 0$ 对应的四元组中的 M 是 A 最终要伪造签名的消息,c_i 在四元组 $(M_i, \sigma_i, y_i, c_i)$ 中的作用就是一个标识符。

B 的成功由以下 3 个事件决定。

E_1:B 在 A 的签名询问中不中断;

E_2:A 产生一个有效的消息-签名对 (M, σ);

E_3:E_2 发生且 M 对应的四元组 (M, σ, y, c) 中 $c = 0$。

$\Pr[E_1] = (1-\delta)^{q_s}$,$\Pr[E_2 | E_1] = \varepsilon(\kappa)$,而 $\Pr[E_3 | E_1 E_2] = \Pr[c = 0 | E_1 E_2] = \delta$。所以 B 成功的概率为 $\Pr[E_1 E_3] = \Pr[E_1]\Pr[E_2 | E_1]\Pr[E_3 | E_1 E_2] = (1-\delta)^{q_s}\delta$。将 $(1-\delta)^{q_s}\varepsilon\delta$ 看作 δ 的函数,可求出 $\delta = \dfrac{1}{q_s+1}$ 时,$(1-\delta)^{q_s}\varepsilon\delta$ 达到最大,最大值为 $\dfrac{\varepsilon(\kappa)}{\mathrm{e}(q_s+1)} \approx \dfrac{\varepsilon(\kappa)}{\mathrm{e}q_s}$。

（定理 9-12 证毕）

通常 $q_s \ll q_H$,所以 $\dfrac{\varepsilon(\kappa)}{\mathrm{e}q_s} \gg \dfrac{\varepsilon(\kappa)}{\mathrm{e}q_H}$。定理 9-12 的归约要比定理 9-11 的归约紧。

9.6　BLS 短签名方案

RSA 和 DSA 是最常用的两个签名方案,但二者的签名长度过大。例如当使用一个 1024 比特长的模数时,RSA 的签名长度为 1024 比特,DSA 的签名长度为 320 比特,DSA 在椭圆曲线上的实现其签名长度也是 320 比特,320 比特的签名对于人工输入来说太长了。本节介绍的 BLS 短签名方案的签名长度大约是 170 比特,但它的安全性与 DSA 320 比特长签名的安全性是相同的。

9.6.1　BLS 短签名方案所基于的安全性假设

BLS 短签名方案的安全性基于循环乘法群上的 CDH 问题的困难性假设。

设 $G = \langle g \rangle$ 是阶为素数 q 的循环群,g 是 G 的生成元。

G 上双线性映射 $\hat{e}$ 的双线性为:对于 $a, b \in \mathbb{Z}_q^*$,有 $\hat{e}(g^a, g^b) = \hat{e}(g, g)^{ab}$。

DDH 问题的另一种描述:已知四元组 $D = (g_1, g_2, u_1, u_2) \in G^4$,其中,$g_1$、$g_2$ 为 G 的生成元,$u_1 = g_1^\alpha$,$u_2 = g_2^\beta (\alpha, \beta \in \mathbb{Z}_q)$,判断是否 $\alpha = \beta$。

如果 $\alpha = \beta$,则称四元组 $D = (g_1, g_2, u_1, u_2)$ 为 DH 四元组。

利用 G 上的双线性映射 $\hat{e}$ 可容易地解决 DDH 问题:已知 $D = (g_1, g_2, u_1, u_2) \in G^4$,则

$$\alpha = \beta \Longleftrightarrow \hat{e}(g_1, u_2) = \hat{e}(g_2, u_1)$$

CDH 问题:已知 $D = (g, g^a, h) \in G^3$,计算 h^a。

如果 G 上的 DDH 问题是容易的,但 CDH 问题是困难的,G 就称为间隙群。

注:仅当 G 是超奇异椭圆曲线上的点群时,$\hat{e}$ 才可构造,从而使得 G 上的 DDH 问题变得容易;否则,G 上的 DDH 问题仍是困难的,见 9.1.1 节。

9.6.2　BLS 短签名方案描述

设 G 是间隙群,$H: \{0,1\}^* \rightarrow G$ 是全域哈希函数。

密钥产生过程:

$$\underline{\text{SignGen}(\kappa):}$$
$$x \leftarrow_R \mathbb{Z}_q;$$
$$y = g^x \in G;$$
$$\text{sk} = x, \text{pk} = y.$$

签名过程(其中,$M \in \{0,1\}^*$):

$$\underline{\text{Sig}_{\text{sk}}(M):}$$
$$h = H(M);$$
$$输出 \sigma = h^x \in G.$$

验证过程:

$$\mathrm{Ver}_{\mathrm{pk}}(M,\sigma):$$

$$h=H(M);$$

如果 (g,h,y,σ) 为 DH 四元组,返回 True;否则返回 False.

定理 9-13　设 H 是一个随机谕言机,如果 $\mathbb{G}$ 是一个间隙群,则 BLS 短签名方案 Sig 是 EUF-CMA 安全的。

具体来说,假设存在一个 EUF-CMA 敌手 A 以 $\varepsilon(\kappa)$ 的优势攻破短签名方案,A 最多进行 q_H 次 H 询问,那么一定存在一个敌手 B 至少以

$$\mathrm{Adv}_{\mathrm{B}}^{\mathrm{CDH}}(\kappa)\geqslant\frac{\varepsilon(\kappa)}{eq_H}$$

的优势解决 CDH 问题。

证明　Sig 的 EUF 游戏与 RSA-FDH 的 EUF 游戏类似。

下面证明 BLS 短签名方案可归约到群 $\mathbb{G}$ 上的 CDH 问题。

敌手 B 已知 $(g,u=g^a,h)$,以 A(攻击 BLS 短签名方案)作为子程序,目标是计算 h^a。

与 RSA-FDH 相同,假设:

(1) A 不会对随机谕言机发起两次相同的询问;

(2) 如果 A 请求消息 M 的一个签名,则它之前已经询问过 $H(M)$;

(3) 如果 A 输出 (M,σ),则它之前已经询问过 $H(M)$。

分析:B 将 $u=g^a$ 看作自己的公开钥,a 为秘密钥(B 其实不知 a),则 h^a 为 B 对某一消息的签名,即 $\sigma=H(M)=h^a$,其中,(M,σ) 由 A 伪造产生。B 可将 h 作为某一消息 M_j 的哈希函数值,但 B 并不知道 A 对哪个消息伪造签名,所以要猜测。

实际证明时,B 希望将问题实例 $(g,u=g^a,h)$ 隐藏起来,所以先选一个随机数 r,以 $u\cdot g^r$ 作为公开钥发送给 A。

归约过程如下:

(1) B 将群 $\mathbb{G}$ 的生成元 g 和公开钥 $u\cdot g^r\in\mathbb{G}$ 发送给 A,其中,$r\leftarrow_R\mathbb{Z}_q$,$u\cdot g^r=g^{a+r}$ 对应的秘密钥是 $a+r$。此外随机选择 $j\leftarrow_R\{1,\cdots,q_H\}$ 作为它的一个猜测值:A 的这次 H 询问对应着 A 最终的伪造结果。

(2) H 询问(最多进行 q_H 次)。B 建立一个 H^{list},初始为空,元素类型为三元组 (M_i,y_i,b_i)。当 A 发起第 i 次询问(设询问值为 M_i)时,B 回答如下:

① 如果 H^{list} 中已有 M_i 对应的项 (M_i,y_i,b_i),则以 y_i 应答。

② 否则,B 随机选择一个 $b_i\leftarrow_R\mathbb{Z}_q$,

- 如果 $i=j$,则计算 $y_i=hg^{b_i}\in\mathbb{G}$。

- 否则,计算 $y_i=g^{b_i}\in\mathbb{G}$。

以 y_i 作为对该询问的应答,并在表中存储 (M_i,y_i,b_i)。

(3) 签名询问(最多进行 q_H 次)。当 A 请求消息 M 的一个签名时,设 i 满足 $M=M_i$,M_i 表示第 i 次 H 询问的询问值。B 回答如下:

- 如果 $i\neq j$,则 H^{list} 中有一个三元组 (M_i,y_i,b_i),计算 $\sigma_i=(ug^r)^{b_i}$ 并以 σ_i 应答 A。因为 $\sigma_i=(ug^r)^{b_i}=g^{b_i(a+r)}=y_i^{(a+r)}$,所以 σ_i 为以秘密钥 $a+r$ 对 M_i 的签名。

- 如果 $i=j$,则中断。

(4) 输出。A 输出 (M,σ)。如果 $M\neq M_j$，B 中断；否则 B 输出 $\dfrac{\sigma}{h^r u^{b_j} g^{b_j r}}$ 作为 h^a。这是因为 $\sigma=y_j^{(a+r)}=(hg^{b_j})^{a+r}=h^{a+r}g^{b_j(a+r)}=h^a h^r (g^a)^{b_j} g^{b_j r}=h^a h^r u^{b_j} g^{b_j r}$。

断言 9-8 在以上过程中，如果 B 不中断，则 B 的模拟是完备的。

证明 当 B 猜测正确时，A 在上述归约中的视图与其在真实攻击中的视图是同分布的。这是因为

(1) A 的 q_H 次 H 询问中的每一个都是用随机值来回答的，对 $M_i(i=1,\cdots,q_H)$ 的应答如下：

- 当 $i=j$ 时是用 $y_i=hg^{b_i}\in G$ 来应答的，由 b_i 的随机性，知 y_i 是 G 中均匀分布的。
- 当 $i\neq j$ 时是用 $y_i=g^{b_i}\in G$ 来应答的，同样 y_i 也是 G 中均匀分布的。

在真实攻击中，H 被视为随机谕言机。所以 A 的 H 询问的应答和真实攻击中的应答是同分布的。

(2) A 对 $M_i(i\neq j)$ 的签名询问得到的应答，是由公开钥 $u\cdot g^r=g^{a+r}$（A 已获得）所对应的秘密钥 $a+r$ 签名的，所以 A 得到的签名应答是有效的（相对于它得到的公开钥而言）。

所以 A 在上述归约中的视图与其在真实攻击中的视图是同分布的，即 B 的模拟是完备的。

(断言 9-8 证毕)

若 B 的猜测是正确的，且 A 输出一个伪造，则 B 就在第(4)步解决了给定的 CDH 实例。B 的优势与定理 9-11 的证明相同。

(定理 9-13 证毕)

9.6.3　BLS 短签名方案的改进一

对方案的第一种改进考虑的是归约的效率，定理 9-14 给出了一种更紧的归约。

定理 9-14 设 H 是一个随机谕言机，如果 G 是一个间隙群，则 BLS 短签名方案 Sig 是 EUF-CMA 安全的。

具体来说，假设存在一个 EUF-CMA 敌手 A 以 $\varepsilon(\kappa)$ 的优势攻破短签名方案，A 最多进行 q_H 次 H 询问、q_s 次签名询问，那么一定存在一个敌手 B 至少以

$$\mathrm{Adv}_B^{\mathrm{CDH}}(\kappa)\geqslant \frac{\varepsilon(\kappa)}{e q_s}$$

的优势解决 CDH 问题。

证明 改进方法与定理 9-12 类似。

9.6.4　BLS 短签名方案的改进二

为了获得短签名，需要使用第二类双线性映射(见 4.1.12 节)

第二类双线性映射形如：$\hat{e}:G_1\times G_2\to G_T$，其中 G_1、G_2 和 G_T 都是阶为 q 的群，G_2 到 G_1 有一个同态映射 $\psi:G_2\to G_1$，满足 $\psi(g_2)=g_1$，其中 g_1 和 g_2 分别是 G_1 和 G_2 上的固定生成元。G_1 中的元素可用较短的形式表达。因此在构造签名方案时，把签名取为 G_1 中的元素，可得短的签名。

其上的 DDH 问题（称为协 DDH 问题，简称为 co-DDH 问题）如下：已知 $g_2,g_2^a\in$

G_2，h，$h^\beta \in G_1$，判断是否 $\alpha = \beta$。如果 $\alpha = \beta$，则称四元组 $(g_2, g_2^\alpha, h, h^\beta)$ 为 co-DDH 元组。

利用 $G_1 \times G_2$ 双线性映射 $\hat{e}$ 可容易地解决 co-DDH 问题：已知 $(g_2, g_2^\alpha, h, h^\beta)$，则

$$\alpha = \beta \Longleftrightarrow \hat{e}(h, g_2^\alpha) = \hat{e}(h^\beta, g_2)$$

其上的 CDH 问题（称为协 CDH 问题，简称为 co-CDH 问题）如下：已知 $g_2, g_2^x \in G_2$ 及 $h \in G_1$，计算 $h^x \in G_1$。

如果 $G_1 \times G_2$ 上的 co-DDH 问题是容易的，但 co-CDH 问题是困难的，$G_1 \times G_2$ 就称为间隙群组。

设 $G_1 \times G_2$ 是间隙群组，$H: \{0,1\}^* \to G_1$ 是全域哈希函数。改进后的方案如下：

密钥产生过程：

$$\begin{aligned} &\underline{\text{SigGen}(\kappa):} \\ &\quad x \leftarrow_R \mathbb{Z}_q; \\ &\quad y = g_2^x \in G_2; \\ &\quad \text{sk} = x, \text{pk} = y. \end{aligned}$$

签名过程（其中，$M \in \{0,1\}^*$）：

$$\begin{aligned} &\underline{\text{Sig}_{\text{sk}}(M):} \\ &\quad h = H(M) \in G_1; \\ &\quad \text{输出 } \sigma = h^x \in G_1. \end{aligned}$$

验证过程：

$$\begin{aligned} &\underline{\text{Ver}_{\text{pk}}(M, \sigma):} \\ &\quad h = H(M) \in G_1; \end{aligned}$$

如果 (g_2, y, h, σ) 为 co-DH 四元组，返回 True；否则返回 False.

因为签字 σ 是 G_1 中的元素，而 G_1 可以使用 168 比特长的椭圆曲线实现，因此获得了短签名。

方案的安全性证明与定理 9-12、定理 9-13、定理 9-14 类似。

9.7　基于身份的密码体制

9.7.1　基于身份的密码体制定义和安全模型

1. 基于身份的密码体制简介

1984 年，Shamir 提出了一种基于身份的加密方案（Identity-Based Encryption，IBE）的思想，并征询具体的实现方案，方案中不使用任何证书，直接将用户的身份作为公钥，以此来简化公钥基础设施（Public Key Infrastructure，PKI）中基于证书的密钥管理过程。例如，用户 A 给用户 B 发送加密的电子邮件，B 的邮件地址是 bob@company.com，A 只要将 bob@company.com 作为 B 的公开钥来加密邮件即可。当 B 收到加密的邮件后，向服务器证明自己，并从服务器获得解密用的秘密密钥，再解密就可以阅读邮件。该过程如图 9-4 所示。

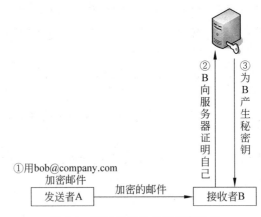

图 9-4　基于身份的加密方案示例

与基于证书的安全电子邮件相比,即使 B 还未建立他的公钥证书,A 也可以向他发送加密的邮件。因此这种方法避免了公钥密码体制中公钥证书从生成、签发、存储、维护、更新、撤销这一复杂的生命周期过程。自 Shamir 提出这种新思想以后,由于没有找到有效的实现工具,其实现一直是一个公开问题。直到 2001 年,Boneh 和 Franklin 获得了数学上的突破,提出了第一个实用的基于身份的公钥加密方案。

一个 IBE 方案由以下 4 个算法组成:

1)初始化

为随机化算法,输入是安全参数,输出为系统参数 params 和主密钥 msk。表示为 $(params, msk) \leftarrow Init(\kappa)$。

2)加密

为随机化算法,输入是消息 M、系统参数 params 以及接收方的身份 ID,输出密文 CT,仅当接收方具有相同身份 ID 时,才能解密。表示为 $CT = E_{ID}(M)$。

3)密钥产生

为随机化算法,输入是系统参数 params、接收方的身份 ID 以及主密钥 msk,输出会话密钥 sk。表示为 $sk \leftarrow IBEGen(ID)$。

4)解密

为确定性算法,输入会话密钥 sk 及密文 CT,输出消息 M。表示为 $M = D_{sk}(CT)$。

Boneh 和 Franklin 的方案使用椭圆曲线上的双线性映射(称为 Weil 配对和 Tate 配对),将用户的身份映射为一对公开钥/秘密钥对。方案的安全性证明使用随机谕言机模型。

2. 选择明文安全的 IBE

要定义 IBE 的语义安全,应允许敌手根据自己的选择进行秘密钥询问,即敌手可根据自己的选择询问公开钥 ID 对应的秘密钥,以此来加强标准定义。

记 IBE 方案为 Π,Π 的 IND 游戏(称为 IND-ID-CPA 游戏)如下:

(1)初始化。挑战者输入安全参数 κ,产生公开的系统参数 params 和保密的主密钥。

(2)阶段 1(训练)。敌手发出对 ID 的秘密钥产生询问。挑战者运行秘密钥产生算法,产生与 ID 对应的秘密钥 d,并把它发送给敌手,这一过程可重复多项式有界次。

(3) 挑战。敌手输出两个长度相等的明文 M_0、M_1 和一个意欲挑战的公开钥 ID^*。唯一的限制是 ID^* 不在阶段 1 中的任何秘密钥询问中出现。挑战者随机选取一个比特值 $\beta \leftarrow_R \{0,1\}$,计算 $C^* = E_{\mathrm{ID}^*}(M_\beta)$,并将 C^* 发送给敌手。

(4) 阶段 2(训练)。敌手发出对另外 ID 的秘密钥产生询问,唯一的限制是 $\mathrm{ID} \neq \mathrm{ID}^*$,挑战者以阶段 1 中的方式进行回应,这一过程可重复多项式有界次。

(5) 猜测。敌手输出猜测 $\beta' \in \{0,1\}$,如果 $\beta' = \beta$,则敌手攻击成功。

敌手的优势定义为安全参数 κ 的函数:

$$\mathrm{Adv}_{\Pi,\mathrm{A}}^{\mathrm{ID\text{-}CPA}}(\kappa) = \left| \Pr[\beta' = \beta] - \frac{1}{2} \right|$$

IND-ID-CPA 游戏的形式化描述如下:

$$\underline{\mathrm{Exp}_{\Pi,\mathrm{A}}^{\mathrm{IND\text{-}ID\text{-}CPA}}(\kappa):}$$

$$(\mathrm{params}, \mathrm{msk}) \leftarrow \mathrm{Init}(\kappa);$$

$$(M_0, M_1, \mathrm{ID}^*) \leftarrow \mathrm{A}^{\mathrm{IBEGen}(\cdot)}(\mathrm{params});$$

$$\beta \leftarrow \{0,1\}, C^* = E_{\mathrm{ID}^*}(M_\beta);$$

$$\beta' \leftarrow \mathrm{A}^{\mathrm{IBEGen}_{\neq \mathrm{ID}^*}(\cdot)}(C^*);$$

如果 $\beta' = \beta$,则返回 1;否则返回 0.

其中,$\mathrm{IBEGen}(\cdot)$ 表示敌手 A 向挑战者做身份的秘密钥询问,$\mathrm{IBEGen}_{\neq \mathrm{ID}^*}(\cdot)$ 表示敌手 A 向挑战者做除 ID^* 外的身份的秘密钥询问。

敌手的优势为

$$\mathrm{Adv}_{\Pi,\mathrm{A}}^{\mathrm{IND\text{-}ID\text{-}CPA}}(\kappa) = \left| \Pr[\mathrm{Exp}_{\Pi,\mathrm{A}}^{\mathrm{IND\text{-}ID\text{-}CPA}}(\kappa) = 1] - \frac{1}{2} \right|$$

定义 9-10　如果对任何多项式时间的敌手 A,存在一个可忽略的函数 $\varepsilon(\kappa)$,使得 $\mathrm{Adv}_{\Pi,\mathrm{A}}^{\mathrm{IND\text{-}ID\text{-}CPA}}(\kappa) \leqslant \varepsilon(\kappa)$,那么就称这个加密算法 Π 在选择明文攻击下具有不可区分性,或者称为 IND-ID-CPA 安全的。

3. 选择密文安全的 IBE 方案

在 IBE 体制中需加强标准 CCA 安全的概念,因为在 IBE 体制中,敌手攻击公钥 ID^*(即获取与之对应的秘密钥)时,他可能已有所选用户 ID 的秘密钥(多项式有界个),因此选择密文安全的定义就应允许敌手获取与其所选身份(但不是 ID^*)相应的秘密钥,我们把这一要求看作对密钥产生算法的询问。

一个 IBE 加密方案 Π 在适应性选择密文攻击下具有不可区分性,如果不存在多项式时间的敌手,它在下面的 IND 游戏(称为 IND-ID-CCA 游戏)中有不可忽略的优势。

(1) 初始化。挑战者输入安全参数 κ,产生公开的系统参数 params 和保密的主密钥。

(2) 阶段 1(训练)。敌手执行以下询问之一(多项式有界次):

• 对 ID 的秘密钥产生询问。挑战者运行秘密钥产生算法,产生与 ID 对应的秘密钥 d,并把它发送给敌手。

- 对(ID,C)的解密询问。挑战者运行秘密钥产生算法,产生与 ID 对应的秘密钥 d,再运行解密算法,用 d 解密 C,并将所得明文发送给敌手。

上面的询问可以自适应地进行,是指执行每个询问时可以依赖于以前询问得到的询问结果。

(3) 挑战。敌手输出两个长度相等的明文 M_0、M_1 和一个意欲挑战的公开钥 ID^*。唯一的限制是 ID^* 不在阶段 1 中的任何秘密钥询问中出现。挑战者随机选取一个比特值 $\beta \xleftarrow{R} \{0,1\}$,计算 $C^* = E_{\text{ID}^*}(M_\beta)$,并将 C^* 发送给敌手。

(4) 阶段 2(训练)。敌手产生更多的询问,每个询问为下面询问之一:

- 对 ID 的秘密钥产生询问($\text{ID} \neq \text{ID}^*$)。挑战者以阶段 1 中的方式进行回应。
- 对(ID,C)的解密询问(($\text{ID},C) \neq (\text{ID}^*,C^*)$)。挑战者以阶段 1 中的方式进行回应。

(5) 猜测。敌手输出猜测 $\beta' \in \{0,1\}$,如果 $\beta' = \beta$,则敌手攻击成功。

敌手的优势定义为安全参数 κ 的函数:

$$\text{Adv}_{\Pi,\text{A}}^{\text{ID-CCA}}(\kappa) = \left| \Pr[\beta' = \beta] - \frac{1}{2} \right|$$

IND-ID-CCA 游戏的形式化描述如下:

$$\underline{\text{Exp}_{\Pi,\text{A}}^{\text{IND-ID-CCA}}(\kappa)}:$$
$$(\text{params}, \text{msk}) \leftarrow \text{Init}(\kappa);$$
$$(M_0, M_1, \text{ID}^*) \leftarrow \text{A}^{\text{IBEGen}(\cdot), \text{D}(\cdot)}(\text{params});$$
$$\beta \leftarrow \{0,1\}, C^* = E_{\text{ID}^*}(M_\beta);$$
$$\beta' \leftarrow \text{A}^{\text{IBEGen}_{\neq \text{ID}^*}(\cdot), \text{D}_{\neq(\text{ID}^*,C^*)}(\cdot)}(C^*);$$
$$\text{如果 } \beta' = \beta, \text{则返回 } 1; \text{否则返回 } 0.$$

其中,IBEGen($\cdot$)表示敌手向挑战者做身份的秘密钥询问,$D(\cdot)$表示敌手向挑战者做解密询问:挑战者先运行秘密钥产生算法 IBEGen($\cdot$),再运行解密算法,用 IBEGen($\cdot$)产生的秘密钥对询问的密文解密。$\text{IBEGen}_{\neq \text{ID}^*}(\cdot)$表示敌手向挑战者做除 ID^* 以外的身份的秘密钥询问,$D_{\neq(\text{ID}^*,C^*)}(\cdot)$表示敌手向挑战者做除($\text{ID}^*,C^*$)以外的解密询问。询问可以自适应地进行,是指执行每个询问时可以依赖于执行前面询问时得到的询问结果。

敌手的优势定义为安全参数 κ 的函数:

$$\text{Adv}_{\Pi,\text{A}}^{\text{IND-ID-CCA}}(\kappa) = \left| \Pr[\text{Exp}_{\Pi,\text{A}}^{\text{IND-ID-CCA}}(\kappa) = 1] - \frac{1}{2} \right|$$

定义 9-11 如果对任何多项式时间的敌手 A,存在一个可忽略的函数 $\varepsilon(\kappa)$,使得 $\text{Adv}_{\Pi,\text{A}}^{\text{IND-ID-CCA}}(\kappa) \leqslant \varepsilon(\kappa)$,那么就称这个加密算法 Π 在选择密文攻击下具有不可区分性,或者称为 IND-ID-CCA 安全的。

9.7.2 随机谕言机模型下的基于身份的密码体制

1. BF 方案所基于的困难问题

本节介绍 Boneh 和 Franklin 提出的 IBE,简称为 BF 方案。

1) 椭圆曲线上的 DDH 问题

设 $\mathbb{G}_1$ 是一个阶为 q 的群(椭圆曲线上的点群),$\mathbb{G}_1$ 中的 DDH(Decision Diffie-

Hellman)问题是指已知 P、aP、bP、cP，判定 $c \equiv ab \bmod q$ 是否成立，其中，P 是 G_1^* 中的随机元素，a、b、c 是 $\mathbb{Z}_q^*$ 中的随机数。

由双线性映射的性质可知：

$$c \equiv ab \bmod q \Leftrightarrow \hat{e}(P, cP) = \hat{e}(aP, bP)$$

因此可将判定 $c \equiv ab \bmod q$ 是否成立转变为判定 $\hat{e}(P, cP) = \hat{e}(aP, bP)$ 是否成立，所以 G_1 中的 DDH 问题是简单的。

2）椭圆曲线上的 CDH 问题

G_1（仍是椭圆曲线上的点群）中的计算性 Diffie-Hellman 问题，简称 CDH(Computational Diffie-Hellman)问题是指已知 P、aP、bP，求 abP，其中，P 是 G_1^* 中的随机元素，a、b 是 $\mathbb{Z}_q^*$ 中的随机数。

与 G_1 中的 DDH 问题不同，G_1 中的 CDH 问题不因引入双线性映射而解决，因此它仍是困难问题。

3）BDH 问题和 BDH 假设

由于 G_1 中的 DDH 问题简单，那么就不能用它来构造 G_1 中的密码体制。BF 方案的安全性是基于 CDH 问题的一种变形，称为计算性双线性 DH 假设。

计算性双线性 DH 问题，简称为 BDH(Bilinear Diffie-Hellman)问题，是指给定 $(P$、aP、bP、$cP)(a, b, c) \in \mathbb{Z}_q^*$，计算 $w = \hat{e}(P, P)^{abc} \in G_2$，其中，$\hat{e}$ 是一个双线性映射，P 是 G_1 的生成元，G_1、G_2 是阶为素数 q 的两个群。设算法 A 用来解决 BDH 问题，其优势定义为 τ，如果

$$\Pr|A(P、aP、bP、cP) = \hat{e}(P, P)^{abc}| \geqslant \tau$$

目前还没有有效的算法解决 BDH 问题，因此可假设 BDH 问题是一个困难问题，这就是 BDH 假设。

2. BF 方案描述

下面用 $\mathbb{Z}_q$ 表示在 $\bmod q$ 加法下的群 $\{0, \cdots, q-1\}$。对于阶为素数的群 G，用 G^* 表示集合 $G - \{O\}$，这里 O 为 G 中的单位元素。用 $\mathbb{Z}^+$ 表示正整数集。

下面描述的 BF 方案是基本方案，称为 BasicIdent。

令 κ 是安全参数，G 是 BDH 参数生成算法，其输出包括素数 q，两个阶为 q 的群 G_1、G_2，一个双线性映射 $\hat{e}$：$G_1 \times G_1 \rightarrow G_2$ 的描述。κ 用来确定 q 的大小，例如可以取 q 为 κ 比特长。

1）初始化

$\text{Init}(\kappa)$：

$(q, G_1, G_2, \hat{e}) \leftarrow G$；

$P \leftarrow_R G_1$；

$s \leftarrow_R \mathbb{Z}_q^*$，$P_{\text{pub}} = sP$；

选 H_1：$\{0, 1\}^* \rightarrow G_1^*$，$H_2$：$G_2 \rightarrow \{0, 1\}^n$；

$\text{params} = (q, G_1, G_2, \hat{e}, n, P, P_{\text{pub}}, H_1, H_2)$，$\text{msk} = s$.

其中，P 是 G_1 的一个生成元，s 作为主密钥，H_1、H_2 是两个哈希函数，n 是待加密的消息

的长度。消息空间为 $\{0,1\}^n$，密文空间为 $\mathcal{C}=\mathbb{G}_1^* \times \{0,1\}^n$，系统参数 params $=(q, \mathbb{G}_1,$ $\mathbb{G}_2, \hat{e}, n, P, P_{\text{pub}}, H_1, H_2)$ 是公开的，主密钥 s 是保密的。

2）加密(用接收方的身份 ID 作为公开钥，其中，$M \in \{0,1\}^n$)

$$\underline{E_{\text{ID}}(M)}:$$
$$Q_{\text{ID}} = H_1(\text{ID}) \in \mathbb{G}_1^*;$$
$$r \xleftarrow{\ } _R \mathbb{Z}_q^*;$$
$$\text{CT} = (rP, M \oplus H_2(g_{\text{ID}}^r)).$$

其中，$g_{\text{ID}} = \hat{e}(Q_{\text{ID}}, P_{\text{pub}}) \in \mathbb{G}_2^*$，$\oplus$ 是异或运算。

3）密钥产生(其中 ID $\in \{0,1\}^*$)

$$\underline{\text{IBEGen}(s, \text{ID})}:$$
$$Q_{\text{ID}} = H_1(\text{ID}) \in \mathbb{G}_1^*;$$
$$d_{\text{ID}} = sQ_{\text{ID}}.$$

4）解密(其中 CT $=(U, V) \in \mathcal{C}$)

$$\underline{D_{d_{\text{ID}}}(\text{CT})}:$$
$$返回 V \oplus H_2(\hat{e}(d_{\text{ID}}, U)).$$

这是因为

$$\hat{e}(d_{\text{ID}}, U) = \hat{e}(sQ_{\text{ID}}, rP) = \hat{e}(Q_{\text{ID}}, P)^{sr} = \hat{e}(Q_{\text{ID}}, P_{\text{pub}})^r = g_{\text{ID}}^r.$$

3. BF 方案的安全性

定理 9-15 在 BasicIdent 中，设哈希函数 H_1、H_2 是随机谕言机，如果 BDH 问题在 g 生成的群上是困难的，那么 BasicIdent 是 IND-ID-CPA 安全的。

具体来说，假设存在一个 IND-ID-CPA 敌手 A 以 $\varepsilon(\kappa)$ 的优势攻破 BasicIdent 方案，A 最多进行 $q_E > 0$ 次密钥提取询问、$q_{H_2} > 0$ 次 H_2 询问，那么一定存在一个敌手 B 至少以

$$\text{Adv}_{g,B}^{\text{BDH}}(\kappa) \geq \frac{2\varepsilon(\kappa)}{e(1+q_E)q_{H_2}}$$

的优势解决 g 生成的群中的 BDH 问题，其中，e 是自然对数的底。

定理 9-15 是将 BasicIdent 归约到 BDH 问题，为了证明这个归约，先将 BasicIdent 归约到一个非基于身份的加密方案 BasicPub，再将 BasicPub 归约到 BDH 问题，归约的传递性是显然的。

BasicPub 加密方案定义如下：

1）密钥产生

这一步将初始化和密钥产生两步合在一起。

$$\underline{\text{IBEGen}(\kappa)}:$$
$$(q, \mathbb{G}_1, \mathbb{G}_2, \hat{e}) \leftarrow g;$$
$$P \xleftarrow{\ } _R \mathbb{G}_1;$$
$$s \xleftarrow{\ } _R \mathbb{Z}_q^*, P_{\text{pub}} = sP;$$
$$Q_{\text{ID}} \xleftarrow{\ } _R \mathbb{G}_1^*, d_{\text{ID}} = sQ_{\text{ID}};$$
$$选 H_2: \mathbb{G}_2 \rightarrow \{0,1\}^n;$$

$$\text{params} = (q, \mathbb{G}_1, \mathbb{G}_2, \hat{e}, n, P, P_{\text{pub}}, H_1, H_2), \text{msk} = s.$$

其中，P 是 $\mathbb{G}_1$ 的一个生成元，s 作为主密钥，d_{ID} 作为秘密钥，H_2 是哈希函数，n 是待加密的消息的长度。系统参数 $\text{params} = (q, \mathbb{G}_1, \mathbb{G}_2, \hat{e}, n, P, P_{\text{pub}}, Q_{\text{ID}}, H_2)$ 是公开的，主密钥 s 是保密的。

2）加密（用接收方的身份 ID 作为公开钥，其中，$M \in \{0,1\}^n$）

$$\underline{E_{\text{ID}}(M):}$$
$$r \xleftarrow{}_R \mathbb{Z}_q^*;$$
$$\text{CT} = (rP, M \oplus H_2(g_{\text{ID}}^r)).$$

其中，$g_{\text{ID}} = \hat{e}(Q_{\text{ID}}, P_{\text{pub}}) \in \mathbb{G}_2^*$，$\oplus$ 是异或运算。

3）解密（其中 $\text{CT} = (U, V) \in \mathcal{C}$）

$$\underline{D_{d_{\text{ID}}}(\text{CT}):}$$
$$返回 V \oplus H_2(\hat{e}(d_{\text{ID}}, U)).$$

在 BasicIdent 中，Q_{ID} 是根据用户的身份产生的。而在 BasicPub 中 Q_{ID} 是随机选取的一个固定值，因此它与用户的身份无关。

首先证明 BasicIdent 到 BasicPub 的归约。

引理 9-7　设 H_1 是从 $\{0,1\}^*$ 到 $\mathbb{G}_1$ 的随机谕言机，A 是 IND-ID-CPA 游戏中以优势 $\varepsilon(\kappa)$ 攻击 BasicIdent 的敌手。假设 A 最多进行 $q_E > 0$ 次密钥提取询问，那么存在一个 IND-CPA 敌手 B 以最少 $\dfrac{\varepsilon(\kappa)}{\text{e}(1+q_E)}$ 的优势成功攻击 BasicPub。

证明　挑战者先建立 BasicPub 方案，敌手 B 攻击 BasicPub 方案时，以 A 为子程序，过程如图 9-7 所示，其中方案 1 为 BasicIdent，方案 2 为 BasicPub。

具体过程如下：

（1）初始化。挑战者运行 BasicPub 中的密钥产生算法生成公开钥 $K_{\text{pub}} = (q, \mathbb{G}_1, \mathbb{G}_2, \hat{e}, n, P, P_{\text{pub}}, Q_{\text{ID}}, H_2)$，保留秘密钥 $d_{\text{ID}} = sQ_{\text{ID}}$。B 获得公开钥。

下面（2）～（6）步，B 模拟 A 的挑战者和 A 进行 IND 游戏。

（2）B 的初始化。

B 发送 BasicIdent 的公开钥 $K_{\text{pub}} = (q, \mathbb{G}_1, \mathbb{G}_2, \hat{e}, n, P, P_{\text{pub}}, H_1, H_2)$，给 A。

因 BasicPub 中的公开钥无 H_1，所以 B 为了承担 A 的挑战者，需要构造一个 H_1 列表 H_1^{list}，它的元素类型是四元组$(\text{ID}_i, Q_i, b_i, \text{coin})$。

（3）H_1 询问。设 A 询问 ID_i 的 H_1 值，B 应答如下：

① 如果 ID_i 已经在 H_1^{list} 中，B 以 $Q_i \in \mathbb{G}_1^*$ 作为 H_1 的值应答 A。

② 否则，B 随机选择一个 $\text{coin} \xleftarrow{}_R \{0,1\}$ 并设 $\Pr[\text{coin}=0] = \delta$（$\delta$ 的值待定）。B 再选择随机数 $b_i \xleftarrow{}_R \mathbb{Z}_q^*$，

- 如果 $\text{coin}=0$，计算 $Q_i = b_i Q_{\text{ID}} \in \mathbb{G}_1^*$；
- 否则，计算 $Q_i = b_i P \in \mathbb{G}_1^*$；

B 将$(\text{ID}_i, Q_i, b_i, \text{coin})$加入 H_1^{list}，并以 $H_1(\text{ID}_i) = Q_i$ 回应 A。

这里的 coin 作为 B 的猜测：$\text{coin}=0$ 表示 A 将对这次询问的 ID_i 发起攻击。

（4）密钥提取询问-阶段 1（最多进行 q_E 次）。设 ID_i 是 A 向 B 发出的密钥提取询问。

① 如果 coin＝0，B 报错并退出（此时，B 原打算利用 A 对 BasicIdent 的攻击来攻击 BasicPub，此时 B 无法利用 A，所以对 BasicPub 的攻击失败）。

② 否则 B 从 H_1^{list} 取出 $(\mathrm{ID}_i,Q_i,b_i,\mathrm{coin})$，求 $d_i=b_i P_{\mathrm{pub}}$，并将 d_i 作为 ID_i 对应的 BasicIdent 的秘密钥给 A。

这是因为 $d_i=sQ_i=s(b_i P)=b_i(sP)=b_i P_{\mathrm{pub}}$。

注意：$d_{\mathrm{ID}}=sQ_{\mathrm{ID}}$ 是 BasicPub 中的秘密钥；$d_i=sQ_i=b_i P_{\mathrm{pub}}$ 是 BasicIdent 中的秘密钥。

（5）A 发出挑战。

设 A 的挑战是 ID^*、M_0、M_1，B 在 H^{list} 查找项 $(\mathrm{ID}_i,Q_i,b_i,\mathrm{coin})$，使得 $\mathrm{ID}_i=\mathrm{ID}^*$。

① 如果 coin＝1，B 报错并退出。

② 否则 coin＝0，B 将 M_0、M_1 给自己的挑战者，挑战者随机选 $\beta\xleftarrow{R}\{0,1\}$，以 BasicPub 方案加密 M_β 得 $C^*=(U,V)$（BasicPub 密文）作为对 B 的应答。B 则以 $C^{*\prime}=(b_i^{-1}U,V)$（BasicIdent 密文）作为对 A 的应答。这是因为 ID^* 对应的秘密钥 $d^*=sQ_i=sb_iQ_{\mathrm{ID}}=b_isQ_{\mathrm{ID}}=b_id_{\mathrm{ID}}$，即 BasicIdent 秘密钥 d^* 是 BasicPub 秘密钥 d_{ID} 的 b_i 倍。

$$\hat{e}(d^*,b_i^{-1}U)=\hat{e}(b_id_{\mathrm{ID}},b_i^{-1}U)=\hat{e}(d_{\mathrm{ID}},U)$$

挑战过程如图 9-5 所示。

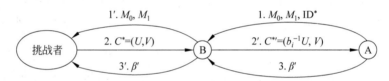

图 9-5　BasicIdent 到 BasicPub 归约过程中的挑战阶段

（6）密钥提取询问-阶段 2，与密钥提取询问-阶段 1 相同。

（7）猜测。A 输出猜测 β'，B 也以 β' 作为自己的猜测。

断言 9-9 在以上归约过程中，如果 B 不中断，则 B 的模拟是完备的。

证明 在以上模拟中，当 B 猜测正确时，A 的视图与其在真实攻击中的视图是同分布的。这是因为：

① A 的 H_1 询问中的每一个都是用随机值来应答的。

· coin＝0 时是用 $Q_i=b_iQ_{\mathrm{ID}}$ 来应答的；

· 对 coin＝1 时是用 $Q_i=b_iP$ 来应答的。

由 b_i 的随机性，知 Q_i 是随机均匀的。而在 A 对 BasicIdent 的真实攻击中，A 得到的是 H_1 的函数值，由于假定 H_1 是随机谕言机，所以 A 得到的 H_1 的函数值是均匀的。

② B 对 A 的密钥提取询问的应答 $d_i=b_i P_{\mathrm{pub}}$ 等于 sQ_i，因而是有效的。

所以两种视图不可区分。　　　　　　　　　　　　　　　　　　（断言 9-9 证毕）

继续引理 9-7 的证明：由断言 9-9 知，A 在模拟攻击中的优势 $\mathrm{Adv}_{\mathrm{Sim,A}}^{\mathrm{IND\text{-}ID\text{-}CPA}}(\kappa)=\left|\Pr[\mathrm{Exp}_{\Pi,\mathrm{A}}^{\mathrm{IND\text{-}ID\text{-}CPA}}(\kappa)=1]-\dfrac{1}{2}\right|$ 与真实攻击中的优势 $\mathrm{Adv}_{\Pi,\mathrm{A}}^{\mathrm{IND\text{-}ID\text{-}CPA}}(\kappa)$ 相等，至少为 ε。

若 B 的猜测是正确的，且 A 在第（7）步成功攻击了 BasicIdent 的不可区分性，则 B 就成功攻击了 BasicPub 的不可区分性。

因为 B 在第（4）（6）步不中断的概率为 $(1-\delta)^{q_E}$，在第（5）步不中断的概率为 δ，因此 B 不中断的概率为 $(1-\delta)^{q_E}\delta$，B 的优势为

$$(1-\delta)^{q_E} \cdot \delta \cdot \text{Adv}_{\text{Sim},A}^{\text{IND-ID-CPA}}(\kappa)=(1-\delta)^{q_E} \cdot \delta \cdot \varepsilon(\kappa)$$

类似于定理 9-12，$\delta=\dfrac{1}{q_E+1}$ 时，$(1-\delta)^{q_E} \cdot \delta \cdot \varepsilon(\kappa)$ 达到最大，最大值为 $\dfrac{\varepsilon(\kappa)}{\text{e}(q_E+1)}$。

（引理 9-7 证毕）

下面证明 BasicPub 到 BDH 问题的归约。

引理 9-8 设 H_2 是从 $\mathbb{G}_2$ 到 $\{0,1\}^n$ 的随机谕言机，A 是以 $\varepsilon(k)$ 的优势攻击 BasicPub 的敌手，且 A 最多对 H_2 询问 $q_{H_2}>0$ 次，那么存在一个敌手 B 能以至少 $\dfrac{2\varepsilon(k)}{q_{H_2}}$ 的优势解决 $\mathcal{G}$ 上的 BDH 问题。

证明 为了证明 BasicPub 到 BDH 问题的归约，即 B 已知 $(P,aP,bP,cP)=(P,P_1,P_2,P_3)$，想通过 A 对 BasicPub 的攻击，求 $D=\hat{e}(P,P)^{abc}\in\mathbb{G}_2$。B 在以下思维实验中作为 A 的挑战者建立 BasicPub 方案，B 设法要把 BDH 问题嵌入到 BasicPub 方案，过程如图 9-6 所示。图中的步数和下面证明中的步数不对应。

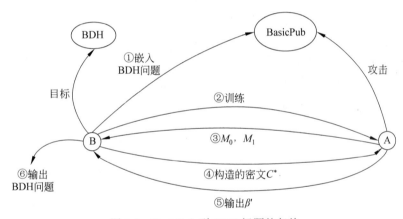

图 9-6　BasicPub 到 BDH 问题的归约

（1）B 生成 BasicPub 的公钥 $K_{\text{pub}}=(q,\mathbb{G}_1,\mathbb{G}_2,\hat{e},n,P,P_{\text{pub}},Q_{\text{ID}},H_2)$，其中 $P_{\text{pub}}=P_1$，$Q_{\text{ID}}=P_2$。由于 $P_{\text{pub}}=sP=P_1=aP$，所以 $s=a$，$d_{\text{ID}}=sQ_{\text{ID}}=aQ_{\text{ID}}=abP$。$H_2$ 的建立在第（2）步。

（2）H_2 询问。B 建立一个 H_2^{list}（初始为空），元素类型为 (X_i,H_i)，A 在任何时候都能发出对 H_2^{list} 的询问（最多 q_{H_2} 次），B 做如下应答：

- 如果 X_i 已经在 H_2^{list}，以 $H_2(X_i)=H_i$ 应答。
- 否则随机选择 $H_i\xleftarrow{}_R\{0,1\}^n$，以 $H_2(X_i)=H_i$ 应答，并将 (X_i,H_i) 加入 H_2^{list}。

（3）挑战。A 输出两个要挑战的消息 M_0 和 M_1，B 随机选择 $\Phi\xleftarrow{}_R\{0,1\}^n$，定义 $C^*=(P_3,\Phi)$，C^* 的解密应为 $\Phi\oplus H_2(\hat{e}(d_{\text{ID}},P_3))=\Phi\oplus H_2(D)$，即 B 已将 BDH 问题的解 D 埋入 H_2^{list}。

(4) 猜测。算法 A 输出猜测 $\beta' \leftarrow_R \{0,1\}$。同时,B 从 H_2^{list} 中随机取 (X_j, H_j),把 X_j 作为 BDH 的解。

下面证明 B 能以至少 $2\varepsilon(\kappa)/q_{H_2}$ 的概率输出 D。

设 $\mathcal{H}$ 表示事件:在模拟中 A 发出 $H_2(D)$ 询问,即 $H_2(D)$ 出现在 H_2^{list} 中。由 B 建立 H_2^{list} 的过程知,其中的值是 B 随机选取的。下面的证明显示,如果 H_2^{list} 没有 $H_2(D)$,即 A 得不到 $H_2(D)$,A 就不能以 ε 的优势赢得上述第(4)步的猜测。

断言 9-10 在以上模拟过程中,B 的模拟是完备的。

证明 在以上模拟中,A 的视图与其在真实攻击中的视图是同分布的。这是因为:

(1) A 的 q_{H_2} 次 H_2 询问中的每一个都是用随机值来应答的,而在 A 对 BasicPub 的真实攻击中,A 得到的是 H_2 的函数值,由于假定 H_2 是随机谕言机,所以 A 得到的 H_2 的函数值是均匀的。

(2) 由 R 的随机性,不论 A 是否询问到 $H_2(D)$,A 得到的密文 $R \oplus H_2(D)$ 对 A 来说是完全随机的。

所以两种视图不可区分。 (断言 9-10 证毕)

断言 9-11 在上述模拟攻击中 $\Pr[\mathcal{H}] \geqslant 2\varepsilon$。

证明与 9.2.2 节的断言 9-2 一样。

由断言 9-11 知在模拟结束后,D 以至少 2ε 的概率出现在 H_2^{list}。又由引理 9-8 的假定,A 对 H_2 的询问至少有 $q_{H_2} > 0$ 次,B 建立的 H_2^{list} 至少有 q_{H_2} 项,所以 B 在 H_2^{list} 随机选取一项作为 D,概率至少为 $2\varepsilon(\kappa)/q_{H_2}$。 (引理 9-8 证毕)

定理 9-15 的证明:设存在一个 IND-ID-CPA 敌手 A 以 $\varepsilon(\kappa)$ 的优势攻破 BasicIdent 方案,A 最多进行了 $q_E > 0$ 次密钥提取询问,对随机谕言机 H_2 至多 $q_{H_2} > 0$ 次询问。

由引理 9-7,存在 IND-CPA 敌手 B' 以最少 $\varepsilon_1 = \dfrac{\varepsilon(k)}{e(1+q_E)}$ 的优势成功攻击 BasicPub。

由引理 9-8,存在 B 能以至少 $2\varepsilon_1/q_{H_2} = \dfrac{2\varepsilon(\kappa)}{e(1+q_E)q_{H_2}}$ 的优势解决 $\mathcal{G}$ 生成的群中的 BDH 问题。 (定理 9-15 证毕)

4. 选择密文安全的 BF 方案

类似于 9.2.2 节,虽然 BasicIdent 是 IND-ID-CPA 安全的,但不是 IND-ID-CCA 安全的。

构造 CCA 安全的密码体制通常是先构造 CPA 安全的密码体制,再将其转换为 CCA 安全的。Fujisaki-Okamoto 给出了一种在随机谕言机模型下由 CPA 安全的密码体制转换为 CCA 安全的密码体制的方法:以 $E_{\text{pk}}(M, r)$ 表示用随机数 r 在公钥 pk 下加密 M 的公钥加密算法,如果 E_{pk} 是单向加密的,则 $E_{\text{pk}}^{\text{hy}} = (E_{\text{pk}}(\sigma; H_3(\sigma, M)), H_4(\sigma) \oplus M)$ 在随机谕言机模型下是 IND-CCA 安全的,其中,σ 是随机产生的比特串,H_3、H_4 是哈希函数。

单向加密粗略地讲就是对一个给定的随机密文,敌手无法获得明文。单向加密是一个弱安全概念,这是因为它没有阻止敌手获得明文的部分比特值。

修改后的加密方案(称为 FullIdent 方案)如下:

1）初始化

和 BasicIdent 的 Init(κ)相同，此外还需选取两个哈希函数 $H_3:\{0,1\}^n\times\{0,1\}^n\to\mathbb{Z}_q^*$ 和 $H_4:\{0,1\}^n\to\{0,1\}^n$，其中，$n$ 是待加密消息的长度。

2）加密（用接收方的身份 ID 作为公开钥，其中，$M\in\{0,1\}^n$）

$$
\begin{aligned}
&\underline{E_{\mathrm{ID}}(M)\colon}\\
&Q_{\mathrm{ID}}=H_1(\mathrm{ID})\in\mathbb{G}_1^*;\\
&\sigma\xleftarrow{R}\{0,1\}^n;\\
&r=H_3(\sigma,M);\\
&\mathrm{CT}=(rP,\sigma\oplus H_2(g_{\mathrm{ID}}^r),\ M\oplus H_4(\sigma)).
\end{aligned}
$$

其中，$g_{\mathrm{ID}}=\hat{e}(Q_{\mathrm{ID}},P_{\mathrm{pub}})\in\mathbb{G}_2^*$。

3）密钥产生

和 BasicIdent 中的 IBEGen(ID)相同。

4）解密（其中 $\mathrm{CT}=(U,V,W)$）

$$
\begin{aligned}
&\underline{D_{d_{\mathrm{ID}}}(CT)\colon}\\
&\text{如果}\ U\notin\mathbb{G}_1^*,\text{返回}\perp;\\
&\sigma=V\oplus H_2(\hat{e}(d_{\mathrm{ID}},U));\\
&M=W\oplus H_4(\sigma);\\
&r=H_3(\sigma,M);\\
&\text{如果}\ U\neq rP,\text{返回}\perp;\\
&\text{返回}\ M.
\end{aligned}
$$

定理 9-16　设哈希函数 H_1、H_2、H_3、H_4 是随机谕言机，如果 BDH 问题在 $\mathcal{G}$ 生成的群上是困难的，那么 FullIdent 是 IND-ID-CCA 安全的。

具体来说，假设存在一个 IND-ID-CCA 敌手 A 以 $\varepsilon(\kappa)$ 的优势攻击 FullIdent 方案，A 分别做了至多 q_E 次密钥提取询问，至多 q_D 次解密询问，对随机谕言机 H_2、H_3、H_4 至多做了 q_{H_2}、q_{H_3}、q_{H_4} 次询问。那么存在另一个敌手 B 至少以 $\mathrm{Adv}_{\mathcal{G},\mathrm{B}}^{\mathrm{BDH}}(\kappa)$ 的优势解决 $\mathcal{G}$ 生成的群中的 BDH 问题。其中

$$
\mathrm{Adv}_{\mathcal{G},\mathrm{B}}^{\mathrm{BDH}}(\kappa)\geqslant 2\mathrm{FO}_{\mathrm{adv}}\left(\frac{\varepsilon(\kappa)}{e(1+q_E+q_D)}\cdot q_{H_4},q_{H_3},q_D\right)\Big/q_{H_2}
$$

函数 $\mathrm{FO}_{\mathrm{adv}}$ 的定义见定理 9-17。

设将 E^{hy} 作用于 BasicPub，得到的方案为 BasicPub^{hy}。下面用符号 $\mathrm{P}_2\Leftarrow\mathrm{P}_1$ 表示问题 P_1 可在多项式时间内归约到问题 P_2。为了证明 BDH$\Leftarrow$FullIdent，根据归约的传递性，首先证明 BasicPub$^{\mathrm{hy}}\Leftarrow$FullIdent，再证明 BasicPub $\Leftarrow$ BasicPub^{hy}，最后证明 BDH $\Leftarrow$ BasicPub，如图 9-7 所示。其中 BDH $\Leftarrow$ BasicPub 已由引理 9-8 证明，BasicPub $\Leftarrow$ BasicPub^{hy} 由下面定理 9-17 给出。BasicPub$^{\mathrm{hy}}\Leftarrow$FullIdent 由定理 9-18 给出。

图 9-7　FullIdent 方案到 BDH 问题的归约

定理 9-17 （Fujisaki-Okamoto）：BasicPub^{hy} 到 BasicPub 的归约。

假设存在一个 IND-CCA 敌手 A 以 $\varepsilon(\kappa)$ 的优势攻击 BasicPub^{hy} 方案，A 分别做了至多 q_D 次解密询问，对随机谕言机 H_3、H_4 至多做了 q_{H_3}、q_{H_4} 次询问。那么存在一个 IND-CPA 敌手 B 至少以 $\varepsilon_1(\kappa)$ 的优势攻击 BasicPub 方案：

$$\varepsilon_1(\kappa) \geqslant FO_{adv}(\varepsilon(\kappa), q_{H_4}, q_{H_3}, q_D)$$

$$= \frac{1}{2(q_{H_4} + q_{H_3})}\left[(\varepsilon(\kappa)+1)(1-2/q)^{q_D}-1\right]$$

其中，q 是群的阶，n 是消息长度。

定理 9-18 FullIdent 方案到 BasicPub^{hy} 的归约。

假设存在一个 IND-ID-CCA 敌手 A 以 $\varepsilon(\kappa)$ 的优势攻击 FullIdent 方案，A 最多进行 $q_E > 0$ 次密钥提取询问、$q_D > 0$ 次解密询问。那么存在一个 IND-CCA 敌手 B 至少以 $\dfrac{\varepsilon(\kappa)}{e(1+q_E+q_D)}$ 的优势攻击 BasicPub^{hy}。

证明 B 利用攻击 FullIdent 的敌手 A，如图 9-8 所示。

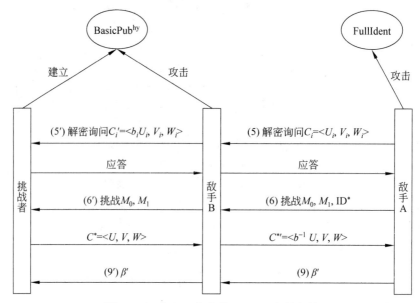

图 9-8 FullIdent 方案到 BasicPub^{hy} 的归约

（1）初始化。挑战者运行 BasicPub^{hy} 的密钥产生算法生成公钥 $K_{pub}=(q, \mathbb{G}_1, \mathbb{G}_2, \hat{e}, n, P, P_{pub}, Q_{ID}, H_2, H_3, H_4)$，将 K_{pub} 给敌手 B，保留秘密钥 $d_{ID}=sQ_{ID}$。

下面（2）～（8）步，B 模拟 A 的挑战者和 A 进行 IND 游戏。

（2）B 的初始化。

B 将公开钥 $K_{pub}=(q, \mathbb{G}_1, \mathbb{G}_2, \hat{e}, n, P, P_{pub}, H_1, H_2, H_3, H_4)$ 给 A。

B 为了充当 A 的挑战者，需要构造一个 H_1 列表 H_1^{list}，它的元素类型是四元组（ID_i, Q_i, b_i, $coin_i$）。

（3）H_1 询问，与引理 9-7 相同。

（4）密钥提取询问-阶段 1，与引理 9-7 相同。

（5）解密询问-阶段 1。设 A 询问（ID_i，C_i）（注意：FullIdent 密文），其中 $C_i = (U_i,V_i,W_i)$。B 在 H_1^{list} 中查找与 ID_i 对应的四元组（ID_i，Q_i，b_i，$coin_i$），然后应答如下：

如果 $coin_i=1$，运行密钥提取询问，获得密钥后做解密询问应答；

如果 $coin_i=0$，则 $Q_i=b_iQ_{ID}$。

- 求 $C_i'=(b_iU_i,V_i,W_i)$（注意：BasicPub^{hy} 密文）；
- 向挑战者做 C_i' 的解密询问，将挑战者的应答转发给 A。

（6）A 发出挑战。设 A 的挑战是 ID^*，M_0，M_1。B 在 H^{list} 查找项（ID_i，Q_i，b_i，$coin_i$），使得 $ID_i=ID^*$。B 应答如下：

- 如果 $coin_i=1$，B 报错并退出（B 对 BasicPub^{hy} 的攻击失败）；
- 如果 $coin_i=0$，将 M_0、M_1 给自己的挑战者，挑战者随机选 $\beta\leftarrow_R\{0,1\}$，以 BasicPub^{hy} 加密 M_β 得 $C^*=(U,V,W)$ 作为对 B 的应答；B 则以 $C^{*'}=(b_i^{-1}U,V,W)$ 作为对 A 的应答。

证明与引理 9-7 相同。

（7）密钥提取询问-阶段 2，与密钥提取询问-阶段 1 相同。

（8）解密询问-阶段 2，与解密询问-阶段 1 相同。然而，如果 B 得到的密文与挑战密文 $C^*=(U,V,W)$ 相同，B 报错并退出（B 对 BasicPub^{hy} 的攻击失败）。

（9）猜测。A 输出猜测 β'，B 也以 β' 作为自己的猜测。

断言 9-12　在以上过程中，如果 B 不中断，则 B 的模拟是完备的。

证明　在以上模拟中，当 B 猜测正确时，A 的视图与其在真实攻击中的视图是同分布的。这是因为：

① A 的 q_{H_1} 次 H_1 询问中的每一个都是用随机值来应答的（同断言 9-9）。

② B 对 A 的密钥提取询问的应答是有效的（同断言 9-9）。

③ B 对 A 的解密询问的应答是有效的。

- 如果 $coin_i=1$，因为密钥提取询问是有效的，B 所做的解密是有效的；
- 如果 $coin_i=0$，设 $d_i=sQ_i$ 是 FullIdent 与 ID_i 相对应的秘密钥，则在 FullIdent 中使用 d_i 对 $C_i=(U_i,V_i,W_i)$ 的解密与在 BasicPub^{hy} 中使用 d_{ID} 对 $C_i'=(b_iU_i,V_i,W_i)$ 的解密相同，这是因为：

$$\hat{e}(d_{ID},b_iU_i)=\hat{e}(sQ_{ID},b_iU_i)=\hat{e}(sb_iQ_{ID},U_i)=\hat{e}(sQ_i,U_i)=\hat{e}(d_i,U_i)$$

所以 B 所转发的挑战者的解密是有效的。　　　　　　　　　　　　　　　（断言 9-12 证毕）

下面考虑在以上过程中 B 不中断的概率。

引起 B 中断有 3 种可能情况：

（1）阶段 1、2 中的密钥提取询问（当 $coin_i=0$）。

（2）挑战时 A 发出的身份 ID^* 对应的（ID_i，Q_i，b_i，$coin_i$），使得 $coin_i=1$。

（3）阶段 2 的解密询问时，A 发出的密文与以前的挑战密文相同。

在第（3）种情况下，设 A 发出的密文 $C_i=(U_i,V_i,W_i)$ 与它的挑战密文 $C^{*'}=(b_i^{-1}U,V,W)$ 相同，则 $U=b_iU_i$，$V=V_i$，$W=W_i$。B 将 C_i 转发给挑战者前做变换得 $C_i'=(b_iU_i,V_i,W_i)$，得到的结果与 B 得到的挑战密文 $C^*=(U,V,W)$ 相同。当且仅当 $coin_i=0$ 时这种

情况发生。

在第(1)种情况下，B 不中断的概率为 $(1-\delta)^{q_E}$；在第(2)种情况下，B 不中断的概率为 δ；在第(3)种情况下，B 不中断的概率为 $(1-\delta)^{q_D}$。

所以整个过程中 B 不中断的概率为 $(1-\delta)^{q_E}\delta(1-\delta)^{q_D}=(1-\delta)^{q_E+q_D}\delta$。类似于定理 9-12 的证明，当 $\delta=\dfrac{1}{q_E+q_D+1}$ 时，$(1-\delta)^{q_E+q_D}\delta$ 达到最大，最大值为 $\dfrac{1}{\mathrm{e}(q_E+q_D+1)}$。

由断言 9-12 知，A 在模拟攻击中的优势 $\mathrm{Adv}_{\mathrm{Sim},A}^{\mathrm{IND\text{-}ID\text{-}CCA}}(\kappa)=\left|\Pr[\beta=\beta']-\dfrac{1}{2}\right|$ 与真实攻击中的优势 $\mathrm{Adv}_{\Pi,A}^{\mathrm{IND\text{-}ID\text{-}CCA}}(\kappa)$ 相等，至少为 $\varepsilon(\kappa)$。

B 的优势为

$$\frac{1}{\mathrm{e}(1+q_E+q_D)}\mathrm{Adv}_{\mathrm{Sim},A}^{\mathrm{IND\text{-}ID\text{-}CCA}}(\kappa)=\frac{\varepsilon(\kappa)}{\mathrm{e}(1+q_E+q_D)}$$

(定理 9-18 证毕)

定理 9-16 的证明：

参见图 9-7。假定敌手攻击 FullIdent 的优势为 ε，则由定理 9-18，存在另一攻击 $\mathrm{BasicPub}^{\mathrm{hy}}$ 的敌手，其优势为 $\varepsilon_1=\dfrac{\varepsilon}{\mathrm{e}(1+q_E+q_D)}$。由定理 9-17，存在另一攻击 BasicPub 的敌手，其优势为

$$\varepsilon_2(\kappa)\geqslant\mathrm{FO}_{\mathrm{adv}}(\varepsilon_1(\kappa),q_{H_4},q_{H_3},q_D)=\mathrm{FO}_{\mathrm{adv}}\left(\frac{\varepsilon}{\mathrm{e}(1+q_E+q_D)},q_{H_4},q_{H_3},q_D\right)。$$

由引理 9-8，存在另一攻击 BDH 的敌手，其优势为

$$\varepsilon_3\geqslant\frac{2\varepsilon_2}{q_{H_2}}=2\mathrm{FO}_{\mathrm{adv}}\left(\frac{\varepsilon(\kappa)}{\mathrm{e}(1+q_E+q_D)},q_{H_4},q_{H_3},q_D\right)/q_{H_2}。$$

(定理 9-16 证毕)

9.8 分叉引理

9.5 节和 9.6 节介绍的签名方案，在其安全性证明中，挑战者利用敌手的一次成功伪造，就可以破解困难问题。在下面介绍的签名方案中，挑战者利用敌手的一次成功伪造，不足以破解困难问题，这时需要两个甚至多个有特定关系的成功伪造才能破解困难问题。在这种方案中，签名结果为四元组 (m,σ_1,h,σ_2) 形式，其中：

- m 为待签名的消息；
- σ_1 为对某个随机选取的整数 r 的承诺；
- h 是消息 m 和 σ_1 的哈希值；
- σ_2 由 r、σ_1、m 及 h 产生。

这种形式的签名方案包括 Fiat-Shamir 方案、Schnorr 方案等许多方案，其安全性证明需要以下分叉引理。

定理 9-19（分叉引理） 在四元组 (m,σ_1,h,σ_2) 形式的签名方案中，设哈希函数 H 是

随机谕言机,敌手 A 至多进行 q_H 次 H 询问。如果 A 能以 $\varepsilon(\kappa)$(κ 是安全参数)的优势输出一个有效的签名 (m,σ_1,h,σ_2),那么 A 能以 $(1-e^{-1})\dfrac{\varepsilon(\kappa)}{q_H}$ 的概率输出两个有效的签名 (m,σ_1,h,σ_2) 和 $(m,\sigma_1,h',\sigma_2')$,其中,$h\neq h'$。

证明 设 $Q_1=(m_1,\sigma^{(1)}),\cdots,Q_{q_H}=(m_{q_H},\sigma^{(q_H)})$ 是 A 对 H 所做的 q_H 次询问,$\rho_1,\cdots,\rho_{q_H}$ 是 H 的 q_H 次应答。又设 A 在询问-应答完成后,以 $\varepsilon(k)$ 的概率输出一个有效的签名 (m,σ_1,h,σ_2)。由于 $H(m,\sigma_1)$ 是随机的,(m,σ_1) 等于某个询问(设为 Q_β)的概率等于 $\dfrac{1}{q_H}$。

又设 A 仍以 $Q_1=(m_1,\sigma^{(1)}),\cdots,Q_{q_H}=(m_{q_H},\sigma^{(q_H)})$ 询问 H,但得到的应答是 $\rho_1',\cdots,\rho_{q_H}'$。A 以 $\varepsilon(k)$ 的概率输出另一个有效的签名 $(m',\sigma_1',h',\sigma_2')$,其中,$h\neq h'$,$(m',\sigma_1')$ 等于某个询问(设为 $Q_{\beta'}$)。

若 (m,σ_1) 等于 Q_β 且 $\beta'=\beta$(此时 $(m',\sigma_1')=(m,\sigma_1)$),则在询问-应答链表上找到一个分叉,如图 9-9 所示。

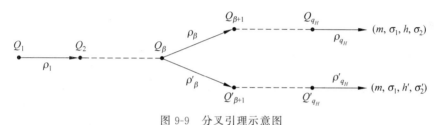

图 9-9 分叉引理示意图

设以下 3 个事件:

E_1——(m,σ_1) 等于 Q_β;

E_2——$\beta'=\beta$,为 H 的一个碰撞;

E——找到一个分叉。

则

$$\Pr[E]=\Pr[E_1E_2]=\Pr[E_1]\Pr[E_2\mid E_1]$$
$$=\frac{1}{q_H}\left[1-\left(1-\frac{1}{q_H}\right)^{q_H}\right]$$
$$\approx(1-e^{-1})\frac{1}{q_H}$$

所以 A 至少以 $(1-e^{-1})\dfrac{\varepsilon(\kappa)}{q_H}$ 的概率获得两个有效签名,即 (m,σ_1,h,σ_2) 和 $(m,\sigma_1,h',\sigma_2')$,使得 $h\neq h'$。   (定理 9-19 证毕)

例如,利用分叉引理可证明 7.3.1 节中的 ElGamal 签名体制和 7.3.2 节中的 Fiat-Shamir 签名体制,在适应性选择消息攻击下具有存在性不可伪造性,即为 EUF-CMA 安全的。

定理 9-20 如果求解离散对数问题是困难的,则 ElGamal 签名体制是 EUF-CMA 安全的。

具体来说,假设存在一个 EUF-CMA 敌手 A 至多进行 q_H 次 H 询问,以 $\varepsilon(\kappa)$ 的优势攻破 ElGamal 签名体制,那么一定存在一个敌手 B 至少以

$$\text{Adv}_{\Pi,B}(\kappa) \geqslant (1-e^{-1})\frac{\varepsilon(\kappa)}{q_H}$$

的优势求解一个离散对数问题的实例。

证明 设 B 意欲求解 $y(\equiv g^x \bmod p)$ 的离散对数,根据分叉引理 A 能以 $(1-e^{-1})$ $\frac{\varepsilon(\kappa)}{q_H}$ 的概率获得以 y 作为公开钥的两个签名 (m,r,e,s) 和 (m,r,e',s'),其中,$e\neq e'$。B 建立方程 $y^r r^s \equiv g^e (\bmod p)$ 和 $y^r r^{s'} \equiv g^{e'} (\bmod p)$。由于 g 是 Z_p^* 的生成元,所以存在某个整数 $l < p-1$,使得 $r \equiv g^l (\bmod p)$,同时由 $y \equiv g^x (\bmod p)$,B 获得方程组

$$\begin{cases} xr + ls \equiv e (\bmod p-1) \\ xr + ls' \equiv e' (\bmod p-1) \end{cases}$$

由 $e' \not\equiv e (\bmod p-1)$,有 $s' \not\equiv s (\bmod p-1)$,可得

$$l \equiv \frac{e-e'}{s-s'} (\bmod p-1)$$

由于 r 的随机性,$\gcd(r, p-1) \neq 1$ 的概率是可忽略的,所以 B 得到 $x \equiv \frac{e-ls}{r} (\bmod p-1)$。B 获胜的概率为 $(1-e^{-1})\frac{\varepsilon(\kappa)}{q_H}$。   (定理 9-20 证毕)

定理 9-21 如果分解大整数问题是困难的,则 Fiat-Shamir 签名体制是 EUF-CMA 安全的。

具体来说,假设存在一个 EUF-CMA 敌手 A 至多进行 q_H 次 H 询问,以 $\varepsilon(\kappa)$ 的优势 攻破 Fiat-Shamir 签名体制,那么一定存在一个敌手 B 至少以

$$\text{Adv}_{\Pi,B}(\kappa) \geqslant (1-e^{-1})\frac{\varepsilon(\kappa)}{2q_H}$$

的优势求解一个大整数分解问题的实例。

证明 设 n 是 B 意欲分解的大整数,B 随机选择 $u \in \mathbb{Z}_n^*$,计算 $u^{-1} (\bmod n)$ 的最小平方根 v 作为秘密钥。如果敌手 A 能够攻破 Fiat-Shamir 签名体制,根据分叉引理 A 能以 $(1-e^{-1})\frac{\varepsilon(\kappa)}{q_H}$ 的概率获得两个签名 $(m, \sigma_1, h, \sigma_2)$ 和 $(m, \sigma_1, h', \sigma_2')$,使得 $h=(e_1,\cdots,e_k)$ $\neq h'=(e_1',\cdots,e_k')$。设 $e_i \neq e_i'$,$i \in \{1,\cdots,k\}$,不妨设 $e_i=0, e_i'=1$,B 得到 $s_i \equiv r_i (\bmod n)$, $s_i' \equiv r_i v (\bmod n)$,设 $z \equiv s_i^{-1} s_i' \bmod n$,则 $z^2 \equiv u^{-1} \equiv v^2 \bmod n$。因为 $\gcd(z-v, n)$ 以 $\frac{1}{2}$ 的概率等于 n 的因子,所以 B 以 $(1-e^{-1})\frac{\varepsilon(\kappa)}{2q_H}$ 的概率得到 n 的因子。

                                                   (定理 9-20 证毕)

习　　题

1. 解释语义安全的概念,这一概念可用于抵抗如下攻击吗?

(1) 被动的多项式时间有界的敌手;

(2) 被动的多项式时间无界的敌手;

（3）主动的多项式时间有界的敌手。

2. Rabin 密码体制是 IND-CPA 安全的吗？是 IND-CCA 安全的吗？是 IND-CCA2 安全的吗？

3. 计算性 Diffie-Hellman 问题（Computational Diffie-Hellman，CDH 问题）是已知 (g, g^x, g^y)，计算 g^{xy}。离散对数问题（Discrete Logarithm 问题，DL 问题）是已知 (g, g^x)，计算 x。证明如下关系：

$$DL \Leftarrow CDH \Leftarrow DDH$$

4. 设 $\Pi' = (Enc', Dec')$ 是单钥加密方案，将 9.2.2 节中的加密方案修改如下：

输入公开钥 (n, e) 和消息 $m \in \{0,1\}^{\ell(k)}$，选择一个随机数 $r \leftarrow_R \mathbb{Z}_n^*$，输出密文

$$(r^e \bmod n, Enc'_k(m))。$$

证明如果 RSA 问题是困难的，则修改后的加密方案是 IND-CPA 安全的公钥加密方案。

5. Cramer-Shoup 密码体制也使用哈希函数，其安全性证明为什么不是随机谕言机模型？

6. （1）在 Paillier 方案 1 中，设 $n = 5 \times 7, g = 13$，在对 $m = 23$ 加密时，取 $r = 19$，计算密文，并验证解密过程。

（2）在 Paillier 方案 2 中，设 $n = 5 \times 7, g = 13$，计算 $m = 1178$ 的密文，并验证解密过程。

第 10 章 网络加密与认证

10.1 网络通信加密

10.1.1 开放系统互连和 TCP/IP 分层模型

1. 开放系统互连参考模型

开放系统互连（Open Systems Interconnection，OSI）参考模型描述信息如何从一台计算机的应用层软件通过网络媒体传输到另一台计算机的应用层软件。它是由 7 层协议组成的概念模型，每一层都说明了特定的网络功能。

OSI 参考模型把网络中计算机之间的信息传递分成 7 个较小的易于管理的层，它的
7 层协议中的每一层协议分别执行一个（或一组）任务，各层间相互独立，互不影响。7 层由低至高分别为物理层、链路层、网络层、传输层、会话层、表示层、应用层。如图 10-1 所示，其中左边数字表示层次，右边表示可将 7 层继续分为高层和低层两类，其中高层论述的是应用问题，通常用软件实现。最高层（应用层）最接近用户，用户和应用层通过通信应用软件相互作用。在参考模型中，上层意指某一层之上的任何层。

7	应用层	
6	表示层	高层
5	会话层	
4	传输层	
3	网络层	低层
2	链路层	
1	物理层	

图 10-1 OSI 参考模型的层次划分

低层负责处理数据传输问题，其中的物理层和链路层由硬件和软件共同实现，而其他层通常只是用软件来实现。最底层（物理层）最接近物理网络介质（如网络电缆），其职责是将信息放置到介质上。下面给出各层的具体含义。

物理层：物理层定义了用于执行、维护、终止物理链路所需要的电子、机械、过程及功能的规则。

链路层：链路层通过物理网络链路提供可靠的数据传输。不同的链路层定义了不同的网络和协议特性，其中包括物理编址、网络拓扑结构、错误校验、帧序列以及流控。

网络层：用于提供路由选择及其相关的功能，网络层为高层协议提供面向连接的服务和无连接服务。网络层协议一般都是路由选择协议，但其他类型的协议也可在网络层上实现。

传输层：用于实现向高层可靠地传输数据的服务。传输层的功能一般包括流控、多路传输、虚电路管理及差错校验和恢复。

会话层：用于建立、管理和终止表示层与实体之间的通信会话，通信会话包括发生在

不同网络设备的应用层之间的服务请求和服务应答,这些请求和应答通过会话层的协议实现。

表示层:提供多种用于应用层数据的编码和转换功能,以确保从一个系统应用层发送的信息可以被另一系统的应用层识别。

应用层:是最接近终端用户的 OSI 层,这就意味着 OSI 应用层与用户之间是通过软件直接相互作用的。应用层的功能一般包括标识通信伙伴、定义资源的可用性和同步通信。

OSI 模型系统间的通信方式如下:信息从一个计算机系统的应用层软件传输到另一个计算机系统的应用层软件,必须经过 OSI 参考模型的每一层。例如,系统 A 的应用层软件要将信息传送到系统 B 的应用层软件,那么系统 A 的应用程序先把该信息传送到 A 的应用层(第 7 层),然后应用层又把信息传送到表示层(第 6 层),表示层再把信息传送到会话层(第 5 层),依次下去,直到信息传送到物理层(第 1 层)。在物理层,信息被放置到物理网络介质上,并通过介质发送到系统 B。系统 B 的物理层从物理介质上获取信息,然后把信息从物理层传送到链路层(第 2 层),链路层再把信息传送到网络层(第 3 层),依次上去,直到信息传送到系统 B 的应用层(第 7 层)。最后,B 的应用层再把信息传送到接收应用程序中,这样便完成了整个通信过程。

2. TCP/IP 分层模型

TCP/IP 是因特网(Internet)的基本协议,它是"传输控制协议(Transmission Control Protocol,TCP)和网际协议(Internet Protocol,IP)"的简称。事实上,TCP/IP 是个协议系统,是由一系列支持网络通信的协议组成的集合。本节仅介绍 TCP/IP 的分层模型,对具体的协议不做介绍。

TCP/IP 可以采用与 OSI 结构相同的分层方法来建立模型,其模型分为 4 层,分别称为应用层、传输层、IP 层和接口层。

(1) 应用层:这一层将 OSI 高层(应用层、表示层和会话层)的功能合并为一层。

(2) 传输层:在功能上,这一层等价于 OSI 的传输层。

(3) IP 层:在功能上,这一层等价于 OSI 的网络层。

(4) 接口层:在功能上,这一层等价于 OSI 的链路层和物理层。

其中在传输层上的协议有两个:TCP 和 UDP(User Datagram Protocol,用户数据报协议),TCP 是一个面向连接的传输协议,是为在无连接的网络业务上运行面向连接的业务而设计的。UDP 是一个无连接传输协议,它与 OSI 的无连接传输协议相对应。

10.1.2　网络加密方式

1. 基本方式

为了将数据在网络中传送,需要在数据前面加上它的目的地址,称加在数据前面的目的地址为报头,用户数据加上报头称为数据报。加强网络通信安全性的最有效且最常用的方法是加密。网络加密的基本方式有两种:链路加密和端端加密。

链路加密是指每个易受攻击的链路两端都使用加密设备进行加密,因此整个通信链路上的传输都是安全的。缺点是数据报每进入一个分组交换机后都需要一次解密，原因是交换机必须读取数据报报头以便为数据报选择路由。因此，在交换机中数据报易受到攻击。

链路加密时，每一链路两端的一对节点都应共享一个密钥，不同节点对共享不同的密钥，因此需提供很多密钥，每个密钥仅分配给一对节点。

端端加密是指仅在一对用户的通信线路两端（即源节点和终端节点）进行加密，因此数据是以加密的形式通过网络由源节点传送到目标节点，目标节点用与源节点共享的密钥对数据解密。所以，端端加密可防止对网络上链路和交换机的攻击。

端端加密还能提供一定程度的认证，因为源节点和终端节点共享同一密钥，所以终端节点相信自己收到的数据报的确是由源节点发来的。链路加密方式不具备这种认证功能。

端端加密也有自己的缺点。由于只有目标节点能对加密结果解密，所以如果对整个数据报加密，则分组交换节点收到加密结果后无法读取报头，从而无法为该数据报选择路由。因此，主机只能对数据报中的用户数据部分加密而报头则以明文形式传送。这样，虽然用户数据部分是安全的，但却容易受业务流量分析的攻击。

为提高安全性，可将两种加密方式结合起来使用，如图 10-2 所示。其中主机用端端加密密钥加密数据报中用户的数据部分，然后用链路加密密钥对整个数据报再加密一次。当被加密的数据报在网络中传送时，每一交换机都使用链路加密密钥解密数据报以读取报头，然后再用下一链路的链路加密密钥加密整个数据报并发往下一交换机。所以，当两种加密方式结合起来使用时，除了在每个交换机内部数据报报头是明文形式外，其他整个过程数据报都是密文形式。

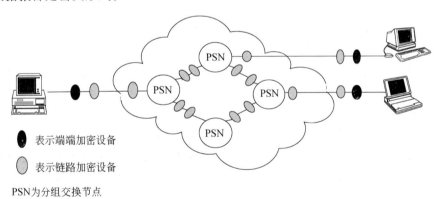

表示端端加密设备

表示链路加密设备

PSN为分组交换节点

图 10-2　分组交换网中的加密

2. 端端加密的逻辑位置

端端加密的逻辑位置是指将加密功能放在 OSI 参考模型的哪一层。可有几种选择，其中最低层的加密可在网络层进行，这时被保护的实体数目与网络中终端数目一样，任意两个终端如果共享同一密钥，就可进行保密通信。一终端系统若想和另一终端系统进行保密通信，则两个端系统用户的所有处理程序和应用程序都将使用同一加密方案和同一密钥。

在端端协议中利用加密功能,可为通信业务提供端端的安全性。然而这种方案不能为穿过互联网的通信业务(如电子邮件、电子数据交换(EDI)、文件传输)提供这种端端的安全性。如图 10-3 所示,该图表示用电子邮件网关沟通两个互联网,其中一个是使用 OSI 结构,另一个是使用 TCP/IP 结构。这时在两个互联网之间的应用层以下不存在端端协议,从一个端系统发出的传输和连接到邮件网关后即终止,邮件网关再建立一个新的传输并连接到另一端系统。即使邮件网关连接的两个互联网使用同一结构,传输过程也是如此。因此,对诸如电子邮件这种具有存储转发功能的应用,只有在应用层才有端端加密功能。

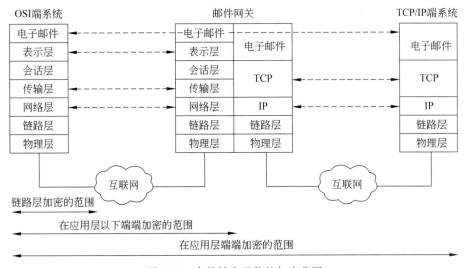

图 10-3　存储转发通信的加密范围

应用层加密的缺点是需考虑的实体数目将显著增加,比如网络中有数百个主机,则需考虑的实体(用户和进程)可能有数千个,不同的一对实体需产生一个不同的密钥,因此需要产生和分布更多的密钥。改进的方法是在分层结构上,越往上层则加密越少的内容。图 10-4 以 TCP/IP 结构为例说明这种改进方法,其中应用层网关指在应用层上操作的存储转发设备,阴影部分表示加密。图 10-4(a)表示在应用层加密,这时仅对 TCP 数据段中的用户数据部分加密,而 TCP 报头、IP 报头、网络层报头、链路层报头以及链路层报尾则是明文形式。图 10-4(b)表示在 TCP 层加密,其中对端端连接,用户数据和 TCP 报头被加密,而 IP 报头则是明文形式,这是因为路由器需要为 IP 数据报选择从源节点到目标节点的路由。然而,如果数据报通过网关,则终止 TCP 连接,并为下一跳建立一个新的传输连接,这时 IP 也将网关当作目标节点。因此,在网关,数据单元又被解密。如果下一跳又连接到 TCP/IP 网络上,用户数据和 TCP 报头在传输以前又将被加密。图 10-4(c)表示在链路层加密,在每个链路上除了链路层报头外,所有数据单元都被加密,但在路由器和网关之中所有数据单元都是明文形式。

链路层报头	网络层报头	IP报头	TCP报头	数据	链路层报尾

(a) 应用层加密(链路上和路由器、网关中)

链路层报头	网络层报头	IP报头	TCP报头	数据	链路层报尾

链路上和路由器中

链路层报头	网络层报头	IP报头	TCP报头	数据	链路层报尾

网关中

(b) TCP层加密

链路层报头	网络层报头	IP报头	TCP报头	数据	链路层报尾

链路上

链路层报头	网络层报头	IP报头	TCP报头	数据	链路层报尾

路由器和网关中

(c) 链路层加密

图 10-4 不同层次的加密方案

10.2 Kerberos 认证系统

Kerberos 是 MIT 作为 Athena 计划的一部分开发的认证服务系统。Kerberos 系统建立了一个中心认证服务器,用于向用户和服务器提供相互认证。目前,该系统已有 5 个版本,其中,V1～V3 是内部开发版;V4 是 1988 年开发的,现已得到广泛应用;而 V5 则进一步对 V4 中的某些安全缺陷做了改进,已于 1994 年作为 Internet 标准(草稿)公布(RFC 1510)。

系统的目的是解决以下问题:在开放的分布式环境中,用户希望访问网络中的服务器,而服务器则要求能够认证用户的访问请求并仅允许那些通过认证的用户访问服务器,以防未授权用户得到服务和数据。下面以 Kerberos V4 为例介绍该系统(系统使用的协议是基于第 9 章介绍的 Needham-Schroeder 认证协议)。

10.2.1 Kerberos V4

如果网络环境未加任何保护手段,则任一用户都可获取任一服务器(V)提供的服务。这时明显的安全威胁是假冒,即敌手可假装是一客户以获取访问服务器的特权。为防止这种假冒,服务器应能够确定要求服务的客户的身份,但在开放环境中则给服务器增加了过重的负担。为此引入一个称为认证服务器(Authentication Server, AS)的第三方来承担对用户的认证。AS 知道每个用户的口令,并将口令存在一个中心数据库。用户如果想访问某一服务器,要首先向 AS 发出请求(其中包括用户的口令),AS 将收到的用户口令和中心数据库存储的口令相比较以验证用户的身份。如果验证通过,AS 则向用户发放一个允许用户得到服务器服务的票据,用户则根据这一票据去获取服务器 V 的服务。

如果用户需多次访问同一服务器或不同服务器,则为了避免每次都重复以上获取票据的过程,再引入另一新服务器,称为票据许可服务器(Ticket-Granting Server,TGS)。TGS 向已经过 AS 认证的客户发放用于获取服务器 V 的服务的票据。为此用户应改为首先向 AS 获取访问 TGS 的票据 $\text{Ticket}_{\text{tgs}}$(称为票据许可票据)存起来以后可反复使用。用户每次欲获得服务器 V 的服务时,将 $\text{Ticket}_{\text{tgs}}$ 出示给 TGS,TGS 再向用户发放获得服务器 V 服务的许可票据 Ticket_{V}(称为服务许可票据)。

现在还有两个问题需加以解决。一是票据许可票据 $\text{Ticket}_{\text{tgs}}$ 的有效期限。如果有效期过短,用户就需频繁地向 AS 输入自己的口令。如果过长,则遭受敌手攻击的可能性就会增大。敌手通过对网络监听以获得用户的 $\text{Ticket}_{\text{tgs}}$,然后冒充合法用户向 TGS 申请获取服务器的服务。类似地,敌手也可截获服务许可票据 Ticket_{V}。所以,除了需对两个票据都加上合理的时间限制外,还需保证客户持有的票据的确是发放给他的真实的票据。第二个需要解决的问题是服务器也应该向用户证明自己,否则敌手通过破坏网络结构而使用户发往服务器的消息到达另一假冒的服务器,假冒的服务器获取用户的信息后再拒绝对用户提供服务。

以上是 Kerberos V4 认证过程的简要描述,详细过程分为以下 3 个阶段,共 6 步(见图 10-5)。

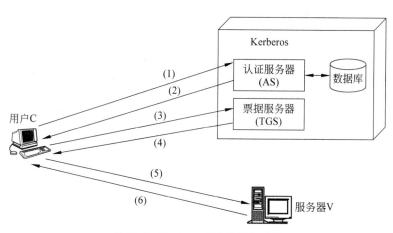

图 10-5　Kerberos V4 的认证过程

认证系统中的符号如下:

C—客户机,AS—认证服务器,V—服务器,ID_{C}—客户机用户的身份,TGS—票据许可服务器,ID_{V}—服务器 V 的身份,ID_{tgs}—TGS 的身份,AD_{C}—C 的网络地址,P_{C}—C 上用户的口令,TS_i—第 i 个时间戳,lifetime_i—第 i 个有效期限,K_{C}—由用户口令导出的用户和 AS 的共享密钥,$K_{\text{C,tgs}}$—C 与 TGS 的共享密钥,K_{V}—TGS 与 V 的共享密钥,K_{tgs}—AS 与 TGS 的共享密钥,$K_{\text{C,V}}$—C 与 V 的共享密钥。

协议如下:

第 I 阶段(认证服务交换)用户从 AS 获取票据许可票据:

(1) C→AS: $\text{ID}_{\text{C}} \parallel \text{ID}_{\text{tgs}} \parallel \text{TS}_1$。

(2) AS→C：$E_{K_C}[K_{C,tgs} \| ID_{tgs} \| TS_2 \| lifetime_2 \| Ticket_{tgs}]$。

其中， $Ticket_{tgs} = E_{K_{tgs}}[K_{C,tgs} \| ID_C \| AD_C \| ID_{tgs} \| TS_2 \| lifetime_2]$

第 II 阶段(票据许可服务交换)用户从 TGS 获取服务许可票据：

(3) C→TGS：$ID_V \| Ticket_{tgs} \| Authenticator_C$。

(4) TGS→C：$E_{K_{C,tgs}}[K_{c,v} \| ID_V \| TS_4 \| Ticket_V]$

其中， $Ticket_{tgs} = E_{K_{tgs}}[K_{C,tgs} \| ID_C \| AD_C \| ID_{tgs} \| TS_2 \| lifetime_2]$

$Ticket_V = E_{K_V}[K_{c,v} \| ID_C \| AD_C \| ID_V \| TS_4 \| lifetime_4]$

$Authenticator_C = E_{K_{C,tgs}}[ID_C \| AD_C \| TS_3]$

第 III 阶段(客户机-服务器的认证交换)用户从服务器获取服务：

(5) C→V：$Ticket_V \| Authenticator_V$

(6) V→C：$E_{K_{C,v}}[TS_5 + 1]$

其中， $Ticket_V = E_{K_V}[K_{c,v} \| ID_C \| AD_C \| ID_V \| TS_4 \| lifetime_4]$

$Authenticator_C = E_{K_{C,v}}[ID_C \| AD_C \| TS_5]$

具体解释如下：

(1) 客户机向 AS 发出访问 TGS 的请求,请求中的时间戳用以向 AS 表示这一请求是新的。

(2) AS 向 C 发出应答,应答由从用户的口令导出的密钥 K_C 加密,使得只有 C 能解读。应答的内容包括 C 与 TGS 会话所使用的密钥 $K_{C,tgs}$、用于向 C 表示 TGS 身份的 ID_{tgs}、时间戳 TS_2、AS 向 C 发放的票据许可票据 $Ticket_{tgs}$ 以及这一票据的截止期限 $lifetime_2$。

(3) C 向 TGS 发出一个由请求提供服务的服务器的身份、第(2)步获得的票据以及一个认证符构成的消息。其中认证符中包括 C 上用户的身份、C 的地址及一个时间戳。与票据不同,票据可重复使用且有效期较长,而认证符只能使用一次且有效期很短。TGS 用与 AS 共享的密钥 K_{tgs} 解密票据后知道 C 已从 AS 处得到与自己会话的会话密钥 $K_{C,tgs}$,票据 $Ticket_{tgs}$ 在这里的含义事实上是"使用 $K_{C,tgs}$ 的人就是 C"。TGS 也使用 $K_{C,tgs}$ 解读认证符,并将认证符中的数据与票据中的数据加以比较,从而可相信票据的发送者的确是票据的实际持有者,这时认证符的含义实际上是"在时间 TS_3, C 使用 $K_{C,tgs}$"。 注意,这时的票据不能证明任何人的身份,只是用来安全地分配密钥,而认证符则是用来证明客户的身份。因为认证符仅能被使用一次且其有效期限很短,所以可防止敌手对票据和认证符的盗取使用。

(4) TGS 向 C 应答的消息由 TGS 和 C 共享的会话密钥加密后发往 C,应答中的内容有 C 和 V 共享的会话密钥 $K_{c,v}$, V 的身份 ID_V,服务许可票据 $Ticket_V$ 及票据的时间戳。而票据中也包括应答中的上述数据项。

(5) C 向服务器 V 发出服务许可票据 $Ticket_V$ 和认证符 $Authenticator_C$。服务器解密票据后得到会话密钥 $K_{c,v}$,并由 $K_{c,v}$ 解密认证符,以验证 C 的身份。

(6) 服务器 V 向 C 证明自己的身份。V 对从认证符得到的时间戳加 1,再由与 C 共享的密钥加密后发给 C,C 解密后对增加的时间戳加以验证,从而相信增加时间戳的一方的确是 V。

整个过程结束以后,客户机和服务器 V 之间就建立起了共享的会话密钥,以后可用来加密通信或者交换新的会话密钥。

10.2.2　Kerberos 区域与多区域的 Kerberos

Kerberos 的一个完整服务范围由一个 Kerberos 服务器、多个客户机和多个服务器构成,并且满足以下两个要求:

（1）Kerberos 服务器必须在它的数据库中存有所有用户的 ID 和口令的哈希值,所有用户都已向 Kerberos 服务器注册。

（2）Kerberos 服务器必须与每一服务器有共享的密钥,所有服务器都已向 Kerberos 服务器注册。

满足以上两个要求的 Kerberos 的一个完整服务范围称为 Kerberos 的一个区域。网络中隶属于不同行政机构的客户机和服务器则构成不同的区域。一个区域的用户如果希望得到另一区域中的服务器的服务,则还需满足以下要求:每个区域的 Kerberos 服务器必须和其他区域的服务器有共享的密钥,且两个区域的 Kerberos 服务器已彼此注册。

多区域的 Kerberos 服务还要求在两个区域间,第一个区域的 Kerberos 服务器信任第二个区域的 Kerberos 服务器对本区域中用户的认证,而且第二个区域的服务器也应信任第一个区域的 Kerberos 服务器。

图 10-6 是两个区域的 Kerberos 服务示意图,其中,区域 A 中的用户希望得到区域 B 中服务器的服务,为此用户通过自己的客户机首先向本区域的 TGS 申请一个访问远程 TGS(即区域 B 中的 TGS)的票据许可票据,然后用这个票据许可票据向远程 TGS 申请获得服务器服务的服务许可票据。具体描述如下:

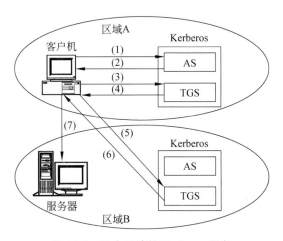

图 10-6　两个区域的 Kerberos 服务

（1）客户机向本地 AS 申请访问本区域 TGS 的票据:
$$C \rightarrow AS: ID_C \parallel ID_{tgs} \parallel TS_1$$

（2）AS 向客户发放访问本区域 TGS 的票据:
$$AS \rightarrow C: E_{K_C}[K_{C,tgs} \parallel ID_{tgs} \parallel TS_2 \parallel lifetime_2 \parallel Ticket_{tgs}]$$

（3）客户机向本地 TGS 申请访问远程 TGS 的票据许可票据：

$$\text{C} \rightarrow \text{TGS}: \text{ID}_{\text{tgsrem}} \parallel \text{Ticket}_{\text{tgs}} \parallel \text{Authenticator}_C$$

（4）TGS 向客户机发放访问远程 TGS 的票据许可票据：

$$\text{TGS} \rightarrow \text{C}: E_{K_{C,\text{tgs}}}[K_{C,\text{tgsrem}} \parallel \text{ID}_{\text{tgsrem}} \parallel \text{TS}_4 \parallel \text{Ticket}_{\text{tgsrem}}]$$

（5）客户机向远程 TGS 申请获得服务器服务的服务许可票据：

$$\text{C} \rightarrow \text{TGS}_{\text{rem}}: \text{ID}_{\text{vrem}} \parallel \text{Ticket}_{\text{tgsrem}} \parallel \text{Authenticator}_C$$

（6）远程 TGS 向客户机发放服务许可票据：

$$\text{TGS} \rightarrow \text{C}: E_{K_{C,\text{tgsrem}}}[K_{C,\text{vrem}} \parallel \text{ID}_{\text{vrem}} \parallel \text{TS}_6 \parallel \text{Ticket}_{\text{vrem}}]$$

（7）客户申请远程服务器的服务：

$$\text{C} \rightarrow \text{V}_{\text{rem}}: \text{Ticket}_{\text{vrem}} \parallel \text{Authenticator}_C$$

对有很多个区域的情况来说，以上方案的扩充性不好，因为如果有 N 个区域，则必须有 $N(N-2)/2$ 次密钥交换才可使每个 Kerberos 区域和其他所有的 Kerberos 区域能够互操作，所以当 N 很大时，方案变得不现实。

10.3　X.509 认证业务

X.509 作为定义目录业务的 X.509 系列的一个组成部分，是由 ITU-T 建议的。这里所说的目录实际上是维护用户信息数据库的服务器或分布式服务器集合，其中的用户信息包括用户名到网络地址的映射和用户的其他属性。X.509 定义了 X.500 目录向用户提供认证业务的一个框架，目录的作用是存放用户的公钥证书。X.509 还定义了基于公钥证书的认证协议。由于 X.509 中定义的证书结构和认证协议已被广泛应用于 S/MIME、IPSec、SSL/TLS 以及 SET 等诸多应用过程，因此 X.509 已成为一个重要的标准。

X.509 的基础是公钥密码体制和数字签名，但其中未特别指明使用哪种密码体制（建议使用 RSA），也未特别指明数字签名中使用哪种哈希函数。

10.3.1　证书

1. 证书的格式

用户的公钥证书是 X.509 的核心问题。证书由某个可信的证书发放机构 CA 建立，并由 CA 或用户自己将其放入目录中，以供其他用户方便地访问。目录服务器本身并不负责为用户建立公钥证书，其作用仅仅是为用户访问公钥证书提供方便。

X.509 中公钥证书的一般格式如图 10-7(a)所示。证书中的数据域有：

（1）版本号。默认为第 1 版；如果证书中需有发放者唯一识别符或主体唯一识别符，则版本号一定是 2；如果有一个或多个扩充项，则版本号为 3。

（2）顺序号。为一整数，由同一 CA 发放的每一证书的顺序号是唯一的。

（3）签名算法识别符。签署证书所用的算法及相应的参数。

（4）发放者名称。指建立和签署证书的 CA 名称。

（5）有效期。包括证书有效期的起始时间和终止时间两个数据项。

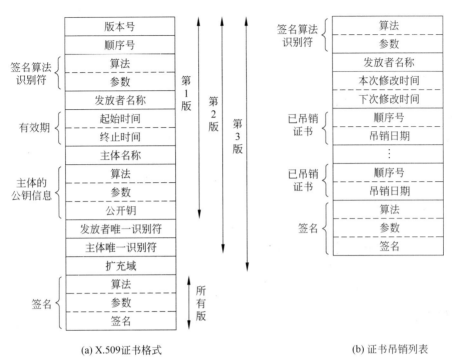

(a) X.509证书格式　　　　　　　　　　　　(b) 证书吊销列表

图 10-7　X.509 的证书格式和证书吊销列表

（6）主体名称。指证书所属用户的名称，即这一证书用来证明持有秘密钥用户的相应公开钥。

（7）主体的公开钥信息。包括主体的公开钥、使用这一公开钥算法的标识符及相应的参数。

（8）发放者唯一识别符。这一数据项是可选用的，当发放者（CA）的名称被重新用于其他实体时，则用这一识别符来唯一标识发放者。

（9）主体唯一识别符。这一数据项也是可选用的，当主体的名称被重新用于其他实体时，则用这一识别符来唯一地标识主体。

（10）扩充域。其中包括一个或多个扩充的数据项，仅在第 3 版中使用。

（11）签名。CA 用自己的秘密钥对上述域的哈希值签名的结果，此外这个域还包括签名算法标识符。

X.509 中使用以下表示法来定义证书：

$$CA \ll A \gg = CA\{V, SN, AI, CA, T_A, A, A_p\}$$

其中，$Y \ll X \gg$ 表示证书发放机构 Y 向用户 X 发放的证书，$Y\{I\}$ 表示 I 链接上 Y 对 I 的哈希值的签名。

2. 证书的获取

CA 为用户产生的证书应有以下特性：

（1）其他任一用户只要得到 CA 的公开钥，就能由此得到 CA 为该用户签署的公开钥。

(2) 除 CA 以外,任何其他人都不能以不被察觉的方式修改证书的内容。

因为证书是不可伪造的,因此放在目录后无须对目录施加特别的保护措施。

如果所有用户都由同一 CA 为自己签署证书,则这一 CA 就必须取得所有用户的信任。用户证书除了能放在目录中以供他人访问外,还可以由用户直接发给其他用户。用户 B 得到用户 A 的证书后,可相信 A 的公开钥加密的消息不会被他人获悉,还可相信用 A 的秘密钥签署的消息是不可伪造的。

如果用户数量极多,则仅一个 CA 负责为用户签署证书就有点不现实,因为每一用户都必须以绝对安全(指完整性和真实性)的方式得到 CA 的公开钥,以验证 CA 签署的证书。因此在用户数目极多的情况下,应有多个 CA,每一 CA 仅为一部分用户签署证书。

设用户 A 已从证书发放机构 X_1 处获取了公钥证书,用户 B 已从 X_2 处获取了证书。如果 A 不知 X_2 的公开钥,他虽然能读取 B 的证书,但却无法验证 X_2 的签名,因此 B 的证书对 A 来说是没有用处的。然而,如果两个 CA X_1 和 X_2 彼此间已经安全地交换了公开钥,则 A 可通过以下过程获取 B 的公开钥:

(1) A 从目录中获取由 X_1 签署的 X_2 的证书,因 A 知道 X_1 的公开钥,所以能验证 X_2 的证书,并从中得到 X_2 的公开钥。

(2) A 再从目录中获取由 X_2 签署的 B 的证书,并由 X_2 的公开钥对此加以验证,然后从中得到 B 的公开钥。

以上过程中,A 是通过一个证书链来获取 B 的公开钥,证书链可表示为

$$X_1 \ll X_2 \gg X_2 \ll B \gg$$

类似地,B 能通过相反的证书链获取 A 的公开钥,表示为

$$X_2 \ll X_1 \gg X_1 \ll A \gg$$

以上证书链中有两个证书,N 个证书的证书链可表示为

$$X_1 \ll X_2 \gg X_2 \ll X_3 \gg \cdots X_N \ll B \gg$$

此时任意两个相邻的 CA X_i 和 X_{i+1} 已彼此间为对方建立了证书,对每一 CA 来说,由其他 CA 为这一 CA 建立的所有证书都应存放于目录中,并使用户知道所有证书相互之间的连接关系,从而可获取另一用户的公钥证书。X.509 建议将所有 CA 以层次结构组织起来。

图 10-8 是 X.509 的 CA 层次结构的一个例子,其中的内部节点表示 CA,叶节点表示

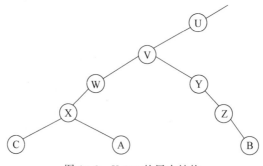

图 10-8　X.509 的层次结构

用户。用户 A 可从目录中得到相应的证书以建立到 B 的以下证书链：

$$X \ll W \gg W \ll V \gg V \ll Y \gg Y \ll Z \gg Z \ll B \gg$$

并通过该证书链获取 B 的公开钥。

类似地，B 可建立以下证书链以获取 A 的公开钥：

$$Z \ll Y \gg Y \ll V \gg V \ll W \gg W \ll X \gg X \ll A \gg$$

3. 证书的吊销

每一证书都有一个有效期，然而有些证书还未到截止日期就会被发放该证书的 CA 吊销，这是由于用户的秘密钥有可能已被泄露，或者该用户不再由这 CA 来认证，或者 CA 为该用户签署证书的秘密钥有可能已泄露。为此，每一 CA 还必须维护一个证书吊销列表(Certificate Revocation List，CRL)，见图 10-7(b)，其中存放所有未到期而被提前吊销的证书，包括该 CA 发放给用户和发放给其他 CA 的证书。CRL 还必须经该 CA 签名，然后存放于目录以供他人查询。

CRL 中的数据域包括发放者 CA 的名称、建立 CRL 的日期、计划公布下一 CRL 的日期以及每一被吊销的证书数据域，而被吊销的证书数据域包括该证书的顺序号和被吊销的日期。因为对一个 CA 来说，他发放的每一证书的顺序号是唯一的，所以可用顺序号来识别每一证书。

所以每一用户收到他人消息中的证书时，都必须通过目录检查这一证书是否已被吊销。为避免搜索目录引起的延迟以及由此而增加的费用，用户自己也可维护一个有效证书和被吊销证书的局部缓存区。

10.3.2　认证过程

X.509 有 3 种认证过程以适应不同的应用环境。3 种认证过程都使用公钥签名技术，并假定通信双方都可从目录服务器获取对方的公钥证书，或对方最初发来的消息中包含的公钥证书，即假定通信双方都知道对方的公钥。3 种认证过程如图 10-9 所示。

1. 单向认证

单向认证指用户 A 将消息发往 B，以向 B 证明：A 的身份；消息是由 A 产生的；消息的意欲接收者是 B；消息的完整性和新鲜性。

为实现单向认证，A 发往 B 的消息应由 A 的秘密钥签署的若干数据项组成。数据项中应至少包括时间戳 t_A、一次性随机数 r_A、B 的身份，其中，时间戳又有消息的产生时间(可选项)和截止时间，以处理消息传送过程中可能出现的延迟，一次性随机数用于防止重放攻击。r_A 在该消息未到截止时间以前应是这一消息唯一所有的，因此 B 可在这一消息的截止时间以前一直存有 r_A，以拒绝具有相同 r_A 的其他消息。

如果仅为了单纯认证，则 A 发往 B 的上述消息就可作为 A 提交给 B 的凭证。如果不单纯为了认证，则 A 用自己的秘密钥签署的数据项还可包括其他信息 sgnData，将这个信息也包括在 A 签署的数据项中可保证该信息的真实性和完整性。数据项中还可包括由 B 的公开钥 PK_B 加密的双方意欲建立的会话密钥 K_{AB}。

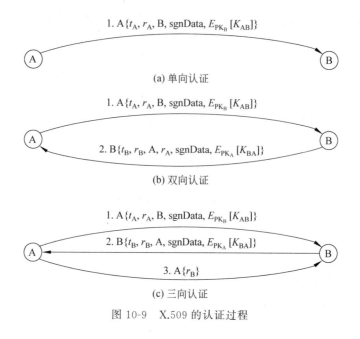

图 10-9　X.509 的认证过程

2. 双向认证

双向认证是在上述单向认证的基础上，B 再向 A 作出应答，以证明：B 的身份；应答消息是由 B 产生的；应答的意欲接收者是 A；应答消息是完整的和新鲜的。

应答消息中包括由 A 发来的一次性随机数 r_A（以使应答消息有效），由 B 产生的时间戳 t_B 和一次性随机数 r_B。与单向认证类似，应答消息中也可包括其他附加信息和由 A 的公开钥加密的会话密钥。

3. 三向认证

在上述双向认证完成后，A 再对从 B 发来的一次性随机数签名后发往 B，即构成第三向认证。三向认证的目的是双方将收到的对方发来的一次性随机数又都返回给对方，因此双方不需检查时间戳而只需检查对方的一次性随机数即可检查出是否有重放攻击。在通信双方无法建立时钟同步时，就需使用这种方法。

10.4　PGP

PGP(Pretty Good Privacy)是目前最为普遍使用的一种电子邮件系统。该系统能为电子邮件和文件存储应用过程提供认证业务和保密业务。

本节分别介绍 PGP 的运行方式、密钥的产生和存储以及公钥的管理。

10.4.1　运行方式

PGP 有 5 种业务：认证性、保密性、压缩、电子邮件的兼容性、分段。表 10-1 是这 5 种业务的总结。其中，CAST-128 是一种分组密码，算法具有传统 Feistel 网络结构，采用

16 轮迭代,明文分组长度为 64 比特,密钥长以 8 比特为增量,从 40 比特到 128 比特可变。

表 10-1　PGP 的业务

功　能	所用算法	描　　述
数字签名	DSS/SHA 或 RSA/SHA	发方使用 SHA 产生消息摘要,再用自己的秘密钥按 DSS 算法或 RSA 算法对消息摘要签名
消息加密	CAST 或 IDEA 或三个密钥的三重 DES/ElGamal 或 RSA	消息由用户产生的一次性会话密钥按 CAST-128 或 IDEA 或三重 DES 加密,会话密钥用收方的公开钥按 ElGamal 或 RSA 加密
压缩	ZIP	消息经 ZIP 算法压缩后存储或传送
电子邮件的兼容性	基数 64 变换	使用基数 64 变换将加密的消息转换为 ASCII 字符串,以提供电子邮件应用系统的透明性
分段		对消息进行分段和重组以适应 PGP 对消息最大长度的限制

图 10-10 是 PGP 的认证业务和保密业务示意图。其中,K_S 为分组加密算法所用的会话密钥;EC 和 DC 分别为分组加密算法和解密算法;EP 和 DP 分别为公钥加密算法和解密算法;SK_A 和 PK_A 分别为发方的秘密钥和公开钥;SK_B 和 PK_B 分别为收方的秘密钥和公开钥;H 表示哈希函数;‖ 表示链接;Z 为 ZIP 压缩算法;$R64$ 表示基数 64 变换。

1. 认证业务

图 10-10(a)表示 PGP 中通过数字签名提供认证的过程,分为 5 步:

(1) 发方产生消息 M。

(2) 用 SHA 产生 160 比特长的消息摘要 $H(M)$。

(3) 发方用自己的秘密钥 SK_A 按 RSA 算法对 $H(M)$ 加密,并将加密结果 $EP_{SK_A}[H(M)]$ 与 M 链接后发送。

(4) 收方用发方的公开钥对 $EP_{SK_A}[H(M)]$ 解密得 $H(M)$。

(5) 收方对收到的 M 计算消息摘要,并与(4)中的 $H(M)$ 比较。如果一致,则认为 M 是真实的。

过程中结合使用了 SHA 和 RSA 算法,类似地也可结合使用 DSS 算法和 SHA 算法。

以上过程将消息的签名与消息链接后一起发送或存储,但在有些情况中却将消息的签名与消息分开发送或存储。例如,将可执行程序的签名分开存储,以后可用来检查程序是否有病毒感染。再如,多人签署同一文件(如法律合同),每人的签名都应与被签文件分开存放;否则,第一个人签完字后将消息与签名链接在一起,第二人签名时既要签消息,又要签第一人的签名,因此就形成了签名的嵌套。

2. 保密业务

PGP 的另一业务是为传输或存储的文件提供加密的保密性业务。加密算法用 CAST-128,也可用 IDEA 或三重 DES,运行模式为 64 比特 CFB 模式。加密算法的密钥为一次性的,即每加密一个消息时都需产生一个新的密钥,称为一次性会话密钥,且新密

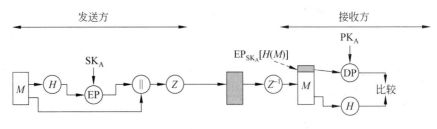

(a) 仅有认证性

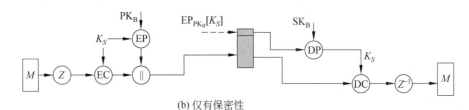

(b) 仅有保密性

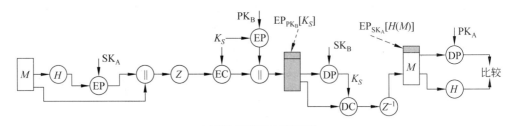

(c) 既有保密性又有认证性

图 10-10　PGP 的认证业务和保密业务

钥也需用接收方的公开钥加密后与消息一起发往收方,整个过程如下[见图 10-10(b)]:

(1) 发送方产生消息 M 及一次性会话密钥 K_S。

(2) 用密钥 K_S 按 CAST-128(或 IDEA 或 3DES)加密 M。

(3) 用接收方的公开钥 PK_B 按 RSA 算法加密一次性会话密钥 K_S,将(2)、(3)中的两个加密结果链接起来发往收方。

(4) 接收方用自己的秘密钥按 RSA 算法恢复一次性会话密钥。

(5) 接收方用一次性会话密钥恢复发方发来的消息。

PGP 还为加密一次性会话密钥提供了 ElGamal 算法以供选用。

以上方案有以下几个优点:第一,由于分组加密速度远快于公钥加密速度,因此使用分组加密算法加密消息、使用公钥加密算法加密一次性会话密钥可比单纯使用公钥算法大大地减少加密时间。第二,因为会话密钥是一次性的,因此没有必要使用会话密钥的交换协议。同时,由于电子邮件的存储转发特性,也无法使用握手交换协议。本方案使用公钥加密算法来传送一次性会话密钥,保证了仅接收方能得到。第三,一次性会话密钥的使用进一步加强了本来就很强的分组加密算法,因此只要公钥加密算法是安全的,整个方案就是安全的。PGP 可允许用户选择的密钥长度为 $768 \sim 3072$ 比特,而若使用 DSS,则其密钥限制为 1024 比特。

3. 保密性与认证性

如果对同一消息同时提供保密性与认证性,可使用图 10-10(c)的方式。发送方首先用自己的秘密钥对消息签名,将明文消息和签名链接在一起,再使用一次性会话密钥按 CAST-128(或 IDEA 或 3DES)对其加密,同时用 ElGamal 算法对会话密钥加密,最后将两个加密结果一同发往接收方。在这一过程中,先对消息签名再对签名加密。这一顺序优于先加密再对加密结果签名。这是因为将签名与明文消息在一起存储比与密文消息在一起存储会带来很多方便,同时也给第三方对签名的验证带来方便。

4. 压缩

图 10-10 中 Z 表示 ZIP 压缩算法, Z^{-1} 表示解压算法。压缩的目的是为邮件的传输或文件的存储节省空间。压缩运算的位置是在签名以后、加密以前。

(1) 压缩前产生签名的原因有二:

- 对不压缩的消息签名,可便于以后对签名的验证。如果对压缩后的消息签名,则为了以后对签名的验证,需存储压缩后的消息或在验证签名时对消息重做压缩。
- 即使用户愿意对压缩后的消息签名且愿意验证时对原消息重做压缩,实现起来也极为困难,这是因为 ZIP 压缩算法是不确定性的,该算法在不同的实现中会由于在运行速度和压缩率之间产生不同的折中,因而产生出不同的压缩结果(虽然解压结果相同)。

(2) 对消息压缩后再进行加密可加强其安全性,这是因为消息压缩后比压缩前的冗余度要小,因此会使得密码分析更为困难。

5. 电子邮件的兼容性

PGP 在如图 10-10 所示的 3 种业务中,传输的消息都有被加密的部分(也许是所有部分),这些部分构成了任意 8 比特位组串。然而许多电子邮件系统只允许使用 ASCII 文本串,为此 PGP 提供了将 8 比特位串转换为可打印的 ASCII 字符的服务。转换方法是使用基数 64 变换,将每 3 个 8 比特位组的二元数据映射为 4 个 ASCII 字符。基数 64 变换可将被变换的消息扩展 33%,但由于扩展是对会话密钥和消息的签名部分进行,而这一部分又是比较紧凑的,所以对明文消息的压缩足以弥补基数 64 变换所引起的扩展。有实例显示,ZIP 的平均压缩率大约为 2.0,因此如果不考虑相对小的签名和密钥部分,对长度为 X 的文件来说,压缩和扩展的总体效果为 $1.33 \times 0.5 \times X = 0.665 \times X$,即总体上有三分之一的压缩。

PGP 变换具有"盲目性",即不管输入变换的消息内容是否是 ASCII 文件,都将变换为基数 64 格式。因此在图 10-10 所示的仅提供认证的服务中,对消息及其签名进行基数 64 变换,变换后的结果对不经意的观察者来说是不可读的,从而可提供一定程度的保密性。作为一种配置选择,PGP 可以只将消息的签名部分转换为基数 64 格式,从而使得接收方不使用 PGP 就可阅读消息,但对签名的验证仍然需要使用 PGP。

图 10-11 分别是发送方和接收方对消息的处理过程框图,发方首先对消息的哈希值

签名(如果需要),然后明文消息及其签名(如果有)再经压缩函数压缩。如果要求保密性,则用一次性会话密钥按分组加密算法加密压缩结果,同时用公钥加密算法加密一次性会话密钥。将两个加密结果链接在一起后,再经基数64变换转换为基数64格式。

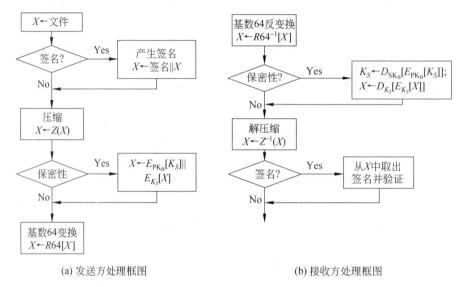

(a) 发送方处理框图　　　　　　　　　　(b) 接收方处理框图

图 10-11　PGP 的消息处理框图

收方首先将接收到的结果由基数 64 格式转换为二元数字串。然后,如果消息是密文,则恢复一次性会话密钥,由一次性会话密钥恢复加密的消息,并对之解压缩。如果消息还经过签名,则从上一步恢复的消息中取出消息的哈希值,并与自己计算的消息的哈希值进行比较。

6. 分段与重组

电子邮件通常都对最大可用的消息长度有所限制,如果消息长度大于最大可用长度,则将消息分为若干子段并分别发送。分段是在图 10-11(a)基数 64 变换以后进行的,因此会话密钥报头和签名报头仅在第一子段的开头处出现一次。接收方在图 10-11(b)的处理过程以前,首先去掉第一子段开头处的报头再将各子段拼装在一起。

10.4.2　密钥和密钥环

PGP 所用的密钥有 4 类:分组加密算法所用的一次性会话密钥和基于密码短语的密钥,公钥加密算法所用的公开钥和秘密钥。为此 PGP 必须满足以下 3 个要求:

- 能够产生不可猜测的会话密钥。
- 用户可有多个公开钥-秘密钥对,这是因为用户可能希望随时更换自己的密钥对,另一方面用户可能希望在同一时间和多个通信方同时通信时分别使用不同的密钥对,或者用户可能希望通过限制一个密钥加密的内容的数量来增加安全性。所以用户和他的密钥对不是一一对应的关系,必须采取某一方式对密钥加以识别。

- PGP 的每一用户都必须对存储自己密钥对的文件加以维护,同时还需对存储所有通信对方公钥的文件加以维护。

1. 会话密钥的产生

会话密钥的使用是一次性的,其中,CAST-128 和 IDEA 所用会话密钥长为 128 比特,三重 DES 所用的会话密钥长为 168 比特。下面以 CAST-128 为例介绍其密钥的生成。

产生 CAST-128 密钥的随机数产生器仍由 CAST-128 加密算法构成(构成方式略),其输入为一个 128 比特的密钥和两个 64 比特的明文,采用 CFB 模式,对两个明文分组加密,再将得到的两个 64 比特密文分组链接在一起即形成所要产生的 128 比特密钥。其中,两个 64 比特(即 128 比特)的明文分组由用户随机地从键盘输入而得,将输入的一个字符表示成 8 比特的数值,共随机输入 12 个字符,得 96 比特长的数值,剩下 32 比特则用来表示键盘输入所用的时间。随机数产生器输入的 128 比特长的密钥则取为它上一次输出的 128 比特长的会话密钥。

2. 密钥识别符

如前所述,PGP 在对消息加密的同时,还需用接收方的公开钥对一次性会话密钥加密,从而使得只有接收方能恢复会话密钥,进而恢复加密的消息。如果接收方只有一个密钥对(即公开钥-秘密钥对),就可直接恢复会话密钥。然而,接收方通常都有多个密钥对,他怎么知道会话密钥是用他的哪个公开钥加密的? 一种解决办法是发送方将所用的接收方的公开钥一起发给接收方,但这种方法对空间的浪费太多,因为 RSA 的公开钥其长度可达数百位十进制数。另一种办法是对每一用户的每一公开钥都指定一个唯一的识别符,称为密钥 ID,因此发送方用接收方的哪个公开钥就将这个公开钥的 ID 发给接收方。但使用这种方法必须考虑密钥 ID 的存储和管理,且收发双方都必须能够从密钥 ID 得到对应的公开钥,从而引起不必要的负担。PGP 采用的方法是用公开钥中 64 个最低有效位表示该密钥的 ID,即公开钥 PK_A 的 ID 是 $PK_A \bmod 2^{64}$。由于 64 位已足够长,因而不同密钥的 ID 相重的概率非常小。

PGP 在数字签名时也需对密钥加上识别符,这是因为发送方签名时可能有很多秘密钥可供使用,接收方必须知道使用发送方的哪一个公开钥来验证数字签名。PGP 用签名中的 64 比特来表示相应公开钥的 ID。

3. PGP 的消息格式

图 10-12 表示 PGP 中发送方 A 发往接收方 B 的消息格式。其中,E_{PK_B} 表示用接收方 B 的公开钥加密;E_{SK_A} 表示用发送方 A 的秘密钥加密(即 A 的签名);E_{K_S} 表示用一次性会话密钥 K_S 的加密;ZIP 是压缩算法;$R64$ 是基数 64 变换。

PGP 的消息由 3 部分组成:消息、消息的签名(可选)、会话密钥(可选)。

消息部分包括被存储或被发送的实际数据、文件名以及时间戳。

签名部分包括以下成分:

(1) 时间戳。产生签名的时间。

(2) 消息摘要。消息摘要是由 SHA 对签名的时间戳链接上消息本身后求得的 160

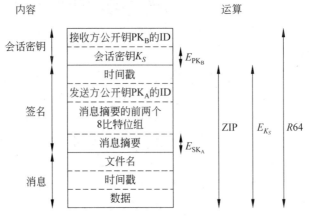

图 10-12　PGP 的消息格式

比特输出,再由发送方用秘密钥签名。求消息摘要时以签名时间戳作为输入的一部分的目的是防止重放攻击,而不以消息的文件名和产生消息的时间戳作为输入的一部分的目的是使得对无报头域的实际数据计算的签名与作为前缀而附加在消息前的签名完全一样。

(3) 消息摘要的前两个 8 比特位组:接收方用于与解密消息摘要后得到的前两个 8 比特位组进行比较,以确定自己在验证发送方的数字签名时是否正确地使用了发送方的公开钥。消息摘要的前两个 8 比特位组,也可用作消息的 16 比特帧校验序列。

(4) 发送方公开钥的 ID。用于标识解密消息摘要(即验证签名)的公开钥,相应地也标识了签名的秘密钥。

消息部分和签名部分经 ZIP 算法压缩后再用会话密钥加密。

会话密钥部分包括会话密钥和接收方公开钥标识符,标识符用于识别发送方加密会话密钥时使用接收方的哪个公开钥。

发送消息前,对整个消息作基数 64 变换。

4. 密钥环

为了有效存储、组织密钥,同时也为了便于用户的使用,PGP 为每个节点(即用户)都提供了两个表型数据结构:一个用于存储用户自己的密钥对(即公开钥/秘密钥),另一个用于存储该用户所知道的其他各用户的公开钥。这两个数据结构分别称为秘密钥环和公钥环,如表 10-2 所示,其中带 * 的字段可作为标识字段。

在秘密钥环中,每行表示该用户的一个密钥对,其数据项有:产生密钥对的时间戳、密钥 ID、公开钥、被加密的秘密钥、用户 ID,其中,密钥 ID 和用户 ID 可作为该行的标识符。用户 ID 可用用户的邮件地址,用户也可以为一个密钥对使用多个不同的用户 ID,还可以在不同的密钥对中使用相同的用户 ID。

秘密钥环由用户自己存储,仅供用户自己使用,而且为使秘密钥尽可能地安全,秘密钥是通过 CAST-128(或 IDEA 或 3DES)加密后以密文形式存储,加密过程为:用户首先

表 10-2　密钥环

（a）秘密钥环

时间戳	密钥 ID*	公开钥	被加密的秘密钥	用户 ID*
⋮	⋮	⋮	⋮	⋮
T_i	$PK_i \bmod 2^{64}$	PK_i	$E_{H(P_i)}[SK_i]$	用户 i
⋮	⋮	⋮	⋮	⋮

（b）公钥环

时间戳	密钥 ID*	公开钥	拥有者可信字段	用户 ID*	密钥合法性字段	签名	签名可信字段
⋮	⋮	⋮	⋮	⋮	⋮	⋮	⋮
T_i	$PK_i \bmod 2^{64}$	PK_i	$trust\_flag_i$	用户 i	$trust\_flag_i$		
⋮	⋮	⋮	⋮	⋮	⋮	⋮	⋮

选择一个密码短语作为 SHA 的输入,产生出一个 160 比特的哈希值后销毁通行字短语,再用哈希值的 128 比特作为密钥按 CAST-128 对秘密钥加密,加密完成后再销毁哈希值。以后若要取出秘密钥,必须重新输入密码短语,PGP 产生出通行字的哈希值,并以此哈希值为秘密钥按 CAST-128 解密被加密的秘密钥。

从加密秘密钥的过程可见,秘密钥的安全性取决于所用密码的安全性,所以用户使用的密码应是易于自己记住的但又是不易被他人猜出的。

公钥环中每行存储的是该用户所知道的其他用户的公开钥,其数据项包括:时间戳(表示这一行产生的时间)、密钥 ID(指这一行的公开钥)、公开钥、用户 ID(指该公开钥的属主),其中密钥 ID 和用户 ID 可作为该行的标识符,还有其他几个数据项以后再介绍。

下面介绍消息传输和接收时密钥环是如何使用的。为简单起见,下面的过程中省略了压缩过程和基数 64 变换过程。

假定消息既要被签名,也要被加密,则发送方 A 需执行以下过程(见图 10-13,其中,RNG 是随机数产生器,其他符号和图 10-10 相同):

1)签署消息

(1) PGP 使用 A 的用户 ID 作为索引(即关键字)从 A 的秘密钥环中取出 A 的秘密钥。如果用户 ID 为默认值,则从秘密钥环中取出第一个秘密钥。

(2) PGP 提示用户输入密码短语用于恢复被加密的秘密钥。

(3) 由 A 的秘密钥产生消息的签名。

2)加密消息

(1) PGP 产生一个会话密钥,并由会话密钥对消息及签名加密。

(2) PGP 使用接收方 B 的用户 ID 作为关键字,从公钥环中取出 B 的公开钥。

(3) PGP 用 B 的公开钥加密会话密钥以形成发送消息中的会话密钥部分。

接收方 B 执行以下过程(见图 10-14):

1)解密消息

(1) PGP 从接收到的消息中的会话密钥部分取出接收方 B 的密钥 ID,并以此作为关键字从 B 的秘密钥环中取出相应的被加密的秘密钥。

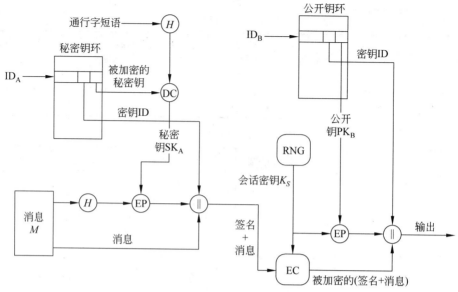

图 10-13　PGP 的消息产生过程

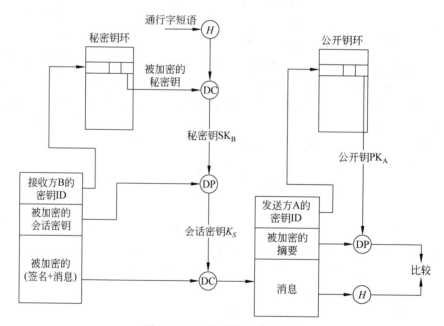

图 10-14　PGP 的消息接收过程

（2）PGP 提示 B 输入通行字短语以恢复秘密钥。

（3）PGP 用秘密钥恢复出会话密钥，并进而解密消息。

2）认证消息

（1）PGP 从收到的消息中的签名部分取出发送方 A 的密钥 ID，并以此作为关键字从发送方的公钥环中取出发送方的公开钥。

（2）PGP 用发送方的公开钥恢复消息摘要。

（3）对收到的消息重新求消息摘要，并与恢复出的消息摘要进行比较。

10.4.3 公钥管理

如何保护公钥不被他人窜扰是公钥密码体制中最为困难的问题，也是公钥密码体制的一个薄弱环节，很多软件复杂性高都是因这一问题而引起的。

PGP 由于可用于各种环境，所以未建立严格的公钥管理方案，而是提供了一种解决公钥管理问题的结构，其中有好几种建议选择可供选用。

1. 公钥管理方法

用户 A 为了使用 PGP 和其他用户通信，必须建立一个公钥环，用于存放其他用户的公开钥。如果 A 的公钥环中有一个公开钥表明是属于 B 的，但实际上是属于 C 的，例如，A 是通过 B 发布公开钥的公告牌系统（Bulletin Board System，BBS）获取 B 的公开钥，但在 A 获取之前，C 就已将 B 的公开钥给替换了，就可能有以下两种危险：第一，C 可以假冒 B 对伪造的消息签名，再发给 A，A 收到 C 发来的消息却以为是 B 发来的；第二，A 发给 B 的任何加密的消息都被 C 解读。

所以，必须采取措施以减小用户公钥环中包含虚假公钥的危险。用户 A 可采取以下措施获取用户 B 的可靠公开钥：

（1）物理手段。B 可将自己的公开钥存在一张软盘中，亲手交给 A。这个方法最为安全，但受实际应用限制。

（2）通过电话验证。如果 A 能在电话中识别 B，就可要求 B 以基数 64 的格式在电话中口述自己的公开钥。更实际的方法是 B 通过电子邮件向 A 发送自己的公开钥，A 通过 PGP 产生公开钥的 160 比特的摘要，并以十六进制格式显示，称其为公开钥的指纹。然后 A 要求 B 在电话中口述公开钥的指纹，如果两个指纹一致，B 的公开钥就得以验证。

（3）通过 A、B 都信赖的第三方，即介绍人 D。D 首先建立一个证书，其中包括 B 的公开钥、公开钥建立的时间、公开钥的有效期，然后用 SHA 求出证书的数字摘要，并用自己的秘密钥为数字摘要签名，再将签名链接在证书后由 B 或 D 发给 A，或在 BBS 中发布。因为其他人不知道 D 的秘密钥，所以即使能够伪造 B 的公开钥也无法伪造 D 的签名。

（4）通过可信的证书发放机构，方法同（3）。

后两种措施中，A 为获取 B 的公开钥，得首先获取可信赖的第三方或可信赖的证书发放机构的公开钥，并相信该公开钥的有效性。所以最终还取决于 A 对第三方或证书发放机构的信任程度。

2. PGP 中的信任关系

PGP 中虽然未对建立证书发放机构或建立可信赖机构做任何说明，但却提供了一种方便的方法来使用 PGP 中的信任关系，建立用户对公开钥的信任程度。

PGP 建立信任关系的基本方法是用户在建立公钥环时，以一个公钥证书作为公钥环中的一行。其中有 3 个数据项用来表示对该公钥证书的信任程度（见表 10-2）。

（1）密钥合法性字段（key legitimacy field）：表示 PGP 以多大程度信任这一公开钥

是用户的有效公开钥,该字段是由 PGP 根据这一证书的签名可信字段计算的。

(2) 签名可信字段(signature trust field):拥有该公开钥的用户可收集 0 个或多个为该公钥证书的签名,而每一签名后面都有一签名可信字段,用来表示该用户对签名者的信任程度。

(3) 拥有者可信字段(owner trust field):用于表示用这一公开钥签署其他公钥证书的可信程度,这一字段由用户自己指定。

以上 3 个字段的取值是用来表示信任程度的标志。标志的具体含义在此不再赘述。

假定用户 A 已有一个公钥环,PGP 对公钥环的信任处理过程如下:

(1) 当 A 在公钥环中插入一新的公开钥时,PGP 必须为拥有者可信字段指定一个标志。如果 A 插入的新公开钥是自己的,则也将被插入 A 的秘密钥环,PGP 自动地指定标志为 ultimate trust(绝对可信);否则 PGP 要求 A 为该字段指定一个标志。A 指定的标志可以是 unknown、untrusted、marginally trusted、completely trusted 中的一个,其含义分别为不相识(与该公开钥的拥有者)、不信任、勉强信任、完全信任。

(2) 当新公开钥插入公钥环时,新公钥可能已有一个或多个签名,以后可能还会为这一公钥搜集多个签名。当为该公钥插入一新签名时,PGP 将在公钥环中查看签名产生者是否在已知的公钥拥有者中。如果在,则将拥有者可信字段中的标志赋值给签名可信字段;如果不在,则为签名可信字段赋值 unknown user。

(3) 密钥合法性字段的取值是由它的各签名可信字段的取值计算的。如果签名可信字段中至少有一个标志为 ultimate,则将密钥合法性字段的标志取为 complete;否则,为其赋值为各签名可信字段的加权和。其中,签名可信字段标志值为 always trusted 的权取为 $\frac{1}{X}$;标志值为 usually trusted 的权取为 $\frac{1}{Y}$;X、Y 分别是标志为 always trusted 和 usually trusted 的签名的个数。

由于在公钥环中既可插入新的公开钥,又可插入新的签名,因此为了保持公钥环中的一致性,PGP 都将定期地对其从上到下进行处理。对每个拥有者可信字段,PGP 将找出该拥有者的所有签名,并将签名可信字段的值修改为拥有者可信字段中的值。

图 10-15 是一个信任关系与密钥合法性之间关系的示例。图中圆节点表示密钥,圆节点旁边的字母表示密钥的拥有者。图的结构反映了标记为 You 的用户的公钥环。最顶层的节点是用户 You 自己的公开钥,它自然是合法的且拥有者可信字段的标志为 ultimate,其他节点的拥有者可信字段的标志由用户 You 指定,如果未指定则设置为 undefined。例如,用户 D、E、F、L 的密钥(图中黑色节点表示)的拥有者可信字段指定为 always trusts,意指 You 信任这 4 个密钥签署其他密钥,而用户 A、B 的密钥(图中灰色节点表示)的拥有者可信字段指定为 partially trusts,意即 You 部分信任这两个密钥签署其他密钥。

图的树结构表示哪个密钥已经被其他用户所签。例如,G 的密钥被用户 A 签署,则用一个由 G 指向 A 的箭头表示。如果一个密钥被一个其密钥不在公钥环中的用户签署,如 R,则用一个由 R 指向一个问号的箭头表示,问号表示签名者对用户 You 来说是未知的。

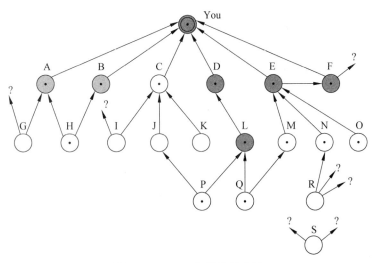

图 10-15　PGP 信任关系示例

图 10-15 可说明以下几个问题：

（1）所有被 You 信任的用户（包括完全信任和部分信任）的公开钥都被 You 签署，节点 L 除外。这种签名并不总是有必要的。但实际中大多数用户都愿意为他们信任的用户的公开钥签名。例如，E 的公开钥已被 F 签署，但 You 仍直接为 E 的公开钥签名。

（2）两个被部分信任的签名可用于证明其他密钥。例如，A 和 B 被 You 部分信任，则 PGP 认为 A 和 B 同时签署的 H 的公开钥是合法的。

（3）由一个完全可信的或两个部分可信的签名者签署的公开钥被认为是合法的，但这一公开钥的拥有者可能不被信任签署其他公开钥。例如，由于 E 是 You 完全可信的，You 认为 E 为 N 签署的公开钥是合法的，但 N 却不被信任签署其他公开钥。所以 R 的公开钥虽然被 N 签名，但 PGP 却不认为 R 的公开钥是合法的。这种情况具有实际意义。例如，如果想向某一用户发送一个保密消息，则不必在各方面都信任这一用户，只要确信这一用户的公开钥是正确的即可。

（4）图中 S 是一个孤立节点，具有两个未知的签名者。这种公开钥可能是 You 从公钥服务器中得到的。PGP 不能由于这个公钥服务器的信誉好就简单地认为这个公开钥是合法的。

最后需指出的是，同一公开钥可能有多个用户 ID。这是因为用户可能改过自己的名字（即 ID）或者在多个 ID 名下申请了同一公开钥的签名，例如同一用户可能以自己的多个邮件地址作为自己的 ID 名。所以，可将具有多用户 ID 的同一公开钥以树结构组织起来，其中树根为这个公开钥，根的每一儿子是公开钥在一个 ID 下所获得的签名。对这个公开钥签署其他公开钥的信任程度取决于这一公开钥在不同 ID 下所获得的各个签名。

3. 公钥的吊销

用户如果怀疑与公开钥相应的秘密钥已被泄露，或者仅为避免使用同一密钥对的时间过长，就可吊销自己当前正使用的公开钥。这里所说的泄露指敌手从用户的秘密钥环和密码短语恢复了用户经加密的秘密钥。吊销公开钥可通过发放一个经自己签名的公开钥吊销证书,证书的格式与前述公钥证书的格式一样,但多了一个标识符,用来表示该证书的目的是吊销这一公开钥。注意,用户签署公钥吊销证书的秘密钥是与被吊销的公开钥相对应的。用户还需尽可能快、尽可能广泛地散发自己的公开钥吊销证书,以使自己的各通信对方都尽可能快地更新自己的公钥环。

敌手如果得到用户的秘密钥也可以发放这种公钥吊销证书,从而使敌手自己和其他用户都不能继续使用这一公开钥。敌手以这种方式使用用户的秘密钥显然比以其他恶意方式使用用户的秘密钥所带来的危险小得多。

习　　题

1. 下面是 X.509 三向认证的最初版本

$$A \rightarrow B: A\{t_A, r_A, B\}$$
$$B \rightarrow A: B\{t_B, r_B, A, r_A\}$$
$$A \rightarrow B: A\{r_B\}$$

假定协议不使用时间戳,可在其中将所有时间戳设置为 0,则攻击者 C 如果截获 A、B 以前执行协议时的消息,就可假冒 A 和 B,以使 A(B)相信通信的对方是 B(A)。请提出一种不使用时间戳的、防中间人欺骗的简单方法。

2. 在 PGP 中,若用户有 N 个公开钥,则密钥 ID 至少有两个重复的概率有多大?

3. 在 PGP 中,先对消息签名再对签名加密,请详细说明这一顺序为什么优于先加密再对加密结果签名。

4. 在 PGP 的消息格式中,消息摘要的前两个 8 比特位组以明文形式传输。

(1) 说明这种形式对哈希函数的安全性有多大程度的影响。

(2) 接收方用消息摘要的前两个 8 比特位组,确定自己在验证发送方的数字签名时是否正确地使用了发送方的公开钥,其可信程度有多大?

5. 在表 10-2 中,公钥环中的每一项都有一个拥有者可信字段,用于表示这一公钥的属主(即拥有这一公钥的用户)的可信程度。这一字段能否充分表达 PGP 对这一公钥的信任? 如果不能,则如何实现 PGP 对这一公钥的信任?

第11章 区 块 链

区块链的概念来自于比特币，比特币的概念又可追溯至电子现金。电子现金的概念是1982年由Chaum提出的，银行为用户对某个文件或数据做数字签名，签名的结果被赋予货币的功能。从此人们对电子现金进行了将近30年的研究，研究的重点一是电子现金如何防止重复花费（也称为双花），与纸币不同，用户花完后钱就易手了，电子现金是存储于用户设备中的数字，不会因用户花费了而易手；二是用户的隐私性，用户怎么用钱、把钱用在哪里是他的隐私，不想为外人知道；三是电子现金的找零钱问题，例如，用户有一万元电子现金，即有银行的一个数字签字，用户可以出示银行的签字而花费这一万元。但如果用户想一元钱一元钱地分开花，除非他有银行对每个一元钱的数字签字，显然不现实。因此找零问题在电子现金中一直未能很好地解决。

电子现金是一种记账货币。所谓记账货币是指所有金融活动都不需要纸币流通，而是由一个中心机构（例如银行）在用户的账户上做记录。给用户发工资，则在账户上做一个加法，用户消费了，则在账户上做一次减法。这种具有中心机构的货币系统有三大问题。第一，它有可能造成系统的瓶颈；第二，它可能成为攻击目标，有可能造成单点失败；第三，它在发行电子现金或为用户记账时，可能要收取用户的费用。2008年，中本聪提出的比特币就是要解决去中心化的问题，同时又很好地解决了找零钱的问题。比特币的底层技术是区块链，区块链是可持续增长、不可篡改的分布式数据库。

11.1 区块链的基本概念、构造及实现

11.1.1 区块链要解决的问题

1. 去中心化

去中心化是指网络中的每个结点都可获得记账权，都可以存储系统的账本。结点如何获得记账权？类似于石头、剪刀、布游戏，区块链中设置了一个困难问题，谁先解出，谁就获得了记账权，这个过程称为工作量的证明POW（Proof of Work）。困难问题的设置需要满足3个要求：

（1）其答案具有稀缺性，不经过一定量的工作很难获得。

（2）有效答案有多个，但不需要全部解出，只要解出一个即可。

（3）答案求解虽然很难，但找出后他人验证却很容易。

因为问题很难解答，没有固定的算法，所以唯一的方法是不断尝试，寻找答案的过程称为"挖矿"。具体地就是寻找满足 $H(\text{Nonce}||\text{PrevHash}||\text{Tx}) < \text{Bits}$ 的随机数 Nonce，

其中,H 是哈希函数,Tx 是记录交易的交易单,PrevHash 是哈希指针(后面再具体介绍)。问题的困难程度取决于 Bits 以多少个 0 开始。如果 Bits 是一个 0 开始,那么平均只要两次尝试就可以。如果是两个 0 开始,那做尝试的 Nonce 其前两位可能是 00、01、10、11,因此平均需要 2^2 次尝试。区块链称 Bits 是目标值,由 48 个 0 开始,因此 POW 平均需要 2^{48} 次尝试,10min 内可以完成。Bits 的值每当求出 2016 个解后,按以下公式进行调整:

$$\mathrm{Bits}_{i+1} = \mathrm{Bits}_i \times \frac{t_{\text{actual}}}{t_{\text{design}}}$$

其中,$t_{\text{design}} = 2016 \times 10\text{min}$,是产生 2016 个解的设计时间,$t_{\text{actual}}$ 是产生 2016 个解的实际时间。如果 $t_{\text{actual}} < t_{\text{design}}$,则 $\mathrm{Bits}_{i+1} < \mathrm{Bits}_i$,困难问题的难度增加。反之,难度减小。对 Bits 进行调整,目的是保持链的增长时间稳定。

挖矿时用哈希函数是因为哈希函数有两个特性,一是无记忆性,即无论之前发生了什么都不影响这一次事件发生的概率。二是无进展,即每次尝试都不会离答案更近。这两个特性保证了挖矿的公平性,即任何人可在任何时候从事挖矿,不会因为别人是否挖到而受影响。也不会因为比别人开始得晚,就一定比别人挖到得晚。

上述记账过程通常是打包记账,即把 10min 内所有交易打包形成块记入账本,打包方式是用 Merkle 哈希树。Merkle 哈希树是一种树形认证结构,其定义如下:设文件 $Y = Y_1 \cdots Y_n$,分为等长的 n 个块,用 n 个叶结点表示 n 个块,则根结点的哈希值递归定义为 $H(Y) = F(H(Y \text{ 的前一半}), H(Y \text{ 的后一半}))$,其中,$F$ 是一个单向函数。

在区块链中,用叶节点表示交易,取 $F = H = \text{SHA256}$。图 11-1(a) 是一个 Merkle 哈希树示例。

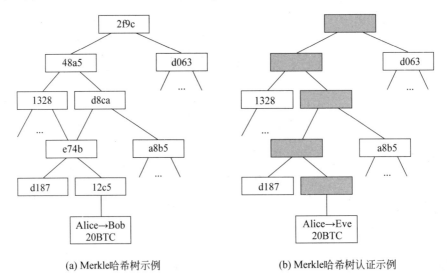

(a) Merkle哈希树示例　　　　　(b) Merkle哈希树认证示例

图 11-1　Merkle 哈希树用于认证

Merkle 哈希树用于认证,例如图 11-1(a)中的交易,Alice 给 Bob 转了 20 个比特币,被篡改为 Alice 给 Eve 转了 20 个比特币,则从这个叶节点往上的内部节点直至根节点的哈希值都发生了变化,如图 11-1(b)阴影节点所示。接收方求得的根节点值和收到的根节点值不相等,则判断出有篡改。

将树的根节点值 MerkleRoot 记账,挖矿改为 $H(\text{Nonce}||\text{PrevHash}||\text{MerkleRoot})<$ Bits。

2. 防重复花费

如果用户 A 将自己的比特币同时给 B 和 C,这就是重复花费。B 收到这个比特币后,为了把这笔交易记入账本,他将交易记录广播出去。C 收到 B 广播的消息之后就知道 A 重复花费了。但是这种防重复花费的方法,仅能解决一种理想情况,即网络中广播是可靠的且无时延。如果 C 因为时延,以后才收到这笔交易,即使发现重复花费也可能于事无补了。区块链采取的方法是大家都参与交易的验证,如果大多数用户认可这笔交易,则认为这笔交易合法。但 A 可以伪造很多身份来认可这笔交易,这种攻击称为女巫攻击。区块链解决女巫攻击的方法是把"大多数"定义为用户的计算能力而不是身份。该问题是区块链要解决的第三个问题——共识机制。

若 A 做了重复花费,则两次交易被打包进入不同的块。因此,由块形成的链(即账本)就会形成分叉,如图 11-2 所示。

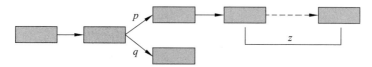

图 11-2　重复交易形成的分叉

设 p 是诚实结点找到下一块的概率,q 是攻击者找到下一块(其中包括重复支付或恶意伪造)的概率,z 是两个链的长度之差。诚实结点找到下一块时给 z 加 1,攻击者找到下一块时给 z 减 1,即 z 的变化为

$$z = \begin{cases} z+1, & \text{以概率 } p \\ z-1, & \text{以概率 } q \end{cases}$$

则当 $z=-1$ 时,攻击者产生的链超过了诚实者的链。如果区块链规定以长链为准(即共识机制),则攻击者成功。设 q_z 是攻击者在落后 z 块的情况下,追上诚实者的概率。由全概率公式得差分方程 $q_z = p \cdot q_{z+1} + q \cdot q_{z-1}$,并取初值为 $q_0=1, q_a=0$,其中,a 是诚实者超过攻击者的最大步数。由方程解出 $q_z = \dfrac{\left(\dfrac{q}{p}\right)^a - \left(\dfrac{q}{p}\right)^z}{\left(\dfrac{q}{p}\right)^a - 1}$,取 $a \to \infty$,则得

$$q_z = \begin{cases} 1, & z<0 \text{ 或 } q>p \\ \left(\dfrac{q}{p}\right)^z, & z \geqslant 0 \text{ 且 } q<p \end{cases}$$

所以在 $q<p$ 时,随着 z 的增大,q_z 越来越小。根据经验,$z=6$ 时就认为攻击者再也追不上了。如何保证 $q<p$,是下面共识协议要解决的问题。

3. 共识协议

拜占庭将军问题是最早的共识问题。拜占庭帝国(即东罗马帝国)国土非常辽阔。各部队在协商作战命令(进攻还是撤退)时,一些将军可能会判断失误,因此做出的决定和其他将军不一致,如图 11-3(a)所示,有 A、B、C 三个将军,1 表示进攻,0 表示撤退。那么按照少数服从多数的原则,三个将军达成了一致"进攻"。一般情况下,设 n 是将军总数,m 是出错将军数。只要 $n \geqslant 2m + 1$,就可达成一致。而在有恶意将军的情况下,如图 11-3(b)所示,A 发出进攻命令。D 将这个命令篡改为撤退,B、C、D 仍然按照少数服从多数的原则,达成一致"进攻"。图中之所以先让 A 发出命令,是要刻画 D 的恶意篡改。换句话说,这种情况下,B、C、D 是有时延的。一般情况下,只要 $n \geqslant 3m + 1$ 就可达成共识。

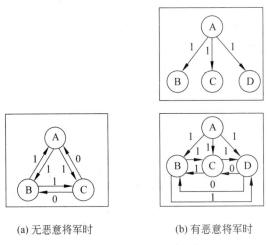

(a) 无恶意将军时   (b) 有恶意将军时

图 11-3　拜占庭将军问题

以上两种场景哪种适合区块链?因为网络是有时延的,挖矿的意义就是保持用户同步,即每当挖出一个矿,相当于大家同时前进了一步。既然 10 分钟挖出一个矿,那按 10 分钟的时间大家同步可以吗?时间是人类概念,具有延迟和相对论效应,因此在分布式系统中用时间保持同步是不行的。

因此,可以认为区块链中用户是同步的,共识协议只要满足 $n \geqslant 2m + 1$ 即可。但又因为女巫攻击的问题,这里 n 表示全网中用户的总算力,m 表示恶意结点的总算力。攻击者若要攻击成功,则至少需要掌握全网 51% 的算力,而且攻击者这时如果再进行 DDoS 攻击,则会产生雪崩效应,使得他的算力占全网的比例雪崩式地增加。

4. 激励机制

为了激励用户参与,每笔交易中都有交易费。用户在打包记账时,收集可获得的交易可赚取交易费。打包记账时,如果获得记账权,可获得比特币奖励。比特币中设置的最初奖励是 50 个比特币,每 4 年奖励减半。设 a_n 是第 n 个 4 年的奖励,则 $\{a_n\}$ 形成公比为 $\dfrac{1}{2}$ 的等比数列,其初值即为 50,$a_n = 50 \cdot \left(\dfrac{1}{2}\right)^n$。当 $a_n \leqslant 10^{-8}$(比特币的最小单位称为

satoshi），再无奖励可用。由 $a_n \leqslant 10^{-8}$，得 $n=33$。即第 33 个 4 年（2140 年）全部奖励用完。

11.1.2 区块链的建立过程

区块链的建立分 3 步。第 1 步是将记录交易的信息组成单据，叫交易单；第 2 步是将多个交易单组成数据块；第 3 步是将数据块有序连起来形成链表。

1. 交易单的建立

交易单的建立如图 11-4 所示，其中，输入数据有：

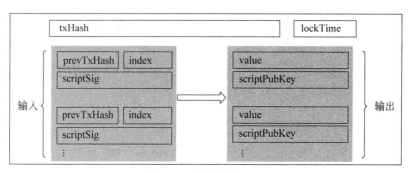

图 11-4 交易单的建立

- prevTxHash：前一 Tx 的 Hash 值；
- index：前一 Tx 的第几个输出（0，1，2，…）；
- scriptSig：前一支付者的签字 ECDSA（the elliptic curve digital signature algorithm）。

输出数据有：
- value：面值；
- scriptPubKey：收款者的地址，Bob 的 Bitcoin 地址 = RIPEMD160（SHA256（Pubkey$_{Bob}$））。

输入、输出建立以后，为本交易单加上时戳和哈希值：
- lockTime：时戳，用数学方法建立的一个在线公正机制，用于证明从一个特定的时间点起，数据的存在性及完整性；
- txHash：此 Tx 的 Hash 值。

其中，哈希值是作为交易单的关键字，用于引用交易单。

2. 区块的建立

区块的建立就是打包记账。
（1）收集并验证可获得的交易；
（2）取 PrevHash；
（3）建立 Merkle 哈希树；
（4）求满足 $H(\text{Nonce} \| \text{PrevHash} \| \text{MerkleRoot}) < \text{Bits}$ 的 Nonce；
（5）创建数据块（如图 11-5 中的大方块所示），广播出去；

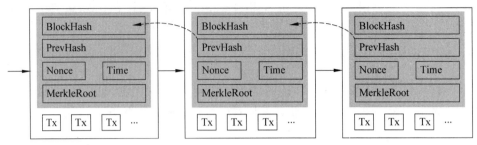

图 11-5　区块的链式结构

（6）任何人收到数据块后，判断加入自己存的链是否产生分叉。若没有分叉，则接收这个块。

其中，PrevHash 是哈希指针，变量的指针是指存储该变量的地址，而哈希指针是指前一块的哈希值以及前一块数据的存储地址。

十分钟产生区块的意义：如果区块间隔时间过小，可能会由于不同节点来不及完全同步最新的区块广播，而产生不同的新区块，从而造成严重的分叉。如果区块间隔时间过大，则会产生过大的块，因而会要求数据的传输带宽大、存储空间大、交易的验证时间长。

3. 链的建立

上述第 2 步通过 PrevHash 就将所有的块连接起来形成一个链式结构，如图 11-5 所示。

4. 收款方的验证

收款方对收到的款项按以下过程进行验证。

（1）根据时戳下载相应的块；

（2）验证块中的 Nonce；

（3）求出 Merkle 树的根结点值，与块中的 MerkleRoot 比较。如果相等，则接收相应的款项。

在求根结点时，不用下载树中的所有结点，只须下载相应的结点值（这些值在交易池中存储），例如在图 11-6 中，为了验证 Y_5，只须下载阴影结点。

5. 找零钱

从比特币交易单的建立可见，它可以将多个钱合并在一起使用。交易单的输出中一部分作为花费支付出去，见图 11-7 中的 STXO，另一部分可作为零钱返回给自己，见图中的 UTXO，因此很容易解决电子现金中的找零钱问题。

6. 隐私性

区块链中所有交易内容、交易金额都是公开的。交易地址是将用户的公开钥做了两个哈希函数得到，称为比特币地址。攻击者通过业务流分析，则可得出交易的双方身份，例如病历对应的病人姓名、信用记录是何人的，这些可能是商业机密或个人隐私。

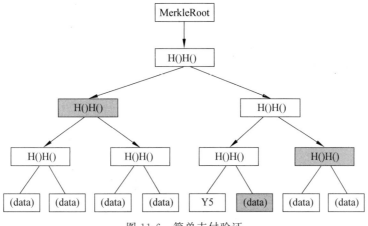

图 11-6　简单支付验证

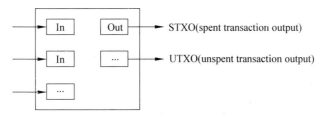

图 11-7　比特币中的找零钱

区块链采取的方式有一个混淆者,用户将自己的比特币交易发送给混淆者,混淆者将比特币的输出地址混淆后返给用户,这样就实现了交易的不可跟踪性。

11.1.3　区块链的实现

区块链中的交易是用脚本表示、用栈实现的。例如,实现比特币的一个最基本功能"支付"时,用图 11-8 所示的脚本模板实现。

```
scriptPubKey：OP_DUP OP_HASH160 <pubKeyHash>  OP_EQUALVERIFY OP_CHECKSIG

scriptSig：<sig> <pubKey>
```

图 11-8　脚本模板

其中,第一行中的＜pubKeyHash＞表示用户这笔钱的比特币地址(有可能是自己产生的,也可能是上笔交易的收款地址)。用户使用这笔钱时,需要加上自己的签名＜sig＞,＜pubKey＞是＜sig＞对应的公开验证密钥,仅当＜pubKey＞和＜pubKeyHash＞一致且＜sig＞的验证通过时,用户就将这笔钱成功地用出了。脚本中的 OP 表示操作码,OP_DUP 是复制栈顶元素,OP_HASH160 是求栈顶元素的哈希值(一次 SHA256,一次 RIPEMD160),OP_EQUALVERIFY 是验证栈顶 2 项是否相等,OP_CHECKSIG 是签字验证。

表 11-1 是 Bob 支付一笔交易时栈的变化情况,其中,常数项 sigBob、pubKeyBob、pubKeyBobHash 直接入栈。栈的第 4 行中的 2 个 pubKeyBobHash 前一个是由 Bob 的签字公开验证密钥得到的,第 2 个是 Bob 上一笔交易的收款地址。第 5 行检查这 2 个值是否相等。若相等,则第 6 行检查签字的正确性,若输出 true,则 Bob 支付成功。

表 11-1 支付时栈的变化情况

栈	脚 本
	sigBob pubKeyBob OP_DUP OP_HASH160 pubKeyBobHash OP_EQUALVERIFY OP_CHECKSIG
sigBob pubKeyBob	OP_DUP OP_HASH160 pubKeyBobHash OP_EQUALVERIFY OP_CHECKSIG
sigBob pubKeyBob pubKeyBob	OP_HASH160 pubKeyBobHash OP_EQUALVERIFY OP_CHECKSIG
sigBob pubKeyBob pubKeyBobHash	pubKeyBobHash OP_EQUALVERIFY OP_CHECKSIG
sigBob pubKeyBob pubKeyBobHash pubKeyBobHash	OP_EQUALVERIFY OP_CHECKSIG
sigBob pubKeyBob	OP_CHECKSIG
true	

上述执行过程是通过智能合约,智能合约是把合同条款写成计算机指令,部署在安全环境下,当预设的条件满足时,执行相应的条款。

然而上述脚本语言没有循环结构,目的是防止恶意参与者在交易中执行死循环来破坏系统,因而比特币脚本语言不是图灵完备的。一个程序语言如果能用来模拟任何图灵机,则称之为图灵完备的。以太坊提供了一个内部的图灵完备的脚本语言以供用户构建任何可以明确定义的智能合约或交易类型。它虽然提供了循环结构,但每一步都有费用,以此来防止死循环。

在实际应用中,很多问题都可以用交易单表达,比如病人的病历、个人的信用记录、电子产品的版权、物联网中的设备记录、车联网中的车辆记录等,因此区块链具有广泛的应用。

11.2 zerocoin

比特币使用混淆服务实现匿名性和不可跟踪性,然而混淆服务有严重的缺陷:操作者可能偷钱、对钱的使用进行跟踪,更为严重的是可能携款离开系统。

zerocoin 是利用密码技术实现匿名性和不可跟踪性的去中心化的电子现金系统,其主要思想是使用区块链作为“公告板”,用户可将自己的电子现金放在公告板,而在使用电子现金时,使用累加器将可收集到的电子现金累加起来,并以零知识证明的方式证明自己的电子现金在累加器中,从而实现花钱时的匿名性。

11.2.1 zerocoin 使用的密码工具

1. 知识的签名

在知识证明中,设 x 是论题,w 是论据,m 是消息,由 w 得到的 m 的签字称为知识的签名,记为 $ZKSoK[m]\{(w):x\in L\}$。例如,将 Schnorr 签名改为利用 y 的离散对数的知识对消息 m 的签名。签名者随机选择 $k:1<k<q$,计算 $e=H(m||y||g||g^k)$ 和 $s=xe+k\ (\mathrm{mod}\ q)$,以 (e,s) 作为产生的数字签名,其中 H 是抗碰撞的哈希函数。

验证者由 $e=H(m||y||g||g^s y^{-e})$ 是否成立来验证签名,上述过程也证明了签名者掌握 y 关于 g 的离散对数。

2. 累加器

累加器可将多个值累加到一个值,可用于隐藏每个被累加的值,并对被累加的每个值做认证。累加器可以用函数 $h_n:X_n\times Y_n\to X_n$ 定义为:

$$z=h_n(...h_n(h_n(x,y_1),y_2),...,y_N)$$

其中,$x\in X_n$ 是初始值,$y_1,\cdots,y_N$ 是 N 个被累加的值。

如果函数 h_n 满足:对 $\forall x\in X_n,y_1,y_2\in Y_n$,

$$h_n(h_n(x,y_1),y_2)=h_n(h_n(x,y_2),y_1)$$

则称其具有类交换性。

记累加器为 $A=\mathrm{Accumulate}(\mathrm{params},C)$,其中 C 是被累加的元素的集合。元素 $y\in C$ 被累加进 A 的证明过程如下:

(1) 求 $w=\mathrm{Accumulate}(\mathrm{params},C\backslash\{y\})$;

(2) 验证 $A=h_n(w,y)$ 是否成立,若成立,则 $y\in A$;

若取 $\mathrm{params}=(x,n)$,其中,n 是 RSA 的模数(即 2 个大素数的乘积),$x\in Z_n$,$h_n(x,y)$(其中 y 为素数)定义为 $h_n(x,y)=x^y\ \mathrm{mod}\ n$,满足类交换性,这样构造的累加器称为 RSA 累加器(记为 RSAAccu)。对 $C=\{y_i:i\in[n]\}$ 的累加为 $A=x^{y_1\cdots y_N}\ \mathrm{mod}\ n$。对 $y_i\in A$ 的证明如下:

(1) 求 $w=x^{y_1\cdots y_{i-1}y_{i+1}\cdots y_N}\ \mathrm{mod}\ n$;这一步记为 $w=\mathrm{GetWitness}(\mathrm{params},y_i,A)$;

(2) 验证 $w^{y_i}\ \mathrm{mod}\ n$ 是否等于 A,若相等,则 $y_i\in A$。这一步记为 $\mathrm{AccVerify}(\mathrm{params},A,y_i,w)$。

RSA 累加器满足抗碰撞性,即没有 PPT 敌手能产生 (w,y),使得 $y\notin A$,但 $w^y\ \mathrm{mod}\ n=A$。这一性质是由强 RSA 假设得到的。

定义 11-1(强 RSA 假设) 假设对任一非均匀的概率多项式时间的敌手 A,有 $\Pr[\mathrm{Exp}_{\mathrm{sRSA}}(\kappa)=1]\leqslant\varepsilon(\kappa)$,则称强 RSA 假设成立。

实验 $\mathrm{Exp}_{\mathrm{sRSA}}(\kappa)$ 如下,其中,n 是 RSA 模数:

$$\underline{\mathrm{Exp}_{\mathrm{sRSA}}(\kappa):}$$
$$y\leftarrow_R Z_n,\quad e\leftarrow_R Z_n^*;$$
$$x\leftarrow y^e\ \mathrm{mod}\ n;$$

$$(y',e') \leftarrow A(n,x);$$

若 $x=(y')^e \bmod n$,则返回 1。

已知 params$=\{x,n\}$,假定一敌手能找到 RSA 累加器的一对碰撞 $y_1,\cdots,y_N$ 和 y', A',使得 $(A')^{y'} \equiv x^{y_1 \cdots y_N} \bmod n$,则可按以下方式攻破强 RSA 假设:

取 $e=y'$,$r=y_1 \cdots y_N$,因为 $y_1,\cdots,y_N,y'$ 都为素数,$(e,r)=1$,由推广的欧几里得算法,存在 $a,b \in \mathbb{Z}$,使得 $ae+br=1$。取 $y=(A')^b x^a$,则得 $y^e=(A')^{be} x^{ae}=((A')^{y'})^b x^{ae}=x^{br+ae}=x$。输出 (y,e) 即攻破强 RSA 假设。

11.2.2 zerocoin 的构造

1. 参数产生

设 (x,n) 是 RSA 累加器的参数,(p,q,g,h) 是 Pedersen 承诺协议的参数,输出 params$=(x,n,p,q,g,h)$。

2. 铸币协议 Mint(params)

随机取 $s,r \leftarrow_R \mathbf{Z}_q^*$,计算 $c=g^s h^r \bmod p$ 作为序列号为 s 的新币,而 skc$=(s,r)$ 作为花费时使用的秘密钥。skc$=(s,r)$ 可认为是 c 的秘密水印,只有掌握水印的人才能执行花钱协议。

3. 花钱协议 Spend(params,c,skc,R,C)

其中,R 是接收方的公开地址,C 是用户收集到的网络中公开发行的钱币集合。

- 计算 $A=$RSAAccu(params,C);
- 计算 $w=$GetWitness(params,c,C);
- 计算 $\pi=$ZKSoK$[R]\{(s,r): $AccVerify(params,$A$,$c$,$w$)$=1 \wedge c=g^s h^r\}$,输出 (π,s)。

4. 验证 Verify(params,π,s,R,C)

- 计算 $A=$RSAAccu(params,C)。
- 验证 π,如果验证通过,接收者则可确认:
  ➤ C 中的确包括发送者要花费的钱币。
  ➤ π 中对 s 的承诺是正确的。
  ➤ R 的签名是正确的。

由承诺协议的隐藏性知,他人在铸币协议中得到 c,但无法获得 s。而未知 s,则无法执行花钱协议。

接收者通过花钱协议得到 (π,s),由于累加器中元素的隐藏性以及 π 的零知识性,接收者不能得到 (r,c),因此不能得知用户使用的是哪些钱。

zerocoin 的缺点有:①铸币协议得到的钱币 c 对应系统规定的固定面值,因此缺乏灵活性;②系统不支持找零业务。

11.3　zerocash

11.3.1　基本版的 zerocash

zerocash 是以任何记账货币(比如比特币)为基础构造的,它的构造分为初始化、兑钱、用钱、收钱四步。其中,$c = \mathrm{CM}_r(m)$ 表示用随机数 r 产生对消息 m 的承诺,3 个伪随机函数 $\mathrm{PRF}_x^{\mathrm{addr}}(\cdot)$,$\mathrm{PRF}_x^{\mathrm{sn}}(\cdot)$,$\mathrm{PRF}_x^{\mathrm{pk}}(\cdot)$,其中,下标 x 表示种子。

1. 初始化

(1) 系统为 zk-SNARK 产生证明密钥 $\mathrm{pk}_{\mathrm{POUR}}$ 和验证密钥 $\mathrm{vk}_{\mathrm{POUR}}$。

(2) 每一用户产生地址密钥对:取随机种子 a_{sk},以 0 为初值计算 $a_{\mathrm{pk}} = \mathrm{PRF}_{a_{\mathrm{sk}}}^{\mathrm{addr}}(0)$。以 a_{pk} 为自己的公开地址,用于"收钱";以 a_{sk} 为自己的秘密地址,用于"用钱"。其中,引号"收钱""用钱"表示收钱协议和用钱协议。

2. 兑钱

兑钱指用户将自己的比特币兑换成 zerocash。设用户欲将自己的比特币兑换到公开地址为 a_{pk}、面值为 v 的 zerocash。过程如图 11-9 所示,其中,CM 方框下的圆圈表示 CM 使用的随机数,PRF 方框下的圆圈表示 PRF 使用的种子。

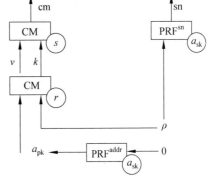

图 11-9　兑钱过程示意图

(1) 取随机数 ρ 作为初值,a_{sk} 作为种子,计算 $\mathrm{sn} := \mathrm{PRF}_{a_{\mathrm{sk}}}^{\mathrm{sn}}(\rho)$ 作为新钱的序列号;

(2) 按以下方式产生 $(a_{\mathrm{pk}}, v, \rho)$ 的承诺:

- 取随机数 r,计算 $k := \mathrm{CM}_r(a_{\mathrm{pk}} \| \rho)$;
- 取随机数 s,计算 $\mathrm{cm} := \mathrm{CM}_s(v \| k)$。

兑换得到的钱为 $\vec{c} = (a_{\mathrm{pk}}, v, \rho, r, s, \mathrm{cm})$。

这笔业务记为 $\mathrm{tx}_{\mathrm{Mint}} := (v, k, s, \mathrm{cm})$。将 $\mathrm{tx}_{\mathrm{Mint}}$ 记入账本 L。L 以 Merkle 哈希树存储,其中,叶节点记录业务。

任何人可通过 $\mathrm{CM}_s(v \| k) = \mathrm{cm}$ 是否成立来验证这笔业务,但不能得到 a_{sk},从而不能得到 $\vec{c}$ 的拥有者,也不能得到序列号 $\mathrm{sn}(\mathrm{sn} = \mathrm{PRF}_{a_{\mathrm{sk}}}^{\mathrm{sn}}(\rho))$。因此,用户在以后使用 $\vec{c}$ 时,实现了匿名性和不可跟踪性。在图 11-9 中,左边由接收地址 a_{pk} 和面值 v 得兑换的新钱 $\vec{c}$,右边可认为是由秘密地址 a_{sk} 为 $\vec{c}$ 加一个秘密水印 sn,只有掌握秘密水印的人才能执行用钱协议。

3. 用钱

"用钱"是指用户将兑换的钱分成若干个小额面值的,或者将若干个小额面值的合并成一个大额面值的,或者转换钱的所有者,或者做公开支付。

设账本 Merkle 树根为 rt,用户 u 的 2 个旧钱(可能是从"兑钱"协议得到的,也可能是

接收他人的)$\vec{c}_1^{\text{old}}, \vec{c}_2^{\text{old}}$ 为:

$$\vec{c}_i^{\text{old}} = (a_{\text{pk},i}^{\text{old}}, v_i^{\text{old}}, \rho_i^{\text{old}}, r_i^{\text{old}}, s_i^{\text{old}}, \text{cm}_i^{\text{old}}) \quad (i = 1, 2)$$

对应的 2 个秘密地址分别为 $a_{\text{sk},i}^{\text{old}}$,并且已知承诺 cm_i^{old} 到根 rt 的路径 path_i。

又设"用钱"协议欲按接收地址 $a_{\text{pk},1}^{\text{new}}, a_{\text{pk},2}^{\text{new}}$(可能是自己的,也可能是他人的)产生 2 个新钱 $\vec{c}_1^{\text{new}}, \vec{c}_2^{\text{new}}$,面值满足 $v_1^{\text{new}} + v_2^{\text{new}} + v_{\text{pub}} = v_1^{\text{old}} + v_2^{\text{old}}$,其中 v_{pub} 用于找零或支付交易费。过程如下(其中 $i = 1, 2$):

(1) 取随机数 ρ_i^{new},作为产生新钱序列号的初值;

(2) 取随机数 r_i^{new},计算 $k_i^{\text{new}} := \text{CM}_{r_i^{\text{new}}}(a_{\text{pk},i}^{\text{new}} \| \rho_i^{\text{new}})$;

(3) 取随机数 s_i^{new},计算 $\text{cm}_i^{\text{new}} := \text{CM}_{s_i^{\text{new}}}(v_i^{\text{new}} \| k_i^{\text{new}})$;

产生的 2 个新钱为 $\vec{c}_i^{\text{new}} := (a_{\text{pk},i}^{\text{new}}, v_i^{\text{new}}, \rho_i^{\text{new}}, r_i^{\text{new}}, s_i^{\text{new}}, \text{cm}_i^{\text{new}})$,然后用 zk-SNARK 协议证明以下论题(记为 π_{POUR}):

- $\vec{c}_i^{\text{old}}$ 中的 cm_i^{old} 在账本中,即 path_i 是 Merkle 树中从叶结点 cm_i^{old} 到根结点 rt 的有效认证路径;

- $\vec{c}_i^{\text{old}}$ 中的 $a_{\text{sk},i}^{\text{old}}$ 与 $a_{\text{pk},i}^{\text{old}}$ 相匹配,即 $a_{\text{pk},i}^{\text{old}} = \text{PRF}_{a_{\text{sk},i}^{\text{old}}}^{\text{addr}}(0)$;

- $\vec{c}_i^{\text{old}}$ 中的 sn_i^{old} 是正确得到的,即 $\text{sn}_i^{\text{old}} = \text{PRF}_{a_{\text{sk},i}^{\text{old}}}^{\text{sn}}(\rho_i^{\text{old}})$;

- $\vec{c}_i^{\text{old}}$ 是良定的,即 $\text{cm}_i^{\text{old}} = \text{CM}_{s_i^{\text{old}}}(\text{CM}_{r_i^{\text{old}}}(a_{\text{pk},i}^{\text{old}} \| \rho_i^{\text{old}}) \| v_i^{\text{old}})$。

- $\vec{c}_i^{\text{new}}$ 是良定的,即 $\text{cm}_i^{\text{new}} = \text{CM}_{s_i^{\text{new}}}(\text{CM}_{r_i^{\text{new}}}(a_{\text{pk},i}^{\text{new}} \| \rho_i^{\text{new}}) \| v_i^{\text{new}})$。

- $v_1^{\text{new}} + v_2^{\text{new}} + v_{\text{pub}} = v_1^{\text{old}} + v_2^{\text{old}}$。

记以上业务为 $\text{tx}_{\text{POUR}} = (\text{rt}, \text{sn}_1^{\text{old}}, \text{sn}_2^{\text{old}}, \text{cm}_1^{\text{new}}, \text{cm}_2^{\text{new}}, v_{\text{pub}}, *)$。

任何结点验证了 π_{POUR} 后,可将 tx_{POUR} 记入账本。zk-SNARK 是将证明的问题转化为电路的满足性,其论题为:$\vec{x} = (\text{rt}, \text{sn}_1^{\text{old}}, \text{sn}_2^{\text{old}}, \text{cm}_1^{\text{new}}, \text{cm}_2^{\text{new}}, v_{\text{pub}})$,论据为 $\vec{a} = (\text{path}_1, \text{path}_2, \vec{c}_1^{\text{old}}, \vec{c}_2^{\text{old}}, a_{\text{sk},1}^{\text{old}}, a_{\text{sk},2}^{\text{old}}, \vec{c}_1^{\text{new}}, \vec{c}_2^{\text{new}})$。

接收者接到新钱 $\vec{c}_i^{\text{new}}$ 后检查新钱的序列号 $\text{sn}_i^{\text{new}} = \text{PRF}_{a_{\text{sk},i}^{\text{new}}}^{\text{sn}}(\rho_i^{\text{new}})$ 未在现有账本中出现,而且根据 $a_{\text{pk},i}^{\text{new}}$ 对应的 $a_{\text{sk},i}^{\text{new}}$ 使用这个新钱(即执行"用钱"协议)。而其他人(包括原用户 u)不知道 $a_{\text{sk},i}^{\text{new}}$,则不能使用这个钱。而且不能得到接收者产生的新钱的序列号(因为 $\text{sn}_i^{\text{new}} = \text{PRF}_{a_{\text{sk},i}^{\text{new}}}^{\text{sn}}(\rho_i^{\text{new}})$),因此不能对接收者继续使用新钱进行跟踪,从而实现了完全匿名性。

11.3.2 增强版 zerocash

1. 以密文收钱

在 11.3.1 节中,并未给出接收者如何收到新钱 $\vec{c}_i^{\text{new}}$。设每一用户有一对公钥加密算法(设为 E)的密钥对 $(\text{pk}_{\text{enc}}, \text{sk}_{\text{enc}})$,用户的收钱地址改为 $\text{addr}_{\text{pk}} = (a_{\text{pk}}, \text{pk}_{\text{enc}})$,用钱地址改为 $\text{addr}_{\text{sk}} = (a_{\text{sk}}, \text{sk}_{\text{enc}})$。因此,"兑钱"协议中得到的钱改为 $\vec{c} = (\text{addr}_{\text{pk}}, v, \rho, r, s, \text{cm})$。"用钱"协议中用户的 2 个旧钱改为 $\vec{c}_i^{\text{old}} = (\text{addr}_{\text{pk},i}^{\text{old}}, v_i^{\text{old}}, \rho_i^{\text{old}}, r_i^{\text{old}}, s_i^{\text{old}}, \text{cm}_i^{\text{old}})(i = 1, 2)$,产生的 2 个新钱改为 $\vec{c}_i^{\text{new}} = (\text{addr}_{\text{pk},i}^{\text{new}}, v_i^{\text{new}}, \rho_i^{\text{new}}, r_i^{\text{new}}, s_i^{\text{new}}, \text{cm}_i^{\text{new}})(i = 1, 2)$,计算密文 $C_i = E_{\text{pk}_{\text{enc},i}}(v_i^{\text{new}}, \rho_i^{\text{new}}, r_i^{\text{new}}, s_i^{\text{new}})$,并将 C_i 记入 tx_{POUR},即 $\text{tx}_{\text{POUR}} = (\text{rt}, \text{sn}_1^{\text{old}}, \text{sn}_2^{\text{old}}, \text{cm}_1^{\text{new}}, \text{cm}_2^{\text{new}}, v_{\text{pub}}, C_1, C_2, \pi_{\text{POUR}})$,将 C_i 加入 tx_{POUR} 仍不泄露钱数和接收者地址。接收者通过账本获得

tx_{POUR}，对 C_i 解密得到的 $(v_i^{\text{new}}, \rho_i^{\text{new}}, r_i^{\text{new}}, s_i^{\text{new}})$ 和 tx_{POUR} 中的 cm_i^{new}，得新钱 $\vec{c}_i^{\text{new}} = (\text{addr}_{\text{pk},i}^{\text{new}}, v_i^{\text{new}}, \rho_i^{\text{new}}, r_i^{\text{new}}, s_i^{\text{new}}, \text{cm}_i^{\text{new}})$。

2. 防延展性

在 11.3.1 节的"用钱"协议中，任何人（包括发送者和接收者）可保持业务 tx_{POUR} 不变而修改 $\vec{c}_i^{\text{new}}$ 中的 $\text{addr}_{\text{pk},i}^{\text{new}}$，从而挪用或盗用新钱 $\vec{c}_i^{\text{new}}$，这种攻击称为延展攻击。可在"用钱"协议中加入签名来防止延展攻击，具体如下：

（1）每一用户都有一次性签名方案 (Sig, Ver) 的密钥对 $(\text{pk}_{\text{sig}}, \text{sk}_{\text{sig}})$；

（2）计算 $h_{\text{sig}} = \text{CRH}(\text{pk}_{\text{sig}})$，其中，CRH 是抗碰撞的哈希函数；

（3）计算 $h_1 = \text{PRF}_{a_{\text{sk},1}^{\text{old}}}^{\text{pk}}(h_{\text{sig}})$，$h_2 = \text{PRF}_{a_{\text{sk},2}^{\text{old}}}^{\text{pk}}(h_{\text{sig}})$，$h_1, h_2$ 的作用是将签字密钥和地址密钥捆绑在一起；

（4）将 $(h_{\text{sig}}, h_1, h_2)$ 加入 π_{POUR} 中的论题 $\vec{x}$，即

$$\vec{x} = (\text{rt}, \text{sn}_1^{\text{old}}, \text{sn}_2^{\text{old}}, \text{cm}_1^{\text{new}}, \text{cm}_2^{\text{new}}, v_{\text{pub}}, h_{\text{sig}}, h_1, h_2),$$ 证据 $\vec{a}$ 保持不变。计算新的 π_{POUR}；

（5）令 $m = (\vec{x}, \pi_{\text{POUR}}, C_1, C_2)$，求 $\sigma = \text{Sig}_{\text{sk}_{\text{sig}}}(m)$；

（6）修改 tx_{POUR} 为

$$\text{tx}_{\text{POUR}} = (\text{rt}, \text{sn}_1^{\text{old}}, \text{sn}_2^{\text{old}}, \text{cm}_1^{\text{new}}, \text{cm}_2^{\text{new}}, v_{\text{pub}}, \text{pk}_{\text{sig}}, h_1, h_2, \pi_{\text{POUR}}, C_1, C_2, \sigma)$$

（7）输出 $\vec{c}_1^{\text{new}}, \vec{c}_2^{\text{new}}$（与 11.3.1 节一样）和 tx_{POUR}。

接收方在账本中得到 tx_{POUR}，做以下运算

（1）计算 $(v_i, \rho_i, r_i, s_i) = D_{\text{sk}_{\text{enc}}}(C_i)$；

（2）验证 $\text{CM}_{s_i}(v_i \| \text{CM}_{r_i}(a_{\text{pk}} \| \rho_i)) = \text{cm}_i^{\text{new}}$；

（3）求 $\text{sn}_i = \text{PRF}_{a_{\text{sk}}}^{\text{sn}}(\rho_i)$，并检查 sn_i 未在账本 L 中出现；

（4）由 tx_{POUR}，令 $m = (\vec{x}, \pi_{\text{POUR}}, C_1, C_2)$，验证 $\text{Ver}_{\text{pk}_{\text{sig}}}(\sigma) = 1$；

（5）如果第（2）～（4）步的验证都通过，则接收方得到新钱为 $\vec{c}_i = (\text{addr}_{\text{pk}}, v_i, \rho_i, r_i, s_i, \text{cm}_i^{\text{new}})$。

习　　题

1. 给出 zerocoin 的花钱协议中 ZKSoK 的构造。

2. zerocoin 协议的匿名性可用不可区分性定义，即敌手已知 2 个钱币，花钱协议随机用其中一个，敌手对花钱协议使用的哪个是不可区分的。给出定义的具体形式，并证明敌手区分的优势可归约到其中 ZKSoK 的零知识性。

3. 在 zerocash 的不可延展性中，一般的签名方案（比如 ECDSA）是否可以？如果不行，如何加强？

参 考 文 献

[1] 杨波. 网络安全理论与应用[M]. 北京：电子工业出版社,2002.

[2] William Stallings. Cryptography and Network Security：Principles and Practice. Second Edition [M]. Prentice Hall，New Jersey，1999.

[3] 王育民,刘建伟. 通信网的安全——理论与技术[M]. 西安：西安电子科技大学出版社,1999.

[4] 卢开澄. 计算机密码学——计算机网络中的数据保密与安全[M]. 北京：清华大学出版社，1998.

[5] 朱文余,孙琦. 计算机密码应用基础[M]. 北京：科学出版社,2000.

[6] 卿斯汉. 密码学与计算机网络安全[M]. 北京：清华大学出版社,南宁：广西科学技术出版社,2001.

[7] 胡予濮,张玉清,肖国镇. 对称密码学[M]. 北京：机械工业出版社,2002.

[8] Arto Salomaa. Public-Key Cryptography, Second Edition[M]. Springer-Verlag, 1996.

[9] Hans Delfs，Helmut Knebl. Introduction to Cryptography[M]. Springer-Verlag, 2002.

[10] Jonathan Katz, Yehuda Lindell. Introduction to Modern Cryptography[M]. CRC Press，2007.

[11] Wenbo Mao. Modern Cryptography：Theory and Practice[M]. Prentice Hall PTR，2004.

[12] O Goldreich. Foundation of Cryptography：Basic Tools [M]. Cambridge University Press，Cambridge，2001.

[13] O Goldreich. Foundation of Cryptography：Basic Applications[M]. Cambridge University Press，Cambridge，2004.

[14] Joan Danmen, Vincent Rijmen. AES Proposal：Rijndael [M]. AES algorithm submission，September 3，1999，AES home page：http://www.nist.gov/aes.

[15] D Boneh, M Franklin. Identity-based encryption from the Weil pairing [M]. SIAM J. of Computing, Vol. 32，No. 3，pp. 586-615，2003. Extended abstract in the Proceedings of Crypto 2001，LNCS 2139，pages 213-229，Springer-Verlag，2001.

[16] E Fujisaki, T Okamoto. Secure integration of asymmetric and symmetric encryption schemes. In Advances in Cryptology-Crypto '99，LNCS 1666，Springer-Verlag，pp. 537-554，1999.

[17] Jeffrey Hoffstein, Jill Pipher, Joseph H. Silverman, NTRU：A Ring-Based Public Key Cryptosystem [M]. ANTS-III, LNCS 1423, pp. 267-288, 1998. Springer-Verlag Berlin Heidelberg.

[18] D Boneh,M Franklin. ID-based encryption from the Weil-pairing，CRYPT 2001，LNCS 2139,pp. 213-229. Springer，2001.

[19] E Fujisaki,T Okamoto. Secure integration of asymmetric and symmetric encryption schemes，in Advances in Cryptology -Crypto '99，Lecture Notes in Computer Science，Vol. 1666，Springer-Verlag，pp. 537-554，1999.

[20] Song Y Yan. Number Theory for Computing[M]. 2nd ed. Springer-Verlag，2002.

[21] D E Knuth. The Art of Computer Programming Ⅱ—Semi-numerical Algorithms[M]. 3rd ed. Addison-Wesley，1998.

[22] S Goldwasser, S Micali. Probabilistic encryption[M]. Journal of Computer and System Sciences，28：270-299，1984.

［23］ M Naor，M Yung. Public-key cryptosystems provably secure against chosen ciphertext attacks ［M］. In 22nd Annual ACM Symposium on Theory of Computing，pages 427-437，1990.

［24］ C Racko，D Simon. Noninteractive zero-knowledge proof of knowledge and chosen ciphertext attack［M］. In Advances in Cryptology-Crypto'91，pages 433-444，1991.

［25］ ETSI/SAGE. Specification. Specification of the 3GPP Confidentiality and Integrity Algorithms 128-EEA3 & 128-EIA3. Document 1：128-EEA3 & 128-EIA3 Specification. Version：1.6，Date：1st July 2011.

［26］ ETSI/SAGE. Specification. Specification of the 3GPP Confidentiality and Integrity Algorithms 128-EEA3 & 128-EIA3. Document 2：ZUC Specification. Version：1.6，Date：28th June 2011.

［27］ David Chaum. Blind signatures for untraceable payments. In David Chaum，Ronald L. Rivest，and Alan T. Sherman，editors，Advances in Cryptology — Crypto '82，pages 199-203. Plenum Press，1983.

［28］ Satoshi Nakamoto. Bitcoin：A peer-to-peer electronic cash system，2008. http://bitcoin.org/bitcoin.pdf.

［29］ I Miers，C Garman，M Green，A D Rubin. Zerocoin：Anonymous Distributed E-Cash from Bitcoin. In S&P，2013.

［30］ E Ben-Sasson，A Chiesa，C Garman，M Green，I Miers，E Tromer，M Virza. Zerocash：Decentralized anonymous payments from bitcoin. In Security and Privacy（SP），2014 IEEE Symposium on. IEEE. IEEE，2014.

［31］ E Ben-Sasson，A Chiesa，E Tromer，M Virza. Succinct non-interactive zero knowledge for a von neumann architecture. In USENIX Security，2014.

［32］ B Parno，C Gentry，J Howell，M Raykova. Pinocchio：Nearly practical verifiable computation. In S&P，2013.

［33］ R Gennaro，C Gentry，B. Parno，M Raykova. Quadratic span programs and succinct NIZKs without PCPs. In Thomas Johansson and Phong Q. Nguyen，editors，EUROCRYPT 2013，volume 7881 of LNCS，pages 626-645. Springer，Heidelberg，May 2013.

［34］ A Nitulescu. A tale of SNARKs：quantum resilience，knowledge extractability and data privacy. Theses，Ecole Normale Supérieure de Paris-ENS Paris，April 2019.

图书资源支持

感谢您一直以来对清华版图书的支持和爱护。为了配合本书的使用,本书提供配套的资源,有需求的读者请扫描下方的"书圈"微信公众号二维码,在图书专区下载,也可以拨打电话或发送电子邮件咨询。

如果您在使用本书的过程中遇到了什么问题,或者有相关图书出版计划,也请您发邮件告诉我们,以便我们更好地为您服务。

我们的联系方式:

地　　址: 北京市海淀区双清路学研大厦 A 座 714

邮　　编: 100084

电　　话: 010-83470236　　010-83470237

客服邮箱: 2301891038@qq.com

QQ: 2301891038 (请写明您的单位和姓名)

资源下载: 关注公众号"书圈"下载配套资源。

资源下载、样书申请

书　圈

图书案例

清华计算机学堂

观看课程直播